TRAKTOREN DER WELT

Fordson
Fordson

TRAKTOREN DER WELT

John Carroll

Motor buch Verlag

DANK

Der Verlag dankt den folgenden Bildagenturen und Fotografen für die Genehmigung, ihre Bilder zu verwenden:

Agripicture 26ul (Peter Dean); 77ol (Peter Dean) 129ol; 144ur; 153ol (Peter Dean) 164o (Peter Dean). Alpha Stock: 15u, ol; 16ol, ul; 17ul; 28r; 80ul; 129r. John Bolt: 30ul; 31or, ml, ul; 33ul; 35or; 45or, ur; 471ur; 50u; 56ul; 65ur; 77mr; 84mr, ul; 88ul; 89or, mr, ur; 90or, mr; 91ur, ul; 94ol; 95ol, or; 97 (alle); 100or; 101om, or, ur; 106ur; 107or, u; 111ul, ur; 113ol, or, ur; 114o, or, u; 119o; 126u; 130u, or; 132m, ur, ul; 133ul; 138ur; 141ul; 142o, ul, ur; 145or, ur; 146mr, ul; 150u; 155ul; 160o1, or; 161ur, or; 165o; 178m; 188; 189o; 194o, m, u; 180ul; 196u; 197ul, ur; 202ol; 208o, m, u; 217ol, or, m, u; 224o, m, u; 225ol; 227ol, or; 228o; 248ur; 249om, or, u; 251ul. John Carroll: 14 alle; 16or; 29ul; 60or, ul; 62; 66ol; 79mr; 85mr, ur, ul; 87ml; 88ur; 92ul; 95u; 106o, ul; ll6or; 117o, u; ll9m, u; 124u; 128o, ul, ur; 129ul; l30or; 131ul; l32or; l33or; 145ol; 147ol; 150m; 151u; 153or; 154o, m; l6lm; 162ol; 167u; 180ur; 181o; 195o, m, u; 199ul; 202or; 210o; 211ol, or, u; 212o; 213o, m, u; 228u; 229ur; 231u; 234o, u; 235o, u; 237m; 238o; 243o; 248o. CDC: 24-5 (0rde Eliason); 46ur (Orde Eliason); 57ur (Judy Boyd); 58; 59or (0rde Eliason), u (0rde Eliason); 88or; 125o. C.F.C.L.: 133ol; 237u; 242o; Ian Clegg: 65mr; 131o, mr; 138ul; 140o; 141o, ur; 144ul; 153u; 197o, m; 199o, ul; 229ul. Image Bank: 240ul (Guido A. Rossi). Impact: 29ml (Alain le Garsmeur), o (Alain le Garsmeur), mr (Alain le Garsmeur); 75ml (Erol Hussein); 78ur (Tony Page); 126o (Colin Shaw); l34m (Tony Page); 162or (Julian Calder); 240ol (Alain le Garsmeur), ml (Mark Henley), ur (Michael Good); 242u (Anne-Marie Purkiss). Imperial War Museum: 35u; 36or, ur; 37ur; 55u; 72mr; 81or; 86mr, ml. Massey Ferguson: 89ul. Andrew Morland: 1m; 2; 3m; 5m; 6; 7u; 10 alle; 11 alle; l2or, r; l3ur; 18ul; 19ur, ol; 20ur, ol; 21u, ol; 22ol ur; 23o, ul; 27ur; 32 alle; 33mr; 34ul; 35ml, ul, ol; 35; 36ol, mr; 37ml, ol, mr, or; 44ul; 46ol; 52ul; 53ul, or; 54ul, or; 55o; 67ol; 81u; 82u, m; 83o, ul, ur; 86or, ul; 87ul, ml; 92or, ur; 93o, u; 98ul, or, ur; 99o, u; 102ol; 104ul, or; l05or, m, ur; 108o, ur; 109; 115o, m, u; l16ul, ur; 122; 123u; 125u; 136o; l37ur; 138o; 139ol; 144o; 146o, ml; 147or, ur; 148o, m, u; 149ol, or, ul, ur; 151or; 154u; 155o, ur; 157o, m, ul, ur; 165u; 190o, m, u; 191o, u; 192o; 202ur; 203m, u; 206o, u; 207m, u; 209o, u; 210u; 214o; 215o; 216o; 218o, m, u; 219o, u; 220; 221o, m; 222o, u 223ol, or, u; 225or, u; 231o; 232; 233ul, ur; 236or, ol, ul, ur; 238m, ul, ur; 239o, u; 241o, ul, ur; 243u; 244o, u; 246ul, ur; 247o, u; 250o; 254mr. Public Record Office Image Library: 87or. Ann Ronan Picture Library: 12ul; 13ol, or, r; 14or; 17ur; 74or. Royal Geographical Society: 137o. Rural History Centre, University of Reading: 48m. Spectrum Colour Library: 38-39; 49o; 73or; 74ul; 75mr; 89or; 118u (E. Chalker), o; 124o; 127; 135o; 143o; 151ol; 152o; 164u; 177o; 181u; 182o; 200o; 201u; 202ul; 203o; 212u; 221u; 229o; 251mr; 254ol, u; 255ol, or. Still Pictures: 64u; 77ml; 79ur (Pierre Gleizes), ul (Jeff Greenberg); 91ol (Mark Edwards); 178u (Allan Morgan); 198o (Paul Harrison); 199ur (Chris Caldicott); 237o (Pierre Gleizes). Tony Stone Images: 8-9 (Peter Dean); 47o (Colin Raw); 50ol (Gary Moon); 68-9 (Mitch Kezar); 70u (Peter Dean); 71mr (Arnulf Husmo); 72ol (Bruce Forster); 73ol (Kevin Horan); 75ur (Bruce Forster); 78ul (Wayne Eastep); 79mr (Jerry Gay); 96 (Art Wolfe); 123o (Billy Nustace); 143u (Bertrand Rieger); 150o; 162ul (John & Eliza Forder); 163ol; 183o; 245o (Arnulf Husmo); 251ur (Andrew Sacks); 253u (Andy Sacks); 255u (Bruce Hands). Gary Stuart: 26or; 27o; 28or, ul; 33or; 34or;40r, ul: 41ol, or, ur; 42ol, ur; 43o, ul. ur; 44or; 45ul; 48ul, ml, ur; 49ur: 50or; 51ur, o; 64or; m; 65ol; 66ur; 67ur; 70mr; 71ur, ol, or; 72ur, ul; 73ur, ul. mr: ol, or; 76or, mr, ul; 77or, mr, u: 78mr, or; 79or; 82o; 84or, ur; 90ul: l00ul; 102m, u; 103o, u; 110u, o; 111o; 112ol, m, ur, ul; 120ol, o, u;121o, u; 134o, u; 135ml, mr, u; 136u; 137ul; 139u; 140u; 145ul; 152ol: 156o, u; 158ul, ur; 159o, ml, m, mr, u; 160ul; 161ol; 162m: l63or, mr, u; l66u; 167; 168o, m, u; 169o, m, u; 170o, ml, mr, u; 171m, u; 172o, ul, ur; 173o, m, u; 174o, m, u; 175o, m, u; l76or, m, ol, u; 177u; 178o; 179o; m, u; 180o; 18lm; 182m, u; l83ul, ur; 184o, u; 185o, m, u; 186o, u; 187o, m, u; 192u; 193o, m,u; 196o; 198m, u; 199m; 200u; 201o, m1, mr; 204o, m, u; 205or, ol, ml, u; 207o; 215u; 216u; 226o, m, u; 227u; 230; 245u; 246o; 248ul; 250m, u; 251o; 252o, u; 253o, m; 255m. Superstock: 12ol; l8or; 30or; 56or; 57ol; 70o; 74ur; 147ur; 158o; 161ul; 171o; 214u. Tank Museum Collection: l9or; 52or: 61; 63ur, ol; 79or; 80or, mr; 81ml, mr;: 85o

o = oben, u = unten, l = links, r = rechts, m = Mitte, or = oben rechts, ol = oben links, ml = Mitte links, mr = Mitte rechts, ul = unten links, ur = unten rechts, lm = links Mitte

Die Originalausgabe erschien 1999 bei Lorenz Books unter dem Titel »**The World Encyclopedia of Tractors & Farm Machinery**«.

Ins Deutsche übersetzt von Hermann Leifeld.

Umschlaggestaltung Anita Ament unter Verwendung von Abbildungen aus dem Inhalt, Fotos: Andrew Morland

ISBN 3-613-02164-1

Ein Unternehmen der Paul Pietsch Verlage GmbH + Co.
1. Auflage 2001

Lektor: Joachim Kuch

Satz: Satz & mehr, R. Günl, 74354 Besigheim

Printed in Singapore

INHALT

TEIL EINS

LANZ

TEIL EINS

DIE WELT DER TRAKTOREN

Traktoren gehören heute zum täglichen Anblick und sind aus der Landwirtschaft als unverzichtbares Hilfsmittel nicht mehr wegzudenken. Sie waren aber nicht immer so allgegenwärtig, denn vollständig mechanisiert wurde die Landwirtschaft erst vor relativ kurzer Zeit, nämlich teilweise erst in den Jahren nach dem 2. Weltkrieg. Die Vereinigten Staaten mit ihren großen Präriegebieten, die es zu kultivieren galt, spielten die Vorreiterrolle in der Nutzung des Traktors und bei späteren Entwicklungen wie dem Mähdrescher, knapp gefolgt von anderen Ländern wie Großbritannien. Im ersten Teil dieses Buches sollen die Entwicklung und die Geschichte des Traktors, wie wir ihn heute kennen, nachgezeichnet und die Geschichte einer Reihe von Männern erzählt werden, die die Entstehung von Landmaschinen maßgeblich vorangetrieben haben.

■ GEGENÜBER: *12-PS-Lanz von 1923. Mit einfachen und zuverlässigen Konstruktionen eroberte Lanz eine vorherrschende Stellung auf dem deutschen Markt.*

■ LINKS: *Zu Beginn des 20. Jahrhunderts weitete Case nach den Erfolgen mit Dreschmaschinen seine Produktion auf Traktoren mit Benzinmotor aus.*

Die Technisierung der Landwirtschaft

Man geht vielfach davon aus, dass die Technisierung der Landwirtschaft mit der Erfindung der Drillmaschine durch Jethro Tull im Jahre 1701 und der im Jahre 1788 patentierten Dreschmaschine von Andrew Meikle begann, aber diese Erfindungen beruhten auf weitaus älteren Techniken. Schnitzereien aus der babylonischen Stadt Ur zeigen nämlich, dass dort schon 4000 v. Chr. Karren mit Rädern genutzt wurden, die bereits kurz darauf auch in Indien zu finden waren. Das Wissen um diese Erfindung breitete sich aus, so dass Räder im Jahre 2000 v. Chr. in Persien und um 1400 v. Chr. schließlich auch in Europa anzutreffen waren. Anfänglich saßen die Räder fest an einer Achse und drehten sich mit ihr zusammen, während sich später dann nur noch die Räder an der Achse drehten. Gezogen wurden die Karren von Ochsen, Wasserbüffeln, Eseln, Pferden, Kamelen, Elefanten und auch Sklaven. Nach und nach entstanden Wege – und schließlich richtige Straßen – für die primitiven Fahrzeuge. Die nächste Entwicklung von gleicher Bedeutung war der mechanische Antrieb.

DAS DAMPF-ZEITALTER

■ OBEN: *Nachdem sich die Technik der Dampfmaschinen bewährt hatte, wurde sie schnell für die Landwirtschaft weiterentwickelt. Buffalo-Pitts aus New York baute diese 16-PS-Maschine im Jahre 1901.*

Die ersten Versuche mit der Dampfkraft gehen auf das 1. Jahrhundert n. Chr. zurück. In dieser Zeit entwickelte der griechische Mathematiker und Erfinder Hero von Alexandria das Aeolipil, eine primitive Form der Dampfmaschine. Es bestand aus einer hohlen Kugel, die mit Wasser gefüllt und erhitzt wurde, so dass der durch eine Düse ausströmende Dampf in Schub umgesetzt wurde. Dieses Gerät bildete einen wesentlichen Schritt auf dem Weg zu selbst fahrenden Maschinen. Im 15. Jahrhundert arbeitete Leonardo da Vinci an Konstruktionen, die hin- und hergehende Bewegungen in eine Drehbewegung umsetzen sollten, so dass damit ein Rad angetrieben werden konnte. Er befasste sich außerdem mit der Funktionsweise einer Vorrichtung, die wir heute als Differential kennen, also eines Ausgleichgetriebes, mit dessen Hilfe zwei Räder an einer gemeinsamen Achse mit unterschiedlicher Geschwindigkeit verschiedene Kurvenradien beschreiben können.

Im Jahre 1599 baute Simon Stevin (1548–1620) einen mit Segeln und Ruderpinne bestückten Karren, mit dem er erfolgreich ein paar Fahrten an ebenen niederländischen Stränden unternahm. Etwa zur gleichen Zeit begann der italienische Physiker Giambattista della Porta (1535–1615) mit Dampfdruck zu experimentieren. Er konstruierte eine Dampfpumpe, die Wasser fördern konnte, und erkannte, dass es einen

■ RECHTS: *Die frühen Traktoren, die keinen Dampfmaschinenantrieb hatten, orientierten sich dennoch an deren Konfiguration, wie dieser Ivel mit 10-22 PS und Zweizylindermotor von 1903 zeigt.*

■ OBEN: *Die Minneapolis Threshing Machine Company baute seit 1874 Lokomobile und Dreschmaschinen. Hier ein 45-PS-Modell aus dem Jahre 1907.*

■ LINKS: *Ein Exemplar der Corn Maiden, eines Ruston-Lokomobils von 1918, gefertigt in Lincoln, England.*

■ RECHTS: *Große Dampf-Lokomobile eigneten sich hervorragend für die Feldbestellung im amerikanischen Mittelwesten. Hier eine 25-PS-Maschine von Reeves aus dem Jahre 1906.*

■ RECHTS AUSSEN: *Case baute Dampfmaschinen von 1876 bis in die Zwanzigerjahre. Dieses 110-PS-Modell entstand 1913.*

Weg geben musste, daraus ein Antriebsmittel zu gewinnen. Einer seiner Schüler, Solomon de Caus, wollte sich in Frankreich näher mit dieser Idee befassen, wurde aber auf Drängen einiger Angehöriger des französischen Klerus, die derartige Versuche missbilligten, verhaftet und eingekerkert. Ein anderer Italiener, Giovanni Branca, verschmolz die Ideen della Portas und Caus' miteinander und baute eine Dampfturbine, bei der der Dampf aus dem Kessel durch eine Düse auf den perforierten Rand eines Rades geleitet wurde und es auf diese Weise drehte. Branca verband diese Maschine über ein Getriebe mit einer Mahlvorrichtung und veröffentlichte 1629 das Ergebnis seiner Versuche. In der Zwischenzeit experimentierte der Jesuit Jean de Hautefeuille (1647–1724) mit einer Art Verbrennungskraftmaschine, bei der kleine Mengen Schießpulver als Treibstoff dienten.

Kolben und Zylinder in Verbindung mit Dampf wurden zum ersten Mal von dem französischen Physiker Denis Papin (1647–1712) eingesetzt. Er konstruierte im Jahre 1690 eine Maschine, bei der Wasserdampf den Kolben im Zylinder bewegte. Das Wasser im Zylinder wurde von außen erhitzt. Wenn es verdampfte, drückte es den Kolben nach oben, und wenn der Dampf dann abkühlte und kondensierte, fiel der Kolben durch die Schwerkraft wieder nach unten. Im Jahre 1707 funktionierte die Maschine gut genug, um ein Boot anzutreiben. Unglücklicherweise betrachteten die örtlichen Bootsbesitzer, die Papin bei seinen Versuchen beobachtet hatten, sie als Bedrohung ihres Lebensunterhalts und zerstörten die Maschine mitsamt dem Boot.

Die erste kommerziell erfolgreiche Dampfmaschine wurde nach allgemeiner Ansicht im

■ RECHTS: *Die Dampfmaschinenproduktion bei Case erreichte 1912 ihren Höhepunkt. Anschließend stellte das Unternehmen sich nach und nach auf den Bau von Traktoren mit Benzinmotor um. Hier ein Lokomobil mit 65 PS aus dem Jahre 1916.*

■ LINKS: *Bis der Traktor allgemein akzeptiert wurde, kamen in erster Linie Pferde zum Einsatz. In der Anfangszeit warb man für Traktoren vielfach mit dem Argument, dass sie im Gegensatz zu Pferden nur ›fraßen‹, wenn sie arbeiteten.*

■ RECHTS OBEN: *Die großen Maschinen wie dieser im Lokomotivenstil gehaltene 18-PS-Avery von 1912 wurden innerhalb eines Jahrzehnts durch kleinere, kompaktere Maschinen ersetzt.*

■ RECHTS UNTEN: *Nichols, Shepard and Co. bauten diese Dampfmaschine mit 20-70 PS Leistung. Die Firma gehörte zu den vier Unternehmen, aus denen im Jahre 1929 die Oliver Farm Equipment entstand.*

Jahre 1698 patentiert. Captain Thomas Savery (1650–1715), ein Ingenieur der englischen Streitkräfte, konstruierte und baute eine kolbenlose Vorrichtung zur Wasserförderung, die später als »Freund der Bergleute« bekannt wurde.

Die Versuche mit der Dampfkraft gingen weiter und führten schließlich zur Herstellung funktionsfähiger Maschinen. Unter den ersten war die von Thomas Newcomen(1663–1729) erfundene Dampfpumpe, die Ideen von Papin und Savery in sich vereinigte. Newcomen baute eine wirksamere und weniger gefährliche Dampfmaschine und tat sich mit Savery zusammen, der ein allgemeines Patent für derartige Geräte besaß. Die erste in der Praxis nutzbare Maschine entstand im Jahre 1712. Die beiden verbesserten die Niederdruckmaschine so weit, dass sie 1725 in den meisten britischen Bergwerken zu finden war. Jenseits des Atlantiks wurde die erste Niederdruckdampfmaschine im Jahre 1753 in einem Kupferbergwerk in Belleville in New Jersey aufgestellt.

Im Jahre 1769 konstruierte Nicholas Cugnot (1725–1804), ein Angehöriger der französischen Streitkräfte, eine dampfgetriebene Artillerielafette. Dieses Fahrzeug war die erste Maschine, die speziell für Transportzwecke gebaut wurde, so dass man sagen könnte, dass zu diesem Zeitpunkt die Ära der mechanisch angetriebenen Transportmittel eingeläutet wurde. Mit Cugnots Erfindung wurde Paris zum Geburtsort des Automobils in all seinen Formen. Bei seiner Maschine handelte es sich um ein ganz einfaches Dreiradfahrzeug, das bis zu 6,5 km/h fahren konnte. Die Vorführung fand auf den Straßen von Paris mit einer vierköpfigen Besatzung statt. Was für ein Potential in dieser Erfindung steckte, wurde aber nicht gleich erkannt, und Mangel an Unterstützung verhinderte die Weiterentwicklung.

Zu den technischen Fortschritten speziell in der Landwirtschaft gehörten die Drillmaschine von Jethro Tull und die Dreschmaschine von

■ UNTEN: *Die Technisierung der Landwirtschaft begann mit Entwicklungen wie dem Jethro-Tull-Pflug aus dem 18. Jahrhundert (Abb. 4) sowie Walzen (Abb. 7) und Eggen (Abb. 6).*

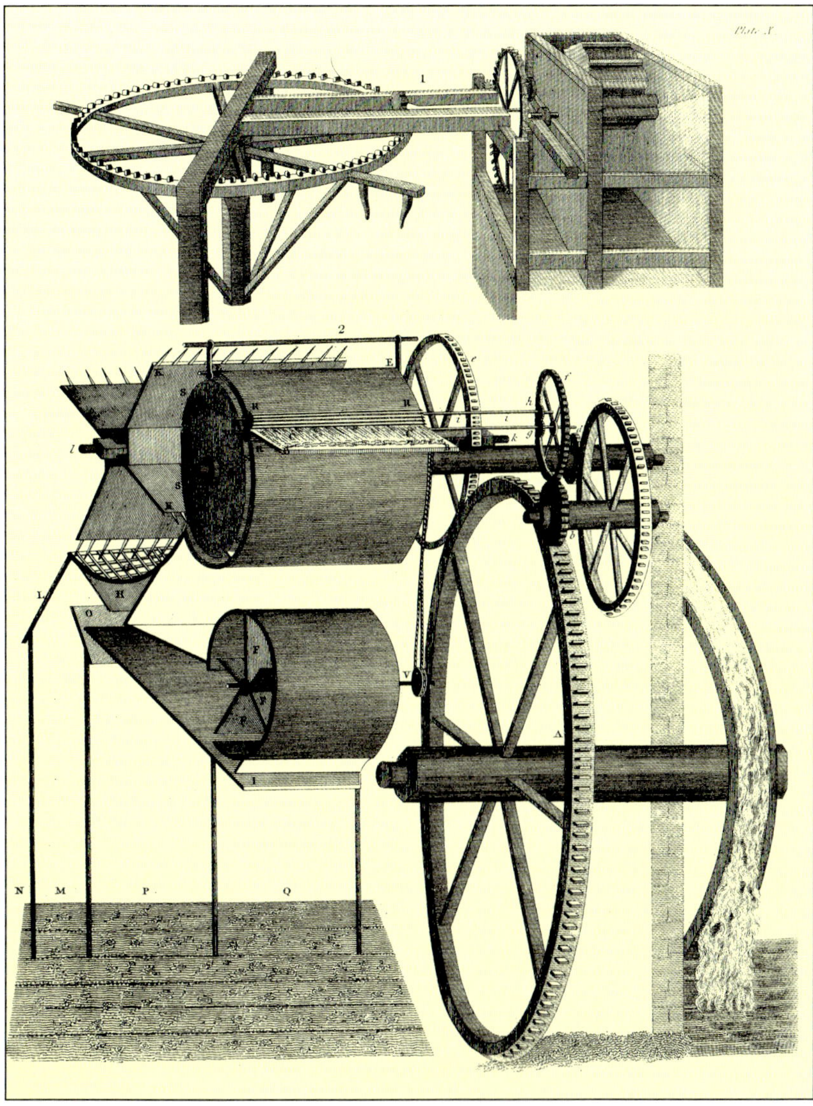

Andrew Meikle. Jethro Tull (1674–1741) entwickelte eine funktionsfähige, von Pferden gezogene Drillmaschine, mit der Samen in Reihen ausgebracht werden konnte. Andrew Meikle war ein schottischer Müller, der in den Achtzigerjahren des 18. Jahrhunderts eine Dreschmaschine konstruierte, die die Hülsen vom Korn trennte. Von diesem Zeitpunkt an machte die Technik in der Landwirtschaft, die sich über Jahrhunderte kaum geändert hatte, rasante Fortschritte.

■ RECHTS GANZ OBEN: ***Diese Abbildung aus dem Jahre 1756 zeigt den von Jethro Tull erfundenen Hackenpflug.***

■ RECHTS OBEN DARUNTER: ***Bei der Sämaschine des Abbé Soumille aus dem 18. Jahrhundert war noch menschliche Muskelkraft gefragt.***

■ OBEN: ***Dieser Stich von 1811 zeigt Dreschmaschinen von Andrew Meikle. Die obere wurde von einem Pferd angetrieben, während die untere mit Wasserkraft arbeitete.***

■ RECHTS: ***Die Dreschmaschinen wurden kontinuierlich weiter entwickelt, wie an dieser Oliver Red River Special von 1948 zu sehen ist.***

Von der Dampfmaschine zum Benzinmotor

■ UNTEN: *Case stellte ab 1876 über 35.000 Dampfmaschinen her, bevor die Produktion in den Zwanzigerjahren auf Benzintraktoren umgestellt wurde.*

In Großbritannien experimentierten in den Achtziger- und Neunzigerjahren des 18. Jahrhunderts William Murdock (1754–1839) und Richard Trevithick (1771–1833) mit dampfgetriebenen Fahrzeugen, bei denen der Dampf unter Überdruck stand. 1772 baute Oliver Evans (1755–1819), ein walisischer Erfinder, der nach Amerika ausgewandert war und in Maryland lebte, einen elementaren Dampfwagen. 1787 wurde ihm das Recht verliehen, im Staat Maryland Dampfwagen herzustellen. Seine Fahrzeuge gingen zwar nie in die Fertigung, dafür baute er aber 1804 einen dampfgetriebenen amphibischen Bagger, der aus eigener Kraft vom Herstellungsort zum Schuylkill River fuhr, wo er für die Fahrt nach Delaware zu Wasser gelassen wurde. Bereits 1788 war ein ähnliches Fahrzeug in Großbritannien montiert worden.

In Amerika ließ im Jahre 1793 Eli Whitney die dampfgetriebene Baumwollentkernungsmaschine patentieren, die das Säubern der Baumwollfasern mechanisierte. Das führte in Verbindung mit dem wachsenden Verkehrsnetz – darunter auch transkontinentale Schienenwege – dazu, dass die Baumwolle in den Ostküstenstaaten zu einem Handelsgut wurde. Thomas Blanchard baute 1825 in Springfield, Massachusetts, einen Dampfwagen, und ein Jahr später ließ Samuel Morey in New Hampshire einen Zwei-

■ OBEN: *Dampfmaschinen wurden paarweise eingesetzt und zogen zwischen sich einen großen Pflug an einem Drahtseil hin und her über das Feld.*

■ LINKS: *Die abgewinkelten ›Stollen‹ am Rad sollten bei nassem und schwerem Boden die Traktion verbessern.*

■ OBEN LINKS: ***Ende des 19. Jahrhunderts waren die Dreschmaschinen fahrbar und wurden von Dampfmaschinen angetrieben. Die hier gezeigte Maschine stammt aus späteren Jahren und besitzt bereits Luftreifen.***

■ OBEN RECHTS: ***Fahrbare Dreschmaschine von etwa 1895. Sie besaß Räder mit Holzspeichen und wurde von der Dampfmaschine, die sie schleppte, über Treibriemen angetrieben.***

■ UNTEN: ***Trotz aller Technisierung war das Dreschen nach wie vor ein komplexer und arbeitsintensiver Vorgang, wie diese alte Maschine zeigt.***

takt-Benzin/Dampf-Motor patentieren – Amerikas ersten Verbrennungsmotor.

Die frühen Landmaschinen wurden von Pferden gezogen, aber um die Produktion zu steigern, brauchten sie natürlich einen eigenen, mechanischen Antrieb. Mit dem Beginn des Straßenverkehrs und der Erfindung der Eisenbahnlokomotive konzentrierte sich die Aufmerksamkeit wieder auf die Möglichkeiten dampfgetriebener Maschinen, die unabhängig von Straßen und Schienen waren. Nach und nach schlug die Technik verschiedene Richtungen ein: Die Dampfzugmaschine wurde verbessert und damit zu einer praktikablen Lösung für die Landwirtschaft, und gleichzeitig gingen die Versuche mit dem benzinbetriebenen Verbrennungsmotor weiter.

In Amerika gehörten Sylvester Roper aus Roxbury in Massachusetts, John A. Reed aus New York, Frank Curtis aus Massachusetts und der Kanadier Henry Seth Taylor zu den Pionieren der dampfgetriebenen Maschinen. Generell ist zu sagen, dass die Dampfmaschine in dieser Zeit vor allem als Antrieb für landwirtschaftliches Gerät wie etwa Dreschmaschinen eingesetzt wurde.

Das gesamte 19. Jahrhundert war eine Zeit neuer Erfindungen, die die Landwirtschaft veränderten. Die Mähmaschine von Cyrus McCormick aus dem Jahre 1831 sollte die Getreideernte revolutionieren. 1837 entwickelte John Deere einen selbstreinigenden Pflug, der speziell für die schweren Prärieböden geeignet war: Damit brauchten die Landwirte nicht mehr dauernd

■ LINKS: *Die Princess Mary ist eine Pflugmaschine für den paarweisen Einsatz. Das Drahtseil auf der Trommel ist deutlich zu erkennen.*

■ OBEN RECHTS: *Charles W. Hart und Charles H. Parr begannen Ende des 19. Jahrhunderts mit ihren bahnbrechenden Arbeiten an Benzintraktoren. Im Jahre 1900 entstanden in Iowa die ersten dieser Maschinen.*

anzuhalten, um den Pflug von Erde zu befreien. 1842 perfektionierte Jerome Case in Rochester in Wisconsin eine Maschine, die sowohl dreschen als auch das Korn reinigen konnte. 1859 wurde in Pennsylvania Öl entdeckt, aus dem Kerosin und Benzin destilliert wurde. Kerosin entwickelte sich praktisch über Nacht zu einem beliebten Treibstoff, weil es billig war.

Zum Ausgang des 19. Jahrhunderts begann die Zeit der Fahrzeuge mit Verbrennungsmotoren, die in Europa untrennbar mit Namen wie Nikolaus Otto, Karl Benz, Gottlieb Daimler, Wilhelm Maybach, Albert de Dion, Clement Panhard und Armand Peugeot verbunden ist. Otto erzielte dabei den größten Erfolg, als er sich seinen Viertakt-Benzinmotor patentieren ließ. Als dieses Patent im Jahre 1890 auslief, war das der Anbruch des Zeitalters des Verbrennungsmotors. Von da an war es nur noch ein kleiner Schritt bis zur Entwicklung eines für die landwirtschaftliche Praxis brauchbaren Traktors.

Überall auf der Welt entstanden Unternehmen, die sich auf Landmaschinen und landwirtschaftliches Gerät spezialisierten. Im Jahre 1870 wurde in Frankreich die Firma Braud zur Produktion von Dreschmaschinen gegründet. 1884 begann Giovanni Landini in Italien mit dem Bau von landwirtschaftlichem Gerät, um später dann zu einem der großen Traktorenhersteller aufzusteigen. In den Vereinigten Staaten wurde 1895 in Pennsylvania die New Holland Machine Company gegründet, die sich auf den Bau von landwirtschaftlichem Gerät spezialisierte. Bereits 1863 war die J. I. Case Threshing Company entstanden, die Dampftraktoren baute. Ihr erster Experimentaltraktor erschien 1892 mit einem von William Paterson konstruierten Benzinmotor mit Ausgleichwelle. Die Maschine war allerdings nicht so erfolgreich, wie ihre Konstrukteure gehofft hatten, und ging nie in die Serienfertigung. Case baute weiterhin große Dampfmaschinen. John Carter fertigte in Stirling, Illinois, Benzinmotoren und baute einen Traktor, indem er das Chassis und die Räder einer Dampfzugmaschine mit einem dieser Motoren ausrüstete. Die auf diese Weise entstandene Hybridmaschine wurde 1889 auf einer Weizenfarm in South Dakota eingesetzt. Sie leistete so gute Arbeit, dass Charter noch mehrere ähnliche Maschinen baute.

■ UNTEN: *Dampfpflugmaschine Nr. 15516 von English Fowler, gebaut 1920 in Leeds, Yorkshire.*

■ UNTEN: *Zeichnung einer frühen Fowler-Pflugmaschine von etwa 1862. Das Schwungrad für die Dampfmaschine befindet sich seitlich am Kessel, der Regler sitzt weiter hinten.*

Um 1892 begann eine Reihe weiterer neuer Unternehmen mit der Produktion von Traktoren mit Verbrennungsmotor. In Iowa baute John Froëlich eine Maschine mit einem Einzylindermotor von Van Duzen und gründete die Waterloo Gasoline Traction Engine Company. Später strich das Unternehmen das Wort »Traction« aus dem Firmennamen und baute nur noch Standmotoren, bis es 1916 mit dem Waterloo Boy den ersten erfolgreichen Benzintraktor auf den Markt brachte.

■ OBEN RECHTS: *Bevor Pflugmaschinen paarweise eingesetzt wurden, zog man den Pflug mittels einer Verankerung und einer Umlenkscheibe vorwärts und rückwärts über das Feld.*

Die Huber Company aus Marion in Ohio erzielte früh erste Erfolge: Sie kaufte die Van Duzen Engine Company und baute dreißig Traktoren. Zwei andere Firmen, Deering und McCormick, stellten zu dieser Zeit selbst fahrende Mäher her; später fusionierten sie zur International Harvester Corporation. Die Bezeichnung »Traktor« wurde im Jahre 1906 von der Firma Hart-Parr geprägt, die ihren ersten Benzintraktor 1902 in Charles City in Iowa gebaut hatte und sich 1929 mit Oliver zusammenschloss.

■ UNTEN: *Eine Fowler-Pflugmaschine zieht einen Fünfscharpflug über das Feld.*

■ UNTEN: *Zeichnung aus der Mitte des 19. Jahrhunderts mit einer Dampfmaschine von Garret and Sons, die ein Feld in England pflügt.*

Der Beginn der Massenfertigung

Aufgrund der unterschiedlichen wirtschaftlichen Bedingungen für die Landwirtschaft beiderseits des Atlantiks befand sich das Zentrum des Traktorbaus vor dem 1. Weltkrieg in Amerika. Weil dort die landwirtschaftlichen Betriebe viel größer waren als in Europa, entstanden Konstruktionen, die speziell auf die Bestellung der amerikanischen Prärie ausgelegt waren. Weiterhin experimentierte man mit Maschinen, die landwirtschaftliches Gerät, und zwar insbesondere Pflüge, an einer Deichsel ziehen konnten.

Die International Harvester Corporation entstand im Jahre 1902 aus dem Zusammenschluss von McCormick und Deering. Neben anderen Unternehmen wie Avery, Russell, Buffalo-Pitts und Case baute sie zu Beginn des 20. Jahrhunderts Versuchsfahrzeuge. Nachdem bei Case im Jahre 1911 ein solches Versuchsfahrzeug gebaut worden war, brachte die Firma 1913 einen brauchbaren Traktor auf den Markt. Ein anderer früher Traktor wurde von den beiden Ingenieuren Charles Hart und Charles Parr gebaut. Das erste Modell war zwar noch sehr schwer und schlecht zu handhaben, wurde aber bald durch praxistauglichere Maschinen ersetzt, darunter der 12-27 Oil King. 1905 betrieb die Firma die erste Fabrik in den Vereinigten Staaten, in der ausschließlich Traktoren hergestellt wurden. Die frühen Traktoren waren vielfach massig im Stil von Dampfmaschinen gebaut, weil ihre Hersteller annahmen, dass die neuen benzinbetriebenen

■ OBEN: *Die zunehmende Technisierung der Landwirtschaft führte mit wachsender Nachfrage unweigerlich zur Massenfertigung. Hier ein Maispflanzer von Case aus dem Jahre 1930.*

■ LINKS: *International Harvester gehörte zu den ersten Herstellern, die Benzintraktoren bauten. Zwischen 1907 und 1911 wurden über 600 Exemplare des Typs Mogul A – hier ein Modell von 1908 – gebaut.*

Maschinen schlicht und einfach die Dampfmaschine als Antriebsquelle ersetzen würden, und sich vielleicht nicht vorstellen konnten, um wie viel größer die Rolle sein würde, die Traktoren eines Tages in der Landwirtschaft spielen sollten. Kleiner wurden die Traktoren etwa ab 1910. Zu den Pionieren im Bau von kleinen Traktoren zählten die Bull Tractor Company mit einem Dreiradtraktor, Farmer Boy, Steel King, Happy Farmer, Allis-Chalmers und Case, wo 1915 der 10-20 entstand.

Bereits 1912 baute die Heer Engine Company in Portsmouth, Ohio, einen Traktor mit Vierradantrieb. Die Wallis Tractor Company produzierte1913 unter der Bezeichnung Cub ein rahmenloses Modell, während schon sechs Jahre zuvor die Ford Motor Company den Prototyp dessen gebaut hatte, was die weltweit erste in Massen gefertigte Landmaschine werden sollte. Diese Massenfertigung begann allerdings erst im Jahre 1917 mit dem Fordson F. Die rahmenlose Konstruktion, das geringe Gewicht und die Fertigung wie im Automobilbau bedeuteten, dass Ford schnell in die Spitze der Traktorhersteller einzog.

Viele frühe Traktoren besaßen einen Zweizylindermotor als Antrieb, aber auch das erlaubte eine Vielzahl unterschiedlicher Konfigurationen, darunter Boxermotoren, stehende und liegende Motoren sowie verschiedenartig ausgelegte Kurbelwellen, mit denen die Ingenieure die Motoren so kräftig und zuverlässig zu machen suchten, wie es nur möglich war. Das typische Knattern der Zweizylindermotoren von Deere war darauf zurückzuführen, dass die Pleuelstangen um 180 Grad versetzt an der Kurbelwelle saßen. Das sollte in der Theorie das Vibrieren des Motors zum großen Teil ausschalten. Bei J. I. Case setzte man hingegen auf den Boxermotor, um die Vibrationen auf ein Mindestmaß zu reduzieren.

■ OBEN LINKS: ***Die Firma Huber Manufacturing aus Marion in Ohio begann mit Dampfmaschinen und stellte 1911 auf den Bau von Benzintraktoren um. Das Modell Super Four von 1925 besaß eine Nennleistung von 18-36 PS.***

■ OBEN RECHTS: ***Henry Ford wollte mit dem Fordson das für die Landwirtschaft tun, was er mit seinem Ford T für die allgemeine Motorisierung erreicht hatte.***

■ RECHTS: ***Nach dem Bau des ersten Prototyps eines Traktors mit Benzinmotor im Jahre 1892 stellte Case auch weiterhin Dreschmaschinen her.***

■ LINKS: *Henry Ford konnte seine Traktoren nicht unter seinem eigenen Namen verkaufen, weil sich ein Konkurrent diesen gesichert hatte. Aber sein Fordson von 1917 war weitaus erfolgreicher als das Konkurrenzmodell.*

Traktoren wurden immer beliebter, und während es in den Vereinigten Staaten im Jahre 1905 gerade einmal sechs Hersteller gab, schoss ihre Zahl bis 1920 auf über 160 hoch. Viele dieser Firmen waren bei realistischer Sichtweise langfristig nicht überlebensfähig, und weitere gingen beim Börsenkrach 1929 bankrott, während andere aufgekauft wurden, so dass ihr Name auf diese Weise von der Unternehmenslandkarte verschwand.

In Großbritannien baute die Firma Hornsby im letzten Jahrzehnt des 19. Jahrhunderts Traktoren. Ihr erstes Modell, die Hornsby-Akroyd Patent Safety Oil Traction Engine, wurde 1896 fertig gestellt. Es wog etwa acht Tonnen und wurde angetrieben von einem Ölmotor der Firma Stuart & Binney, der für seine Zuverlässigkeit bekannt war. Gestartet wurde der Motor mit Hilfe einer Lötlampe, die eine bestimmte Stelle am Zylinderkopf erhitzte, so dass der Einzylinder auch ohne elektrischen Anlasser ansprang. Hornsby verwendete für seinen Traktor einen 20-PS-Motor mit liegendem Zylinder und baute insgesamt vier Maschinen. Eine davon wurde 1897 auf einer Ausstellung gezeigt und erhielt die Silbermedaille der Royal Agricultural Society of England. Im September des gleichen Jahres kaufte ein Grundbesitzer namens Locke-King einen dieser Traktoren. Das war der erste nachgewiesene Traktorverkauf in Großbritannien. Hornsby lieferte verschiedene Maschinen an das britische Kriegsministerium, um an Rüstungsaufträge zu kommen, und stellte umfassende Versuche mit Gleisketten an. Die auf diese Gleisketten erhaltenen Patente wurden später an den Holt-Konzern in den Vereinigten Staaten verkauft.

Petter's in Yeovil sowie Albone und Saunderson in Bedford bauten ebenfalls Traktoren. Dan Albone war von Hause aus Fahrradbauer und hatte keinerlei Erfahrung mit dem Dampfantrieb. Er ging die Sache daher unter einem anderen Blickwinkel an und kombinierte Ideen aus dem Automobilbau mit den Vorstellungen der Landwirtschaft. Den daraus resultierenden Traktor benannte er nach dem Fluss Ivel.

Albones Maschine war eine kompakte dreirädrige Konstruktion, die eine Vielzahl von landwirtschaftlichen Aufgaben übernehmen

■ UNTEN: *Der Hart-Parr 28-50 war eine einfache Konstruktion, die mit Zwei- und Vierzylindermotoren gebaut wurde, bis die Firma in der Oliver Farm Equipment Company aufging.*

■ OBEN: *Im Jahre 1917 brachte International Harvester den Junior 8-16 auf den Markt, um der Nachfrage nach kleineren und billigeren Traktoren gerecht zu werden.*

konnte. Sie erwies sich als Erfolg und ging in die Fertigung; ein paar Maschinen wurden exportiert, und die Firma wäre zweifellos zu einem wesentlichen Faktor im Traktorenbau geworden, wenn Albone nicht bereits 1906 gestorben wäre. 1916 stellte sie die Produktion ein.

Herbert Saunderson war Schmied und wanderte nach Kanada aus, wo er im Bereich Landmaschinen arbeitete und mit der Firma Massey-Harris in Kontakt kam. Er kehrte als Repräsentant dieser Firma nach Großbritannien zurück und importierte deren Produkte. Später stieg er auf eigene Rechnung in den Traktorbau ein. Saunderson baute zunächst eine dreirädrige Maschine, weil der Ivel von Albone zu dieser Zeit beträchtliche Aufmerksamkeit erregte. 1908 entstand dann eine vierrädrige Konstruktion, und die Firma wurde zum größten Traktorproduzenten und -exporteur außerhalb der Vereinigten Staaten. Eines der späteren Modelle war der Saunderson Universal G. Zu Beginn des 1. Weltkriegs war Saunderson als einziges Unternehmen in Großbritannien groß genug, um die steigende Nachfrage nach Traktoren zu befriedigen. Mitte der Zwanzigerjahre verkaufte Saunderson seine Firma an Crossley.

Auch andere Hersteller arbeiteten zu dieser Zeit an Traktoren, darunter die Firma Ransome's in Ipswich. Petter baute im Jahre 1903 seinen Patent Agricultural Tractor. Marshall und Daimler stellten Maschinen her und setzten auf den Export. Dazu stellten sie 1908 im kanadischen Winnipeg einen Marshall-Traktor aus.

1910 baute die 1906 gegründete Firma Werkhuizen Leon Claeys im belgischen Zedelgem eine Fabrik für Erntemaschinen. Ähnlich zögerliche Schritte erfolgten in zahlreichen anderen

■ RECHTS: *Avery baute nach der Umstellung von Dampfmaschinen Benzintraktoren. Das größte Modell war der 40-80 mit Vierzylindermotor, der 1919 Teil einer Reihe von fünf Modellen war.*

■ LINKS: *Der Waterloo Boy N war der erste Traktor, der dem Nebraska-Traktortest unterzogen wurde. Die Firma wurde später von John Deere aufgekauft und trug dazu bei, Deere als Traktorhersteller zu etablieren.*

europäischen Ländern. Aber weil es in Europa mehr und billigere Arbeitskräfte gab als in den Vereinigten Staaten, fehlte der wirtschaftliche Druck, um den technischen Fortschritt schneller voranzutreiben. In Deutschland baute Adolf Altona einen Traktor mit Einzylindermotor und Kettenantrieb. Insgesamt war dieser Maschine kein voller Erfolg beschieden, aber es kam in Europa zu beträchtlichen Fortschritten im Gefolge der Motorenversuche von Rudolph Diesel.

Diesel (1858–1913) entwickelte mit Unterstützung von Krupp in Berlin einen kostengünstigen, zuverlässigen Motor, der schließlich nach ihm benannt wurde; der Motor hatte eine Kompressionszündung und lief mit Schweröl. Diesel experimentierte in Frankreich, England und Deutschland und seine Motoren fanden weltweit Anerkennung. Er verschwand in der Nacht des 29. September 1913 von einem Dampfer im Ärmelkanal. Man nimmt an, dass er Selbstmord begangen hat.

Deutz stellte 1907 einen Traktor und Motorpflug vor, der als fortschrittliche Konstruktion galt. Deutsche Kraftpflug, Hanomag, Pohl und Lanz waren vier weitere deutsche Unternehmen, die im Bau von Traktoren und motorisierten Landmaschinen tätig waren.

In Frankreich gehörten De Souza und Gougis zu den Herstellern, die mit ihren Traktoren in Grignon bei Paris an Versuchen der französischen Hochschule für Landwirtschaft teilnahmen, bei denen die Maschinen sich einer Vielzahl freiwilliger und vorgegebener Prüfungen unterziehen mussten. Auch sonst gab es in Europa Fortschritte. Die schwedische Firma Munktell baute 1913 einen Traktor und in Italien entstand bei Pavesi der Tipo B. 1910 baute Giovanni Landini den ersten Traktor mit »Glühkopfmotor«. In Russland produzierte ein Maschinenbauunternehmen vor dem 1. Weltkrieg drei Traktoren.

Die Versuche mit Traktoren, Gleiskettenfahrzeugen und Landmaschinen gingen weiter bis zum Ausbruch des 1. Weltkriegs. Die Landwirtschaft lag in dieser Zeit danieder, doch der Krieg forderte eine ungeheure Produktionssteigerung. Die britische Kriegsregierung erließ Vorschriften zur Förderung der Nahrungsmittelproduktion

■ UNTEN: *Während eine Reihe von Herstellern Traktoren mit Reihenvierzylindern baute, blieb Case bei seinen Crossmotor-Modellen wie diesem 15-27 von 1921.*

■ RECHTS: ***Der Zusammenschluss von McCormick und Deering im Jahre 1902 führte dazu, dass für die jeweiligen Händler die Modelle Mogul und Titan produziert wurden. Hier ein 22-PS-Titan aus dem Jahre 1919.***

und zur schnelleren Technisierung in der Landwirtschaft, um einerseits die Produktivität zu steigern und andererseits den Bedarf an Arbeitskräften zu verringern. Eine Reihe von Traktorherstellern hatte auf die Produktion von Rüstungsgütern umgestellt – Hornsby experimentierte beispielsweise mit Panzern –, aber Saunderson baute weiterhin Traktoren und 1915 kam als weiteres Unternehmen Weeks-Dungey hinzu.

Der Import aus den Vereinigten Staaten wurde als schnelles Mittel gesehen, die Zahl der Traktoren auf den britischen Höfen zu erhöhen. Die International Harvester Corporation vertrieb diejenigen Modelle aus ihrer Palette, die ihrer Meinung nach am besten für die Landwirtschaft in Großbritannien geeignet waren: Titan 10-20 und Mogul 8-16. Der Big Bull lief unter dem Namen Whiting-Bull und ein Parret-Modell wurde in Clydesdale umbenannt. Ein weiterer Import war der Waterloo Boy, der in Großbritannien von der Overtime Farm Tractor Company als Overtime verkauft wurde. Die Austin Motor Company hatte ein Peoria-Modell im Angebot, das als Model 1 Culti-Tractor vertrieben wurde. Der Krieg sollte weit reichende Auswirkungen sowohl auf die Wirtschaftlichkeit in der Landwirtschaft als auch auf die Produktion von Traktoren haben.

■ LINKS: ***Die Firma Advance-Rumely wurde 1915 in LaPorte in Indiana gegründet und gehörte zu den frühen Traktorherstellern, die später in die Allis-Chalmers Company eingingen.***

McCORMICK-DEERING

Die Entwicklung des Traktors

Zu Ende des 1. Weltkrieges war der Traktor allgemein als praktische Maschine in der Landwirtschaft akzeptiert: Aus Großbritannien und den Vereinigten Staaten wurden Traktoren rund um den Globus in so ferne Länder wie Russland, Südamerika und Australien exportiert. Die 1917 auf den Markt gebrachten Fordson-Traktoren von Henry Ford wurden zum kommerziellen Erfolg, nachdem sie anfänglich nur für den Verkauf in Großbritannien vorgesehen gewesen waren. Das Kriegsende brachte unumkehrbare soziale und wirtschaftliche Veränderungen mit sich, und das bedeutete, dass die Landwirtschaft zunehmend mechanisiert wurde, während das 20. Jahrhundert seinen Lauf nahm.

DER NACHKRIEGSAUFSCHWUNG IM TRAKTORBAU

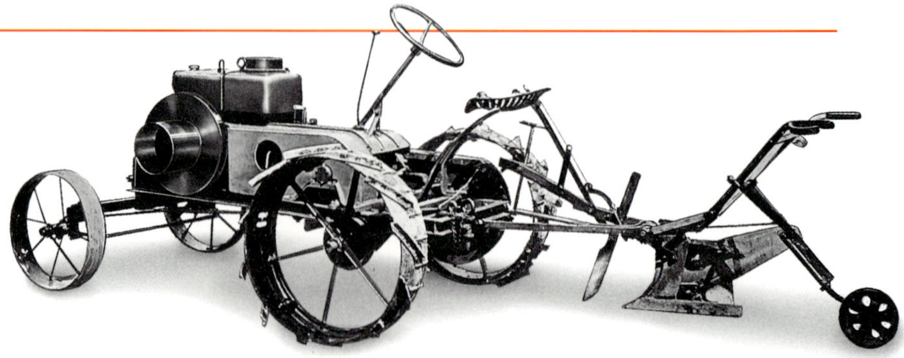

■ OBEN: *Dieselmotoren setzten sich nach dem 1. Weltkrieg auf dem europäischen Traktormarkt durch. Dieses Fendt Dieselross von 1930 besitzt einen 1-Liter-Einzylinderdiesel von Deutz.*

Dem 1. Weltkrieg folgte eine Zeit der wirtschaftlichen Prosperität, und in diesem Aufschwung nahm die Zahl der Traktorhersteller überall auf der Welt schnell zu, während sich auf dem Traktormarkt beträchtliche Veränderungen vollzogen. Die Anerkennung der Tatsache, dass kleinere Traktoren praktisch waren, ließ die Industrie ihren Schwerpunkt verlagern und bedrohte manch ein etabliertes Unternehmen. Unter den neuen Firmen fanden sich viele kleine mit ohnehin begrenzten Erfolgsaussichten, deren Chancen noch kleiner wurden, als in Massen gefertigte Maschinen wie der Fordson immer größere Marktanteile eroberten. Der Ford-Traktor verkaufte sich in ungeheuren Stückzahlen und kam auf einen Anteil von 75 Prozent aller Traktorverkäufe in Amerika. Er war billig in der Herstellung, so dass er für eine größere Zahl von Landwirten erschwinglich war. Viele kleine Hersteller kämpften mit unbedeutenden Stückzahlen verschiedener Modelle dagegen an. Sie experimentierten und führten Neuerungen ein, aber ihre Produkte hatten langfristig keine realistische Chance.

Im Jahre 1921 waren in den Vereinigten Staaten etwa 186 Traktorhersteller im Geschäft, deren Gesamtproduktion sich auf 70 000 Maschinen belief. Traktorbauer gab es in den Zwanzigerjahren auch in den meisten europäischen Ländern, darunter Breda, Pavesi, Fiat, Bubba und Landini in Italien, Steyr in Österreich, Hofherr und Schrantz (HSCS) in Ungarn, Hürlimann und Burer in der Schweiz und Komunar in der Sowjetunion. In den Vereinigten Staaten zählten Bates, Ebert-Duryea, Fagiol, Kardell, Lang, Michigan und Utility zu den kleinen Neuunternehmen. Ein repräsentatives

■ LINKS: *Diese Aufnahme von 1993 zeigt die 101-jährige Jessica Godwin mit dem Fordson Nr. 1 aus dem Jahre 1917, als sie 25 Jahre alt war.*

■ OBEN: *Dieser Deutz-Traktor von 1928 ist mit einem Balkenmäher ausgerüstet und wird von einem Einzylinder-Benzinmotor mit 0,8 Litern Hubraum angetrieben.*

europäisches Produkt der damaligen Zeit war der Glasgow-Traktor, so benannt nach der Stadt, in der er von 1919 bis 1924 gebaut wurde. Hersteller war die DL Company, die nach dem Waffenstillstand eine ehemalige Munitionsfabrik gepachtet hatte. Der Glasgow besaß vorn zwei Räder und hinten ein einzelnes angetriebenes Rad, so dass kein Differential erforderlich war. Die Konstruktion war typisch für eine Reihe billiger Traktoren, wie sie von kleinen Firmen in den Vereinigten Staaten und Europa gebaut wurden.

Trotz der neuen Unternehmen entwickelte sich auf dem amerikanischen Traktormarkt schon bald eine Konkurrenzsituation, in der Fordson, International Harvester, Case und John Deere um die größten Marktanteile kämpften. Fordson senkte die Preise und bot zu jedem verkauften Traktor einen Pflug als kostenlose Beigabe. Nachdem mit Hilfe dieses Marketinginstruments die Lager geräumt waren, konnte das Unternehmen 1921 und 1923 seine neuen Modelle 15-30 und 10-20 auf den Markt bringen, denen 1924 der erste richtige Breitspurtraktor folgte. Der

■ RECHTS: *Große Maschinen wie der Advance-Rumely Oil Pull 16-30 H kamen in den Zwanzigerjahren aus der Mode und wurden durch leichtere, kompaktere Traktoren ersetzt.*

■ **RECHTS:** ***Der John Deere D feierte 1924 sein Debüt; bis zur Produktionseinstellung im Jahre 1953 entstanden mehr als 160.000 Exemplare. Neben dem Modell D wurde der GP speziell für die Reihenarbeit entwickelt.***

Farmall, so seine Bezeichnung, war so ausgelegt, dass er in den Furchen zwischen den einzelnen Reihen mit Baumwolle, Mais und anderen Pflanzen fahren konnte.

Von diesem Zeitpunkt an bedienten sich die konkurrierenden Hersteller der Innovation, um dem Wettbewerber voraus zu bleiben. Allis-Chalmers, Case, International Harvester, John Deere, Massey-Harris und Minneapolis-Moline umwarben ihre Kunden mit technisch höherwertigen Traktoren. Beispielsweise brachte Case nach Ford und International Harvester einen Traktor mit Gussrahmen auf den Markt, der bei den Kunden Anklang fand, obwohl der Motor quer zum Rahmen eingebaut war. Um nicht ins Hintertreffen zu geraten, stellte John Deere daraufhin mit dem Modell D im Jahre 1924 die eigene Interpretation des Traktors mit Gussrahmen vor. Dieser wurde von einem Zweizylinder-Kerosinmotor angetrieben und besaß zwei Vorwärtsgänge und einen Rückwärtsgang.

In Großbritannien baute der Autohersteller Austin einen Traktor, der von einem seiner Automotoren angetrieben wurde. Er verkaufte sich trotz der Konkurrenz durch den Fordson recht gut und blieb mehrere Jahre in der Produktion. Rustin in Lincoln und Vickers in Newcastle-upon-Tyne bauten Traktoren und Clayton fertigte einen Raupenschlepper, aber wie in Amerika mussten all diese Hersteller dauernd gegen die Menge, den Preis und die Qualität des Fordson-Traktors ankämpfen. Die Verlagerung der gesam-

■ **OBEN:** ***Lokomobile wie diese Fowler-Pflugmaschine von 1920 wurden nach und nach durch Traktoren ersetzt, die den Pflug am Zughaken schleppten.***

■ **LINKS:** ***Der Traktor konnte nicht nur Landmaschinen schleppen, sondern über einen Treibriemen auch als Antrieb für andere Maschinen dienen, wie dieser John Deere zeigt. Die Leistung der Traktoren wurde sowohl am Zughaken als auch am Treibriemen gemessen.***

■ RECHTS: *In den früheren Ostblockländern stand die Traktorproduktion wie hier im polnischen Ursus-Werk unter der Aufsicht des Staates.*

■ RECHTS: *Als Resultat der bahnbrechenden Arbeit Henry Fords erfolgte die Traktorherstellung schon bald an Fließbändern. Diese Produktionsmethode wurde schließlich von allen Herstellern, auch von Ursus, angewandt.*

■ RECHTS AUSSEN: *Zentral gesteuerte Produktion und Landwirtschaft gehörten zu den Eckpfeilern der sowjetischen Politik und erreichten nach dem 2. Weltkrieg auch Polen.*

■ OBEN: *Der deutsche Hersteller Lanz kam 1921 mit dem Bulldog auf den Markt.*

ten Ford-Traktorfertigung im Jahre 1929 nach Cork in Irland zeigte, dass mittlerweile viele Gemeinsamkeiten zwischen dem Traktorbau diesseits und jenseits des Atlantiks herrschten. Fünf Jahre zuvor war der preislich günstige Fordson F in Deutschland in den Verkauf gegangen, so dass jetzt auch die deutschen Hersteller mit Ford konkurrieren mussten. Trotz aller Gemeinsamkeiten im weltweiten Traktorbau gab es aber noch Unterschiede: Einer davon lag im Treibstoff. Deutsche Hersteller wie Stock und Hanomag wiesen öffentlich darauf hin, dass die Ford-Traktoren einen weitaus höheren Verbrauch hatten als die eigenen Maschinen, die mit Diesel betrieben wurden. Lanz brachte seinen Feldank-Traktor auf den Markt, dessen Halbdieselmotor auch mit geringwertigem Treibstoff lief. Lanz brachte später den Bulldog heraus, für den die Firma berühmt wurde. Die ersten Bulldog-Modelle waren einfache Konstruktionen, die technisch längst nicht so weit fortgeschritten waren wie der Fordson. Der Lanz HL besaß keinen Rückwärtsgang und wurde angetrieben von einem Zweitakt-Halbdieselmotor mit liegendem Zylinder, der 12 PS leistete.

Der Nebraska-Traktortest

■ UNTEN: *Der Zweck des Nebraska-Traktortests war es, eine unabhängige Bewertung der Leistungen und Fähigkeiten von Traktoren wie diesem Allis-Chalmers zu erhalten.*

Sinn und Zweck von Traktorerprobungen war es, die Leistungen verschiedener Traktoren zu bewerten und realistische Vergleiche zwischen den verschiedenen Modellen und Marken zu ermöglichen. Die Veranstaltung im kanadischen Winnipeg im Jahre 1908 erwies sich als Erfolg und wurde bis 1912 regelmäßig wiederholt. In Großbritannien fand 1910 eine Erprobung in kleinem Rahmen statt, während in den Vereinigten Staaten in Nebraska getestet wurde. Der Nebraska-Traktortest wurde zum Maßstab der relativen Fähigkeiten von Traktoren; er verhinderte, dass die Hersteller mit Fantasiezahlen und aufgeblasenen Leistungsdaten warben.

Eingeführt wurde der Test als Ergebnis der Tatsache, dass ein Mitglied des Parlaments von Nebraska sowohl einen Ford- als auch einen Bull-Traktor gekauft hatte. Die Ford-Traktoren wurden von der Ford Tractor Company in Minneapolis hergestellt, die nach einem ihrer Ingenieure benannt war und nichts mit Henry Ford zu tun hatte. Der Traktor brachte nicht die erwartete Leistung, und der Käufer, Wilmot F. Crozier aus Polk County, war absolut nicht mit ihm zufrieden. Das galt auch für den Bull-Traktor, den er ebenfalls erworben hatte. Folgerichtig brachte er eine Gesetzesvorlage ein, nach der Traktortests in Nebraska vorgeschrieben waren.

Ab 1920 fand eine Serie von Tests statt, bei denen Motorleistung, Treibstoffverbrauch und Motorwirkungsgrad untersucht wurden. Dazu kamen praktische Prüfungen, in denen die Leistung mit Geräten an der Deichsel gemessen wurde. Alle Tests erfolgten an der staatlichen Universität in Lincoln. Das Gesetz schrieb vor, dass die Hersteller in ihrer Werbung entweder alle Testergebnisse nennen oder ganz auf die Veröffentlichung verzichten mussten. Auf diese Weise sollte sichergestellt werden, dass niemand die guten Noten heraushob und die Kritikpunkte wegließ. Der Nebraska-Test war bekannt für seine Fairness und die Kompetenz, die dahinter steckte, und wurde schließlich weit über die Grenzen Nebraskas hinaus anerkannt.

Als Beispiel für die Qualität der ermittelten Daten kann der Test Nr. 266 dienen. Im Zeitraum 10.–19. August 1936 wurde dabei ein Massey-Harris Pacemaker unter die Lupe

■ UNTEN: *Ein John Deere von 1948, eine Version des 1934 eingeführten Modells, das 18,72 PS am Zughaken und 24,71 PS am Treibriemen entwickelte.*

■ RECHTS: *Der Minneapolis-Moline U wie dieser UTS von 1942 war ab 1938 auf dem Markt und wurde im Nebraska-Test mit 30,86 PS am Zughaken und 38,12 PS am Treibriemen gemessen.*

genommen. Der Traktor hatte einen Vierzylindermotor mit hängenden Ventilen sowie 9,84 cm Bohrung und 13,3 cm Hub, der mit 1200 U/min lief, einen Bosch-U4-Magnetzünder, einen Kingston-Vergaser und einen Handy-Regler. Er wog 1837 kg. Test H ergab folgende Daten: 3,67 km/h im 2. Gang bei 750 kg Anhängelast. Die Nennleistung betrug 16,43 Zughaken-PS und die Treibstoffausnutzung 1,77 PS-Stunden pro Liter Destillat-Öl. Der maximale Zug am Haken belief sich auf 1305 kg bei 3,86 km/h im niedrigen Gang. Bei maximaler Leistung von 27,90 Treibriemen-PS nach Test C zeigte sich eine Treibstoffausnutzung von 2,77 PS-Stunde je Liter, und bei einer Nennleistung von 27,06 Treibriemen-PS ergaben sich 2,74 PS-Stunden je Liter. Die standardisierten Daten bedeuteten, dass die Traktoren direkt miteinander verglichen werden konnten.

■ LINKS: *Die Treibriemenscheibe befindet sich bei diesem Junior 8-16 der International Harvester Corporation unmittelbar neben dem Lenkrad.*

■ UNTEN: *Die Leistung betrug 8 PS am Zughaken und 16 PS am Treibriemen, daher die Bezeichnung 8-16.*

Im Frühjahr 1920 wurden auch im französischen Rocquencourt Traktorerprobungen durchgeführt. Dabei testete man heimische und importierte Modelle im Rahmen einer Regierungsinitiative zur Technisierung der französischen Landwirtschaft. Im Herbst des gleichen Jahres fanden weitere Erprobungen in Chartres statt, an denen 116 Traktoren von 46 Herstellern aus aller Welt teilnahmen. In Großbritannien wurde 1930 in Benson eine Traktorerprobung ins Leben gerufen.

Die erste Veranstaltung traf auf großes Interesse bei einer Vielzahl britischer und amerikanischer Traktorhersteller, darunter auch Ford, dessen Fordson-Traktoren zu dieser Zeit bereits in Irland gebaut wurden. Zu den britischen Herstellern, die ihre Traktoren testen ließen, gehörten AEC Limited, Marshalls, Vickers, McClaren und Roadless. Auch von weither kamen Teilnehmer, darunter ein HSCS-Traktor aus Ungarn.

LUFTREIFEN

Einer der ersten, die mit Luftreifen experimentierten, war Charles Goodyear aus Woburn in Massachusetts. Im Jahre 1839 kaufte er die Rechte an einem Patent zur Schwefelbehandlung, die ihm bei der Entwicklung des Vulkanisierungsverfahrens behilflich waren, durch das Gummi elastisch wurde und nicht verklebte. Goodyear starb 1860. Er hinterließ ein reiches Vermächtnis für die Autoindustrie, aber auch Tausende Dollar an Schulden, die er in der Werbekampagne für sein Produkt aufgenommen hatte. Das erste Auto von Alexander Winton aus dem Jahre 1896 fuhr auf Luftreifen von Benjamin Franklin Goodrich. Das waren die ersten Luftreifen, die in den Vereinigten Staaten hergestellt worden waren. Acht Jahre zuvor war der Luftreifen in Irland von John B. Dunlop wieder entdeckt worden. Im Traktorenbau war der Luftreifen der nächste größere Schritt nach vorn. Bis Anfang der Dreißigerjahre des 20. Jahrhunderts hatte das Fehlen praktisch nutzbarer Luftreifen den universellen Einsatz von Traktoren behindert: Während die für das Pflügen geeigneten Metallräder mit Greifern nicht auf befestigten öffentlichen Straßen eingesetzt werden konnten, waren die für die Straße geeigneten Vollgummireifen auf nassen Feldern nicht zu gebrauchen. Massive Stahlräder mit Stollen waren auch für die Bestellung ungeeignet, weil sie an den Wurzeln der Pflanzen zu viel Schaden anrichteten. Goodrich experimentierte in den Vereinigten

■ OBEN: *Dieser Farmall F-12 aus der Mitte der Dreißigerjahre hat noch die alten Stahlräder aus der Zeit vor dem Aufkommen von Luftreifen für Traktoren.*

■ LINKS: *Luftreifen waren anfänglich nur als Sonderausstattung anstelle von Stahlrädern erhältlich, setzten sich aber bald überall durch wie bei diesem Farmall F-20 von 1934.*

■ RECHTS: *Wie alles in der Landwirtschaft sind auch die Luftreifen technisch aufwendiger geworden und kommen wie bei diesem Massey Ferguson 6160 mit Ballenpressmaschine 139 in verschiedenen Typen und Größen zum Einsatz.*

Staaten mit einem drucklosen Reifen, während Firestone sich mit modifizierten Flugzeugreifen beschäftigte. Diese hatten aufvulkanisierte Stollen und wurden auf etwa 1 Bar aufgepumpt, so dass sie für die unebenen Flächen ausreichend elastisch waren. 1932 wurde ein Allis-Chalmers U erfolgreich mit solchen Reifen getestet. Die Firma setzte die neuen Reifen an einem Traktor mit Vierganggetriebe ein, der einerseits bei Pflüggeschwindigkeit arbeiten konnte, andererseits auf der Straße aber auch eine Geschwindigkeit von 24 km/h erreichte. Allis-Chalmers warb nicht nur in der landwirtschaftlichen Fachpresse mit dieser Leistung, sondern stellte auch Rennfahrer ein, die den neuen Traktor mit Luftreifen in voller Fahrt vorführten. Bei der Milwaukee State Fair 1933 stellte die Firma einen »heißen Ofen« vor. Der Traktor wurde zuerst beim Pflügen gezeigt und dann auf einem Rennkurs bis auf 57 km/h beschleunigt. Das war eine Sensation, die Allis-Chalmers gleich dazu nutzte, ein Traktorrennteam aufzustellen. Diese Art der Öffentlichkeitsarbeit trug mit dazu bei, dass 1937 rund fünfzig Prozent aller in den Vereinigten Staaten verkauften Traktoren mit Luftreifen ausgestattet waren.

Wissenschaftliche Untersuchungen zeigten außerdem, dass Traktoren mit Luftreifen weniger Treibstoff verbrauchten. Mit Gummireifen war ein Traktor zwar etwa 200 Dollar teurer, aber diese zusätzliche Ausgabe rentierte sich schon nach nur 500 Arbeitsstunden. Die Gummireifen erhöhten die Vielseitigkeit eines Traktors, weil er auch auf der Straße gefahren werden konnte, und es dauerte dann auch nicht lange, bis die Hersteller dafür auch Getriebe mit einer höheren Übersetzung im höchsten Gang anboten.

■ RECHTS: *Allis-Chalmers setzte als erster Hersteller voll auf Luftreifen, doch die anderen folgten schnell nach. Hier gezeigt ist ein Case R von 1938.*

■ UNTEN: *Vierradantrieb und hohe Geschwindigkeit bedeuten, dass die Reifen auf dem Feld und auf der Straße mehr leisten müssen.*

WELTWIRTSCHAFTSKRISE UND 2. WELTKRIEG

■ OBEN: ***Es war nicht ungewöhnlich, dass Traktoren wie dieser John Deere bei der Ernte zusammen mit Pferden zum Einsatz kamen.***

■ UNTEN: ***Die Weltwirtschaftskrise erreichte 1932 ihren Höhepunkt, aber es wurden immer noch Traktoren produziert, wie dieser McCormick-Deering 10-20 von 1932 beweist.***

Der Börsenkrach von 1929 und die Ökonomie von Produktion und Wettbewerb bedeuteten, dass die Dreißigerjahre anders anfingen als das vorhergehende Jahrzehnt. Verschwunden war der Optimismus und mit ihm die zahlreichen kleinen Hersteller mit ihren nur teilweise ausgereiften Produkten. Es blieben nur noch wenige große Unternehmen mit voll funktionsfähigen Traktoren übrig, in deren neuen Modellen sich vermehrt moderne Maschinenbautechnik fand. Dazu gehörten einfache Verbesserungen wie der Ölbad-Luftfilter, der die Lebensdauer der Motoren verlängerte, wenn die Traktoren auf staubigen Feldern eingesetzt werden mussten. Dazu kamen Verbesserungen an der Beleuchtung und im Raffinieren der Treibstoffe, die eine höhere Effizienz und Funktionalität der Traktoren ermöglichten. Die Wirtschaftskrise beseitigte die Innovation nicht, sondern verlangsamte sie nur und hielt neue Hersteller nicht davon ab, auf den Markt vorzudringen. In manchen Ländern mussten die Traktorhersteller ihre Chancen auf einem kapitalistischen Wettbewerbsmarkt suchen, während in anderen weniger oder gar keine Konkurrenz herrschte. In der nach der Oktoberrevolution 1917 entstandenen Sowjetunion ging die Traktorproduktion unter der Regie des Staates weiter.

Charles Deere Wiman, ein Urenkel von John Deere, hatte im Jahre 1928 die Leitung der John Deere Company übernommen. Trotz erheblicher Verluste in den ersten drei Jahren des neuen Jahrzehnts fasste das Unternehmen den Beschluss, die bei ihm verschuldeten Landwirte so lange zu unterstützen, wie es nötig war. Es besaß glücklicherweise das dazu erforderliche Kapital und war sich zweifelsohne darüber im Klaren, dass es Kunden für seine Traktoren ebenso sehr benötigte wie die Kunden die Maschinen.

Auf dem Höhepunkt der Wirtschaftskrise im Jahre 1932 belief sich die gesamte Traktorproduktion auf etwa zwanzigtausend Stück, und 1933 waren in Amerika nur noch neun große Hersteller am Markt, nämlich Allis-Chalmers, Case, Caterpillar, Cleveland Tractor, International Harvester, John Deere, Massey, Minneapolis-Moline und Oliver. In Europa hatte die Weltwirtschaftskrise gleichermaßen schlimme Auswirkungen, aber die großen Traktorhersteller überlebten. Diese Hersteller sollten in den Jahren nach dem 2. Weltkrieg den Markt unter sich aufteilen, wobei allerdings Fusionen und Zusammenschlüsse innerhalb der Branche bedeuteten, dass zahlreiche kleine Traktorbauer und Hersteller von Landmaschinen und Spezialgerät unter die Fittiche einer Handvoll global operierender Konzerne gerieten. Die Geschichte des Traktorbaus ist im Übrigen durchgehend gekennzeich-

■ LINKS: *Trotz der schlechter werdenden wirtschaftlichen Bedingungen baute International Harvester das Modell 10-20, während McCormick-Deering den Farmall mit gleicher Leistung entwickelte.*

■ RECHTS: *Der Weltkrieg erforderte eine Ausweitung der Traktorproduktion, um die landwirtschaftliche Produktion steigern zu können.*

■ LINKS: *Aufgrund geänderter wirtschaftlicher Bedingungen gab Henry Ford 1929 die Traktorherstellung in den Vereinigten Staaten auf und verlegte sie erst nach Irland und dann nach England.*

■ RECHTS: *Lanz-Traktoren wie dieses 12-PS-Modell von 1923 waren einfache Konstruktionen und besaßen keinen Rückwärtsgang – zur Rückwärtsfahrt wurde einfach die Drehrichtung des Motors umgekehrt.*

■ LINKS: *Der englische Rushton-Traktor der Dreißigerjahre besaß starke Ähnlichkeit mit dem Fordson; hier das Modell 14-20 mit Vierzylindermotor.*

net von Übernahmen und Zusammenschlüssen neuer und etablierter Firmen im Streben nach höheren Verkaufszahlen und technischer Überlegenheit.

Überall auf der Welt wurden kurzfristig technische Fortschritte erzielt. Im Jahre 1940 wechselte New Holland den Besitzer und begann nach einer Umorganisation mit der Produktion der ersten automatischen Heupresse. Ein Jahr zuvor hatten Harry Ferguson und Henry Ford ein Abkommen zur gemeinsamen Traktorproduktion geschlossen, aus dem das Modell 9N hervorging. Der 9N war praktisch eine neue Konstruktion, obwohl er gewisse Ähnlichkeiten mit den bei David Brown

■ UNTEN: *Ende der Zwanzigerjahre brachte Caterpillar eine Serie kleinerer Raupenschlepper für die Landwirtschaft auf den Markt; hier ein Modell bei der Heuernte in England.*

■ LINKS: *Das Konzept des Lanz Bulldog erwies sich in Europa als so populär, dass er von zahlreichen anderen Herstellern gebaut wurde.*

■ UNTEN: *Im 2. Weltkrieg übernahmen britische Frauen die Arbeit ihrer Männer, hier mit Fordson-Traktor und Mähmaschine beim Heumachen.*

gebauten Ferguson-Traktoren aus der Mitte der Dreißigerjahre aufwies.

Bei Ausbruch des 2. Weltkriegs gab es in Großbritannien drei größere Traktorhersteller: Fordson, Marshall und David Brown. Es wurde schnell klar, dass wiederum die Zahl der Traktoren kräftig gesteigert werden musste, wenn die Landwirtschaft in der Lage sein sollte, die Bevölkerung im Krieg zu ernähren. Ebenso klar war, dass Traktoren (wie auch anderes Kriegsmaterial) aus den Vereinigten Staaten importiert werden mussten, und zwar zunächst als normale Käufe und später dann im Rahmen eines Leih-/Pachtvertrages. Das hieß, dass die großen amerikanischen Hersteller Allis-Chalmers, Case, John Deere, Caterpillar, Minneapolis-Moline, Massey-Harris, Oliver, International Harvester und Ford beträchtliche Stückzahlen zu liefern hatten. Ford produzierte zudem weiter in seinem britischen Werk. Die von dort gelieferten Traktoren waren umkonstruiert worden, um Metall einzusparen, und so lackiert, dass sie auf den Feldern weniger auffielen. Zwei Jahre später, im Dezember 1941, trat Amerika nach dem japanischen Luftangriff auf Pearl Harbor in den Krieg ein. Die amerikanische Industrie konzentrierte sich nun auf die Kriegsanstrengungen des eigenen Landes, aber die bis dahin erfolgten Exporte hatten den amerikanischen Traktormarken weit über ihr Herkunftsland hinaus Ansehen verschafft.

Kriegsbedingte Rohstoffknappheit führte zu Konstruktionsänderungen. So wurden beispielsweise vermehrt wieder Stahlräder verwendet, weil auf Grund der zahlreichen japanischen Eroberungen im Fernen Osten das Gummi knapp war. Konstruktionen aus der Vorkriegszeit wurden zum Standard und blieben während des gesamten Krieges in Produktion. Neuerungen konnten warten, während die Hersteller die Kriegsanstrengungen unterstützten und für die Nachkriegszeit

■ RECHTS: *Hanomag war einer der deutschen Traktorhersteller, denen es in den Dreißigerjahren mit der Produktion von Rad- und Kettenfahrzeugen mit Dieselmotor wirtschaftlich gut ging.*

■ UNTEN: *Traktoren wurden im Krieg auf Flugplätzen eingesetzt. Hier schleppt ein Fordson einen Wagen mit Bomben für den Lancaster-Bomber hinter der zurückgekehrten Crew.*

■ LINKS: *Deutz-Dieseltraktor MTZ 320 von 1934. Wie Hanomag spezialisierte sich Deutz auf Traktoren mit Diesel- und Halbdieselmotoren, da diese in Teilen Europas bevorzugt wurden.*

■ RECHTS: *In den Jahren nach dem 1. Weltkrieg gab es in Frankreich neben Latil, Renault und Austin kaum weitere Traktorhersteller.*

■ LINKS: *Früheres Exemplar eines Deutz-Traktors mit Dieselmotor, wie er vor Ausbruch des 2. Weltkriegs in Europa beliebt war. Die Stahlräder sind ein Zeichen für die einfache Bauweise.*

■ OBEN: *Vor dem 2. Weltkrieg besaßen die Traktoren in Amerika, wo 1934 dieser John Deere A gebaut wurde, ein fortschrittlicheres Design.*

planten. Bei John Deere produzierte man beispielsweise eine breite Palette von rüstungsbezogenen Gütern vom Panzergetriebe bis zur beweglichen Wäscherei, ohne dabei aber den Traktorbau aus den Augen zu verlieren. So entwickelte das Unternehmen unter Charles Wiman und Präsident Burton Peek eine starke Ausgangsposition für den Nachkriegsmarkt.

International Harvester und White bauten Halbkettenfahrzeuge, die als Basis für eine Reihe von Spezialfahrzeugen dienten, darunter Mannschaftstransportwagen, Mörserträger, Artilleriegeschütze und Flugabwehrkanonen. Riesige Stückzahlen gingen im Rahmen des Leih-/Pachtvertrages an Großbritannien, Kanada und Russland. Massey-Harris baute etwa 2500 Panzer für die US-Streitkräfte. Bei Case entstanden 15 000 von den insgesamt 75 000 Traktoren und Zugmaschinen, die für den Kriegseinsatz gebaut wurden. Die Case-Beschäftigten unterstützten die Kriegsanstrengungen noch auf eine andere Weise: Freiwillige aus dem Werk bildeten die 518. schwere Instandsetzungskompanie des US-Heeres.

■ UNTEN: *Wie bei diesem frühen Fordson waren im 2. Weltkrieg wegen des Gummimangels aufgrund der japanischen Eroberungen wieder häufiger Stahlräder anzutreffen.*

690
MASSEY FERGUSON
MF

Die Neuerer

Zusätzlichen Schwung erhielt die Entwicklung des Traktors und anderer Landmaschinen durch die Arbeiten zahlreicher Einzelpersonen in verschiedenen Ländern. John Deere entwickelte einen Pflug für die schweren Prärieböden, Henry Ford führte die Serienfertigung in den Traktorbau ein, Holt und Best brachten die Raupenfahrzeugtechnik voran, Jerome Case konstruierte eine funktionsfähige Dreschmaschine und Cyrus McCormick eine Mähmaschine. Adolphe Kégresse entwickelte leichte Raupenfahrzeuge mit gummiummantelten Ketten, und Harry Ferguson erfand die Dreipunktkupplung für den Anbau von Schleppergeräten. Die Summe all dieser Anstrengungen ergab den technisch fortgeschrittenen Traktor der heutigen Zeit.

JOHN DEERE (1804–1886)

Die Geschichte John Deeres, der den ersten kommerziell erfolgreichen selbstreinigenden Stahlpflug der Welt konstruierte, hängt eng zusammen mit der Besiedlung und Erschließung des amerikanischen Mittelwestens, der den Siedlern des 19. Jahrhunderts als Land der Verheißung galt.

Deere wurde am 7. Februar 1804 in Rutland im US-Bundesstaat Vermont geboren. Er verbrachte seine Kindheit und Jugend in Middlebury, wo er eine Hauptschulausbildung erhielt und eine vierjährige Lehre als Schmied machte. 1825 begann er eine Laufbahn als Schmiedegeselle und machte sich schnell einen Namen als sorgfältiger und einfallsreicher Handwerker. Besonders seine hoch glänzenden Heugabeln und Schaufeln waren im westlichen Vermont sehr gefragt, aber Mitte der Dreißigerjahre des 19. Jahrhunderts verschlechterten sich die wirtschaftlichen Bedingungen so, dass die Zukunft für den ehrgeizigen jungen Schmied düster aussah. Viele Vermonter zogen nach Westen, und was von dort an Berichten über einmalige Gelegenheiten nach Vermont zurückdrang, weckte in John Deere eine solche Begeisterung, dass er beschloss, sein Geschäft aufzugeben und sich den Pionieren anzuschließen. Mit einem kleinen Bündel an Werkzeug und etwas Geld machte er sich – zunächst ohne Familie – auf den Weg. Nach vielen Wochen Reise mit Boot und Post-

■ OBEN: ***John Deere, der Schmied aus Vermont, dessen Unternehmen als einziger Traktorhersteller noch den Namen des Gründers trägt.***

■ LINKS: ***John Deere entwickelte den selbst reinigenden Pflug und seine Nachfolger konstruierten Traktoren wie das Modell GP aus den Zwanzigerjahren, das hier beim Bau eines Heuhaufens zu sehen ist.***

■ OBEN LINKS: *John Deere produziert die ganze Palette landwirtschaftlicher Maschinen vom Pflug bis zu Erntemaschinen. In der letzten Zeit hat das Unternehmen beträchtlich diversifiziert.*

■ OBEN RECHTS: *John Deere fertigt seit langer Zeit Dreirad-Breitspurtraktoren, Modelle mit großer Bodenfreiheit und andere Spezialanfertigungen, um auf diese Weise in vorderster Front mitspielen zu können.*

kutsche erreichte er im Jahre 1836 das nach einem Flussdelta benannte Dorf Grand Detour in Illinois, in dem viele Siedler aus dem heimischen Vermont lebten. Diese brauchten so nötig einen Schmied, dass Deere binnen kurzer Zeit nach seiner Ankunft eine Schmiedewerkstatt gebaut und reichlich zu tun hatte mit allgemeinen Schmiedearbeiten wie dem Beschlagen von Pferdehufen und der Reparatur von Pflügen und anderem Gerät der Pioniere. Dabei machte er Bekanntschaft mit dem schwerwiegenden Problem, mit dem diese Pioniere bei der Bestellung der fruchtbaren, aber schweren Böden des mittleren Westens zu kämpfen hatten. Die Gusseisenpflüge, die sie aus der Heimat mitgebracht hatten, waren nämlich für die leichten, sandigen Böden in den Neuenglandstaaten ausgelegt. Der fette Boden des Mittelwestens klebte unten am Pflugkörper fest und musste alle par Schritte abgekratzt werden. Dadurch wurde das Pflügen zu einer langwierigen und mühsamen Aufgabe. Viele Pioniere waren entmutigt und dachten daran, weiterzuziehen oder in den Osten zurückzukehren.

John Deere befasste sich mit dem Problem und gelangte zu der Überzeugung, dass sich Streichblech und Pflugschar von selbst reinigen mussten, wenn sie auf Hochglanz poliert waren und die richtige Form aufwiesen. In einem ersten Versuch schmiedete er daher 1837 aus dem Stahl eines abgebrochenen Sägeblattes einen entsprechenden Pflug.

■ RECHTS: *John Deere kam 1918 mit dem Erwerb der Waterloo Boy Company zum Traktorbau und musste anschließend den Vorsprung etablierter Hersteller wie etwa Ford aufholen.*

■ LINKS: ***Diese Aufnahme zeigt, welchen Weg die John-Deere-Erntetechnik in einem Jahrhundert zurückgelegt hat: vom Binder bis zum Mähdrescher, hier ein Modell Sidehill 6600.***

Der neue Pflug wurde auf einer Farm bei Grand Detour erfolgreich getestet. Er war genau das, was die Pioniere im »Westen«, wie es damals hieß, brauchten, aber erst der Anfang all dessen, was John Deere zum Wachstum der amerikanischen Landwirtschaft noch beisteuern sollte.

Weil meist das Geld knapp war, bauten die Schmiede in der damaligen Zeit Geräte und Werkzeuge nur auf Bestellung. John Deere wagte den neuen Weg, erst eine Reihe von Pflügen zu bauen, um sie dann dorthin zu bringen, wo sie verkauft werden sollten. Auf diese Weise verbreitete sich die Kunde von seinen selbst reinigenden Pflügen sehr schnell.

Trotz dieses neuen Ansatzes war der Versuch, an der Grenze einen Herstellungsbetrieb aufzuziehen, mit vielen Problemen behaftet, darunter das Fehlen von Banken, das schlechte Verkehrsnetz und – am schlimmsten – der Mangel an Stahl. John Deere musste daher seine ersten Pflüge aus den Stahlstücken bauen, die er eben auftreiben konnte. Im Jahre 1843 ließ er eine Ladung Walzstahl aus England kommen. Sie musste per Dampfschiff über den Atlantik, per Paketboot auf den Flüssen Mississippi und Illinois und schließlich 65 km mit dem Planwagen über Land bis nach Grand Detour transportiert werden. 1846 wurde die erste Platte Gussstahl, die je in den Vereinigten Staaten gewalzt wurde, für John Deere hergestellt und von Pittsburgh nach Moline in Illinois transportiert, um in dem Werk verarbeitet zu werden, das Deere dort im Jahre 1848 baute, um die Wasserkraft und den problemlosen Transport zu nutzen, die sich durch den Mississippi boten. Binnen zehn Jahren nach dem Bau seines Prototyps stellte John Deere tausend Pflüge im Jahr her. In den ersten Jahren nach der Geschäftsgründung legte Deere ein paar Grundsätze fest, nach denen sich das Unternehmen seitdem richtet. Dazu gehörte auch die Forderung nach einem hohen Qualitätsstandard. Er schwor sich damals, dass »niemals ein Pflug meinen Namen tragen wird, der nicht das Beste dessen in sich trägt, was in mir wohnt«. Im Jahre 1868 ließ John Deere sein Geschäft unter dem Namen Deere & Company als Gesellschaft registrieren. Im Jahr darauf wurde sein Sohn Charles zum Vizepräsidenten

■ UNTEN: ***John-Deere-Sämaschine mit Luftreifen hinter einem Breitspurtraktor; die Maschine bearbeitet vier Reihen gleichzeitig.***

■ RECHTS: *Mehr als 150 Jahre, nachdem John Deere den selbst reinigenden Pflug für die Bestellung der Prärie entwickelt hat, ist sein Name immer noch an Traktoren wie diesem zu finden.*

und Leiter der Finanzabteilung gewählt. Einer seiner ersten Partner kritisierte ihn wegen der dauernden Konstruktionsänderungen und meinte, das sei völlig unnötig, weil die Landwirte nehmen müssten, was angeboten werde. Deere nahm einen weitsichtigeren Standpunkt ein: Wenn er keine Verbesserungen vornahm, würde es ein anderer tun. Seitdem legt das Unternehmen unverändert hohen Wert auf Produktverbesserungen und wendet einen größeren Teil des Ertrags für Forschung und Entwicklung auf als viele Wettbewerber. Seine Rolle als bedeutende Kraft in der Traktorindustrie begann mit dem Kauf der Waterloo Gasoline Engine Company im Jahre 1918 und dem Bau des Modells D im Jahre 1924.

■ UNTEN: *Eine der Innovationen, derer sich die Nachfolger John Deeres erfolgreich bedienten, war ein modernes Design. Henry Dreyfuss konzipierte das Erscheinungsbild der Modellpalette in den Dreißigerjahren und dieses Design wurde bis in die Fünfziger beibehalten.*

■ RECHTS: *Charles Deere, der Sohn von John Deere, wurde Vizepräsident und Finanzbeauftragter des Unternehmens und folgte später seinem Vater als Präsident nach.*

Jerome Increase Case (1819–1891)

Jerome Increase Case gründete im Jahre 1842 in Racine im US-Bundesstaat Wisconsin die J. I. Case Company und machte sich schon bald darauf einen Namen als Konstrukteur der ersten Dampfmaschine für den Einsatz in der Landwirtschaft. In seiner Amtszeit als Präsident baute das Unternehmen mehr Dresch- und Dampfmaschinen als jede andere Firma in der Geschichte. Neben seinem angeborenen Talent als Erfinder und Hersteller besaß Case auch Interesse an Politik und Finanzwesen. Er wurde drei Mal zum Bürgermeister von Racine gewählt und absolvierte drei Legislaturperioden im Senat seines Bundesstaates. Er war Gesellschafter und Präsident der Manufacturer's National Bank of Racine und Gründer der First National Bank of Burlington. Weiterhin rief er in Wisconsin die Akademie für Wissenschaft, bildende Kunst und Literatur ins Leben und übernahm den Vorsitz in den Landwirtschaftlichen Gesellschaften im Kreis Racine und im Bundesstaat Wisconsin. In unternehmerischen und landwirtschaftlichen Kreisen sprach man von ihm als »Dreschmaschinenkönig«. Eine ganz andere Art der Anerkennung erhielt Case als Besitzer von »Jay-Eye-See« (der phonetischen Umsetzung seiner Initialen) – einem Rappwallach, der als bester Traber aller Zeiten galt.

Schon in jungen Jahren soll Case durch einen Artikel in einer landwirtschaftlichen Zeitung dazu angeregt worden sein, sich mit Dreschma-

■ OBEN: *Das von J. I. Case gegründete Unternehmen erwarb sich mit dem Bau von Dreschmaschinen und später auch Dampf-Lokomobilen einen Ruf. Die Serienfertigung von Traktoren begann erst im Jahre 1911.*

■ LINKS: *Das Unternehmen erlebte Mitte der Dreißigerjahre eine Flaute und die Verkäufer waren der Meinung, sie könnten das Modell CC erst dann verkaufen, wenn die International-Harvester-Händler alle F-12-Modelle abgesetzt hätten.*

■ OBEN: ***Der Case LA war das Modell L in neuem Gewand. Seine runderen Linien spiegelten die größere Betonung der äußeren Erscheinung bei Traktoren wider.***

schinen für Weizen zu beschäftigen. Für den Landwirt zu Beginn des 19. Jahrhunderts hatte sich seit biblischen Zeiten kaum etwas geändert: Er mähte den Weizen mit der Sense, drosch ihn mit einem Flegel und trennte die Spreu vom Weizen, indem er das Dreschgut in die Luft warf, so dass der Wind die Spreu davonblies – eine zeitaufwendige Knochenarbeit. Jeder Arbeiter schaffte nur sechs bis sieben Scheffel am Tag, so dass die Landwirte keinerlei Möglichkeit hatten, ihre Anbauflächen zu vergrößern und die Produktivität zu steigern, zumal in dieser Zeit in den Vereinigten Staaten Arbeitskräftemangel herrschte. 1820, im Jahr nach Case's Geburt, hatten die USA 5,5 Millionen Einwohner, die Sklaven allerdings nicht mitgerechnet. Je weiter westlich man kam, desto mehr nahm die Bevölkerungsdichte ab, so dass die Landwirte dort praktisch nur auf ihre Familien als Arbeitskräfte zurückgreifen konnten – ein Grund dafür, dass diese Familien meist ziemlich groß waren. Case wurde an einem Wendepunkt in der amerikanischen Geschichte geboren, an dem der technische Fortschritt durch die industrielle Revolution die Ausweitung der Vereinigten Staaten nach Westen unterstützte. Er sollte zusammen mit anderen Neuerern wie Cyrus McCormick und Eli Whitney, deren Erfindungen die amerikanische Landwirtschaft von Grund auf veränderten, zu einem wesentlichen Teil dieses Prozesses werden. Mit Einfallsreichtum und technischen Neuerungen steigerten diese Männer das Produktionsniveau derart, dass Nordamerika zur Kornkammer für die Welt werden sollte.

Case begann sein Werk mit der technischen Verbesserung einer einfachen Dreschmaschine in Rochester, Wisconsin; kurz danach zog er nach Racine, weil dort reichlich Wasserkraft zum Antrieb seiner Maschinen zur Verfügung stand. Bereits 1847 hatte er das dreistöckige Gebäude errichtet, das zum Zentrum seines Landmaschinenunternehmens wurde. Zu dieser

■ LINKS: ***Case stellte 1930 das Breitspurmodell CC vor. Die Traktoren waren grau lackiert und besaßen an der Seite einen auffälligen Lenkhebel, der als »Hühnerstange« oder »Zaunrasierer« verspottet wurde.***

■ RECHTS: ***1939 kam mit der neuen Baureihe R eine neue glänzende Lackierung mit der Bezeichnung Flambeau-Rot.***

Zeit kostete eine mit Pferden betriebene Dreschmaschine 290 bis 350 Dollar.

Das Geschäft ging so gut, dass Case bereits 1848 der größte Arbeitgeber in Racine war, eine Position, die das Unternehmen bis heute nicht abgegeben hat. Mit steigenden Auftragszahlen entwickelte Case seine Dreschmaschinen immer weiter. Im Jahre 1852 schrieb er seiner Frau nach einer Vorführung vor einer Gruppe von Landwirten: »Alle waren sich einig, dass die Maschine bei einer Dreschleistung von zweihundert Scheffeln am Tag jeder Konkurrenz überlegen sein dürfte.« Am Nachmittag des Vorführungstages hatte er die Pferde angespannt und bis zum Abend »177 Scheffel Weizen gedroschen und von der Spreu getrennt.«

1862 entwickelte Case ein verbessertes Antriebssystem für seine Dreschmaschinen. Dabei wurden Pferde paarweise an lange Deichseln gespannt, die wie riesige Speichen eines liegenden Rades aussahen. Der Pferdeführer stand in der Mitte auf einer Plattform, und die Kraft der Pferde wurde über einen Satz Zahnräder auf lange Stangen und von dort auf die Dreschmaschine übertragen. Eine dieser Dreschmaschinen mit der Bezeichnung »Sweepstakes« – die erste Case-Maschine, die einen Namen erhielt – schaffte bis zu dreihundert Scheffel am Tag.

1863 schloss sich J. I. Case mit Massena Erskine, Robert Baker und Stephen Bull zur J. I. Case and Company zusammen. Zwei Jahre später wählte die Firma »Old Abe« zu ihrem Maskottchen. Old Abe war ein kahlköpfiger Adler, der der 3. Kompanie des 8. Wisconsin-Regiments im amerikanischen Bürgerkrieg als Maskottchen gedient hatte. In diesem Jahr kam die Dreschmaschine mit der Bezeichnung »Eclipse« auf den Markt, eine verbesserte Version der früheren Modelle, die für eine bessere Trennung von Korn und Stroh sorgen und größere Mengen Weizen dreschen sollte.

■ OBEN: ***Die Baureihe VA von 1942, ebenfalls in Flambeau-Rot, sollte den Gewinn steigern, indem mehr Teile im eigenen Unternehmen hergestellt wurden.***

■ UNTEN: ***J. I. Case baute sein Unternehmen zwar auf Dreschmaschinen auf, doch konnte er sich wahrscheinlich kaum vorstellen, dass Maschinen wie diese hier bei der Maisernte in Sambia dereinst seinen Namen tragen würden.***

Die Dampfkraft war die nächste wesentliche Neuerung, der sich J. I. Case and Company annahm. Die erste von etwa 36 000 Case-Dampfmaschinen wurde 1869 gebaut. Die frühen Modelle waren Standmaschinen, die auf einen von Pferden gezogenen Wagen montiert wurden. Sie dienten einzig und allein als Antrieb für die Treibriemen von Zusatzgeräten wie etwa Dreschmaschinen. Im Jahre 1876 baute die Firma bereits selbst fahrende Dampfmaschinen, von denen eine auf der Jahrhundertausstellung in Philadelphia eine Goldmedaille gewann. In diesem Jahr verkaufte das Unternehmen 75 Dampfmaschinen, denen im nächsten Jahr weitere 109 folgten. 1878 stiegen die Verkaufszahlen auf mehr als das Doppelte und in diesem Jahr verzeichnete Case bei der Weltausstellung in Paris auch den ersten Verkauf nach Übersee.

Im Jahre 1880 wurde die J. I. Case and Company aufgelöst und an ihrer Stelle die J. I. Case Threshing Machine Company gegründet. Das neue Unternehmen verbesserte seine Produkte ständig und brachte 1880 die Dreschmaschine »Agitator« mit einem besseren Pferdeantrieb, dem so genannten »Dingee Sweep«, auf den Markt. Als weiteres Standbein kam die Produktion von Dampfmaschinen für Sägemühlen hinzu.

Eine Geschichte aus dem Jahre 1884 zeigt, von welchem Charakter Jerome Case war. Das Unternehmen hatte an einen Landwirt in Minnesota eine Dreschmaschine verkauft, die dringend repariert werden musste. Der Händler vor Ort und ein eigens hinzugeholter Schlosser konnten nichts ausrichten. Daraufhin begab sich Jerome Case höchstpersönlich auf die betreffende Farm. Unter den Augen der Zuschauer, die erstaunt darüber waren, dass er selbst die weite Reise unternommen hatte, nahm er die Reparatur in Angriff. Aber auch er konnte den Fehler nicht beheben und brannte daraufhin die Maschine aus Ärger, dass sie defekt sein Werk verlassen hatte, nieder. Am nächsten Tag wurde eine nagelneue Dreschmaschine auf der Farm abgeliefert.

1885 wandte sich Case – mittlerweile der größte Dampfmaschinenhersteller der Welt – dem wachsenden südamerikanischen Markt zu und bestellte einen Händler für die Westküste. 1890 eröffnete das Unternehmen ein Büro in Buenos Aires. Jerome Case starb 1891 und sein Schwager Stephen Bull übernahm die Leitung des Unternehmens. In seiner Zeit hatte Jerome Case einen unschätzbaren Beitrag zur Technisierung der Landwirtschaft gemacht, und sein Name findet sich noch heute auf einer Produktlinie landwirtschaftlicher Maschinen – Case IH.

■ OBEN: *Ein Case-Traktor sammelt gemähtes Gras für die Silage. Case erwarb 1972 den bekannten englischen Traktorhersteller David Brown.*

■ UNTEN: *Der Case DEX wurde speziell für den britischen Markt gebaut. Wie beim LA erfolgte der Endantrieb durch Ketten statt Zahnräder.*

Cyrus Hall McCormick (1809–1884)

Im Jahre 1902 entstand die International Harvester Company aus dem Zusammenschluss der Firmen McCormick und Deering. Cyrus McCormicks Engagement in der Landwirtschaft hatte jedoch schon 1831 in Rockbridge County im US-Bundesstaat Virginia begonnen, wo er eine Mähmaschine vorstellte, die auf einer Idee seines Vaters Robert McCormick beruhte. 1834 erhielt er das Patent auf seine Mähmaschine, und 1840 konnte er sie zum ersten Mal verkaufen. Die Mähmaschine bildete einen wesentlichen Schritt in der Technisierung des Erntevorgangs. Sie machte Schluss mit endlosen Stunden Arbeit mit der Sense und schaffte das Dreifache der Leistung des besten Landarbeiters. Die Produktion konnte jetzt massiv gesteigert werden.

■ LINKS: ***Cyrus Hall McCormick war seit 1831 mit Landmaschinen befasst. In diesem Jahr führte er seinen verbesserten Getreidemäher in Virginia vor.***

■ LINKS AUSSEN: ***Als im Jahre 1902 die Fusion von McCormick und Deering geplant wurde, war der Benzintraktor bereits in der Praxis anzutreffen.***

Nachdem er die Tauglichkeit seiner Mähmaschine in Virginia bewiesen hatte, zog Cyrus McCormick nach Westen, weil er sich wie Jerome Case und John Deere bewusst war, welche riesigen Möglichkeiten sich in der Landwirtschaft in den Prärien auftaten. Im Jahre 1847 baute er in Chicago ein Werk zur Herstellung von Mähmaschinen. Die Produktion lief bald an, und McCor-

■ OBEN: ***Die einfache Konstruktion des Zughakens gestattete es, zahlreiche Anbaugeräte, darunter insbesondere Pflüge und Erntemaschinen, zu schleppen.***

■ UNTEN: ***Luftreifen und Breitspurtraktoren waren zur Zeit der Fusion noch Zukunftsmusik, aber das Unternehmen sollte die Niedrigpreispolitik Henry Fords überleben.***

■ OBEN: *Seit Beginn der Unternehmensgeschichte setzte die Firma McCormick-Deering IH auf den Export und die Produktion in Übersee. Diese Traktoren und Landmaschinen warten darauf, in Frankreich verkauft zu werden.*

micks Brüder Leander und William stiegen in das blühende Geschäft ein. Die Nachfrage nach Mähmaschinen sorgte dafür, dass das Unternehmen gedieh und es den Brüdern finanziell gut ging.

Im Jahre 1865 starb William McCormick, und 1871 brannte das Werk nach Brandstiftung nieder. Die Firma geriet darauf ins Wanken, baute aber trotz finanzieller Verluste ein neues, größeres Werk. Im Jahre 1879 wurde sie zur McCormick Harvesting Machine Company umgewandelt. Als zweiter der Gebrüder McCormick starb Cyrus im Jahre 1884. Sechs Jahre danach kauften seine Witwe Nancy McCormick und sein Sohn Cyrus jun. die von Leander McCormick gehaltenen Anteile. Cyrus jun. führte anschließend mehrere Jahre lang erfolgreich die Geschäfte der McCormick Harvesting Machine Company.

Das Unternehmen richtete seine Politik darauf aus, einerseits Patente zu kaufen, in denen ein gewisses Potenzial zu stecken schien, und ande-

■ RECHTS: *Das Traktordesign richtet sich nach dem Zeitgeist. Nachdem in den Nachkriegsjahren rundere Formen gefragt waren, wurden die Linien in den Sechziger- und Siebzigerjahren wieder gerader.*

■ RECHTS: *Klassischer Farmall der Baureihe F auf einer Oldtimer-Ausstellung in den Vereinigten Staaten. Die Vorderräder stehen in der normalen Breitspurkonfiguration nahe beieinander.*

■ UNTEN: *Landwirt vor dem blauen Himmel Nebraskas auf seinem International Harvester.*

rerseits auch selbst Forschung und Entwicklung zu betreiben, um sich gegen die Konkurrenz zu behaupten. Der größte Konkurrent für McCormick war die Deering Harvester Company. Erst 1870 hatte William Deering, ein erfolgreicher Geschäftsmann aus Maine, in die Firma investiert, die den Marsh Harvester baute, einen Vorläufer des Getreidebinders, den sich die Brüder Charles und William Marsh im Jahre 1858 in Illinois hatten patentieren lassen. Die Firma gedieh, und 1880 war William Deering der Besitzer der jetzt so genannten Deering Harvester Company.

Im Laufe der Jahre verstrickten sich die beiden Unternehmen in einen regelrechten Verkaufskrieg. Deering versuchte 1897, seine Firma an McCormick zu verkaufen, aber es konnte

■ UNTEN: *Die Namen McCormick, Deering, International Harvester und Farmall auf einem Traktor vereint. International Harvester war Eigentümer von McCormick-Deering und Farmall war die Bezeichnung der Traktorbaureihe.*

keine Übereinkunft erzielt werden. Fünf Jahre später wurde ein Plan erarbeitet, nach dem McCormick, Deering und eine Reihe kleinerer Firmen fusionieren sollten. Das neue Unternehmen mit dem Namen International Harvester bildete nach den Maßstäben der damaligen Zeit mit einem Schätzwert von 120 Millionen Dollar einen Machtfaktor auf dem Markt.

Im Rahmen der angestrebten Expansion wurde zunächst der Export in die meisten Länder des britischen Empire aufgenommen. Ein neues Werk entstand in Hamilton, Ontario, und International Harvester kaufte andere Firmen auf, darunter die Osborne Company, die Weber Wagon Company, Aultman-Miller und die Keystone Company. Dadurch vergrößerte sich das Unternehmen und verbreiterte sich seine Produktpalette. Bereits im Jahre 1905 erfolgte mit dem Bau einer Fabrik im schwedischen Norrköping, dem weitere Produktionsstätten in Deutschland und Russland folgten, der Vorstoß nach Europa. Denn nicht umsonst hatte man die Bezeichnung »International« in den Firmennamen aufgenommen.

■ OBEN: *Der Farmall M war eines von drei neuen Modellen des Jahres 1939, für deren äußeres Erscheinungsbild der bekannte Industriedesigner Raymond Loewy verantwortlich zeichnete.*

■ UNTEN: *Kabinen setzen sich trotz der Versuche bei Minneapolis-Moline nur langsam durch. Heute sind sie schallgedämpft und staubdicht.*

DANIEL BEST

Daniel Best wurde am 28. März 1838 als neuntes der sechzehn Kinder aus zwei Ehen seines Vaters geboren. Als Junge lebte er eine Zeit lang in Missouri, wo sein Vater eine Sägemühle betrieb, bis die Familie nach Vincennes in Iowa zog, um einen landwirtschaftlichen Betrieb mit 400 Morgen Ackerland zu übernehmen. Ein älterer Bruder war schon früher in den Westen gegangen und ermutigte Daniel, es ihm nachzutun. Im Jahre 1859 machte sich Daniel Best schließlich mit einem Planwagentreck auf den Weg und verdiente sich in den nächsten zehn Jahren seinen Lebensunterhalt mit den verschiedensten Tätigkeiten, zumeist im Bergbau und in der Holzwirtschaft.

In einer Zeit, in der er bei seinen Brüdern arbeitete, die in Kalifornien Getreide anbauten, konstruierte und baute er eine transportable Getreideputzmaschine. Damit konnten die Brüder in der Erntesaison 1870 sechzig Tonnen Getreide am Tag putzen. Best ließ sich die Maschine im Jahre 1871 patentieren und ging eine Partnerschaft mit L. D. Brown ein; im gleichen Jahr gewann die »konkurrenzlose Saatgut-Trennmaschine von Brown und Best« den ersten Preis bei der kalifornischen Landwirtschaftsausstellung. Als nächstes ließ Best eine Maschine zur Entfernung der Samenschalen und dann eine Waschmaschine patentieren. Er befasste sich aber auch weiterhin mit Getreideputzmaschinen, und zwar besonders, nachdem im Bundesstaat Oregon eine Verordnung in Kraft getreten war, nach der Getreide vor dem Verkauf oder Transport geputzt werden musste. Er gründete mit Nathaniel Slate in Albany eine Gesellschaft, und sie eröffneten in Oakland in Kalifornien eine Filiale, weil sich dort ein Verladehafen und eine Handelsbörse für Getreide befanden. Später ging Best mit seiner Familie nach Washington, um seine Interessen in den Bereichen Bergbau und Holzwirtschaft zu verfolgen.

Die Nachfrage nach Bests Erfindungen wuchs unaufhörlich, und er produzierte eine Vielzahl von Maschinen, die auf die Steigerung der Produktivität und auf die Technisierung der Landwirtschaft abzielten. Wegen des kontinuierlichen Aufschwungs fühlte Best sich verpflichtet, größere Produktionsstätten zu erwerben. Er verkaufte einen Teil seiner anderen Unternehmen in Washington und Oregon und erwarb mit dem Erlös die San Leandro Plow Company. Unter Umfirmierung seiner Unternehmen in Daniel Best Agricultural Works verlagerte er die Produktion von Albany und Oakland nach San Leandro. Zu dieser Zeit ließ er eine Ährenmäh- und -dreschmaschine sowie einen Gebläseregler patentieren, mit dem die Maschine unabhängig von ihrer Fahrgeschwindigkeit in gleichmäßigem Rhythmus arbeiten konnte. Diese Neuerung war ein wesent-

■ OBEN: *Patente versetzten Daniel Best in die Lage, anderen Raupenschlepperherstellern Lizenzgebühren in Rechnung zu stellen.*

■ UNTEN: *Der Best 60 gehörte zu den ersten Raupenschleppern für die Landwirtschaft.*

■ RECHTS: *Nach der Fusion von Holt und Best wurden die Traktoren der neuen Firma als Caterpillars bekannt; hier ein Modell 30 von 1929.*

licher Schritt zur Gütesicherung im Ernten und Putzen von Getreide, zumal die beiden Funktionen jetzt in einer Maschine vereint waren. In den nächsten Jahren verkaufte Best 150 dieser Maschinen an Landwirte in den US-Bundesstaaten Oregon, Kalifornien und Washington.

■ UNTEN: *Der Caterpillar R2 von 1939 wird angetrieben von einem Benzinmotor mit 25-31 PS Leistung.*

Der Unterschied zwischen den landwirtschaftlichen Betrieben in Kalifornien und im mittleren Westen lag in der Größe. Die kalifornischen Weizenfarmen waren meistens viel größer, so dass die Ernte einen sehr großen Arbeitsaufwand erforderte: teilweise wurden bis zu 150 Pferde benötigt. Best war der Meinung, dass die Technik zur Verringerung des Personal- und Pferdebedarfs durchaus vorhanden war. Bei dieser Technik handelte es sich um die Nutzung der Dampfkraft, wie sie in der Landwirtschaft bereits in zwei Formen erfolgte, nämlich als Dampfmaschine auf Pferdefuhrwerken und als selbst fahrende Dampfmaschine.

Best kaufte die Rechte an der »Rough and Ready« von Remington, einer patentierten selbst fahrenden Dampfmaschine, die sich in der Land- und Holzwirtschaft bereits bewährt hatte. Er ging aber einen Schritt weiter als Remington und entwickelte die Maschine dahingehend weiter, dass sie sowohl seinen Mähdrescher schleppen als auch seinen Hilfsmotor antreiben konnte. Darauf erhielt er im Jahre 1889 ein Patent.

Charles Henry Holt

Charles Henry Holt wurde in London im US-Bundesstaat New Hampshire geboren. Er ging in Boston zur Schule und ließ sich anschließend zum Buchhalter ausbilden. Nachdem er eine Zeit lang im elterlichen Unternehmen und dann in der Buchhaltung einer New Yorker Reederei gearbeitet hatte, schiffte er sich im Jahre 1865 nach San Francisco ein. Nördlich der Stadt erhielt er eine Anstellung als Lehrer und Buchhalter. Binnen zwei Jahren hatte er 700 Dollar angespart und kehrte voller Tatendrang nach San Francisco zurück.

Seine Familie war in New Hampshire in der Holzwirtschaft tätig. Da sie auf die Lieferung von Hartholz für Räder und Fuhrwerke spezialisiert war, gründete Charles Holt die C. H. Holt & Co., kaufte Holz von seinem Vater und verkaufte es an Wagen- und Bootsbauer in Kalifornien. Weil Kalifornien zu dieser Zeit einen wirtschaftlichen Aufschwung erlebte, bestand beträchtlicher Bedarf an dieser Leistung. Frank, einer der Brüder von Charles Holt, ging ebenfalls nach Kalifornien, um dort Räder und die entsprechenden Komponenten zu produzieren. Dieses Geschäft war weniger erfolgreich, weil die im feuchteren Klima des Ostens gebauten Räder sich nicht für den viel trockeneren Sommer im Westen eigneten und häufig ihren Dienst versagten. Um dieses Problem zu umgehen, ließen die Brüder das Holz aus dem Osten nach Kalifornien transportieren,

■ OBEN: *Der Caterpillar D2 Diesel wurde zwischen 1938 und 1947 mit nur geringen Änderungen am Design gebaut.*

■ OBEN: *Der Caterpillar Diesel 40 wird von einem Dreizylinderdiesel mit 55 PS angetrieben. Hier ist er in Straßenbaugelb zu sehen, der Farbe, die das vorherige Grau ablöste.*

■ LINKS: *Caterpillar 28 von 1935. Die Maschine leistete beim Nebraska-Test 37 PS am Treibriemen.*

■ RECHTS: *2-t-Caterpillar. Bei den frühen Modellen wie diesem ähnelt der Schriftzug Caterpillar einer Raupe.*

damit es dort ablagern konnte, bevor es zu Rädern verarbeitet wurde. Aber auch das löste das Problem nicht vollständig, so dass die Brüder sich nach einem Ort umsahen, der für ihre speziellen Bedürfnisse besser geeignet war. Sie entschieden sich für Stockton, 150 km östlich von San Francisco, und gründeten dort die Stockton Wheel Company. Nach etwa sechzig erfolgreichen Jahren mit der Herstellung von Dampfmaschinen und dem Bau der ersten funktionsfähigen Raupenschlepper fusionierten die Firmen Holt und Best im Jahre 1925 zur Caterpillar Tractor Company.

1931 rollte der erste Schlepper des Typs »Diesel Sixty« mit der neuen effizienten Antriebsquelle für Raupenschlepper von den neuen Fertigungsbändern in East Peoria in Illinois. Im Jahre 1940 umfasste die Caterpillar-Produktpalette bereits Planierraupen, Straßenplanierer, Förderlader, Stufenbagger und Lichtmaschinen.

■ UNTEN: *Ein nach England exportierter Caterpillar während des Krieges.*

Henry Ford (1863–1947)

Henry Ford wurde 1863 auf der Farm seines Vaters bei Dearborn in Michigan geboren. Er wuchs auf mit der stumpfen Plackerei der landwirtschaftlichen Arbeit, und vielleicht war es diese Erfahrung, die in ihm das Interesse an allem Mechanischen wachrief. 1983 hatte Ford es bis zum Ingenieur geschafft und arbeitete bei der Edison Illuminating Company in Detroit. In seiner Freizeit experimentierte er mit Verbrennungsmotoren und ihren Möglichkeiten als Antrieb für Fahrzeuge. Am 4. Juni 1896 stellte Henry Ford sein erstes vierrädriges Fahrzeug mit einem Zweizylinder-Viertakt-Benzinmotor fertig. Es hatte zwei Vorwärtsgänge und kam auf eine Geschwindigkeit von 16 km/h im niedrigen und 32 km/h im hohen Gang. Noch in der Zeit bei Edison baute Ford ein weiteres Fahrzeug – den »Autobuggy«, einen mittels Lenkstange gesteuerten Wagen mit Zweizylindermotor, Planetengetriebe und Kettenantrieb.

Im Jahre 1899 verließ er Edison und gründete die Detroit Auto Company, die sich zunächst stark bei Autorennen engagierte. Aus dieser Firma ging die Henry Ford Company hervor, die Ford später verließ, weil es Unstimmigkeiten hinsichtlich des Unternehmensziels gab: Ford wollte günstige, erschwingliche Fahrzeuge bauen, während seine Kollegen auf Luxusautos setzten. Nach seinem Abgang wurde das Unternehmen in Cadillac Company umbenannt.

■ OBEN: *Henry Ford in einem seiner Versuchsfahrzeuge aus der Zeit, als er noch bei der Edison Illuminating Company arbeitete.*

■ LINKS: *Der Fordson E27N wurde in einem Ford-Werk im englischen Dagenham gebaut. Er war eine Entwicklung aus der Kriegszeit.*

■ LINKS: *Henry Fords Beitrag zur Entwicklung des Transportwesens kann kaum hoch genug eingeschätzt werden. Neben Traktoren brachte er die Serienfertigung voran und war einer der Väter des Erfolgs des Autos.*

1902 baute Ford ein experimentelles Volksauto, und im Juni 1903 brachte er zusammen mit zwölf Anderen hunderttausend Dollar Kapital auf und gründete die Ford Motor Company. Der Ford A verkaufte sich in den nächsten Monaten 1708 Mal zum Preis von 850 Dollar. Im Jahre 1905 wurde die Society of Automobile (später: Automotive) Engineers gegründet und Henry Ford zu einem der Vizepräsidenten gewählt. Das war zu einer Zeit, als die Befürworter von Dampfwagen und Elektroautos ins Hintertreffen gerieten und der Verbrennungsmotor in den Vordergrund trat. Im Verkaufsjahr 1906/07 wurde Ford mit 8423 Ford N mit 15-PS-Vierzylindermotor zum Stückpreis von 550 Dollar zum weltweit größten Automobilbauer. Ford besaß 51 Prozent der Firmenanteile, und das Unternehmen machte eine Million Dollar Gewinn. Damit war Henry Fords Ruf gesichert.

Im gleichen Jahr wandte sich Ford dem Traktorbau zu und montierte einen Prototyp für den ersten Serientraktor für die Landwirtschaft. Er basierte auf dem Motor und dem Getriebe eines Ford B aus dem Jahre 1903. Die Versuche dauerten bis 1915. In diesem Jahr kündigte Henry Ford an, sein erster Traktor werde eine leichte Zweipflugmaschine zum Preis von 200 Dollar sein. Sein Ziel war es, mit einem erschwinglichen Traktor das für die Landwirtschaft zu tun, was er mit seinen günstigen Autos für die Mobilität im Allgemeinen getan hatte.

Während Henry Ford an der Konstruktion der Traktoren arbeitete, ließ er die Pkw-Produktion und seine Arbeiter keinesfalls außer Acht. Im Januar 1914 setzte er den Mindestlohn für Arbeiter auf fünf Dollar am Tag fest und kündigte eine Beteiligung am Gewinn an. Im August gab er bekannt, dass er jedem Fahrzeugkäufer bis zu sechzig Dollar erstatten werde, wenn in

■ RECHTS: *Diese Traktoren helfen bei der Ernte im Rusitu-Tal in Simbabwe. Ford-Traktoren erhielten später eine auffällige, blaue Lackierung, an der man sie überall auf der Welt erkannte.*

den nächsten zwölf Monaten mehr als 300 000 Exemplare vom Ford T verkauft würden. Daraufhin schnellte die Produktion auf das Dreifache der seiner Konkurrenten empor. Das Unternehmen erwirtschaftete im nächsten Jahr eine Dividende von 12,2 Millionen Dollar und zahlte seinen Angestellten einen Bonus von insgesamt zehn Millionen Dollar. 1915 erstattete Ford den Ford-T-Käufern, wie versprochen, jeweils fünfzig Dollar. In diesem Jahr wurde – bei einem Verkaufspreis von 440 Dollar – der einmillionste Ford T gefertigt. Das Modell war zu dieser Zeit so allgegenwärtig, dass eine Reihe von Firmen wie die Pulford Company in Quincy, Illinois, Achsumbauten anboten, mit denen der Wagen als Traktor für Pflüge und Eggen eingesetzt werden konnte.

Im Jahre 1917 wollte Ford seine neuen Traktoren in Großbritannien montieren, musste die Produktion aber wegen des Krieges in die Vereinigten Staaten verlagern. Binnen vier Monaten wurde der Fordson F gebaut. Seine Konstruktion wirkte unkonventionell angesichts der großen Traktoren und dreirädrigen Maschinen der damaligen Zeit. Er wurde angetrieben von einem Reihenvierzylinder-Benzinmotor und besaß die Magnetzündung aus dem Ford T. Der Ruf, den die Ford-Personenwagen genossen, sorgte dafür, dass der neue Traktor gut ankam. Die Verkaufszahlen erreichten im Jahre 1918 über 34 000 Exemplare und stiegen in den folgenden Jahren steil an.

Die Ford-Traktoren waren zuverlässig und wurden nach und nach mit technischen Verbesserungen ausgestattet. Bereits 1918 besaß der Fordson F einen Hochspannungsmagnetzünder, eine Wasserpumpe und einen elektrischen Anlasser. Er wurde auch in den Zwanzigerjahren noch gebaut und in Stückzahlen verkauft, die der Rezession angemessen waren. In dieser Zeit war Fordson in einen Verkaufskrieg mit der International Harvester Corporation verstrickt, in dem Taktiken wie Preissenkungen und Produktionsverlagerungen angewandt wurden. Die Fertigung der Fordson-Traktoren wurde 1928 in den Vereinigten Staaten eingestellt, während sie an anderer Stelle, darunter auch in Irland und England, weiterlief.

Der nächste Schritt war die Einführung noch innovativerer, aber erschwinglicher Technik. Henry Ford traf ein Abkommen mit Harry Ferguson, das nur mit einem Handschlag besiegelt wurde. Ferguson hatte die Dreipunktkupplung erfunden, und Ford wollte sie bei seinem neuen Modell Ford 9N verwenden. Diese neuartige Technik machte die Ford-Traktoren, und zwar insbesondere den 9N, bei den Kunden in der Landwirtschaft sehr beliebt. Sie stellte allerdings eine der letzten größeren Leistungen Fords in der Landmaschinentechnik dar. Ford starb am 7. April 1947, und sein Enkel Henry Ford II. übernahm die Leitung des Unternehmens. Es ist unmöglich, die Wirkung zu quantifizieren, die Henry Ford mit seinen 1,5 Millionen gefertigten

■ OBEN: ***Die Serienfertigung von Traktoren hat zur Technisierung der Landwirtschaft in den meisten Ländern der Erde geführt, und zwar unabhängig von der Art der angebauten Pflanzen.***

■ RECHTS: *Ford-Traktor mit dem charakteristischen blauen Oval bei der Arbeit auf einer Kaffeeplantage in Sambia. Der Fahrer trägt Schutzkleidung.*

Traktoren nicht nur auf die Traktorbranche, sondern mit der von ihm vorangetriebenen Massenproduktion und Bandmontage auf die Industrie insgesamt ausgeübt hat.

■ UNTEN: *Ford-Traktor bei der Urbarmachung von Land in Luanshya, Sambia.*

ADOLPHE KÉGRESSE

Die Halbkettentechnik galt allgemein als Möglichkeit, Fahrzeuge auch abseits befestigter Straßen beweglich zu halten, wo herkömmliche Radfahrzeuge schnell fest saßen. Die Geschichte dieser Technik reicht zurück bis in die ersten Jahrzehnte des 20. Jahrhunderts. In den Vereinigten Staaten und in Europa bemühten sich verschiedene Hersteller um die Fertigung brauchbarer Halbkettenfahrzeuge, und zwar hauptsächlich für den Einsatz in der Landwirtschaft. Holt, Nash und Delahaye waren drei dieser Hersteller, deren Maschinen allerdings langsam und anfällig waren.

Der Durchbruch gelang Anfang der Zwanzigerjahre in Frankreich als Resultat der Vorarbeiten von Adolphe Kégresse. Der gebürtige Franzose Kégresse arbeitete als technischer Leiter des Fuhrparks am Hof des russischen Zaren. Um 1910 wollte der Zar einmal bei einer winterlichen Jagd mit einem seiner Autos der Jagdgesellschaft folgen. Kégresse stieß mit seinem Hinweis, dass das nicht möglich sei, zunächst auf taube Ohren. Daraufhin fuhr er einen der Wagen in eine Schneewehe und machte ein paar Fotos für den Zaren. Anschließend begann er mit der Arbeit an einem System aus durchgehenden Gummiketten, die auf leichten Laufwerken liefen und das Fahrzeug auf diese Weise schneetauglich machten. Er hatte mit seiner Arbeit Erfolg und baute die Packard- und Rolls-Royce-Fahrzeuge von Zar Nikolaus II. entsprechend um. Anschließend kamen die gepanzerten Austin an die Reihe.

■ OBEN: *Eine der speziell für die erfolgreiche Saharadurchquerung von 1922/23 gebauten Citroen-Kégresse-Maschinen.*

■ UNTEN: *Adolphe Kégresse entwickelte sein Halbkettensystem im russischen Schnee für Zar Nikolaus II.*

Nach der Oktoberrevolution 1917 floh Kégresse über Finnland nach Frankreich. Zurück blieb etwa ein Dutzend fast fertiger Halbkettenfahrzeuge, die von den Bolschewiken beschlagnahmt und in militärischen Operationen gegen Polen eingesetzt wurden. Die polnische Armee erbeutete eines dieser Fahrzeuge und schickte es nach Paris, wo es vom französischen Heer untersucht wurde.

In Paris stieß das System Kégresses auch auf das Interesse der Industrieführer André Citroën und M. Hinstin. 1921 wurde das erste »Autochenille« auf der Basis eines Citroën 10 CV B2 gebaut. Die Kégresse-Hinstin-Laufwerke drehten sich an Stelle von Rädern um die angetriebene Hinterachse. Ein bedeutsamer Unterschied zwischen den Kégresse-Ketten und den Panzerketten der damaligen Zeit bestand darin, dass erstere aus Gummi und Segeltuch gefertigt waren. Dadurch waren sie leicht und flexibel, so dass sie sich jeder Unebenheit im Boden anpassten. Die Ketten besaßen innen Gummizähne, die in die Führungsrollen griffen.

Versuche hatten ergeben, dass sich an Stahlzähnen der Schnee ansammelte und in die Gelenke gepresst wurde, bis die Ketten brachen. An Gummizähnen hingegen setzte sich kein Schnee fest.

Das neue Fahrzeug wurde im Schnee der französischen Alpen ausgiebig getestet und fand begeisterte Anerkennung. Adolphe Kégresse bekam eine Anstellung bei André Citroën, der von den Möglichkeiten der neuen Entwicklung fasziniert war. Zu den ersten Käufern des Autochenille gehörte die schweizerische Post, die die Fahrzeuge an der Vorderachse mit Skiern ausrüsten ließ.

Citroën war der Meinung, dass Fahrzeuge, die sich im Schnee bewährten, auch in Sand und Geröll funktionieren mussten. Im Winter 1921/22 fanden in den Wüstengebieten Nordafrikas entsprechende Versuche statt, in deren Gefolge ein paar Verbesserungen vorgenommen wurden. Die auf diese Weise entstandenen Halbkettenfahrzeuge erwarben beträchtlichen Ruhm und große Bekanntheit mit der ersten Saharadurchquerung mit Motorfahrzeugen, an der ein Team mit fünf Kégresse-Fahrzeugen beteiligt war. Die Maschinen waren mit zusätzlichen Kühlern ausgerüstet und teilweise aus Aluminium gebaut, um Gewicht zu sparen. Als Antrieb diente jeweils ein Motor mit 1452 Kubikzentimeter Hubraum bei 68 x 100 mm Bohrung x Hub und ein Dreiganggetriebe. Eine Zweigang-Antriebsachse erweiterte den Einsatzbereich des Dreiganggetriebes, so dass die Fahrzeuge mit unterschiedlichstem Gelände zurechtkamen. Sie erreichten eine Höchstgeschwindigkeit von 45 km/h. Die 3600 km lange Fahrt fand zwischen Dezember 1922 und Januar 1923 statt – unter der Führung von Georges Marie Haardt, Geschäftsführer bei Citroën, und Louis Audouin Dubreuil, einem Mann mit beträchtlicher Sahara-Erfahrung. Neun weitere Männer, darunter fünf Citroën-Mechaniker, und ein Hund begleiteten die Fahrzeuge. Das Team schaffte den Weg nach Timbuktu mit relativ wenigen Problemen. Haardt und Dubreuil führten von

■ RECHTS: ***Adolphe Kégresse demonstriert die Geländegängigkeit seiner umgerüsteten Citroen-Maschine mit einem Allzweckhänger.***

■ LINKS: *Außer auf Sand zeigte das Halbkettensystem auch auf Schnee herausragende Fähigkeiten, so wie hier in den Alpen.*

November 1924 bis Juli 1925 noch eine weitere Expedition an, die Croisiare Noire durch Zentralafrika von Algerien bis zum Kap.

Die Briten experimentierten mit dem Kégresse-System und installierten Laufwerke am Chassis von Crossley-Lieferwagen mit 1270 bzw. 1524 kg Tragfähigkeit. In Italien baute Alfa Romeo ein Versuchsfahrzeug, das in beide Richtungen fahren konnte und dazu mit zwei Lenkrädern und zwei Fahrersitzen ausgerüstet war. Das Kégresse-System mit endlosen Gummigleisketten erwies sich von Anfang an als Erfolg, und schon bald wuchs die Nachfrage nach einer schwereren Ausführung. Adolphe Kégresse konstruierte einige Komponenten um und baute die neue Version mit einem völlig anderen Laufwerk, das sich vom Original dadurch unterschied, dass die angetriebene Achse jetzt vorn in der Kette saß und nicht mehr mit Reibrollen, sondern mit Kettenrädern arbeitete. Die neue Konstruktion wurde in den gesamten Dreißigerjahren bei Fahrzeugen von Citroën, Panhard, Somua und Unic verwendet. Somua baute die Halbkettenschlepper MCL und MCG mit Vierzylinder-Benzinmotoren, die 60 PS bei 2000 U/min leisteten. Das Unternehmen produzierte außerdem den Aufklärungspanzer S-35 und den Panzerwagen AMR Gedron-Somua. Unic fertigte die Artilleriezugmaschine P107. In Polen baute Polski-Fiat das Modell 621L mit Kégresse-Laufwerken, während in Großbritannien bei Burford-Kégresse und in Belgien bei FN entsprechende Fahrzeuge entstanden. Die meisten dieser Maschinen wurden als Geschützschlepper eingesetzt. Eine dritte Expedition mit Halbkettenfahrzeugen nach dem Kégresse-System führte französische Teams zwischen April 1931 und März 1932 mit sieben Fahrzeugen von Beirut aus nach Französisch Indochina (heute Vietnam). Im Mai 1931 wurde ein Kégresse-Halbkettenfahrzeug des Typs P17 zur Erprobung und Bewertung von Frankreich in die Vereinigten Staaten verschifft. Die Firma Cunningham, Son and Company in Rochester

Kégresse hatte zwar nicht direkt mit der Landwirtschaft zu tun, leistete aber einen beträchtlichen Beitrag zur Kettenfahrzeugtechnik auf der ganzen Welt. Bemerkenswert in diesem Zusammenhang ist, dass die modernsten Raupenfahrzeuge für die Landwirtschaft auf Gummigleisketten fahren, wie sie erstmals von Kégresse verwendet wurden.

■ OBEN: ***Die Vorteile der Gummigleisketten zeigten sich sofort bei schwerem Boden wie hier.***

baute eine eigene Version, den T1, und im Jahre 1933 wurden im Rock Island Arsenal (einer Waffen- und Munitionsfabrik der US-Streitkräfte) dreißig Exemplare des verbesserten Modells T1E1 gefertigt. Daraus wiederum entstand Ende der Dreißigerjahre das Halbkettenfahrzeug von International Harvester. Adolphe

■ RECHTS: ***Eine von Kégresse umgerüstete Maschine als Antrieb für einen Binder bei der Ernte im England der Zwanzigerjahre.***

HARRY FERGUSON (1884–1960)

Harry Ferguson wurde als Sohn eines irischen Landwirts geboren. Schon als junger Mann begeisterte er sich für Mechanik und Technik. Als er Anfang zwanzig war, arbeitete er als Mechaniker und Sportflieger für seinen Bruder. Später konstruierte und baute er mehrere Flugzeuge, die er selbst flog. Ferguson wurde Belfaster Vertreter für Overtime-Traktoren (für den britischen Markt umbenannte Waterloo-Boy-Modelle), und diese ersten Erfahrungen mit Traktoren in Verbindung mit einem kurzzeitigen Job beim irischen Landwirtschaftsverband ließen in ihm die ersten Überlegungen dazu reifen, wie Zusatzgeräte besser am Traktor anzubringen waren. Er befasste sich näher mit der Landwirtschaft und insbesondere mit Traktoren und Pflügen und entwickelte schließlich einen zweischarigen Pflug, der direkt an einem Ford T angebracht werden konnte. Der Pflug wurde mittels eines Hebels angehoben und abgesenkt, war

■ OBEN: *Emaillierte Plakette als Werbung für die Ferguson-Dreipunktkupplung an Ferguson-Traktoren nach der Trennung von Henry Ford.*

■ LINKS: *Harry Ferguson, der irische Ingenieur, der die berühmte Dreipunktkupplung entwickelte, die die Landwirtschaft veränderte.*

■ UNTEN: *Massey-Ferguson-Traktor in dem Dorf Baaseli im indischen Staat Radschastan.*

Die Ferguson-Dreipunktkupplung bestand aus einem Gestänge, drei Anbaupunkten – zwei unten und einer oben – und einer Hydraulik. Bislang war das Anbauen von Geräten an den Traktor eine komplizierte Angelegenheit gewesen. Die Landwirte benötigten Winden, Helfer, Wagenheber und viel Einfallsreichtum, um schweres Zusatzgerät anzubauen. Mit der Ferguson-Kupplung brauchten sie nur rückwärts an das Gerät heranzufahren und konnten es dann ankuppeln, hoch nehmen und losfahren. Ford verwendete die Kupplung für seine Modelle 9N und 2N. Ferguson verkaufte zur gleichen Zeit über die Firma Harry Ferguson Inc. weiterhin Traktoren, Teile und Zubehör, darunter auch verschiedene Maschinen der Ferguson-Sherman Inc. Gegen Ende des Jahres 1946 teilte Henry

im Gegensatz zu anderen Konstruktionen der damaligen Zeit leicht zu bedienen und benötigte weder Räder noch eine Deichsel. Später konstruierte Ferguson einen Pflug für den Traktor Fordson F. Sein erstes System bestand aus einer Reihe von Federn und Hebeln. Im Jahre 1925 gründete er zusammen mit Eber und George Sherman in den Vereinigten Staaten die Firma Ferguson-Sherman Inc., die Pflüge mit der »Duplex«-Kupplung für die Fordson-Serienmodelle baute. Die erste Ferguson-Hydraulikanlage entstand für den Traktorprototyp, für den die britische David Brown Company Getriebe und Differential geliefert hatte. 1933 gründete Ferguson zusammen mit David Brown die Ferguson-Brown Company, die in den folgenden Jahren 1250 Traktoren des Modells Ferguson-Brown A baute, die sämtlich mit der Ferguson-Hydraulik ausgestattet waren. Anschließend gingen Ferguson und Brown getrennte Wege, da sie unterschiedliche Vorstellungen über die Weiterentwicklung des Traktors hatten.

Im Jahre 1938 besiegelten Ferguson und Henry Ford per Handschlag eine Vereinbarung, der zufolge Ford Traktoren mit dem Ferguson-System produzieren konnte. Die beiden Partner brachten unterschiedliche Dinge in die Vereinbarung ein: Henry Ford seinen guten Ruf, seine Produktionskapazitäten und seine finanziellen Mittel und Harry Ferguson die Patente für das innovative Pflugsystem, das Ford im Wettbewerb mit International Harvester einen Vorteil verschaffte.

■ OBEN: ***Nach der Trennung von Ford begann Harry Ferguson mit dem Bau des TE20, hier beim Pflügen in England.***

■ RECHTS: ***Der TE20 war von der Konstruktion her dem Ford 9N ähnlich, unterschied sich von diesem aber durch sein Vierganggetriebe und den Motor mit hängenden Ventilen.***

■ UNTEN: ***In Großbritannien erfolgte die Serienfertigung des TE20 bei der Standard Motor Company, die häufig über 500 Traktoren in der Woche baute.***

■ LINKS: *Die hohen Produktionszahlen und die Zuverlässigkeit des TE20 haben dafür gesorgt, dass noch viele Exemplare erhalten sind.*

Ford II., der Enkel Henry Fords, Harry Ferguson mit, dass die Zusammenarbeit zum 30. Juni 1947 beendet sein werde. Zu diesem Zeitpunkt brachte Ford das neue Modell Fordson 8N auf den Markt, das starke Ähnlichkeit mit dem Ford-Ferguson 2N aufwies.

Als die Ford Motor Company mit dem Verkauf ihres neuen Modells begann, ergriff Harry Ferguson zwei Maßnahmen: Als erstes verklagte er Ford und seine Mitgesellschafter auf Millionen Dollar Schadenersatz, und als zweites handelte er mit der britischen Standard Motor Company einen Vertrag aus zur Fertigung seines eigenen Traktors, des Modells TE20 (TE stand für »Tractor England«). Dieser ähnelte den Ford-Traktoren 9N und 2N, unterschied sich aber vom 9N insofern, als er ein Vierganggetriebe, einen Motor mit hängenden Ventilen, zwei Bremspedale auf der linken Seite und eine einteilige Haube besaß. Im Jahre 1948 entstand in Detroit das erste Modell TO20 (»Tractor Overseas«).

Die Modelle TO20 und TE20 waren mit Ausnahme der elektrischen Anlage und des Getriebegehäuses identisch. Der TO20 besaß eine elektrische Anlage von Delco und ein gusseisernes Getriebegehäuse, während beim TE20 die elektrische Anlage von Lucas stammte und das Getriebegehäuse aus Aluminium war.

Die gerichtliche Auseinandersetzung mit Ford zog sich vier Jahre lang hin, bis sich Harry Ferguson im April 1952 mit einem Vergleich über 9,25 Mio. Dollar einverstanden erklärte. Da zu dieser Zeit ein Teil seiner Patente ausgelaufen war, brauchte Ford an seinen Modellen nur einige wenige Änderungen vorzunehmen, um weiterhin Traktoren mit hydraulisch geregelter Dreipunktkupplung bauen zu können. Im Jahr darauf fusionierte Ferguson mit Massey-Harris, und Harry Ferguson wandte sich der Entwicklung eines Vierradantriebs für Hochleistungssportwagen und Rennwagen zu. Er starb im Jahre 1960.

■ LINKS: *Einen ungewöhnlichen Einsatz erlebte der TE20 bei der Südpolexpedition unter Sir Edmund Hillary. Die Traktoren waren mit speziellen Ketten und Kabinen ausgerüstet, unterschieden sich ansonsten aber kaum vom Standardmodell.*

■ OBEN: *Harry Ferguson verkaufte sein Unternehmen 1953 an Massey-Harris in Kanada. Daraus entstand die Massey-Ferguson, die später Traktoren wie dieses Modell 180 baute.*

Eine durchaus ungewöhnliche Aufgabe hatten ein paar Ferguson-Traktoren als Fahrzeuge für die Antarktis-Expedition unter Sir Edmund Hillary zu erfüllen. Sie werden in den verschiedenen Expeditionsberichten mehrfach erwähnt. Die Traktoren wurden eingesetzt als Schlittenzugfahrzeuge, zum Entladen von Schiffen und zur gemeinsamen Erkundung mit Schneemobilen. Sie waren, zumindest zeitweilig, mit einer Art Gummigleiskette um die vorderen (im Vergleich zur Standardausführung größeren) und hinteren Räder ausgerüstet, und zwischen Vorder- und Hinterachse befand sich ein zusätzliches Leitrad. Die Vierzylindermotoren leisteten nur 28 PS, so dass die Traktoren gelegentlich zusammengekuppelt werden mussten, um mehr Leistung zur Verfügung zu haben. Provisorische Kabinen sorgten dafür, dass es den Fahrern nicht zu kalt wurde. Die Expeditionsteilnehmer waren den Berichten zufolge bei zahlreichen Gelegenheiten froh über die Leistungsfähigkeit der Ferguson-Traktoren und erreichten mit einem der Fahrzeuge sogar den Südpol. Gelobt wurden vor allem die unkomplizierte Technik, die leichte Wartung und die Zuverlässigkeit, die gute Leistungen in einer Lage ermöglichten, an die ihr Konstrukteur nie gedacht hatte.

■ UNTEN: *Massey-Ferguson 6150 aus den Neunzigerjahren. Massey-Ferguson gehört heute zur AGCO Corporation, aber der Markenname blieb als Würdigung des Iren bestehen.*

Der Trend zur Spezialisierung

Die frühen Versuche zur Technisierung der Landwirtschaft konzentrierten sich zum großen Teil auf das Pflügen; dabei wurden dampf- und benzinbetriebene Traktoren als Alternative zu Pferden eingesetzt. Aber es wurde schnell deutlich, dass eine ganze Reihe anderer Geräte von Traktoren geschleppt oder an deren Zapfwellen betrieben werden konnten, beispielsweise Dreschmaschinen. Nach der Erfindung der Dreipunktkupplung ließ sich der Traktor noch vielseitiger einsetzen, so dass in der Folgezeit immer speziellere Traktoren und Landmaschinen für bestimmte Anwendungen entstanden. Die Entwicklung ging in zwei unterschiedliche Richtungen. Die eine führte zur Spezialmaschine, d.h., zum Traktor mit integrierter Ausstattung für bestimmte Aufgaben. Ein Beispiel dafür ist der Mähdrescher. Aus der anderen entstanden die Landmaschinen für immer spezifischere Aufgaben, die von einem Traktor geschleppt oder angetrieben werden, z.B. Mäher, Ballenpressen und Drillmaschinen.

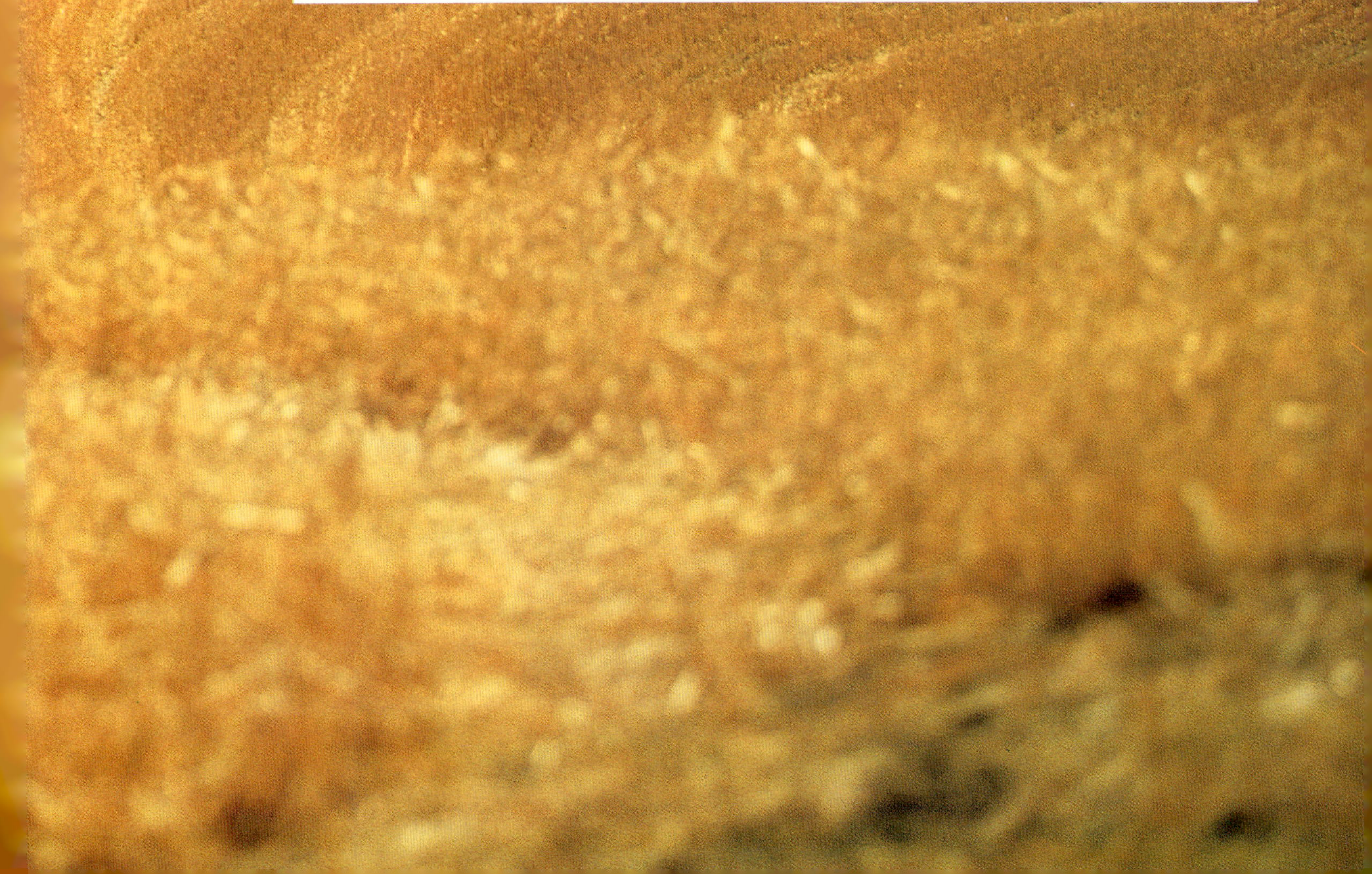

KOMBINEN

Kombinen sind Erntemaschinen, die mehrere Aufgaben erledigen. Der Mähdrescher ist das wohl bekannteste Beispiel für eine solche Maschine. Derartige Konstruktionen entstanden in den Nachkriegsjahren zuhauf.

Der Begriff »Ernten« steht ganz allgemein für das Pflücken, Schneiden oder Sammeln einer Pflanze. Weil es aber so viele verschiedene Pflanzen gibt, braucht man auch eine breite Palette an Ernte-Methoden bzw. -techniken. Die Konstruktionen des Maschinenzeitalters mussten und müssen Arbeiten übernehmen, die früher von Hand erledigt wurden – vom Weizenmähen mit der Sense bis zum Pflücken des Obstes vom Baum. Das Wort Mähdrescher sagt schon aus, was diese Maschinen leisten müssen, nämlich mähen und dreschen. Der Mähdrescher zieht das Getreide mit einer rotierenden Trommel über Messer ein, presst es zusammen und transportiert es zu einer Dreschschnecke. Dort wird es durch eine Reihe von Walzen und Sieben geführt, die das Korn vom Rest trennen. Das Korn landet in einem Behälter, während das restliche Pflanzengut ausgestoßen wird. Spezielle Kombinen sind für die Ernte von Zuckerrohr, Baumwolle und Tabak ausgelegt.

■ LINKS: *Vor der Entwicklung von motorisierten Erntemaschinen wurden die Mähdrescher in Amerika von riesigen Pferdegespannen wie hier im Bundesstaat Washington gezogen.*

■ MITTE: *Der Mähdrescher kombiniert den Mäh- und den Dreschvorgang.*

■ UNTEN: *Moderne Heuernte: ein geschleppter Mäher befördert das gemähte Gras in einen Anhänger hinter dem zweiten Traktor.*

■ OBEN: *Erntemaschinen wie diesen John Deere 9976 für das Baumwollpflücken gibt es für die Ernte vieler verschiedener Pflanzen.*

■ RECHTS OBEN: *Bei der Konstruktion von Erntemaschinen sind in den letzten Jahren große Fortschritte erzielt worden. Während bei diesem John Deere aus den Sechzigerjahren der Fahrer noch völlig ungeschützt ist, hat eine vergleichbare Maschine von heute eine Kabine mit Klimaanlage.*

■ RECHTS MITTE: *Dieser Claas-Maisernter mäht und drischt; der Mais wird anschließend fast wie eine Flüssigkeit in den Anhänger eines zweiten Traktors befördert, der nebenherfährt.*

Die Heu- oder Grünfutterernte erfolgt mit Kombinen, die das Gras mähen und zu Ballen binden. Neuere Maschinen produzieren große runde anstelle kleinerer rechteckiger Ballen. Silage-Ernter häckseln das Erntegut und befördern es mittels eines Gebläses in einen hochwandigen Anhänger, der hinter einem Traktor neben dem Ernter herfährt. Bekannte Kombi-

■ RECHTS: *John Deere baute 1969 den ersten Grünfutterernter. Als 1998 dieses Modell 6950 mit 480 PS entstand, hatte es mit seinem Vorgänger nicht mehr viel gemeinsam.*

■ LINKS: *Auch die Ernte von Früchten wie etwa Brombeeren ist technisiert worden. Hier werden die Buschreihen in einer Plantage in Oregon vor dem schneebedeckten Mount Hood abgeerntet.*

■ MITTE: *Erntetechnik im Großbritannien der Dreißigerjahre; es gab zwar schon geschleppte Anbaugeräte, aber der Prozess war noch viel arbeitsintensiver als heute.*

■ UNTEN: *Vergleichbare Szene aus den Vereinigten Staaten mit einem John-Deere-Breitspurtraktor, der einen John-Deere-Mäher des Typs 12A schleppt.*

nenhersteller sind derzeit Case-IH, Claas, John Deere, Massey-Ferguson und New Holland.

■ ANBAUGERÄTE

Für die verschiedenen Arbeiten bei der Ernte gibt es eine Vielzahl von Geräten und Maschinen, die vom Traktor geschleppt werden. Dazu gehören beispielsweise Strohhäcksler, die die Reste der Getreideernte aufnehmen, zerkleinern und verteilen, so dass sie untergepflügt werden können. Für Fälle, in denen keine Kombinen zum Einsatz kommen, gibt es geschleppte Maschinen, die die gleichen Aufgaben erfüllen, z.B. Kreisel- und Balkenmäher, Kreiselheuwender und Rechen, mit denen das geschnittene Gras belüftet und getrocknet werden kann.

■ OBEN: *Fendt F220 GT von 1962 für die Kohlernte. Die Maschine wird angetrieben von einem 1,4-Liter-Zweizylinder und hat ein Sechsganggetriebe.*

■ RECHTS: *Fordson Major mit Dieselmotor bei der Heuernte in England mit einem in England gebauten Kreiselmäher.*

■ UNTEN: *Für die Ernte von Wurzelpflanzen gibt es Spezialmaschinen wie diese für Karotten.*

Geschleppte Ballenpressen verarbeiten praktisch alles von trockenem Stroh bis zur feuchten Silage in Ballen. Pressen für runde Ballen haben die Maschinen für rechteckige Ballen heute praktisch verdrängt, aber beide arbeiten nach dem gleichen Prinzip. Sie benötigen den Antrieb durch die Zapfwelle des Traktors, um das Erntegut aufzunehmen und zu handlichen Ballen zu verarbeiten, die dann abtransportiert werden können. Ballenpressen werden unter anderem hergestellt von Bamford, Claas, John Deere, Vicon und Welger.

■ OBEN: *Fendt FL120 von 1959 mit 1,4-Liter-Zweizylinder, hier bei der Arbeit mit einem Heuwender.*

■ UNTEN: *John Deere 935 MoCo von 1998. Der 935 ist vorgesehen für Traktoren mit 90-150 PS an der Zapfwelle.*

■ UNTEN: *Fendt Dieselross F18 mit Balkenmäher von 1937. Die bekannten Dieselross-Traktoren wurden angetrieben von einem 1-Liter-Einzylindermotor.*

PFLÜGEN

Wenn die Ernte eingefahren ist, muss das Land für die nächste Frucht vorbereitet werden, und dazu werden vielfach Geräte eingesetzt, die von Traktoren geschleppt werden. Diese Geräte müssen für die unterschiedlichsten Böden ausgelegt sein. In Gegenden mit gemäßigtem Klima ist der Boden oft übermäßig feucht. Das macht nicht nur die Arbeit für die Traktoren schwer, die sich schnell fest fahren können, sondern behindert auch den Pflanzenwuchs, weil in wassergetränktem Boden keine Luft an die Wurzeln gelangt. Als Abhilfe wurden Maschinen entwickelt, die Drainageleitungen aus perforierten Kunststoffrohren im Boden verlegen können. Eine einfachere Methode zum Entwässern der Äcker ist das Ausheben von Gräben.

Mit Pflügen wird der Boden nach der Ernte gewendet, und die gepflügten Äcker werden dann geeggt, damit für das nächste Jahr gesät werden kann. Der Pflug hat sich im Grunde kaum verändert, seit Pferde oder Ochsen den ersten Einscharpflug zogen. Er durchschneidet die oberste Schicht des Bodens und wendet sie. Enorme Veränderungen hat es jedoch gegeben in der Art des Materials, aus dem Pflüge gefertigt werden, der Antriebstechnik, der Anzahl der gleichzeitig zu pflügenden Furchen und der Steuerung. Der von John Deere konstruierte selbstreinigende Stahlpflug wurde zu Recht als wichtige Neuerung begrüßt, und das Pflügen war eine der wesentlichen landwirtschaftlichen Arbeiten, zu denen die frühen Traktoren eingesetzt wurden.

Der Pflug muss über den gesamten Acker gezogen werden, und dazu kamen zahlreiche Methoden zum Einsatz. Bemerkenswert darunter war die paarweise Verwendung dampfbetriebener »Pflugmaschinen« auf beiden Seiten des Ackers, die den Pflug mit Winden hin und her zogen. Diese Methode hielt sich in vielen Ländern noch bis in die Dreißigerjahre des 20. Jahrhunderts, aber als der benzinbetriebene Traktor den Kinderschuhen entwachsen war, konzentrierte sich die gesamte Pflugentwicklung nur noch auf Anbaugeräte. Die von Ferguson konstruierte Dreipunktkupplung vereinfachte das Anbringen von Zusatzgeräten am Traktor. Sie ist mittlerweile so weit verbessert worden, dass die Tiefe der Furchen automatisch geregelt werden kann. Die Erfindung des Umkehr- oder Drehpflugs

■ OBEN: *Dampfpflügen im englischen Uppingham im 19. Jahrhundert.*

■ UNTEN: *Im Verlauf eines Jahrhunderts ist das Pflügen viel einfacher geworden, weil die dafür vorgesehenen Maschinen technisch viel besser geworden sind.*

■ UNTEN RECHTS: *Sobald er sich bewährt hatte, verdrängte der Traktor mit Benzinmotor schnell das Pferd als Antriebskraft für Pflügen und Erntebetrieb.*

■ LINKS: *In den Sechzigerjahren waren Traktoren wie der Fendt Farmer 2 ein vertrauter Anblick auf europäischen Feldern.*

■ RECHTS: *John-Deere-Bodenfräse von 1998 für verschiedene Anwendungen, darunter Auflockerung und Setzen von Pflanzen. Der Traktor muss je nach Bodenart 25-45 PS an der Zapfwelle leisten.*

■ LINKS: *Der Traktor ist auch in Ländern, die als weniger weit entwickelt gelten, zu einem unerlässlichen Hilfsmittel geworden, wie auf diesem Feld in Albanien zu sehen ist.*

■ OBEN: *Dieser winzige englische Raupenschlepper ist vor eine Cooper-Bodenfräse gespannt.*

ermöglichte es, den Boden auf dem gesamten Acker in der gleichen Richtung umzupflügen, obwohl der Traktor auf dem Rückweg in die andere Richtung fuhr.

Die Vorbereitung des Ackers für die nächste Einsaat erfordert mehr als nur Pflugarbeiten, und dafür gibt es eine Reihe von Spezialgeräten wie Kultivatoren, Eggen und Steinräumer. Mit einer Scheibenegge wird der Acker nach dem Pflügen auf die Einsaat vorbereitet, während Kultivatoren für eine Vielzahl von Arbeiten eingesetzt werden, beispielsweise zum Mulchen, zum Belüften und zum Einarbeiten von Mist und Dünger. Mit Walzen erhält man eine gleichmäßige Saatfläche. Steinräumer entfernen Steine, die beim Pflügen und anderen Arbeiten aufgeworfen worden sind; wenn sie liegen bleiben, behindern sie das Pflanzenwachstum und führen zu Schäden an Maschinen und Gerät.

Eine weitere Gruppe spezieller Anbaugeräte sind diejenigen, die zur Verteilung von Mist, Gülle und chemischem Dünger vorgesehen sind. Diese Geräte reichen vom Miststreuer über die Breitsämaschine, die den Samen mittels einer rotierenden Scheibe verteilt, bis hin zum Einschussapparat, der Saatgut und anderes in den Boden »schießt«.

■ UNTEN: *Beim Pflügen, Fräsen und Ernten kann es sehr staubig werden. Das ist ein Grund dafür, dass staubdichte Kabinen mit Klimaanlage heute die Regel sind.*

SÄEN UND LADEN

Wie der Samen ausgebracht wird, hängt von der Art der anzubauenden Feldfrucht ab. Früchte wie Rüben, Salat, Kohl und Artischocken benötigen Platz zum Wachsen und müssen daher in bestimmten Abständen stehen. Deshalb wird bei ihnen meist eine Präzisionsdrillmaschine eingesetzt, die dafür sorgt, dass ein bestimmter Abstand eingehalten wird. Drillmaschinen für andere Feldfrüchte können um vieles breiter sein als der Traktor, der sie schleppt. Sie ziehen in einem Durchgang parallele Rillen in den Boden, streuen Saatgut ein und verschließen sie wieder. Es braucht wohl nicht betont zu werden, dass die Drillmaschinen heute zwar immer noch die Arbeit tun, für die Jethro Tull sie zu Beginn des 18. Jahrhunderts konzipiert hat, aber mittlerweile sehr viel genauer arbeiten. Die moderne Drillmaschine, mit der eine genau bestimmte Menge Saatgut ausgebracht werden kann, hat die Breitsämaschine fast vollständig abgelöst.

Nach der Aussaat müssen Unkraut und Ungeziefer bekämpft werden. Dazu setzen die Landwirte Spritzgeräte ein, bei denen das Vernichtungsmittel aus einem Tank hinten am Traktor über Ausleger verteilt wird. Traktoren für diese Arbeit haben hohe, schmale Räder, die für ausreichenden Abstand zu den Pflanzen sorgen und die Verdichtung des Bodens und die Beschädigung der Pflanzen auf ein Mindestmaß beschränken. Es gibt zahlreiche Hersteller für solches Spezialgerät überall auf der Welt.

Eine Vielzahl von Ladegeräten, die zum Großteil auf den ursprünglichen Lader an der Traktorfront zurückgehen, beschleunigt den Umgang mit dem Saat- und Erntegut in der Landwirtschaft.

■ OBEN: *In den letzten Jahren hat die Technik auch beim Pflanzen Einzug gehalten. John Deere entwickelte die Pflanzmaschinen vom Typ Max Emerge, die in einem Durchgang mehrere Reihen Pflanzen setzen.*

■ LINKS: *Wie schnell die Technik fortschreitet, sieht man an diesem kleineren Fendt F220 GT von 1958, der die gleiche Arbeit erledigt.*

■ GEGENÜBER UNTEN: *Der John Deere 1860 No-Till ist dafür ausgelegt, in einem Durchgang den Boden zu öffnen, den Samen einzubringen und den Boden wieder zu verschließen. Er lässt sich mit wenig Mühe auf Bodenart und Setztiefe abstimmen.*

■ LINKS: *Der John Deere 1560 No-Till beschleunigt die Aussaat, indem er in einem Zug den Boden öffnet und den Samen ausbringt.*

■ RECHTS: *Spezialmaschinen mit hoher Bodenfreiheit wie dieser selbst fahrende Sprüher mit 24-m-Sprüharm werden auf Feldern mit höheren Pflanzen wie auf diesem Rapsfeld eingesetzt.*

■ RECHTS AUSSEN OBEN: *Die Sprüharme lassen sich wie bei diesem John Deere seitlich anklappen, damit die Maschine auch auf der Straße fahren kann.*

■ RECHTS AUSSEN MITTE: *Dieser Fendt Farmer 2 FW 139 von 1960 ist mit einem hydraulischen Frontlader für Heu und ähnliches Material ausgerüstet.*

■ RECHTS AUSSEN UNTEN: *Der JCB 520G vereinigt die Merkmale eines Gabelstaplers und eines Frontladers in sich; er eignet sich zum Umschlag von Produkten auf Paletten.*

■ RECHTS: *Diese Spezialmaschine hat genügend Bodenfreiheit, um über kleine Bäume hinwegzufahren, die sie wie hier in Frankreich mit Pestiziden besprüht.*

SPEZIAL-TRAKTOREN

Dreirädrige Breitspurausführungen gehörten zu den ersten Spezialtraktoren. Die zunehmende Spezialisierung führte jedoch dazu, dass vermehrt Traktoren für bestimmte Arbeiten gebaut wurden, beispielsweise für die Arbeit im Weinbau, für das Baumwollpflücken und für den Einsatz in Obstplantagen. Derartige Traktoren werden von zahlreichen Herstellern angeboten, und zwar entweder als Sonderanfertigung oder als Modifikation der normalen Modelle. Einer dieser Hersteller ist die kleine britische Firma Frazier. Ihr »Agribuggy« wird aus Bauteilen bekannter Markenhersteller montiert und ist in der Grundausführung zum Spritzen und Düngen vorgesehen. Die Maschinen sind Sonderanfertigungen und werden mit Diesel- und Benzinmotor angeboten. Sie sind problemlos umrüstbar und stehen in zwei Versionen zur Verfügung: für niedrigen Bodendruck und als Breitspurtraktor. Zu den frühen Produkten in Europa zählten Raupenschlepper und Spezialmaschinen von Citroën-Kégresse und Latil sowie kleinere Traktoren für den Weinbau.

■ OBEN: *Dreiradtraktoren für die Reihenarbeit wie dieser Oliver 60 gehörten zu den ersten Spezialtraktoren.*

■ LINKS: *Traktoren werden oft für Spezialaufgaben wie hier in einer Obstplantage eingesetzt. Dieser Massey-Ferguson 374S kommt in der Apfelernte zum Einsatz.*

■ UNTEN: *Sprüh- und Spritzmaschinen müssen auf bepflanzten Feldern eingesetzt werden können, ohne die Pflanzen unnötig zu schädigen. Daher die hohe Bodenfreiheit.*

■ LINKS: *Sprüh- und Spritzmaschinen sind so konstruiert, dass sie zwischen den Pflanzenreihen fahren können, ohne die Pflanzen mehr als nötig zu beschädigen; der Fahrer muss allerdings eine Maske tragen, damit er keine Pestizide einatmet.*

In den Vereinigten Staaten hatte McCormick-Deering Spezialtraktoren für Obstplantagen im Angebot, die in der Typenbezeichnung durch ein »O« gekennzeichnet waren. Anfang der Vierzigerjahre gehörten dazu die Modelle OS-4 und O-4, die beide vom W-4 abgeleitet waren. Beim OS-4 waren Auspuff und Luftfilter unter dem Traktor montiert, um die Gesamthöhe zu verringern, während der O-4 eine stromlinienförmige Verkleidung besaß, damit Äste und Zweige der Obstbäume an den Seiten abglitten. Die Konzeption des Kompakt- oder Kleintraktors hat sich mittlerweile durchgesetzt, so dass sie heute als eigenständiges Produkt für die Landwirtschaft gelten. Ähnliche Maschinen wie den Agribuggy bauen Turner, Sanderson, Schulter, Vee Pee, Westrac Triolet, Matbro, Blank und Chaviot.

■ OBEN LINKS: ***Diese Frazier-Spezialmaschinen sind mit Niederdruckreifen ausgerüstet, damit der Boden bei Nässe nicht verdichtet wird.***

■ OBEN RECHTS: ***Roadless Traction steigerte die Leistung vieler Fordson-Traktoren wie auch dieses E1A Major von 1951 durch Umrüstung in Halbkettenfahrzeuge.***

■ RECHTS OBEN: ***Der Rasentraktor geht auf die Entwicklung des Kleintraktors zurück.***

■ RECHTS UNTEN: ***Der in Frankreich gebaute Vee Pee hat einen geringen Bodendruck und wird für verschiedene Aufgaben eingesetzt.***

■ UNTEN LINKS: ***Tabak ist eine weitere Pflanze, für die man spezielle Erntemaschinen benötigt.***

■ UNTEN RECHTS: ***Die französische Firma Elineau baute diese Maschine für das Spritzen kleiner Apfelbäume. Sie besitzt genügend Bodenfreiheit, um die Bäume nicht zu beschädigen.***

RAUPENSCHLEPPER

Parallel zur Entwicklung dampfgetriebener Traktoren fanden Versuche mit Kettenfahrzeugen statt, so genannten Raupenschleppern. Als Ausgangspunkt dienten dabei mit Dampf betriebene Radfahrzeuge, die auf den Kettenbetrieb umgerüstet wurden. Einer der Pioniere dieser Technik war Benjamin Holt, der seinen ersten umgebauten Dampftraktor im Jahre 1904 in Stockton testete. Holt-Raupenschlepper mit Kerosinmotoren waren im Jahre 1908 am Bau der Wasserleitung für Los Angeles beteiligt. Holt betrachtete das als eine Art Übung, aus der er viel für die Konstruktion von Raupenschleppern lernte, weil Staub und Hitze ihren Tribut von den Maschinen forderten. Alle Modelle hatten beträchtliche Ausfallzeiten aufgrund von Reparaturen zu verzeichnen.

Die beiden Weltkriege trieben die Entwicklung der Raupenschlepper in mehrfacher Hinsicht voran. Im 1. Weltkrieg diente die noch in den Kinderschuhen steckende Kettenfahrzeugtechnik schon bald als Grundlage für den Panzer, der mittlerweile fast überall eingesetzt wurde. Dabei hinkte die Entwicklung in Amerika derjenigen in Europa hinterher, weil die Vereinigten Staaten erst 1917 in den Krieg eintraten. Bis dahin war die US-Armee noch ganz dem kavalleristischen Kampf aus dem ehemaligen Wilden Westen verhaftet; als Amerika in den europäischen Konflikt eingriff, setzten die europäischen Alliierten bereits Panzer an der Westfront ein. Während die amerikanischen Soldaten noch auf Panzer aus der Heimat warteten, griffen sie mit britischen und französischen Fabrikaten in die Kämpfe ein, und zwar insbesondere mit dem Mark VI und dem Renault FT17. Diese Panzer sollten unter Ausnutzung der enormen industriellen Kapazitäten auch in den Vereinigten Staaten gebaut werden, mussten dort aber mit Lastwagen und Artillerie um Platz auf den Fertigungsbändern konkurrieren, so dass es einige Verzögerungen gab. Diese Situation ist möglicherweise schwer zu verstehen angesichts der Tatsache, dass die Kettentechnik sich bereits

■ OBEN RECHTS: *Prototyp des dampfbetriebenen Raupenschleppers der englischen Firma Hornsby's aus dem Jahre 1904. Die Firma verkaufte ihr Patent im Jahre 1912 an das amerikanische Unternehmen Holt.*

■ RECHTS: *Frühe Raupenschlepper wie dieser von der Bullock Tractor Company in Chicago verfügten über einen Kettenantrieb; die Lenkung erfolgte mittels Schneckengetriebe.*

■ RECHTS: *Holt und Best gehörten zu den Pionieren der Raupenschleppertechnik. Dieses frühe Exemplar ist mit einem Scheibenpflug ausgestattet und hat eine Treibriemenscheibe.*

■ UNTEN: *International Harvester baute nach dem Krieg wie Caterpillar, Fiat und Fowler Raupenschlepper für die Landwirtschaft.*

■ RECHTS: *Caterpillar mit Dieselmotor im Einsatz mit einem Förderer bei der Heuernte Ende der Dreißigerjahre in England.*

■ MITTE LINKS: *Fordson Roadless aus den frühen Dreißigerjahren in der schmalen Ausführung für Plantagen und andere Bereiche mit wenig Platz.*

■ MITTE RECHTS: *Andere Ausführung des Fordson-Traktors nach Umrüstung zum Kettenfahrzeug.*

■ UNTEN: *Der Bristol wurde von einer kleinen englischen Firma gebaut, die mehrfach den Besitzer wechselte. Ende der Vierzigerjahre, als das Unternehmen Saunders gehörte, war der Bristol 20 mit Ketten von Roadless und einem 16-PS-Automotor von Austin ausgestattet.*

■ RECHTS: *Allis-Chalmers begann 1928 mit der Herstellung von Raupenschleppern, als die Monarch Tractor Company in ihren Besitz überging. Das Modell 35 stammte aus den Dreißigerjahren.*

weitgehend durchgesetzt hatte und eine Reihe von Experimenten mit Panzern durchgeführt worden war, unter anderem mit einem Nachschubpanzer von Studebaker und einem 3-Tonnen-Panzer von Ford. Der in den Vereinigten Staaten gebaute französische Panzer erhielt die Bezeichnung M1917. Er war das einzige US-Panzermodell, das vor dem Waffenstillstand nach Europa gelangte.

Die Traktoren- und Raupenschleppertechnik machte in der Folge dieser militärischen Anwendungen rasche Fortschritte. Die US-Streitkräfte hatten Interesse gefunden an Voll- und Halbkettenfahrzeugen und beschafften 1931 ein Halbkettenfahrzeug des Typs P17 von Citroën-Kégresse zur Bewertung. Diesem folgten schnell eigene Produkte: die Firma James Cunningham & Son baute 1932 ein Modell, aus dem das Rock Island Arsenal (eine Waffenfabrik der US-Armee) 1933 eine verbesserte Version entwickelte, Cunningham rüstete später im gleichen Jahr einen Ford-Lastkraftwagen um, bei General

■ LINKS: *International Harvester begann ebenfalls 1928 mit der Raupenschlepperproduktion; das erste Modell war der TracTracTor, aus dem im Jahre 1931 der T-20 wurde.*

■ UNTEN: *Minneapolis-Moline baute diesen Mopower im Jahre 1960.*

■ OBEN: ***Allis-Chalmer-Raupenschlepper WM von 1941. Die Farbgebung Persisch-Orange geht zurück auf das Jahr 1929, den Beginn der Weltwirtschaftskrise.***

Motors erwachte das Interesse, und auch die Linn Manufacturing Company in New York produzierte ein Halbkettenfahrzeug. 1936 rüstete Marmon-Herrington im Auftrag des amerikanischen Rüstungsministeriums einen Ford-Lastkraftwagen zum Halbkettenfahrzeug mit Antrieb über die Vorderachse um. Gegen Ende des Jahrzehnts entstand im Rock Island Arsenal ein Halbkettenfahrzeug mit der Bezeichnung T7 als Vorläufer der Modelle M2 und M3, die in der Folge bei Autocar, Diamond T, International Harvester und White gebaut wurden.

In den Zwanzigerjahren des 20. Jahrhunderts entwickelte Robert Gilmour Le Tourneau, ein

■ OBEN: ***Cletrac war ein Akronym für die Cleveland Tractor Company, die sich auf den Bau von Raupenschleppern wie dieses Modell 9-16 F von 1921 spezialisiert hatte.***

■ RECHTS: ***Dieser Fowler-Marshall VF von 1950 basierte auf der lange Zeit erfolgreich produzierten Baureihe Field Marshall.***

Zulieferer von Holt, Best und später auch Caterpillar, ein neues System der Kraftsteuerung, das den Einsatzbereich des Raupenschleppers vergrößerte. Bis zur Entwicklung hydraulisch heb- und absenkbarer Schaufeln erfolgte die gesamte Steuerung über Winden und Drahtseile. Einer der ersten britischen Schlepper, die damit ausgerüstet waren, war der Vickers Vigor, der aus der Serie Vickers VR hervorgegangen war. Die Hydraulik ist nur ein Beispiel für den technischen Fortschritt bei landwirtschaftlichen Maschinen. Sie fand zum ersten Mal Ende der Dreißigerjahre bei Planierraupen und ähnlichen Maschinen Verwendung, um dann im 2. Weltkrieg nahezu universell zum Einsatz zu kommen. Während des Krieges wurde die Planierraupe vielfach ausgezeichnet. Einer ihrer direkten Abkömmlinge war der Panzer mit Räumschild, wie er auch heute noch im Einsatz ist.

Die Entwicklung des Halbkettenfahrzeugs machte in den Kriegsjahren rasche Fortschritte, und obwohl die Konstruktionen standardisiert waren, gab es zwischen den Fahrzeugen der verschiedenen Hersteller gewisse Unterschiede. Neben den von Rad- auf Kettenantrieb umgerü-

■ OBEN: *Leichte 4x4-Fahrzeuge wie der Land Rover wurden oft zu Kettenfahrzeugen umgerüstet. Im Bild gezeigt ist der Cuthbertson der gleichnamigen schottischen Firma.*

■ RECHTS: *An den Gummigleisketten des Claas Challenger ist der technische Fortschritt über vierzig Jahre gut zu erkennen.*

■ OBEN: *Auch die englische Firma Fowler verwendete die Bezeichnung Challenger, allerdings in den Fünfzigerjahren. Dieses Modell 35 ist ein Vorgänger des Challenger, ihm aber von der Gesamtkonstruktion her sehr ähnlich.*

■ LINKS: *Der Track Marshall wird von der englischen Firma Marshall gebaut, die sich seit 1960 als letzter britischer Hersteller auf Raupenschlepper spezialisiert hat.*

■ LINKS: *Der Roadless RT20 wurde von einem Perkins-Diesel des Typs P3 angetrieben. Er kam 1954 auf den Markt und sollte vorwiegend in Südamerika verkauft werden.*

■ LINKS: *Die Idee, Radfahrzeuge auf Kette umzurüsten, hat sich bis heute gehalten, wie dieser Toyota Landcruiser 4x4 zeigt.*

steten Schleppern, wie sie beispielsweise von County, Roadless und Doe angeboten wurden, gab es noch weiter spezialisierte Umbauten von anderen Maschinen. So war der Trackson ein auf Kettenantrieb umgerüsteter Fordson-Traktor gegen Ende der Zwanzigerjahre. Später rüstete die Firma Cuthbertson & Sons aus dem schottischen Biggar Land Rover auf Kettenantrieb um, indem sie Laufräder auf ein zusätzliches Untergestell montierte und die Kettenräder auf die normalen Achsen setzte. Diese Idee wurde in abgewandelter Form vor nicht allzu langer Zeit von Toyota bei einem der Geländewagen der Oberklasse wieder aufgegriffen.

Zu den Herstellern von Raupenschleppern gehören neben Caterpillar und Massey-Ferguson derzeit Claas, Track Marshall und Tractoroexport. Letzterer hat seinen Sitz in der ehemaligen Sowjetunion und baut den T70.

■ OBEN: *Bei der Cuthbertson-Umrüstung für den Land Rover wurden Zahnräder auf die Antriebsachsen geschraubt, die in die Kette aus Gummi und Stahl eingreifen.*

■ RECHTS: *Ein noch erhaltener Land Rover von Cuthbertson aus den frühen Sechzigerjahren. Die Bodenfreiheit ist größer, der Bodendruck geringer.*

Militärische Zugmaschinen

Im 1. Weltkrieg lieferte Holt Raupenschlepper für die Alliierten, während die englische Firma Hornsby mit Ketten für Panzer experimentierte. Der 2. Weltkrieg erforderte eine umfangreiche industrielle Produktion aller Typen, unter denen auch zahlreiche Modelle für bestimmte militärische Zwecke waren, und zwar als Rad-, Halbketten- und Vollkettenfahrzeuge.

Eine ungewöhnliche militärische Zugmaschine kam in Amerika von Allis-Chalmers. Dabei handelte es sich um das Schneemobil M7 (T26E4), ein Halbkettenfahrzeug mit dem gesamten 63-PS-Motor- und Getriebeblock aus dem Willys-Jeep. Vollkettenzugmaschinen für die US-Armee wurden gebaut von International Harvester, Cletrac, Allis-Chalmers und der Iron Fireman Manufacturing Company. Zu den International-Modellen zählten der TD9, der TD18 und der M5. Die TD-Modelle waren konventionelle Vollkettenfahrzeuge mit Vierzylinder-Dieselmotoren, während es sich beim M5 um eine schnelle Zugmaschine mit einem 207-PS-Sechszylindermotor handelte. Cletrac baute die Modelle MG1 und MG2, die mit Sechszylindermotoren von Hercules ausgerüstet waren, die 137 PS leisteten. Die Zugmaschinen von Allis-Chalmers waren massige Fahrzeuge – der M4 wog 18, der M6 sogar 38 Tonnen. Beide waren als Geschützschlepper vorgesehen und wurden angetrieben von Waukesha-Sechszylindermotoren.

■ OBEN: ***Der Allis-Chalmers U wurde während des gesamten Krieges produziert und im Rahmen der Kriegsanstrengungen auch nach Großbritannien exportiert.***

■ UNTEN LINKS: ***Der Minneapolis-Moline ZTX als Zugmaschine der amerikanischen Streitkräfte hatte 1943 fünf Gänge, die für eine Höchstgeschwindigkeit von über 25 km/h sorgten.***

■ MITTE RECHTS: ***Im 2. Weltkrieg wurden Traktoren vielfach auch außerhalb der Landwirtschaft eingesetzt, unter anderem als Zugmaschinen für Flugzeuge.***

■ MITTE LINKS: ***Die britischen Streitkräfte setzten Fowler-Dampflokomobile als Zugmaschinen für ihre Artilleriegeschütze im Burenkrieg ein.***

In Großbritannien erlangte ein Traktor von David Brown eine gewisse Bekanntheit als Flugzeugschlepper der Royal Air Force. Er wurde angetrieben von einem Reihenvierzylinder mit 2523 ccm Hubraum und einer Leistung von 37 PS und besaß ein Vierganggetriebe.

Die Royal Air Force nutzte weiterhin eine Reihe von umgerüsteten Fordson-Traktoren, die bei Roadless mit einer Flugzeugwinde ausgerüstet worden waren. Deutsche, Japaner und Italiener setzten Zugmaschinen von Latil, Somua, Hanomag, Isuzu und Pavesi ein. Die französischen Firmen Latil und Somua wurden von den Deutschen übernommen.

■ RECHTS: *Britische Pioniere landen in den Jahren vor dem 2. Weltkrieg mithilfe eines Fordson Gerät der Marine an.*

Gegenwärtig gibt es zahlreiche militärische Spezialzugmaschinen; eine davon ist der nach Maßgabe des britischen Verteidigungsministeriums gebaute JCB. Dieses Zug- und Rangierfahrzeug ist sehr wendig gebaut und verfügt über eine enorme Zugkraft und ein entsprechendes Drehmoment. Damit ist es ideal geeignet als Zugmaschine für Flugzeuge und Anhänger.

Planierraupen wurden vom Militär zum ersten Mal zum Schleifen von Verteidigungsstellungen an den Stränden und zum Einebnen von – auch besetzten – Kampfständen in Europa und im Pazifik während des 2. Weltkriegs eingesetzt. Später wurden Panzer mit Räumschilden ausgestattet, um Hindernisse zu räumen. Der Caterpillar D7 fand weltweit auf allen Kriegsschauplätzen Verwendung, und General Eisenhower bezeichnete ihn als eine derjenigen Maschinen, die entscheidend zum Kriegsgewinn beigetragen haben.

Bei den anderen US-Fahrzeugherstellern unterbrach der 2. Weltkrieg die Zivilproduktion, weil alles auf den Bau von Fahrzeugen für den Kriegseinsatz ausgerichtet werden musste. Studebaker fertigte zu dieser Zeit den M29C Weasel, ein leichtes amphibisches Vollkettenfahrzeug für den Nachschubtransport, das von einem 65 PS starken Sechszylindermotor angetrieben wurde und über drei Vorwärtsgänge und eine zweifach übersetzte angetriebene Hinterachse verfügte. Es war mit fünfzig Zentimeter breiten Endlosketten ausgerüstet, die für einen niedrigen Bodendruck sorgten. Diese bei Studebaker selbst konstruierte Maschine kann als eines der ersten leichten Kettenfahrzeuge gelten, die seit damals für bestimmte Anwendungen immer beliebter geworden sind – von der Arbeit im Weinberg bis hin zum Einsatz auf kleinen landwirtschaftlichen Flächen, für die ein normaler Traktor oder Raupenschlepper zu groß wäre.

■ LINKS: *Der Studebaker Weasel wurde im 2. Weltkrieg als leichter Raupenschlepper mit minimalem Bodendruck konstruiert. Er gehörte zu den ersten solcher Spezialmaschinen.*

■ LINKS: *Minneapolis-Moline baute das Modell NTX als Versuchsfahrzeug für das Militär. Es hatte Vierradantrieb und lief auf normalen Militärreifen und -rädern.*

■ LINKS: *Restauriertes Exemplar des Flugfeldtraktors David Brown VIG der britischen Luftwaffe.*

ALLRADSCHLEPPER

■ OBEN: *Von County Fourdrive umgerüsteter Fordson im Einsatz auf den Salomonen-Inseln.*

■ UNTEN: *Mercedes-Unimog U1700L38 Mitte der Achtzigerjahre.*

In den Zwanzigerjahren des 20. Jahrhunderts wurde viel mit vierradgetriebenen Traktoren als Alternative zu Raupenschleppern experimentiert. In den Vereinigten Staaten gehörten unter anderem Wizard, Topp-Stewart, Nelson und Fitch zu den Herstellern solcher Maschinen. Nach dem 2. Weltkrieg boten Firmen wie Roadless Traction und County Tractors auf Allradantrieb umgerüstete Traktoren vieler anderer Hersteller an; als Vorderachse kamen dabei oft Achsen aus überschüssigen GMC-Beständen aus dem Krieg zum Einsatz. In Italien hatte die Firma Selene 4x4-Umrüstsätze im Angebot. Nach und nach sahen auch die größeren Hersteller wie Ford, John Deere und Case die Vorteile des Allradantriebs und brachten eigene Modelle auf den Markt. Das ging natürlich zu Lasten der kleinen Umrüster. Heute gilt der Allradschlepper nur noch als weiterer konventioneller Traktor, und der Vierradantrieb wird oft als Zubehör für Fahrzeuge angeboten, die auch mit Zweiradantrieb erhältlich sind.

■ LINKS: *Bei modernen Traktoren wie diesem AGCO gilt der Vierradantrieb als konventionelles, aber nützliches Merkmal zur Leistungssteigerung.*

■ LINKS: *Massey-Ferguson bei der Feldbestellung. Die Traktoren sind in den letzten Jahren immer größer geworden.*

■ UNTEN LINKS: *Massey-Ferguson 4235 mit Vierradantrieb und Perkins-Motor.*

■ UNTEN RECHTS: *Bei Traktoren mit Vierradantrieb sind die Vorderräder oft größer als bei Traktoren mit Zweiradantrieb.*

■ OBEN RECHTS: *Traktoren mit Vierradantrieb wie dieser Fiatagri haben teilweise vorn und hinten verschieden große Räder.*

■ RECHTS: *Bei modernen Traktoren kann der Fahrer am Armaturenbrett viele Funktionen von Motor und Getriebe überwachen.*

KLEINTRAKTOREN

Der Kleintraktor hat seinen Ursprung in Südeuropa, wo er im Weinbau eingesetzt wurde. In den Jahren unmittelbar nach dem 2. Weltkrieg verkaufte NSU seine leichte Artillerie-Zugmaschine, des »Kettenkrad«, teilweise an die Landwirtschaft, und auch im Fernen Osten fand eine entsprechende Entwicklung statt. Kleintraktoren fanden schnell weite Verbreitung. In England hatte die British Motor Corporation (BMC) einen »Mini«-Traktor im Angebot, und auch die größeren Hersteller nahmen Kleintraktoren in ihre Modellpalette auf.

Mitte der Achtzigerjahre baute die japanische Firma Hinomoto den Kleintraktor C174 mit Dreizylinder-Dieselmotor mit 1004 ccm Hubraum. Er leistet 20 PS und besitzt neun Vorwärts- und drei Rückwärtsgänge. Der C174 ist mit einer Zapfwelle am Heck und einem Hydraulikgestänge ausgerüstet.

Shibaura baut Kleintraktoren für Ford, und Mitsubishi fertigt das Modell MT372D sowie Kleintraktoren unter der Bezeichnung Cub Cadet und Case. Iseki als weiterer japanischer Hersteller produziert Kleintraktoren für White, Bolens und

■ OBEN: *Der Mini der British Motor Corporation zielte auf denselben Markt wie der Ferguson TE20. Er wurde 1965 vorgestellt, aber bereits 1970 wurde die Produktion wieder eingestellt.*

■ OBEN: *Als Antrieb für den BMC Mini diente ein 0,95-Liter-Automotor in einer Dieselversion. Er erwies sich als zu schwach und wurde später durch ein 1,5-Liter-Aggregat ersetzt.*

■ LINKS: *Der John Deere 5210 ist bis zum Überrollbügel nur 239,5 cm hoch und hat einen Radstand von 2050 mm. Als Antrieb dient ein Dreizylinder mit 2,9 Litern Hubraum.*

■ LINKS: *Der Kleintraktor kommt überall auf der Welt zum Einsatz, wie dieses schwer beladene Exemplar in Bhutan zeigt.*

Massey-Ferguson sowie eine Reihe größerer, konventioneller Traktoren. Modelle aus der Kleintraktorenreihe sind der TX 2140 und der TX 2160. Diese werden angetrieben von wassergekühlten Dreizylindermotoren mit 776 bzw. 849 ccm Hubraum und sind mit Zweirad- und Vierradantrieb erhältlich. Sie können mit einer breiten Palette an Zusatzgeräten ausgerüstet werden.

Die japanische Firma Kubota wurde im letzten Jahrzehnt des 19. Jahrhunderts gegründet. Sie begann in den Sechzigerjahren des 20. Jahrhundert mit dem Traktorbau und war Mitte der Achtzigerjahre nach eigenen Angaben der fünftgrößte Hersteller. Eines seiner Modelle war zu dieser Zeit der Kleintraktor B7100DP mit 16 PS starkem Dreizylindermotor mit 762 ccm Hubraum, Vierradantrieb, unabhängiger Hinterachsbremse und Zapfwelle mit drei Geschwindigkeiten.

Weitere Hersteller von Kleintraktoren sind die italienische Firma Grillo mit ihrem Modell 31, Holder mit dem Cultitrac A40 und die australische Firma Howard mit dem Modell 200. In Deutschland baut die Firma Blank den Kleinraupenschlepper V228.

■ RECHTS: *Der International Harvester Cub Cadet war ein Minitraktor, der in erster Linie für die Garten- und Parkpflege vorgesehen war.*

■ RECHTS AUSSEN: *Der BMC Mini besaß eine gewisse Ähnlichkeit mit dem Ferguson TE20, musste sich aber von den Verkaufszahlen her selbst gebrauchten Exemplaren des Ferguson geschlagen geben.*

TRACTOR-PULLING

Als die Landwirtschaft in den Vereinigten Staaten in den Anfangsjahren des 20. Jahrhunderts ihren Aufschwung nahm, mussten auf den riesigen Anbauflächen mit Pferden Felsbrocken beiseite geräumt werden, bevor die Felder bearbeitet werden konnten. Der Überlieferung zufolge behauptete dabei einmal ein Farmer, dass er größere Brocken bewegen könne als sein Nachbar. Der ließ das natürlich nicht auf sich sitzen, so dass sich der unvermeidliche Wettbewerb entwickelte. Bei Ausbruch des 2. Weltkriegs war die Technisierung der Landwirtschaft in vollem Gange, und das bedeutete, dass zum Räumen der Felder Traktoren eingesetzt wurden. Das Wegschleppen der Felsbrocken galt als Herausforderung, aus der sich inoffizielle Wettkämpfe entwickelten. Der Traktor, der an den normalen Werktagen als Arbeitsgerät diente, kam sonntags beim »Tractor-Pulling« oder »Trecker-Trecken« zum Einsatz. Im Laufe der Zeit wurden die Traktoren immer größer, und die Wettkämpfe nahmen ernsthaftere Formen an. Da die benötigten Felsbrocken schließlich zu groß wurden, führte man den so genannten Bremsschlitten ein. Das war ein mit Gewichten beladener Schlitten, der mit einer Kette am Traktor befestigt war. Dabei hieß es alles oder nichts: Entweder nahm der Traktor mit dem Schlitten hinter sich Fahrt auf oder er verlor die Bodenhaftung und wühlte sich mit durchdrehenden Rädern in den Grund. Um die Bodenhaftung zu

■ **OBEN:** ***Smoky Joe basiert auf einem Ford 8600; hier ist er bei einer Tractor-Pulling-Veranstaltung im englischen Warwickshire zu sehen.***

■ **OBEN:** ***Ein Fiat 1000 bei derselben Veranstaltung. Je nach Motortyp und Modifikationen treten die Traktoren in verschiedenen Klassen an.***

■ **LINKS:** ***Eine Klasse ist für modifizierte Traktoren vorgesehen, die sich im Erscheinungsbild und von der Karosserie her nicht sehr stark von der Serienausführung unterscheiden; hier ist ein Deutz-Traktor für eine dieser Klassen zu sehen.***

■ RECHTS: *Der Volvo BM T800 von Kevin Brian. Das Gesamtprofil weicht aufgrund der verschiedenen Modifikationen stark von der Serienausführung ab.*

vergrößern, wurden die Traktoren deshalb schon bald mit allem beladen, was schwer war.

Später kam man dann darauf, den Schlitten während des Zugvorgangs schwerer zu machen. Dazu stellte sich eine Reihe von Freiwilligen neben den Kurs und sprang auf, wenn der Schlitten vorbeifuhr. Sieger wurde der Traktor, der die weiteste Strecke zurücklegte. Der Fahrer, der die volle Distanz schaffte, hatte einen so genannten »full pull« erreicht und sich damit für das Finale qualifiziert. Im Laufe der Jahre wurden die Traktoren immer größer und stärker, so dass immer weniger Freiwillige bereit waren, auf die dementsprechend schnelleren Schlitten aufzuspringen, weil sie um ihre Sicherheit besorgt waren. Aus dieser Überlegung heraus entstand die »Gewichtstransfer-Maschine«. Das ist ein Schlitten mit Rädern am hinteren Ende. Beim Start befinden sich die Gewichte über den Rädern. Wenn der Traktor zu ziehen beginnt, werden die Gewichte mittels einer Kette weiter nach vorn gezogen. Die Reibung nimmt zu, bis der Traktor an einem bestimmten Punkt die Traktion verliert. Dieses Prinzip gilt auch heute noch. Das beste Ergebnis erzielt der Fahrer mit einem schnellen Start. Am Anfang des Kurses ist der Schlitten noch leicht zu ziehen, so dass der Traktor auf ein hohes Tempo beschleunigen kann, und je höher die Anfangsgeschwindigkeit ist, desto weiter kommt das Gespann aus Traktor und Schlitten bei zunehmender Reibung.

Die zurückgelegte Strecke wird heute mit Infrarotgeräten gemessen; dabei zeigt sich gele-

■ UNTEN: *Ein Case IH. Um die alles entscheidende Traktion zu verbessern, werden viel größere Hinterräder als in der Serienausführung montiert, wenn es die Klassenregeln zulassen.*

■ OBEN: ***In den Klassen mit den geringsten Beschränkungen treten Traktoren mit mehreren Motoren und entsprechender Leistung an.***

gentlich, dass die volle Distanz (der »full pull«) nur um einen Zentimeter verfehlt wird oder dass die Traktoren an exakt der gleichen Stelle zum Stehen kommen. Beim Tractor-Pulling zählt nicht nur die Motorleistung. Fast genauso wichtig ist es, dass der Traktor gut ausbalanciert ist. Das Tractor-Pulling ist zwar nicht die schnellste Art des Motorsports, aber wohl diejenige mit den leistungsstärksten Motoren.

Die Wettkämpfe werden in mehreren Klassen ausgetragen. In die »Modified«- oder freie Klasse gehören speziell konstruierte Traktoren in verschiedenen Gewichtsklassen. Dabei sind alle möglichen Bauteile und Komponenten erlaubt, solange Gewicht und Abmessungen insgesamt den Regeln entsprechen. Anzahl und Typ der Motoren sind ebenfalls vom Reglement begrenzt. Weiterhin gelten strenge Sicherheitsbestimmungen, um den Schutz von Traktor, Fahrer und Zuschauern zu gewährleisten. Das speziell konstruierte Fahrwerk wird in dieser Klasse für gewöhnlich mit der Hinterachse eines Lastwagens oder Baggers ausgestattet, deren interne Komponenten verstärkt werden. Die Reifengröße darf höchstens 30,5–32 Zoll betragen. Die Original-Traktorreifen werden mit verringertem Luftdruck gefahren, damit die Räder ausreichend durchrutschen und sich nicht eingraben und gleichzeitig genügend Bodenhaftung behalten, um den Schlitten vorwärts zu bringen.

In den größten Hubraumklassen kommen heute oft Flugzeugtriebwerke und Gasturbinen zum Einsatz. In den Vereinigten Staaten sind V8-Rennmotoren sehr beliebt, und in Europa werden die Traktoren je nach Typ und Gewichtsklasse mit bis zu neun Motoren ausgerüstet.

In der Superstandard- oder Superstockklasse starten getunte Standardtraktoren bis zu 4,5 Tonnen. Von der normalen Ausrüstung für die landwirtschaftliche Arbeit ist dabei aber nicht viel übrig geblieben – alles, was für die Feldarbeit erforderlich ist, wird abgebaut. Motorblock, Kupplungsgehäuse, Getriebegehäuse und Hinterachse müssen äußerlich im Originalzustand sein, doch was sich darin befindet, darf modifiziert werden. Zur Leistungssteigerung dürfen bis zu vier Turbolader montiert werden, sofern sie unter die Originalhaube des Traktors passen. Die große Luftmenge, die in die Einlässe strömt, bedeutet, dass viel Diesel eingespritzt werden kann. Wenn die Luft von den Turbos komprimiert wird, entsteht viel Hitze, und damit die Turbolader nicht schmelzen, wird Wasser in die Einlässe gespritzt, das als Dampf aus dem Auspuff entweicht. Um sicher zu stellen, dass das Übermaß an Leistung auch die breiten Hinterrä-

■ UNTEN: ***Diese von Q8 gesponserte deutsche Maschine holt sich ihre Kraft aus nicht weniger als drei V12-Flugzeugtriebwerken von Allison.***

■ OBEN LINKS: *Es kann gar nicht genug sein: Diese deutsche Maschine verfügt über vier Düsentriebwerke.*

■ OBEN RECHTS: *Solche Maschinen sorgen für spektakuläre Rennen, haben aber im Gegensatz zu den Maschinen aus den kleineren Gewichts- und Leistungsklassen kaum noch Ähnlichkeit mit den Fahrzeugen, die bei der Feldarbeit zu sehen sind.*

der erreicht, sind zahlreiche Getriebeteile unter Verzicht auf unnötige Gänge verstärkt.

Motoren, die Methanol verbrennen, sind erlaubt. Methanol brennt länger als Diesel, so dass mehr Leistung erzeugt und der Motor weniger belastet wird. Es sind zwar zahlreiche Umrüstarbeiten am Motor erforderlich, dafür aber auch Leistungen bis zu 2500 PS erreichbar.

Einen idealen Einstieg in diesen Sport bietet die Garden-Pulling-Klasse. Das Mindestalter für den Fahrer beträgt acht Jahre, und weil man in dieser Klasse nur wenig mehr braucht als einen ehemaligen Rasenmäher oder Gartentraktor, kommt sie auch für denjenigen in Frage, der nur über begrenzte Mittel verfügt.

Mini-Puller sind kleine Traktoren der »Modified«-Klasse, für die ein zulässiges Gesamtgewicht einschließlich Fahrer und Kraftstoff gilt. Es wird mit einem eigenen kleinen Bremsschlitten gefahren, und die Traktoren sind Sonderanfertigungen, überwiegend bestückt mit V8-Motoren und Hubschrauberturbinen, die bis zu 3000 PS leisten. Der Schnitt liegt allerdings bei 1700 PS. Auf Grund des enormen Leistungsgewichts sind diese Maschinen nur schwer zu beherrschen. Die Hinterachsen sind meistens speziell angefertigt, und das Getriebe hat selten mehr als einen Vorwärts- und einen Rückwärtsgang.

■ RECHTS: *Dasselbe kann man teilweise auch von den Maschinen mit Verbrennungsmotoren sagen, und der Name des Teams spiegelt die Kosten dieses Sports wider.*

29 00252

TEIL ZWEI

TRAKTOREN VON A BIS Z

Der folgende Teil befasst sich mit den großen Traktorherstellern und ihren bedeutendsten Produkten seit Beginn des 20. Jahrhunderts. Er zeigt weiterhin auf, dass die Branche des Traktorbaus in ihrer ganzen Geschichte von zahlreichen Übernahmen und Fusionen gekennzeichnet war. Wo es einst Hunderte von kleinen Firmen gab, die Landmaschinen in geringen Stückzahlen bauten, gibt es heute nur noch eine Handvoll multinationaler Konzerne, die Tausende von Traktoren produzieren. Deutlich wird auch, wie schnell Neuerungen im Traktorbau Verbreitung fanden. So brachte beispielsweise Henry Ford seinen neuen und innovativen Fordson im Jahre 1917 auf den Markt; binnen weniger Jahre entwickelte diese Art von Traktor sich zur Norm, nach deren grundlegender Konfiguration sich die Hersteller auch heute noch richten. Computer und das globale Standortbestimmungssystem GPS sind als neueste Techniken im Ackerschlepper zu finden und aus der modernen Landwirtschaft kaum noch wegzudenken.

■ GEGENÜBER: *Technik schlägt Tradition in der chinesischen Provinz Tian Shan.*

■ LINKS: *David Brown Cropmaster von 1951 in strahlendem Glanz.*

AGCO ALLIS

Mitte der Achtzigerjahre des vergangenen Jahrhunderts wurde die bekannte Marke Allis-Chalmers nach dem Erwerb durch Klöckner-Humboldt-Deutz (KHD) in Köln zu Deutz-Allis. 1990 verkaufte KHD den Bereich Deutz-Allis an die Allis-Gleaner Company (AGCO), die die Traktoren später unter dem Markennamen AGCO Allis als Teil ihrer breiten Palette an Landmaschinen wieder auf den Markt brachte. Zu den neueren AGCO-Allis-Traktoren gehören mehrere unterschiedliche Modelle aus den Serien 5600, 6670, 8700 und 9700.

Die Modelle der Serie 5600 sind mittelgroße Maschinen mit einer Leistung von 45 PS beim 5650 und 63 PS beim 5670. Als Antrieb dienen jeweils luftgekühlte Dieselmotoren mit Direkteinspritzung. Die Traktoren sind ausgelegt auf einen kleinen Wenderadius und auf den Antrieb einer Vielzahl von Zusatzgeräten an der Zapfwelle. Die im folgenden angegebenen PS-Zahlen gelten für die Zapfwelle. Der AGCO Allis 6670 ist ein Breitspurtraktor, dessen luftgekühlter Vierzylinder-Dieselmotor mit Direkteinspritzung 63 PS leistet. Eine reaktive hydrostatische Servolenkung macht Schluss mit der seitlichen Versetzung, und die so genannte »sparsame Zapfwelle« soll Kraftstoff sparen, indem sie die Motordrehzahl um 25 Prozent reduziert, wenn an der Zapfwelle nicht die volle Leistung benötigt wird.

Die Modelle 8745 und 8765 sind für die Großflächenwirtschaft bestimmt. Der 8765 steht wahlweise mit Vier-

■ RECHTS: ***Das Modell 9690 ist ein zweiradgetriebener AGCO-Allis-Traktor aus dem Jahr 1996. Hier mit Zwillingsbereifung hinten zu sehen, ist es einer der größten Traktoren des Unternehmens.***

■ LINKS: ***Der AGCO Allis 6690 hat Vierradantrieb. Dieses Exemplar von 1994 besitzt vorn und hinten verschieden große Räder.***

■ OBEN: ***Der AGCO Allis 6690 gehört zur Baureihe 6600 und wird von einem luftgekühlten Diesel angetrieben.***

■ UNTEN: *Vierradgetriebener AGCO Allis 9815 von 1996 bei der Feldarbeit mit einer Scheibenegge.*

■ LINKS: *Dieser vierradgetriebene AGCO Allis 9435 von 1995 besitzt eine Haube in modernem Design.*

oder Zweiradantrieb zur Verfügung und leistet 85 PS, während der 8745 auf 70 PS an der Zapfwelle kommt. Beide verfügen über ein synchronisiertes Zwölfganggetriebe, das so ausgelegt ist, dass in allen Gängen ausreichend Leistung zur Verfügung steht. Unter dem Blechkleid arbeiten Dieselmotoren aus der Serie AGCO Allis 400 mit Turbolader. Die größeren Traktoren der Serie 8700, der 8775 und der 8785, werden angetrieben von sparsamen wassergekühlten Dieselmotoren der Serie AGCO Allis 600, die 95 bzw. 110 PS an der Zapfwelle leisten. Sie sind wahlweise mit Vier- oder Zweiradantrieb zu haben. Das Getriebe hat vier Vorwärtsgänge und als Sonderausstattung einen Kriechgang. Die Traktoren sind ausgerüstet mit einer »sparsamen Zapfwelle« des Typs 540/1000, einer haltbaren Mehrscheiben-Ölbadkupplung und einer elektronisch gesteuerten Dreipunkt-Anbaukupplung. Die Modelle 9735 mit 125 PS und 9745 mit 145 PS sind auf gutes Aussehen und Leistung getrimmt. Beide sind mit Allradantrieb und in der Normalausführung mit Vier- oder Achtzehnganggetriebe erhältlich.

Die wassergekühlten Motoren der beiden Modelle der Serie 9600 verfügen über Turbolader und bis zu 8,7 Liter Hubraum. Der 9675 mit 175 PS und der 9695 mit 195 PS haben ein elektronisch geschaltetes Getriebe und die Kabine vorn.

Seit kurzem setzt AGCO neue Computertechnik ein. Das im eigenen Hause entwickelte System DataTouch besteht aus einem kompakten, leicht abzulesenden Touch-Screen, über den alle Funktionen aus der Kabine heraus gesteuert werden, ohne dass irgendwelche Kabel die Sicht des Fahrers behindern. Es basiert auf einfacher Touch-Screen-Technik, die nach Meinung des Herstellers trotz der komplexen Bedienvorgänge einfach in der Anwendung ist.

ALLIS-CHALMERS

■ UNTEN: *Ab 1929 waren die Traktoren von Allis-Chalmers leuchtend orange lackiert. Die neue Farbgebung sollte neue Käufer anziehen.*

Die Wurzeln dieses Traktorherstellers reichen zurück bis in die Zeit der im Jahre 1847 gegründeten Reliance Works Flour Milling Company. Das Unternehmen wurde 1912 mit Brigadegeneral Otto. H. Falk an der Spitze umgegliedert. Der Firmensitz blieb in Milwaukee, und 1914 entstand ohne vorherige Erfahrung mit dem Dampfantrieb der erste Benzintraktor, das dreirädrige Modell 10-18. Dessen Zweizylinder-Boxermotor mit einer Höchstdrehzahl von 720 U/min leistete, wie sich aus der Modellbezeichnung erkennen lässt, 10 PS am Zughaken und 18 PS am Treibriemen. Er wurde mit Benzin gestartet und lief anschließend, wenn er wärmer geworden war, mit dem billigeren Kerosin. Das einzelne Rad befand sich vorn, der Fahrer saß über der Hinterachse.

Anders als ein Teil der Konkurrenz besaß Allis-Chalmers in den Vereinigten Staaten kein festes Händlernetz, so dass die Verkaufszahlen hinter den Erwartungen zurückblieben. Zwischen 1914 und 1921 produzierte und verkaufte das Unternehmen etwa 2700 Exemplare des Modells 10-18. Ein Teil davon fand über den Versandhandel Käufer, und im 1. Weltkrieg gingen einige Maschinen in den Export. Die Franzosen importierten amerikanische Traktoren und verkauften sie unter einem eigenen Markennamen – so war beispielsweise der Allis-Chalmers in Frankreich unter der Bezeichnung Globe zu haben.

Das 1919 vorgestellte konventionelle Modell 18-30 wurde von einem stehenden Reihenvierzylinder angetrieben. Der Verkauf lief zu Anfang – teilweise wegen der Konkurrenz durch den billigen Fordson – schleppend, und bis 1922 waren erst knapp über tausend Exemplare gefertigt worden; aber im Verlauf der nächsten sieben Jahre erreichte die Gesamtproduktion 16 000 Stück.

Allis-Chalmers übernahm einige andere Firmen, als das Ende der Aufschwungphase nach dem Krieg zu zahl-

■ UNTEN: *Der Allis-Chalmers B wurde im Rahmen des Leih-Pacht-Gesetzes aus den USA nach Großbritannien exportiert.*

■ RECHTS: ***Der Allis-Chalmers U wurde von 1929 bis 1953 gebaut.***

■ UNTEN: ***Das Logo »A-C« ließ keinen Zweifel daran, welche Marke der Fahrer fuhr.***

reichen Firmenschließungen und Fusionen in der Traktorindustrie führte. Darunter befand sich auch die Monarch Tractor Company in Springfield im Bundesstaat Illinois, die Raupenschlepper baute. Die Firma hatte im Jahre 1917 mit der Produktion begonnen und zur Zeit der Fusion sechs verschieden große Raupenschlepper im Programm, darunter den Lightfoot 6-10 als kleinsten und den Monarch 75 mit einem Gewicht von 11,5 Tonnen als größten. Allis-Chalmers führte die Raupenschlepperproduktion in Springfield weiter. Ein anderer Zukauf war die Advance-Rumely Thresher Company, die 1931 übernommen wurde.

Im Jahre 1929 fusionierten 32 Landmaschinenhersteller zur United Tractor and Equipment Corporation mit Sitz in Chicago. Dazu gehörte auch die Firma Allis-Chalmers, die den Auftrag erhielt, unter der Bezeichnung United einen neuen Traktor mit Continental-Motor zu bauen. Der United wurde 1929 auf einer Landwirtschaftsausstellung in Wichita vorgestellt. Das Großunternehmen hielt sich nicht lange am Markt. Allis-Chalmers hatte das Glück, den Zusammenbruch zu überleben, und baute weiterhin den United, jetzt allerdings unter der Modellbezeichnung U. Die Modelle der Serien U und E wurden zur Basis der Allis-Chalmers-Palette. Weiterhin führte Allis-Chalmers eine auffallende Lackierung ein, um neue Kunden anzulocken und sich von den anderen Herstellern abzusetzen. Als Farbe diente Persisch Orange. Die einfache Maßnahme zeitigte durchaus Erfolg, was sich daran ablesen ließ, dass andere Hersteller kurz darauf ebenfalls hell glänzende Lackierungen sowie Hauben, Kühlergrills und Schmutzfänger in modischem Design anboten.

Das Modell U wurde später bekannt als erster Traktor mit Niederdruck-Gummireifen. 1932 wurden in einem Milchwirtschaftsbetrieb in Waukesha im Bundesstaat Wisconsin erste erfolgreiche Versuche mit Flugzeugreifen mit einem Druck von etwa 1 bar durchgeführt. Obwohl sie ihre Fähigkeiten bewiesen hatten, trafen Luftreifen, was den Einsatz in der Landwirtschaft betraf, nach wie vor auf Skepsis. Allis-Chalmers rief eine Serie von Rennveranstaltungen ins Leben, um die neueste Technik mit Luftreifen bekannt zu machen. Dafür wurden sogar professionelle Rennfahrer angeheuert, die die Traktoren bei landwirtschaftlichen Ausstellungen und Messen vorführten. Ende der Dreißigerjahre brachte Allis-Chalmers die Modelle A

ALLIS-CHALMERS U

Baujahr	1933
Motor	Vierzylinder
Leistung	34 PS mit Kerosin
Getriebe	Viergang (Luftreifen)
Gewicht	nicht bekannt

■ UNTEN: ***Der Allis-Chalmers U spielte eine wichtige Rolle in der Entwicklung von Luftreifen für Traktoren, da die Firma an einer Reihe von Exemplaren Firestone-Reifen demonstrierte.***

■ LINKS: *Allis-Chalmers U von 1942 mit Luftreifen. Aufgrund des Gummimangels griff man im 2. Weltkrieg teilweise wieder auf Stahlräder zurück.*

und B auf den Markt. Das Modell A mit Vierganggetriebe ersetzte das Modell E und wurde zwischen 1936 und 1942 gebaut, während das Modell B zwischen 1937 und 1957 in der Produktion war. Vom Modell B, das von einem Vierzylindermotor mit 16 PS angetrieben wurde, entstanden in der langen Produktionszeit über 127 000 Exemplare. 1936 wurde das Modell U mit dem Einbau des firmeneigenen UM-Motors aufgewertet. 1934 kam das Modell WC als erster auf Luftbereifung ausgelegter Traktor, wobei allerdings Stahlräder weiterhin als Sonderausstattung zur Verfügung standen. 1938 brachte Allis-Chalmers eine kleinere Ausführung des Modells B mit Luftbereifung heraus, die sich sehr gut verkaufte. Sie wurde nach dem 2. Weltkrieg in Großbritannien gefertigt, und zwar sowohl für den heimischen Markt als auch für den Export. Um den Absatz weiter anzukurbeln, erhöhte die Firma im gleichen Jahr die Zahl der Modelle, die es mit modern gestalteter Haube und Kühlergrill gab.

In den Jahren unmittelbar nach dem Krieg erweiterten viele amerikanische Hersteller ihre Modellpalette schnell um neue Traktoren. Allis-Chalmers war mit den Modellen G und WD dabei. Der WD-45 besaß einen Benzinmotor. Im Jahre 1955 kam eine Dieselvariante hinzu – ein Meilenstein in der Unternehmensgeschichte, denn das war der erste

■ MITTE: *Die Dreipunktkupplung wie an diesem WD-45 revolutionierte die Anbringung von Anbaugeräten an Traktoren.*

■ UNTEN: *Der Allis-Chalmers WD-45 war einer der ersten völlig neuen Traktoren nach dem 2. Weltkrieg.*

Radtraktor mit Dieselantrieb. Bislang hatte Allis-Chalmers seit der Übernahme von Monarch Ende der Zwanzigerjahre nur Raupenschlepper mit Dieselmotor gebaut. Der Dieselmotor des WD-45 war ein Reihensechszylinder mit 3,8 Litern Hubraum. Als Sonderausstattung standen weiterhin ein Flüssiggasmotor und eine Servolenkung zur Verfügung. Der WD-45 erwies sich mit über 83 000 produzierten Exemplaren als großer Erfolg.

Allis-Chalmers fertigte das Modell B ab 1948 in einem Werk im britischen Southampton. Es galt damals aber bereits als altmodisch und überholt. Kurze Zeit später wurde das Werk nach Essendine in der Grafschaft Lincolnshire verlegt, wo dann der D270 in Produktion ging. Das war gewissermaßen ein auf einen neueren technischen Stand gebrachtes Modell D mit hoher Bodenfreiheit – die den seitlichen Anbau von Gerät ermöglichte – und drei Motoren zur Auswahl, alle von den späteren B-Modellen her bekannt. Dazu gehörten eine Benzin- und eine Kerosinversion des Reihenvierzylinders mit oben liegenden Ventilen und ein Perkins-P3-Diesel. Die Benzin- und Kerosinmotoren leisteten 27 bzw. 22 PS bei

■ LINKS: *Restaurierter Allis-Chalmers WD-45 mit verstellbarer Spurweite an der Hinterachse.*

■ UNTEN: *Das Modell C wurde von 1940 bis 1948 in der Dreiradkonfiguration für die Reihenarbeit gebaut.*

1650 Umdrehungen pro Minute. Den D272 als weiter verbesserte Version gab es ab 1959, und 1960 wurde als neues Modell der E40 ins Angebot aufgenommen. Enttäuschende Verkaufszahlen bei diesen Modellen führten neben anderen Faktoren dazu, dass Allis-Chalmers 1968 die Traktorfertigung in Großbritannien einstellte.

Im Jahre 1955 kaufte die Firma die Gleaner Harvester Corporation, um dann in der zweiten Hälfte der Fünfzigerjahre ihre D-Serie auf den Markt zu bringen. Die umfassende Palette von Traktoren mit der Serienbezeichnung D umfasste den D10, den D12, den D14, den D15, den D17, den D19 und den D21. Es gab bis zu fünfzig Ausstattungsvarianten in der Serie, wenn man erst einmal zwischen Benzin, Diesel und Flüssiggas als Kraftstoff gewählt hatte. Der D17 wurde angetrieben von einem 4,3-Liter-Motor, der gemäß Nebraska-Traktortest 46 PS am Zughaken und 51 PS am Treibriemen leistete. Er brachte es in zehn Produktionsjahren auf 62 540 Exemplare.

1960 änderte Allis-Chalmers die Lackierung der Traktoren in einen noch glänzenderen Farbton, das so genannte Persisch Orange Nr. 2; als Kontrast dazu dienten cremefarbene Felgen und Kühlergrills. Die wichtigsten Modelle, die von dieser Änderung profitierten, waren der D10 und der D12, die die Modelle B und CA abgelöst hatten. Sie wurden zehn Jahre lang gebaut, kamen aber nur auf weniger als zehntausend Exemplare.

Die letzten Allis-Chalmers-Traktoren wurden Mitte der Achtzigerjahre gebaut, weil das Unternehmen unter der Rezession zu leiden hatte und 1985 von der deutschen Firma Klöckner-Humboldt-Deutz übernommen wurde, die die Traktorsparte in Deutz-Allis umbenannte. Bereits 1990 ging die Firma in der Besitz der amerikanischen Holding Allis-Gleaner Company (AGCO) über, die die Traktorproduktion in der AGCO Allis konzentrierte.

Eines der letzten Modelle war der 4W-305 aus dem Jahre 1985. Er besaß einen Motor mit Doppelturbolader, der um die 305 PS leistete, und ein Getriebe mit zwanzig Vorwärts- und vier Rückwärtsgängen. Die Traktorproduktion in West Allis, Wisconsin, wurde im Dezember 1985 eingestellt.

WEITERE HERSTELLER

(ACME, Advance-Rumely, American Harvester, Avance, Belarus, Bolinder Munktell, Braud, Breda, Brockway, Bull)

■ LINKS: *Advance-Rumely 40-60 von 1929. Die für ihre großen Traktoren bekannte Firma wurde 1931 von Allis-Chalmers übernommen.*

■ UNTEN LINKS: *Frühe Traktoren wie dieser Advance-Rumely trugen noch viele Konstruktionsmerkmale der Dampflokomobile, die ihnen vorausgegangen waren.*

■ ACME

ACME gehörte zu der langen Reihe kurzlebiger Traktorbauer, die in den Jahren des Aufschwungs nach dem 1. Weltkrieg gegründet wurden. Der ACME-Traktor war laut Werbung sowohl als Rad- als auch als Halbkettenfahrzeug erhältlich. Es lässt sich nur schwer mit absoluter Sicherheit sagen, ist aber ziemlich wahrscheinlich, dass viele kleine Firmen, die Traktoren anboten, nach dem ersten Prototypen nie mehr als eine Hand voll Maschinen bauten. Das war ein Grund dafür, dass die Nebraska-Traktortests, die 1920 begannen, zu einer derart nützlichen Verbraucherhilfe für die Landwirte wurden.

■ ADVANCE-RUMELY

Meinrad Rumely war ein deutscher Auswanderer, der in den Fünfzigerjahren des 19. Jahrhunderts in La Porte im US-Bundesstaat Indiana eine Schmiedewerkstatt aufgebaut hatte. Aus dieser Schmiede wurde im Laufe der Jahre eine Fabrik, die Landmaschinen und Dampfmaschinen für die Landwirtschaft herstellte. Im Jahre 1908 trat John Secor in das Unternehmen ein, um einen ölbetriebenen Motor zu entwickeln, und bereits 1909 baute die Firma Rumely, die sich in erster Linie mit dem Dreschmaschinenbau befasst hatte, unter der Bezeichnung OilPull ihren ersten Traktor, nachdem Secor einen Vergaser für Kerosin vervollkommnet hatte. Ein späteres Resultat dieser Entwicklungsarbeit war das Modell B 25-45, das wiederum von dem Modell E des Jahres 1911 abgelöst wurde, dessen Leistung 30 PS am Zughaken und 60 PS am Treibriemen betrug. Diese Zahlen wurden bei einem Test in Winnipeg bestätigt. Im Jahre 1920 nahm der gleiche Traktor am achten Nebraska-Traktortest teil. Dort wurden fast 50 PS am Zughaken und über 75 PS am Treibriemen gemessen. Der Motor, der eine derartige Leistung brachte, war ein niedrig drehender liegender Zweizylinder mit 25 x 30 cm Bohrung x Hub. Der gemessene Kraftstoffverbrauch war mit fast 50 Litern Kerosin pro Stunde recht hoch. Bemerkenswert an der Motorkonstruktion waren unter anderem der Spezialvergaser mit Wassereinspritzung und die Luftkühlung, die darauf beruhte, dass in dem rechteckigen Turm am Vorbau des Traktors wie in einem Kamin ein Luftzug erzeugt wurde. Das Unternehmen wurde 1915 in Advance-Rumely Thresher Company umbenannt. Zu dieser Zeit lief gerade die Produktion des Modells E 30-60 OilPull, das erst 1923 von dem ähnlich konstruierten Modell G 20-40 abgelöst wurde. Bis 1931 baute Advance-Rumely mehr als 56 500 OilPull-Traktoren in vierzehn Versionen.

Advance-Rumely, eigentlich bekannt für große Traktoren, stieg im Jahre 1916 mit dem Allzweckmodell 8-16 auch in den Markt für Kleintraktoren ein. Zum Betrieb des 8-16 hieß es, er sei »so einfach wie der Umgang mit einem Pferdegespann«. Der Traktor hatte nur drei Räder – ein einzelnes Rad hinten zum Lenken und zwei Vorderräder, davon das eine angetrieben und das andere frei laufend. Als Antrieb diente ein Vierzylinder-Kerosinmotor. Der Traktor war vorgesehen für das Schleppen von Zusatzgeräten am Zughaken und den Betrieb von Dreschmaschinen und Ballenpressen am Treibriemen.

Während die Firma Advance-Rumely weiterhin an der Verbesserung der OilPull-Serie arbeitete, kaufte sie 1924 das Unternehmen Aultman Taylor, um schließlich selbst im Jahre 1931 an Allis-Chalmers verkauft zu werden. In diesem Jahr hatte sie gerade das Modell 6A auf den Markt gebracht, einen für damalige Zeiten modern aussehenden Traktor. Der 6A besaß einen Sechszylindermotor von Waukesha und ein

■ RECHTS: *Dieser große Traktor war mit 22 PS am Zughaken und 65 PS am Treibriemen bewertet und wurde 1919 von der Advance-Rumely Thresher Company gebaut.*

■ UNTEN RECHTS: *Advance-Rumely wurde gegründet von Meinrad Rumely, einem ausgewanderten deutschen Schmied, der Mitte des 19. Jahrhunderts in LaPorte im Bundesstaat Indiana eine Schmiedewerkstatt eröffnet hatte.*

Sechsganggetriebe. Allis-Chalmers verkaufte ihn allerdings nur so lange, bis die Lagerbestände aufgebraucht waren. Insgesamt wurden vom 6A nur knapp tausend Exemplare gefertigt.

■ AMERICAN HARVESTER

Die Dieseltraktoren von American Harvester werden in der Volksrepublik China von Vertragsunternehmen gebaut und von einer Firma namens Farm Systems International in die Vereinigten Staaten eingeführt. In China gibt es zahlreiche Traktorhersteller, doch Farm Systems International beharrt darauf, dass nur diejenigen unter Vertrag genommen werden, die in der Lage sind, bestimmte Kriterien in bezug auf Qualität und handwerkliche Arbeit zu erfüllen. Die Motoren der American-Harvester-Traktoren besitzen unter anderem abnehmbare Zylinderbuchsen und geschmiedete Kolben, die dafür sorgen sollen, dass die Maschinen lange halten.

Das Modell 504 gehört zu einer Reihe von Kleintraktoren, die nur alle sechs- bis elftausend Betriebsstunden zur Überholung müssen und bei kleinen Abmessungen und geringem Kraftstoffverbrauch über ausreichende Leistung verfügen. Der 504 ist mit einem schadstoffarmen Dieselmotor und einem Achtganggetriebe mit Vierradantrieb ausgestattet. Als Sonderausstattung gibt es ein Getriebe für Zweiradantrieb und einen Breitspurvorbau mit verstellbarer Spurbreite. Der Traktor verfügt über eine mechanische Zapfwelle als Standard und eine hydraulische Dreipunktkupplung. Er steht in einer Reihe von Ausführungen mit Motoren von 18–50 PS zur Verfügung. Alle haben eine 12-V-Anlage mit Handkurbel für den Notfall, Glühkerzen und Dekompressionsklappen für kaltes Wetter. Mit einer eingebauten Handpumpe können die Kraftstoffleitungen gereinigt werden.

Das American-Harvester-Modell 250 ist insgesamt kleiner und in erster Linie vorge-

■ UNTEN: *Dieser Advance-Rumely H von 1920 leistete 16-30 PS, wurde aber 1924 von leichteren Modellen abgelöst.*

WEITERE HERSTELLER

■ **RECHTS:** ***Belarus-Traktoren werden in der Republik Weißrussland, einem Mitglied der GUS, hergestellt und in viele Länder exportiert.***

sehen für den Betrieb von Anbaugeräten wie Motorhacken, Scheibenpflügen, Spatenrolleggen und Mähmaschinen sowie normalen Pflügen und Eggen. Um all das leisten zu können, verfügt der Traktor über eine entsprechende Hydraulik und Räder mit großem Durchmesser, die für eine gute Traktion sorgen. Er kann weiterhin eingesetzt werden als Antrieb für Beregnungs- und Entwässerungsanlagen, Dreschmaschinen und Reismahlwerke sowie als Zugmaschine.

Das Modell 250 ist 2687 mm lang und 1240 mm breit. Die Höhe bis zum Lenkrad beträgt 1433 mm, und der Radstand beläuft sich auf 1520 mm. Der Wendekreis ist davon abhängig, ob die Vorderräder mit Bremsen ausgerüstet sind. Mit Bremsen beträgt er 2,5 m, ohne Bremsen 2,8 m. Als Antrieb dient ein stehender, wassergekühlter Viertakt-Dreizylinder-Dieselmotor, dessen Hubraum von 1432 Kubikzentimetern sich aus 8,6 x 9,7 cm Bohrung x Hub ergibt. Das Verdichtungsverhältnis beträgt 22:1, und der Motor leistet 25 PS bei 2500 U/min. Das Getriebe besitzt acht Vorwärts- und zwei Rückwärtsgänge und ist über eine Einscheiben-Trockenkupplung mit dem Motor verbunden. Eine Differentialsperre sorgt für bessere Traktion bei nassem oder schwerem Boden. Die Trommelbremsen arbeiten nach dem Innenausdehnungsprinzip, während es sich bei der Lenkung um eine herkömmliche Schraubenlenkung han-

■ **UNTEN:** ***Belarus hat sechs Baureihen von 31 bis 180 PS in fast dreißig Ausführungen im Programm. Alle Maschinen sind einfach gebaut, um sie möglichst zuverlässig zu machen.***

■ **RECHTS:** ***Der Belarus 862 D ist für die schnelle Feldarbeit konstruiert und besitzt einen 90-PS-Motor und einen Vierradantrieb, der an der Vorderachse nur dann zugeschaltet wird, wenn der Schlupf an den Hinterrädern über sechs Prozent beträgt.***

delt. Die Reifengröße beträgt vorn 6,0x15 und hinten 8,3x24 Zoll. Die Hydraulik hat eine maximale Hubkapazität von 1878 kg.

■ AVANCE

Avance war ein schwedischer Traktorhersteller in den Zwanzigerjahren des 20. Jahrhunderts, also in einer Zeit, in der viele Neuerungen zu verzeichnen waren. Die Firma hatte einen fortschrittlichen Traktor im Programm, der als erster über eine Halbdieselmaschine verfügte. Da Schweden alle Ölprodukte importieren musste, die dann dementsprechend teuer waren, bot natürlich eine Maschine, die mit möglichst billigem Kraftstoff – darunter auch Altöl – lief, klare Vorteile. Die Ingenieure bei Avance hatten sich im Detail mit dem Startvorgang bei Dieselmotoren befasst und den Halbdiesel entwickelt, bei dem der Kraftstoff zur Zündung auf einen Glühkopf im Zylinderkopf gespritzt wurde. Diese neue Technik steckte aber in einer insgesamt überholten Konstruktion mit Behälterkühlung. Gegen Ende der Zwanzigerjahre hatte Avance Zweizylinder-Glühkopfmotoren mit 18-22 und 20-30 PS im Programm. Sie verfügten über Druckluftstarter mit Glühkerzen und Batterien als zusätzliches Sonderzubehör.

■ OBEN RECHTS: ***Der Belarus 862 D besitzt eine Zapfwelle, deren Drehzahl unabhängig und in Abhängigkeit von der Fahrgeschwindigkeit geregelt werden kann, sowie eine Hydraulik der Kategorie II mit Tiefen- und Lagesteuerung.***

■ RECHTS: ***Der 862 D wird angetrieben von einem 4,1-Liter-Reihenvierzylinder. Sein Getriebe hat achtzehn Vorwärts- und zwei Rückwärtsgänge.***

■ BELARUS

Belarus-Traktoren werden in Minsk in der Republik Weißrussland gebaut, einem Mitglied der Gemeinschaft unabhängiger Staaten (GUS). Das Unternehmen exportiert in alle Welt und hat zahlreiche Traktoren in einer Vielzahl von Varianten im Angebot.

Der Belarus 862 D aus dem Jahre 1986 wurde angetrieben von einem Motor mit 4075 Kubikzentimetern Hubraum und einer Leistung von 90 PS. Er besaß ein Automatikgetriebe mit Vierradantrieb und achtzehn Vorwärts- und zwei Rückwärtsgängen. Eine hydrostatische Lenkung gehörte zur Standardausstattung.

Die gegenwärtige Palette an Traktoren mit Vierradantrieb umfasst den 1221 mit 130 PS, den 1025 mit 115 PS, den 952 mit 105 PS und den 862 mit 90 PS. Die zweiradgetriebene Serie der Belarus-Traktoren reicht vom 950 mit 105 PS bis zum 900 mit 90 PS.

WEITERE HERSTELLER

■ **BOLINDER-MUNKTELL**
Der schwedische Traktorhersteller Bolinder-Munktell entstand aus der Verschmelzung zweier Unternehmen. 1932 fusionierte der Traktorhersteller Munktell mit seinem Motorenhersteller Bolinder zur Firma Bolinder-Munktell, die die Produktion der Traktoren 15-22 und 20-30 fortführte. Munktell baute übrigens mit dem BM 30-40 aus dem Jahre 1913 den ersten Traktor in Schweden. Er wurde von einem zweizylindrigen Bolinder-Motor angetrieben. Das Unternehmen experimentierte des Weiteren mit Holzvergasermotoren, weil in Ländern, die fast alles Öl importieren mussten, der Kraftstoff natürlich ein wesentlicher Punkt war. 1921 und 1922 hatte das Unternehmen einen Traktor mit einem Zweitakt-Zweizylinder-Glühkopfmotor im Programm, der 15-22 PS leistete, und demzufolge lautete die Modellbezeichnung 22. Der Motor stammte von einem Schiffsdiesel ab und wurde mit Druckluft angelassen, nachdem die Glühköpfe mit einer eingebauten Lötlampe erhitzt worden waren. Um 1930 kam ein größeres Modell, der 20-30, der zusam-

■ OBEN: ***Bolinder-Munktell fusionierte später mit Volvo zur Volvo BM, doch davor erfreuten sich die Zweitaktdieselmotoren der Firma großer Beliebtheit.***

■ UNTEN: ***Bolinder-Munktell war ein Zusammenschluss des schwedischen Traktorherstellers Munktell mit dem Motorenbauer Bolinder. Dieser Dreizylinderdiesel war ein Produkt des Unternehmens.***

men mit seinem Vorgänger an den Oxfordshire World Tractor Trials teilnahm. Ein weiterer schwedischer Hersteller war der Rüstungsproduzent Bofors, der 1932 mit einem Traktor mit Zweizylinder und einer Leistung von 40-46 PS den Wettbewerb mit Avance und Munktell aufnahm.

Bolinder-Munktell brachte 1939 einen Traktor mit Zweizylindermotor mit 31 PS auf den Markt und nach dem Krieg das Modell 10 mit 23-PS-Glühkopfmotor. Erst in den Fünfzigerjahren wandte sich das Unternehmen vom Glühkopfmotor ab und brachte die Modelle BM35 und BM55 mit Dieselmotoren mit Direkteinspritzung auf den Markt. Diese Traktoren besaßen ein Fünfganggetriebe und als Sonderausstattung eine Kabine. Bolinder-Munktell ging später an Volvo.

■ BRAUD

Die Firma Braud wurde im Jahre 1870 im französischen St. Mars La Jaille als Dreschmaschinenhersteller gegründet. Erst hundert Jahre später, im Jahre 1975, baute sie ihren ersten Traubenernter, um sich anschließend auf diesen Geschäftsbereich zu spezialisieren. 1984 übernahm Fiatagri einen Anteil von 75 Prozent an der Firma. 1988 führte die Fiat-Gruppe die Aktivitäten von Fiat-Allis und Fiatagri im Bereich Land- und Erdbewegungsmaschinen in dem neuen Unternehmen FiatGeotech zusammen. Im Rahmen dieser Umgliederung wurden die Firmen Hesston und Braud zur Hesston-Braud mit Sitz im französischen Coex zusammengelegt. Hesston-Braud ging später in der New Holland Geotech auf.

■ BREDA

Breda war ein italienischer Traktorhersteller der Zwanzigerjahre, der im Unterschied zu vielen Wettbewerbern Traktoren mit Benzinmotoren baute. Dabei handelte es sich um Vierzylinder mit 26 und 40 PS. In den Dreißigerjahren wurde die Modellpalette erweitert und umfasste einen Traktor mit konventionellem Vierzylinder-Benzin-/Kerosinmotor sowie eine Maschine mit einem eher ungewöhnlichen Zweizylinder-Zweitakt-Diesel von Junkers. Nach dem 2. Weltkrieg hatte die Firma Raupenschlepper mit Mehrzylindermotoren im Programm.

■ BROCKWAY

In den Jahren unmittelbar nach dem 2. Weltkrieg traten viele neue Traktorhersteller auf den Plan. Einer davon war die Firma Brockway, die während des Krieges Brückengerät für die amerikanischen Streitkräfte hergestellt hatte.

■ BULL

Die Minneapolis Steel and Machinery Company stellte gegen Ende des 19. und Anfang des 20. Jahrhundert in erster Linie Baustahl her. Dazu kam die Corliss-Dampfmaschine, die als Antrieb für viele Mühlen in North und South Dakota diente. Im Jahre 1908 produzierte die Firma Traktoren unter dem Markennamen Twin City.

Bei Ausbruch des 1. Weltkriegs war das Unternehmen weltweit einer der größeren Traktorhersteller und baute auch Traktoren für andere Firmen. Einer davon war der Bull-Traktor, der im Auftrag der Bull Tractor Company unter Verwendung von Bull-Motoren produziert wurde. Der Bull war ein Kleintraktor, der um einen dreieckigen Stahlrahmen herum gebaut war. Er besaß nur ein angetriebenes Vorderrad, so dass kein Differenzial erforderlich war. Die beiden Hinterräder liefen frei. Ein Zweizylinder-Boxermotor lieferte bis zu 12 PS, und das Getriebe war mit je einem Vorwärts- und Rückwärtsgang ebenso spartanisch ausgelegt wie der ganze Traktor.

Auf die Erkenntnis, dass sich Kleintraktoren für alle möglichen landwirtschaftlichen Arbeiten eigneten, reagierten einige Hersteller so schnell und flexibel, dass sie zu einer starken Konkurrenz für nicht wenige der etablierten Firmen mit ihren größeren Maschinen wurden.

Nachdem sich der kleine Bull-Traktor zunächst gut verkauft hatte, machten sich aber die begrenzten Einsatzmöglichen und Mängel in der Konstruktion negativ bemerkbar. Die Verkaufszahlen sanken schnell, und nach 1915 war von der Firma kaum noch etwas zu hören.

■ **OBEN:** ***Der Zweizylinder-Zweitakt-Glühkopfmotor dieses Bolinder Munktell BM 10 von 1950 leistete 20 PS.***

CASE

■ UNTEN: ***Der neue Case RC von 1935 war hellgrau lackiert, um ihn vom Modell CC abzuheben. Bei Produktionsbeginn war er ein Dreirad-Breitspurtraktor mit Vierzylindermotor.***

Die Firma Case konnte schon auf eine lange Geschichte zurückblicken, als sie im Jahre 1911 ihren ersten voll funktionsfähigen Traktor mit Benzinmotor auf den Markt brachte, dem 1913 bereits ein praktischer Kleintraktor folgte. Die J.I. Case and Company wurde 1863 gegründet, um Dampfzugmaschinen zu bauen. Im Jahre 1880 firmierte sie zur J.I. Case Threshing Company um, und 1902 erschien ihr erster Experimentaltraktor mit Benzinmotor, der aber keine großen Erfolge verbuchen konnte. 1911 kam der massige Case 30-60 bei den Winnipeg Tractor Trials auf den ersten Platz. Er wog beinahe 13 Tonnen, fand aber genügend

CASE RC VON 1935	
Motor	Waukesha-Reihenvierzylinder
Leistung	18-20 PS
Getriebe	Drei Vorwärtsgänge, Handkupplung
Gewicht	1180 kg

■ UNTEN: ***Mit dem Case L von 1929 endete bei Case die Produktion von Crossmotor-Modellen, weil der L einen Reihenvierzylinder mit hängenden Ventilen als Antrieb bekam.***

■ RECHTS: *Der Case CC war eine Breitspurversion des Modells C mit einem auffälligen Lenkarm, der als »Hühnerstange« oder »Zaunköpfer« verspottet wurde.*

■ UNTEN LINKS: *1939 erhielt der Case RC den abgerundeten Kühlergrill in der Form von Sonnenstrahlen und die Lackierung in Flambeau-Rot.*

■ UNTEN RECHTS: *Die Produktion des Case RC wurde 1937 nach Rock Island in Illinois verlegt, nachdem Case die Rock Island Plow Company aufgekauft hatte.*

Käufer und wurde bis 1916 gebaut. Ab 1913 wurde er in einer kleineren Ausführung als Case 12-25 gefertigt. Darüber hinaus gab es das Modell 20-40, das bei den Winnipeg Trials 1913 mehr Preise holte. Die drei erwähnten Case-Traktoren wurden von Zweizylinder-Boxermotoren mit unterschiedlichem Hubraum angetrieben und nutzten teilweise die Komponenten der Case-Dampfmaschinen.

Andererseits war zu diesem Zeitpunkt bereits klar, dass die Zukunft den kleineren Traktoren gehörte, jenen, die mehr mit Automobilen als mit Dampfmaschinen gemein hatten. Auch Case experimentierte mit kleinen Maschinen und entwickelte den dreirädrigen Crossmotor 10-20. Dieser wurde von einem stehenden Vierzylinder-Reihenmotor angetrieben, der quer zum Rahmen montiert war. Er besaß an der Hinterachse ein angetriebenes und ein frei laufendes Rad. Das angetriebene Rad lag auf einer Linie mit dem Vorderrad. Die Maschine konnte einen Zweischarpflug ziehen und wurde zwischen 1915 und 1922 in etwa fünftausend Exemplaren produziert. 1916 erschien der vierrädrige Case 9-18, der sich auf dem Markt gegen den beliebten Fordson behaupten sollte. Mit diesem Modell etablierte sich Case als einer der ganz großen Hersteller. Bis 1919 entstanden mehr als sechstausend Exemplare der beiden Ausführungen 9-18A und

■ LINKS: *Als Luftreifen noch als Neuerung galten, konnten die Käufer wählen: Stahlräder oder – wie bei diesem Modell L – Luftreifen.*

schen seiner Einführung im Jahre 1919 und seiner Ablösung durch den Case 18-32 im Jahre 1924 über 17.500 Exemplare einen Käufer fanden.

Case hatte die Fertigung großer Traktoren allerdings nicht ganz aufgegeben und baute von 1919 bis 1924 das Modell 22-40 sowie zwischen 1920 und 1923 den 40-72, von dem 42 Exemplare entstanden. Der Traktor mit einem Gewicht von elf Tonnen leistete beim Nebraska-Test im

9-18B. Der 9-18 war ein leichter Traktor, der nicht mehr wog als ein Pferdegespann und einen Pflug ziehen oder eine Dreschmaschine antreiben konnte. Im Jahre 1917 erschien der Case 10-18, der dem 9-18 ähnelte, aber einen gusseisernen Kühlwasserbehälter und einen höher drehenden Motor besaß. In der dreijährigen Produktionszeit wurden etwa neuntausend Exemplare dieses Modell gefertigt. Der Case 15-27 war für einen Dreischarpflug ausgelegt und besaß als erster Case-Traktor eine Zapfwelle. Seine Fähigkeiten kamen den Anforderungen des Marktes so weit entgegen, dass zwi-

■ LINKS: *Später wählte Case eine Farbgebung aus Flambeau-Rot und Wüstensand.*

■ UNTEN LINKS: *Die Vorderräder des Breitspurtraktors minimieren den Schaden an den Pflanzen.*

■ UNTEN: *Der weiterentwickelte Case DC verfügte über Verbesserungen wie den stromlinienförmigen Kühlergrill aus Guss.*

■ RECHTS: *Der Name Case und das Firmenlogo waren immer zu sehen.*

■ RECHTS AUSSEN: *Was den Case DEX zu Beginn der Vierzigerjahre von den anderen Case-Traktoren unterschied, war der Endantrieb über Ketten anstelle von Zahnrädern.*

■ UNTEN: *Case DEX von 1942, aufgenommen in Yorkshire.*

Jahre 1923 rekordverdächtige 91 PS am Treibriemen, verbrauchte aber riesige Mengen Kraftstoff.

1924 wurde Leon R. Clausen (1878-1965) zum Präsidenten der J.I. Case Threshing Machine Company ernannt. Clausen, ein Elektroingenieur, besaß als ehemaliger Angestellter bei John Deere viel Erfahrung in der Traktorproduktion. Gewerkschafter konnte er nicht leiden, und die Wünsche der Käufer interessierten ihn nicht. Sein Credo lautete: Der Konstrukteur entscheidet, wie das Produkt auszusehen hat. Unter diesen Voraussetzungen begann die Arbeit an einer neuen Modellpalette.

■ CASE L

Im Jahre 1929 ging der Case L mit Einheitsrahmen in die Fertigung. Dieses Modell war insofern bemerkenswert, als der Motor – zum ersten Mal seit fünfzehn Jahren – nicht quer, sondern längs eingebaut war. Der eckig wirkende L erwies sich als großer Erfolg und blieb bis 1939 in der Produktion, um dann vom Case LA mit neuem Design und besserer Technik abgelöst zu werden. Das Nachfolgemodell besaß zwar das zeitgemäßere Erscheinungsbild, aber seine Technik war zum großen Teil von der des Vorgängers abgeleitet worden. Beim Motor handelte es sich um einen Reihenvierzylinder mit hängenden Ventilen und 6,6 Litern Hubraum. Die Kraftübertragung auf die Hinterachse erfolgte wie beim Case L über zwei Ketten. Das Getriebe besaß vier Vorwärtsgänge und einen Rückwärtsgang. Die Gangwahl erfolgte mit einem Hebel über eine Scheibenfederkupplung.

CASE 385	
Baujahr	1988
Motor	3 Zylinder, 2,5 l Hubraum
Leistung	45 PS (33,6 kW)
Getriebe	8 Vorwärts-, 4 Rückwärtsgänge
Gewicht	(Zweiradantrieb) 2430 kg

■ RECHTS: ***Der Case LA kam im Jahre 1939 heraus, wobei sich unter der stromlinienförmigen Haube und der Lackierung in Flambeau-Rot im Wesentlichen das Modell L, wenn auch mit mehr Leistung, verbarg.***

Der Traktor blieb bis 1955 in der Fertigung.

Ebenfalls im Jahre 1929 ging der Case C in die Produktion, der zusammen mit dem Modell L dazu beitrug, dass die Marke Case sich in Großbritannien etablieren konnte. Der C wurde 1930 bei den World Tractor Trials in Oxfordshire getestet und erzielte in der Klasse mit Kerosinmotoren die besten Verbrauchswerte. Er erreichte eine Höchstleitung von 29,8 PS am Treibriemen und 21,9 PS am Zughaken, Zahlen, die fast identisch waren mit denen, die beim Nebraska-Traktortest im Jahr zuvor ermittelt worden waren. Case trieb mit den Testergeb-

■ UNTEN: ***Case LA von 1943 mit – im Vergleich zum ersten Modell – geänderten Rädern. Der LA konnte bis zu fünf Pflüge schleppen.***

■ OBEN: ***Die Plakette, die den Traktor als Case mit der Seriennummer 11161 LA identifiziert, zeigt auch das Maskottchen »Old Abe« und ist direkt neben der Öldruckanzeige angebracht.***

■ LINKS: ***Trotz der auffälligen Farbgebung in Grün und Gelb, die auf John Deere hindeutet, wurde das französische Unternehmen SFV in den Sechzigerjahren von Case aufgekauft.***

CASE MX100C

Baujahr	1998
Motor	4-Liter-Vierzylinder-Turbo
Leistung	75 kW bei 2200 U/min
Getriebe	16 Vorwärts-, 12 Rückwärtsgänge
Gewicht	4750 kg

nissen umfangreiche Werbung und brachte später die Modelle CC, CI, CO, CV und CD (Breitspur, Industrie, Plantagenbau, Weinbau und Raupenschlepper) heraus. Was Fortschritt und Innovation anging, betrieb Clausen eine vorsichtige und konservative Unternehmenspolitik, von der gelegentlich die Konkurrenz profitierte. Ein Bereich, in dem Clausen das Unternehmen voranbringen wollte, war die Fertigung einer lückenlosen Serie von Anbaugeräten als Ergänzung zur Traktorenpalette. Dazu kaufte Case im Jahre 1928 die Firma Emerson-Brantingham und im Jahre 1937 die Rock Island Plow Company auf. Nach diesen Akquisitionen und dem Erwerb der Möbelfabrik Showers Brothers in Burlington, Iowa, begann Case mit der Produktion von Mähdreschern. 1939 erschien eine neue Traktorserie mit den Modellen D und DC, denen die Modelle S und V sowie LA folgen sollten.

■ MITTE: ***Die Société Française Vierzon (SFV) baute die Farben der französischen Trikolore in ihr Logo ein, wie hier an der rechten Seite des Modells 302 zu erkennen ist.***

■ RECHTS: ***Die SFV-Traktoren mit Zweitakt-Halbdieselmotoren besaßen einen auffällig geformten Auspuff und vorn eine Starrachse mit Blattfederung.***

■ RECHTS: ***Ende der Fünfzigerjahre brachte Case als erstes Unternehmen den Lader mit Baggerlöffel als eigenständige Maschine heraus und hatte damit beträchtlichen Erfolg. Hier abgebildet ist der Case 580 SK aus den Neunzigerjahren.***

Der Case D war ein Vierradtraktor, der für das Schleppen eines Dreischarpflugs ausgelegt war. Er verfügte über eine Treibriemenscheibe, eine Zapfwelle und das firmeneigene Motorhubsystem für die Anbaugeräte. Der DC war ein Dreirad-Breitspurtraktor mit verstellbarer Spurweite und einer schnell reagierenden Lenkung für die Arbeit in unregelmäßig gezogenen Reihen. Die Modelle der Serie D waren als erste Case-Traktoren in dem glänzenden Rot lackiert, das zum Standard für das nächste Jahrzehnt werden sollte.

■ DIE VIERZIGERJAHRE

Wie für den Großteil der amerikanischen Industrie änderte sich auch für Case durch den 2. Weltkrieg so manches. Zwischen 1940 und 1945 entstanden in drei Case-Werken über 1,3 Millionen Haubitzengranaten im Kaliber 155 mm. Case fertigte außerdem spezielle militärische Zugmaschinen wie den LA1 sowie Teile für militärische Lastkraftwagen, amphibische Kettenfahrzeuge und Flugzeuge. Diese Rüstungsproduktion beeinträchtigte allerdings nicht den Traktorenverkauf an die Landwirtschaft, weil zu dieser Zeit landwirtschaftliche Erzeugnisse genau so wichtig waren wie die Rüstung – im Gegenteil, das Unternehmen konnte dadurch sogar endgültig die Folgen der Weltwirtschaftskrise überwinden. Mit den Arbeitgeber-Arbeitsnehmer-Beziehungen stand es in dieser Zeit allerdings nicht zum Besten; 1945 begann im Werk Racine ein Streik, der 440 Tage dauern und damit zum längsten Streik in der Firmengeschichte werden sollte. Dieser Streik hatte katastrophale Auswirkungen auf den Händler- und Kundenstamm und gilt unter Historikern als eine der Ursachen für den Aufstieg der Firma John Deere und die anschließende Konsolidierung ihrer Position auf dem Traktormarkt.

In den Nachwehen des Krieges und der Streiks setzte Case auf Expansion. Die Firma kaufte Werke in Bettendorf, Iowa, und Stockton in Kalifornien sowie die Kilby Steel Company in Anniston in Alabama. Mit diesen zusätzlichen Fabriken wollte sie eine breitere Palette an Landmaschinen bauen, darunter Mähdre-

■ OBEN: ***Der SFV 201 stammt noch aus der Zeit, bevor das Unternehmen von Case gekauft wurde.***

■ LINKS: ***Vor dem Erwerb durch Case spezialisierte sich SFV auf den Bau von Traktoren mit Zweitakt-Halbdieselmotoren und ungewöhnlichem Design, die sich in Europa einiger Beliebtheit erfreuten.***

■ LINKS: ***Ein Case-Traktor schleppt beim Heumachen in hügeliger Landschaft in Yorkshire eine Ballenpresse von Massey-Ferguson.***

■ UNTEN: ***Vierradgetriebener Case XL mit Scheibenegge auf einem Feld in der Normandie.***

scher, Eggen, Pflüge und Dungstreuer. Das Werk in Alabama sollte neue Maschinen produzieren, unter anderem Tabakernter für den Südosten der Vereinigten Staaten. In der Folge dieser Expansion sanken in den Jahren 1950–1953 die Gewinne, zum Großteil auch, weil viele Neuerungen, die die Konkurrenz in ihr Programm aufgenommen hatte – darunter die Dreipunktkupplung -, bei Case-Traktoren nicht zu haben waren. Ein Beispiel für dieses Versagen im Wettbewerb sind die Ballenpressen: Im Jahre 1941 beherrschte die Firma Case den Markt für die Pressen, weil ihre Maschinen die ersten waren, die das Heu während der Fahrt aufnahmen. Unmittelbar vor Kriegsausbruch brachte New Holland eine neue Ballenpresse auf den Markt, bei der zum Binden anstelle von Draht Bindfaden verwendet wurde und bei der im Gegensatz zur Maschine von Case nicht mehr zwei zusätzliche Leute zum Binden erforderlich waren. Case ließ seine Ballenpressen unverändert, so dass die Verkaufszahlen dermaßen absackten, dass die Firma im Jahre 1953 nur noch auf einen Marktanteil von fünf Prozent kam.

■ JOHN T. BROWN

Das Unternehmen steckte in der Flaute, und die Lage verschärfte sich noch, als Clausen im Jahre 1948 zurücktrat. Sein Nachfolger Theodore Johnson gab die Unternehmensführung 1953 ab und wurde durch John T. Brown ersetzt. Dieser Wechsel an der Spitze wendete in Verbindung mit energischen Anstößen der

■ RECHTS: *Der 1056XL ist der größte Traktor in der Baureihe Case IH 56. Er wird angetrieben von einem Sechszylindermotor mit 98 PS und besitzt Vierradantrieb.*

Anteilseigner und einem dynamischeren Aufsichtsrat das Blatt zum Guten. Mit neuen Produktionstechniken und der Einführung von Dieselmotoren sowie einer neuen Serie von Anbaugeräten wie Scheibenpflügen, Baumwollerntern, Scheibeneggen und Frontladern kam das Unternehmen voran. Am wichtigsten aber war die Einführung der neuen Traktorbaureihe 500, denen schon kurz darauf, die Serien 400 und 300 folgten.

Bei diesen Baureihen handelte es sich um die ersten völlig neu konstruierten Case-Traktoren seit den Dreißigerjahren. Die 500er-Modelle von 1953 wurden von einem Reihensechszylinder-Dieselmotor angetrieben, der ausreichend Leistung entwickelte, um fünf Pflüge zu schleppen. Servolenkung, Druckknopfbetätigung des Anlassers und aktive Hydraulik erleichterten dem Farmer die Arbeit. 1955 kam die Baureihe 400 mit allem, was Case an neuer Technik zu bieten hatte, auf den Markt. Als Antrieb diente ein Reihenvierzylindermotor, der wahlweise für Benzin-, Diesel- oder Flüssiggasbetrieb zu haben war und Kraft genug für vier Pflüge entwickelte. Der Endantrieb erfolgte jetzt über Zahnräder, und das Getriebe besaß acht Vorwärtsgänge. Die Traktoren waren mit einer Hydro-Flügelzellenlenkung, Dreipunktkupplung und gefedertem Fahrersitz ausgestattet. Die Modelle der Baureihe 400 waren die ersten, die auch im Fernsehen beworben wurden. Die 400er- und 500er-Modelle wurden im Werk Racine gefertigt. Eine dritte neue Modellreihe wurde in Rock Island gebaut und ging 1956 in den Verkauf.

CASE 1255XL VON 1990

Motor	Sechszylinder Turbo, 5,9 Liter Hubraum
Leistung	125 PS / 92 kW
Getriebe	20 x 9 Synchromesh
Gewicht	6225 kg

■ UNTEN: *Der Case IH 1255XL, hier bei der Ernte, besitzt eine zweistufige Zapfwelle, die 121,1 PS bei 540 und 1000 U/min leistet. Das hydraulische System hat einen Höchstdruck von 175 kg/cm²*.

■ DIE BAUREIHE 300

Bei der Baureihe 300 hatte der Käufer die Qual der Wahl: Diesel- oder Benzinmotor und Getriebe mit vier, acht oder zwölf Gängen. Das andere neue Merkmal der Serie war das stromlinienförmige Design, das bald darauf bei Case zur Norm wurde. Die nächste Neuerung im Design stand 1957 an und war von der Automobilindustrie inspiriert: Der Kühlergrill war rechtwinklig und oben nach vorn geneigt, so dass er leicht konkav wirkte. Dieses Design blieb auch bei den 1960 vorgestellten Traktoren der Baureihen Case-O-Matics und 30 sowie bei dem massigen Traction King 1200 von 1964 erhalten.

■ RECHTS: *Traktoren wie der Case IH 4230 besitzen eine nach vorn abfallende Haube und ein ausklappbares Service-Teil zur leichteren Wartung.*

■ MITTE: *Moderne Traktoren wie dieser Case XL Plus besitzen ein Getriebe mit bis zu 16 Vorwärtsgängen und, wie in diesem Fall, eine angetriebene Vorderachse.*

■ FIRMENAUFKÄUFE

Im Jahre 1957 fusionierte Case mit der American Tractor Corporation mit Sitz in Churubusco im US-Bundesstaat Indiana. Dieses Unternehmen baute die »Terratec«-Raupenschlepper, deren Produktion Case in Indiana bis 1961 fortsetzte, um sie dann nach Burlington in Iowa zu verlagern. Eines der Ergebnisse dieser Fusion war die Entwicklung des Laders mit Schaufel. Der Case 320 war die erste derartige Maschine und wurde als Einheit vertrieben.

In Frankreich hatte im Jahre 1935 die SFV – Societè Francaise Vierzon – mit der Produktion eines Traktors begonnen, der dem Lanz Bulldog nicht unähnlich war. Die Firma hielt sich am Markt, bis sie 1960 von Case aufgekauft wurde.

■ ZEITENWECHSEL

1972 übernahm Case den britischen Traktorhersteller David Brown Ltd. Traktoren von David Brown wurden von diesem Zeitpunkt an in Weiß (David Brown) und Rot (Case) lackiert. Die Eigentumsverhältnisse bei Case hatten sich bereits Ende der Sechzigerjahre geändert. Die Kern County Land Company als Mehrheitsaktionär ging 1967 in den Besitz der Tenneco Inc. aus Texas über.

1974 umfasste die landwirtschaftliche Produktpalette von Case den Traktor 2670 Traction King, die Räumpflugbaureihe 6000 und die Doppelscheibeneggenserie F21. Ein Jahr danach kamen die Traktormodelle 1410 und 1412 auf den Markt. Im folgenden Jahr schlossen sich der 1570 Agri-King und der 2870 Traction King mit 300 PS und Vierradantrieb an. 1978 kamen die Traktoren der Baureihen 70 und 90 heraus, und 1983 folgte als weitere neue Serie die Baureihe 94.

1985 schloss die Tenneco Inc. den Erwerb der International Harvester (IH) ab. Im Rahmen einer Umstrukturierung wurde anschließend Case IH zum größten Zweig der Tenneco Inc. aufgebaut. Die Modellpalette der Case IH umfasste im Jahre 1986 das Modell 685L mit 69 PS starkem Vierzylindermotor, Allradgetriebe mit acht Vorwärts- und zwei Rückwärtsgängen und hydrostatischer Lenkung. Darüber rangierte der Case IH 1594 mit Reihensechszylinder sowie 96 PS und einem Vierstufengetriebe mit Halbautomatik.

Zehn Jahre nach der Umstrukturierung bildete Tenneco die Case Corporation und vermarktete die Produkte für die Landwirtschaft unter der Bezeichnung Case IH. Deren gegenwärtige Modellpa-

■ UNTEN RECHTS: *Der Case 5150 gehört zu den vielen Traktoren mit Gewichten vor der Vorderachse, die die Traktion verbessern und den Wendekreis verkleinern sollen.*

■ **UNTEN:** ***In den Kabinen der Baureihe MX ist der Lärmpegel auf 72 dB(A) begrenzt. Hinzu kommen Temperaturregelung und Luftfilterung.***

■ **LINKS:** ***Der Case MX120 von 1998 besitzt sechzehn Vorwärtsgänge, Vierradantrieb und hydrostatische Lenkung.***

lette besteht aus den Baureihen Magnum und Maxxum. Die Traktoren der Baureihe 8900 Magnum verfügen über Motoren mit 8,3 Litern Hubraum und ein 18-Gang-Powershift-Getriebe. Die Maxxum-Reihe umfasst vier Modelle mit Motoren, die zwischen 85 und 115 PS an der Zapfwelle leisten. Sie sind geeignet für verschiedene Aufgaben wie Landbestellung, Pflanzen und Laden und können für Reihen-, Heu- und Grünfutterarbeit sowie sonstige Anwendungen umgerüstet werden. Der MX100 leistet 85 PS an der Zapfwelle, während der MX135 auf 115 PS kommt. Die Maxxum-Baureihe ist mit modernen Sechszylinder-Dieselmotoren mit 5,9 Litern Hubraum und Turbolader ausgestattet. Mit Ausnahme des MX135 mit seinem Powershift-Getriebe sind alle Traktoren standardmäßig mit einem voll synchronisierten Sechzehnganggetriebe ausgestattet. Für alle Modelle stehen Getriebe mit Standard- und Superkriechgang zur Verfügung. Die Maxxum-Reihe umfasst zudem drei Kompaktmodelle: MX80C, MX90C und MX100C. Hinzu kommen die Modelle CS110-150 und CX 50 bis CX100. Für spezielle Aufgaben fertigt Case IH im Werk East Moline den 2555 Cotton Express, einen Baumwollernter mit modernster Technik. Der 2555 fasst bis zu 3855 kg Baumwolle und besitzt einen Hubkorb mit 32,5 Kubikmetern Fassungsvermögen. Die einzelnen Komponenten sind so ausgelegt, dass der Durchsatz verbessert, Staus vermindert, die Lebensdauer der Trommel verlängert und die Abnutzung an Befeuchtern und Haltern verringert werden. Der 2555 wird von einem 260 PS starken Turbodiesel angetrieben, der für eine Geschwindigkeit von 29 km/h auf der Straße sorgt und ausreichend Leistung für den Erntebetrieb bereitstellt. Ein konventionellerer, technisch aber nicht weniger fortgeschrittener Mähdrescher von Case IH ist die Baureihe 2100 mit Axialdurchsatz.

■ **LINKS:** ***Dieser Case MX von 1998 ist ausgestattet mit einem Miller-Frontlader PL-3, einem vielfach einsetzbaren Anbaugerät.***

■ **GEGENÜBER:** ***Trotz ihres augenscheinlich komplizierten Aufbaus haben die Dreipunktkupplung und die hydraulische Anlage dieses Case IH noch viel Ähnlichkeit mit dem von Harry Ferguson erfundenen Gerät.***

■ LINKS: *Der Frontlader wie hier an einem Case-Traktor eignet sich für eine Vielzahl landwirtschaftlicher Arbeiten.*

■ **WELTWEITE PRODUKTION**
Zu Beginn des neuen Jahrtausends präsentiert sich die Case Corporation als multinationaler Konzern. In Nordamerika stehen zahlreiche Produktionsstätten, in denen jeweils bestimmte Produkte gefertigt werden. Das Werk in Burlington in Iowa baut Lader, Löffelbagger, Gabelstapler, Raupenschlepper, Planierraupen und Hydraulikzylinder. In East Moline in Illinois entstehen Mähdrescher, Baumwollernter und Getreidebinder, während in Fargo in North Dakota Traktoren, Radlader und Druckluftbohrmaschinen produziert werden.

Ein Werk in Valley City im gleichen US-Bundesstaat fertigt elektronische Bauteile. In Hamilton in Ontario entstehen Maschinen für Feldbestellung, Pflanzenproduktion und Materialumschlag. In Racine in Wisconsin fertigt Case Traktoren der Baureihen Magnum und Maxxum sowie Getriebe und Gießereiprodukte. Fahrzeuge mit Bremslenkung und Grabenbagger werden in Wichita in Kansas gebaut, und ein Werk in Hugo in Minnesota produziert Spezialbohrmaschinen. Hinzu kommen zahlreiche Produktionsstätten in Europa: Im österreichischen St. Valentin baut Case die Steyr-Traktoren und im französischen Crèpy-en-Valois Bagger und Lader.

Ein weiteres französisches Werk in Croix fertigt Kabinen für Land- und Baumaschinen, und in St. Dizier und Tracyle-Mont werden Getriebe bzw. Hydraulikzylinder produziert. In Großbritannien baut Case Traktoren, Getriebe und Wellen in Doncaster, Kleinbagger und Fahrzeuge mit Bremslenkung in Manchester und Spritzgeräte in Lincoln. Feldhäcksler, Mähdrescher und Ballenpressen werden in Neustadt in Deutschland produziert. In Südamerika fertigt ein Werk im brasilianischen Sorocaba Radlader und verschiedene Bagger.

Case besitzt darüber hinaus ein Werk im australischen Bundaberg, wo Zuckerrohrernter, Transporter und Pflanzmaschinen gebaut werden. Der Konzern betreibt eine Reihe von Gemeinschaftsunternehmen, unter anderem mit der Hay & Forage Industries in Hesston, Kansas, die Heu- und Grünfuttermaschinen produziert, und mit der Consolidated Diesel Company in Rocky Mount, North Carolina, die Motoren fertigt.

In China produziert Case mit der Liuzhou Case Liugong Construction Equipment Company Lader und Löffelbagger. Ähnliche Absprachen gibt es mit der brasilianischen Firma Brastoft Maquinas e Sistemas Agroindustrias Sa in Piracicaba zum Bau von Zuckerrohrerntern und mit der UzCaseMash im usbekischen Taschkent zur Produktion von Baumwollerntern. Case erzielte im Jahre 1997 etwa sechs Milliarden Dollar Einnahmen und hat etwa 18.000 Mitarbeiter und 4900 Händler.

CATERPILLAR

■ UNTEN: *Der Caterpillar Sixty war eines der Raupenschleppermodelle, die ab 1925 im Werk Peoria in Illinois gebaut wurden. Er entstand nach dem Zusammenschluss aus dem 60-PS-Modell von Best.*

Ende des 19. Jahrhunderts experimentierten Benjamin Holt und Daniel Best unabhängig voneinander, um Dampfmaschinen für den Einsatz in der Landwirtschaft nutzbar zu machen. Beide können als Pioniere im Bereich von Kettenfahrzeuge und benzinbetriebenen Traktormotoren betrachtet werden. Parallel zur Entwicklung des Dampfbaggers erfolgten Versuche mit Kettenfahrzeugen, den so genannten Raupenschleppern. Die Raupenschleppertechnik entwickelte sich später in unterschiedliche Richtungen weiter, die Grundtechnik blieb aber im Wesentlichen gleich. Eine dieser Entwicklungsrichtungen ist natürlich der Einsatz von Raupenschleppern in der Landwirtschaft.

Bei den ersten Experimenten wurden dampfbetriebene Radtraktoren auf Kettenantrieb umgerüstet, um des Problems Herr zu werden, dass die Räder bei weichem Boden tief einsanken. Der erste Test einer solchen Maschine fand im November 1904 im kalifornischen Stockton statt, wo ein Holt-Traktor auf Kettenantrieb umgerüstet worden war. Dazu hatte man die Hinterräder durch Ketten ersetzt, die aus 7,5x10 cm großen und 60 cm langen Holzblöcken auf einer Stahlgliederkette bestanden, die über kleinere Räder, ein Antriebsrad und ein Spannrad lief. Die ursprüngliche Lenkung über ein einzelnes Rad wurde später zugunsten eines Systems aufgegeben, bei dem mittels einer Kupplung der Antrieb auf eine Kette reduziert wurde, so dass das Fahrzeug herumschwang. Von hier aus war es nur noch ein kurzer Schritt zu einem benzinbetriebenen Raupenschlepper, wie er im Jahre 1906 von Holt konstruiert wurde. 1908 waren 28 Holt-Raupenschlepper am Bau der Wasserleitung nach Los Angeles in den Tehachapi-Bergen beteiligt – ein Projekt, das Holt als Bewährungsprobe für seine Maschinen ansah. Nach 1915 setzten die Alliierten Holt-Raupenschlepper als Artillerie-Zugmaschinen ein. Im 1. Weltkrieg belieferte Holt vor allem die US-Streitkräfte, während Best die Landwirtschaft versorgte.

In den Jahren nach dem 1. Weltkrieg setzte die Best Company die Arbeit an Kettenfahrzeugen fort. 1921 brachte sie mit dem Best 30 Tracklayer eine neue Maschine auf den Markt. Dieser Raupenschlepper war mit einem leichten Planierschild ausgerüstet, wurde von einem Verbrennungsmotor angetrieben und besaß eine geschlossene Kabine. Zu dieser Zeit gab es umfangreiche gerichtliche Auseinandersetzungen über Patente und Typen von Kettenfahrzeugen, bei den immer wieder die Namen Best und Holt auftauchten. Holt besaß ein Patent auf Kettenfahrzeuge, das ihn in die Lage versetzte, anderen Herstellern der damaligen Zeit, darunter Monarch, Bates und Cletrac, Lizenzgebühren abzuverlangen. Die härteste Konkurrenz aber herrschte zwischen Holt und Best. Die Rivalität endete schließlich in einer Fusion, 1925 schlossen sie sich zur Caterpillar Tractor Company zusammen. Holt hatte Best eigentlich schon 1908 ausgekauft, musste aber später gegen dessen Sohn C.I. »Leo« Best konkurrieren.

Ende 1925 gab die neue Caterpillar Company die Preise für ihre Produktreihe bekannt: Das Modell 60 kostete 6050 Dollar, das Modell 30 3665 Dollar und der Zweitonner kam auf 1975 Dollar. Die Zusammenlegung der beiden Marken zu einem Unternehmen erwies sich in den nächsten Jahren als Glücksfall: Die Preise für die großen Kettenfahrzeuge konnten gesenkt werden, und die Verkaufszahlen stiegen auf mehr als das Doppelte.

Der Caterpillar Twenty war ein mittelgroßer Raupenschlepper, der Ende 1927 in Peoria, Illinois, in die Produktion ging und bis 1933 gefertigt wurde. Er wurde angetrieben von einem Reihenvierzylinder, der 25 PS bei 1250 U/min leistete.

■ RECHTS: *Caterpillar-Raupenschlepper bei der Arbeit in einer Obstplantage. Der Fahrer trägt Schutzkleidung, um sich gegen die Pestizide zu schützen.*

■ UNTEN: *Caterpillar D4 aus den Fünfzigerjahren mit Räumschild; das »D« in der Typenbezeichnung steht für Diesel.*

Nach Werksangaben konnte er im ersten Gang eine Last von 2174 kg ziehen und schaffte beim allseits anerkannten Nebraska-Traktortest sogar 2753 kg. Das Getriebe besaß drei Vorwärtsgänge und einen Rückwärtsgang, und gelenkt wurde mittels Mehrscheibenkupplungen und Bandbremsen. Mit einer Breite von nur 1,5 m und einer Länge von 2,7 m war der Schlepper recht kompakt und trug mit dazu bei, dass die Marke Caterpillar auch in kleineren Betrieben und im Ausland bekannt wurde. 1929 kündigte die Firma den Caterpillar 15 an, mit dem sie dann fünf Modelle in verschiedenen Leistungsklassen im Programm hatte.

Im Jahre 1931 rollte der erste Sixty-Five mit Dieselmotor von den neuen Fertigungsbändern in East Peoria. In dieses Jahr fiel auch der Übergang zu der mittlerweile vertrauten gelben Lackierung; das Gelb der Maschinen galt einerseits als Mittel, die Maschinen von der Düsternis der Weltwirtschaftskrise abzuheben, und andererseits als Sicherheitsmaßnahme, da die Planierraupen zunehmend im Straßenbau eingesetzt wurden und für die Autofahrer gut erkennbar sein mussten. Es stieß zunächst auf wenig Begeisterung, setzte sich aber schließlich als Standard für alle Baumaschinen durch. 1935 gingen neue Raupenschlepper mit Dieselmotor in die Produktion. Ihre Typbezeichnungen begannen mit RD – den Initialen Rudolph Diesels – und endeten mit einer Zahl, die in Beziehung zur Größe und Motorleistung stand. Auf RD8, RD7 und RD6 folgte bald der RD4 aus dem Jahre 1936.

Der RD8 leistete 95 PS am Zughaken, während der RD7 auf 70 und der RD6 auf 45 PS kamen. Zu dieser Zeit setzte der amerikanische Forstdienst Maschinen wie den Cletrac Forty mit abgewinkeltem Räumschild ein; deshalb baute Caterpil-

CATERPILLAR RD7

Baujahr	1937
Motor	Vierzylinder-Diesel
Leistung	61 PS bei 850 U/min
Getriebe	Dreigang
Gewicht	9535 kg

■ LINKS: *Raupenschlepper wie dieser Caterpillar bieten besonders auf schweren und nassen Böden mehr Bodenhaftung als Radtraktoren.*

■ UNTEN: *Der Caterpillar 65 ist das kleinste Modell der Challenger-Baureihe. Er wiegt 14 912 kg.*

lar einen Schlepper mit einem Schild des Typs LaPlante-Choate Trailblazer. Ralph Choate hatte sich auf den Bau von Räumschilden für die Schlepper anderer Hersteller spezialisiert; sein erstes Produkt kam bei Straßenbauarbeiten zwischen Cedar Rapids und Dubuque im Bundesstaat Iowa zum Einsatz.

1938 begann Caterpillar mit der Fertigung des kleinsten Raupenschleppers, des D2. Er war für den Einsatz in der Landwirtschaft vorgesehen und konnte Drei- oder Vierscharpflüge oder eine Scheibenegge schleppen. Beim Nebraska-Traktortest kam er auf 19,4 PS am Zughaken und 27,9 PS am Treibriemen. Eine Variante des D2 war der benzin- oder kerosinbetriebene R2, der eine ähnliche Leistung aufwies.

1940 umfasste die Caterpillar-Produktpalette Erdhobel, Straßenhobel, Pflugbagger, Terrassenbaumaschinen und elektrische Anlasser. 1942 setzten die US-Streitkräfte im Krieg Kettenfahrzeuge, Erdhobel und Anlasser von Caterpillar ein. Hinzu kam ein spezieller Motor für den Panzer M4. In der Landwirtschaft waren die großen Raupenschlepper wie der D7 und der D8 überwiegend in großen Betrieben zu finden, wo beispielsweise mehrere Pflüge oder Eggen zu schleppen waren. Weil ihre Produkte im 2. Weltkrieg so breite Verwendung gefunden hatten, konzentrierte sich die Firma in den Nachkriegsjahren stärker auf den Bausektor. 1950 wurde in Großbritannien die Caterpillar Tractor Co. Ltd. als erstes Auslandsunternehmen gegründet, um besser gegen Devisenschwankungen, Einfuhrzölle und Importbeschränkungen gewappnet zu sein und um den Kundendienst zu verbessern. 1953 schuf das Unternehmen für den Motorenverkauf eine eigene Verkaufs- und Marketingabteilung. Inzwischen spielt die Unternehmenssparte Motoren eine wichtige Rolle und trägt ein Viertel zum Gesamtumsatz des Unternehmens bei, allerdings nicht ausschließlich im Bereich der Landwirtschaft.

1963 begründeten Caterpillar und die Mitsubishi Heavy Industries Ltd. eines der ersten Joint Ventures in Japan. Caterpillar-Mitsubishi Ltd. nahm im Jahre 1965 die Produktion auf und wurde anschließend in Shin Caterpillar Mitsubishi Ltd. umbenannt. Unter diesem Namen stieg das Unternehmen zum zweitgrößten Hersteller von Bau- und Bergbaumaschinen in Japan auf.

Die weltweite Rezession Anfang der Achtzigerjahre machte auch vor Caterpillar nicht Halt; das Unternehmen machte täglich eine Million Dollar Verlust und war gezwungen, drastisch Personal abzubauen. In den späteren Jahren dieses

■ RECHTS: *Der Caterpillar Challenger wird auf der ganzen Welt gern in der Landwirtschaft eingesetzt. Dieser hier arbeitet in Sambia.*

Jahrzehnts wurde die Produktpalette weiter diversifiziert, und in der Folge dieser Diversifizierung produzierte das Unternehmen auch wieder Maschinen für die Landwirtschaft. Ab 1987 war auf den Äckern und Feldern das Modell Challenger mit Gummigleisketten zu sehen, das durchaus eine Alternative zu Radtraktoren darstellte.

Die Caterpillar-Modellpalette des Jahres 1996 umfasste unter anderem den Challenger 75C. Sein Motor hatte zehn Liter Hubraum und leistete bis zu 325 PS; das Fahrzeug war über sechzehn Tonnen schwer und fuhr auf Gummigleisketten des Typs Mobil-trac. Das Unternehmen expandierte kontinuierlich weiter und erwarb 1997 den britischen Motorenhersteller Perkins Engines. Mit dem Erwerb der deutschen MaK Motoren im vorhergehenden Jahr stieg Caterpillar zum weltweiten Marktführer in der Dieselmotorenproduktion auf. Im gleichen Jahr dehnte das Unternehmen seine Produktion auf vielseitig einsetzbare kleine Baumaschinen aus.

In die Produktion der Raupenschlepper für die Landwirtschaft fließt viel innovative Technik ein. Das Fahrwerk ist so konstruiert, dass möglichst viel Motorleistung auf den Zughaken übertragen wird. Weil Ketten weniger Schlupf aufweisen als Räder, schafft der Raupenschlepper mehr Arbeit bei weniger Motorleistung und benötigt dafür weniger Kraftstoff. Die Bodenhaftung unter schwerer Last ist eine Variable; ein Radtraktor weist typischerweise bis zu fünfzehn Prozent Schlupf auf, während es beim Caterpillar Challenger mit Mobiltrac-Ketten nur vier Prozent sind. Die lange, schmale Aufstandsfläche der Gummigleisketten ermöglicht es dem Fahrer, auch bei schwierigen Bedingungen auf das Feld zu kommen, indem er den Bodendruck verringert und den Auftrieb erhöht. Durch die Verteilung des Gewichts auf eine größere Zahl von Achsen erzielen die Raupenschlepper und Mähdrescher von Caterpillar eine geringere Bodenverdichtung.

■ RECHTS: *Der Challenger ist mit der so genannten Mobiltrac-Kette ausgestattet, die im Vergleich zu Radfahrzeugen bessere Traktion und geringeren Bodendruck bietet.*

WEITERE HERSTELLER

(Claas, Claeys, Cletrac)

■ CLAAS

Die deutsche Firma Claas begann im Jahre 1930 mit der Entwicklung von Mähdreschern für europäische Bedingungen und stellt nach wie vor solche Maschinen her, unter anderem auch für Spezialanwendungen wie die Zuckerrohrernte. Nach Firmenangaben sollen über achtzig Pflanzenarten mit Claas-Mähdreschern geerntet werden können, von Getreide über Mais, Reis, Bohnen, Sonnenblumen und Gräser bis hin zu Klee. Die Claas-Modellpalette reicht vom Modell 35 mit 212 PS bis zum Modell 95E mit 410 PS.

Die Entwicklung der Zuckerrohrernter begann in den Siebzigerjahren des 20. Jahrhunderts. Gegenwärtig im Programm sind der CC3000 und der Ventor, beide ausgelegt für die Ernte von trockenem und grünem Zuckerrohr. Claas erkannte schon früh in der Geschichte der mechanischen Zuckerrohrernte, dass Maschinen entwickelt werden mussten, die grünes Zuckerrohr ernten können.

Die augenblickliche Palette an Pressen für Heu, Silage und Stroh umfasst die Modelle Quadrant für große eckige Ballen, Rollant für runde Ballen, Variant für variable Ballen und Markant für normale eckige Ballen. Selbst fahrende Feldhäcksler verarbeiten Gras oder Luzerne zum Trocknen, Trockengrassilage und Silagemais. Das Modell Jaguar gehört zu den großen Feldhäckslern, die auch für Erntemethoden wie die Ganzpflanzensilage geeignet sind. Neben den selbst fahrenden Modellen baut Claas auch geschleppte und Aufsatz-Feldhäcksler sowie Gemüseernter; das Werk Saulgau liegt im Herzen der größten Gemüseanbauregion Europas.

■ OBEN: ***Der Claas Dominator 106, hier bei der Wartung auf dem Feld, ist Teil einer Reihe von Erntemaschinen, zu der auch der Jaguar 880 und der Mega 218 gehören.***

■ GEGENÜBER: ***Claas-Mähdrescher sind mit einem leistungsfähigen Gebläse ausgestattet, über das der volle Getreidebehälter in einen Anhänger entleert wird, der neben dem Mähdrescher herfährt, während die Ernte weitergeht.***

■ LINKS: ***Der Claas Challenger 55 ist ein Raupenschlepper mit Gummigleisketten für die Landwirtschaft und gleicht bis auf Details dem gleichnamigen Caterpillar-Modell.***

■ CLAEYS

Im Jahre 1910 baute die 1906 gegründete Firma Werkhuizen Leon Claeys im belgischen Zedelgem ein Werk für die Produktion von Erntemaschinen. 1952 brachte Claeys den ersten selbst fahrenden Mähdrescher in Europa auf den Markt, und 1964 erwarb Sperry New Holland wesentliche Anteile an dem Unternehmen, das mittlerweile zu einem der größten europäischen Mähdrescherhersteller aufgestiegen war. 1986 kaufte die Ford Motor Company die Firma Sperry New Holland auf und verschmolz sie mit ihrer eigenen Traktorsparte.

■ CLETRAC

Rollin H. White war einer von drei Brüdern, die den Namen White in der amerikanischen Automobilindustrie etablierten. Im Jahre 1911 konstruierte er einen selbst fahrenden Scheibenkultivator, der zwar nie über das Versuchsstadium hinauskam, aber sein Interesse an Landmaschinen weckte. Er beschäftigte sich dann mit Ideen für einen Raupenschlepper mit einem Differential, das es ermöglichen sollte, das Fahrzeug mit einem Lenkrad anstelle der üblichen Bremslenkhebel zu steuern. Seine Firma mit dem Namen Cleveland Motor Plow Company war in Cleveland im US-Bundesstaat Ohio beheimatet. Der Name wurde 1917 in Cleveland Tractor Company und 1918 schließlich in Cletrac geändert.

Das Modell R war der erste kommerzielle Raupenschlepper mit dem neuen Differential, das die Antriebskräfte auf die eine Kette verringerte und auf die andere erhöhte. Das System erwies sich als sehr effizient und wurde zum Standard bei allen Cletrac-Schleppern. Später wurde es von vielen anderen Herstellern übernommen. Weitere Fahrzeuge waren die Modelle H und W. 1920 erschien das Modell F, das bis 1922 gebaut wurde. Der niedrigpreisige Schlepper stand auch in einer Breitspurversion mit hoher Bodenfreiheit zur Verfügung. Er wurde von einem seitengesteuerten Vierzylindermotor angetrieben, der bei 1600 U/min 16 PS am Zughaken leistete. Die Kettenantriebsräder saßen hoch an den Seiten des Schleppers, so dass die Ketten wie ein Dreieck aussahen. Das Modell F kostete im Jahre 1920 845 Dollar.

1939 stellte Cletrac seinen ersten Radtraktor vor, das Modell GG, das unter der Bezeichnung HG auch als Kettenfahrzeug erhältlich war. Beide wurden von einem Hercules-IXA-Motor angetrieben, einem Reihenvierzylinder, der bei 1700 U/min zunächst 19 und später 22 PS am Zughaken leistete. Die Firma baute zudem einen dreirädrigen Breitspurtraktor, der allerdings 1941 von der Firma B.F. Avery übernommen und als Avery A verkauft wurde. Cletrac ging 1944 an die Oliver Corporation, die wiederum im Jahre 1960 an die White Motor Corporation verkauft wurde.

DAVID BROWN

■ UNTEN: *Der erfolgreiche Cropmaster wurde von den Modellen 25 und 30 mit Benzin- oder Dieselmotor abgelöst.*

David Brown stellte Mitte der Dreißiger in seiner Firma David Brown Gear Cutters im englischen Huddersfield Ferguson-Traktoren her, nachdem Harry Ferguson ihn zunächst auf die Produktion eines Traktorgetriebes angesprochen hatte. Brown war bekannt für seine Getriebe, und Ferguson wollte einen Traktor mit Hercules-Motor und einer innovativen Hubvorrichtung bauen. Dieser Traktor wurde schließlich von Brown in einem Werk in Meltham produziert, nachdem der Prototyp erfolgreich getestet worden war. Das so genannte Ferguson-Modell war zunächst mit einem Coventry-Climax-Motor ausgestattet, der dann von einer Maschine aus Browns eigener Konstruktionsabteilung abgelöst wurde. Die Produktion wurde 1939 eingestellt, weil Brown mehr Einluss und Ferguson die Kosten senken wollte.

■ DAVID BROWN VAK-1

Harry Ferguson war auf dem Weg in die Vereinigten Satten zu Henry Ford, während David Brown einen neuen Traktor nach eigenen Entwürfen vorstellte. Dabei handelte es sich um den

■ UNTEN: *Der Cropmaster wurde 1947 als Ersatz für die erfolgreichen Modelle VAK-1 und VAK-1a vorgestellt.*

■ UNTEN: *Dieser restaurierte David-Brown-Traktor ist nur wenige Kilometer vom ursprünglichen Brown-Werk in Meltham zu besichtigen.*

■ OBEN: *Der erhöhte Windschutz sollte die Hände des Fahrers vor dem kalten Wind schützen.*

■ RECHTS: *Landwirte mit einem Cropmaster von David Brown bei einer Pause während der Pflugwettbewerbe bei der bekannten Landwirtschaftsausstellung im englischen Dorset.*

DAVID BROWN VAK-1

Baujahr	1939
Motor	2,5-Liter-Vierzylinder
Leistung	35 Brems-PS bei 2000 U/min
Getriebe	4 Vorwärtsgänge
Gewicht	1625 kg

■ LINKS: *Die Firma David Brown stellte ursprünglich Zahnräder her, bevor sie mit Harry Ferguson den Traktorbau aufnahm.*

VAK-1 mit hydraulischer Hubvorrichtung. Nach dem 2. Weltkrieg brachte die Firma diesen Traktor in leicht verbesserter Ausführung als VAK-1a auf den Markt, um schließlich im Jahre 1947 den Cropmaster vorzustellen. Dieses Modell erfreute sich besonders in der Ausführung mit Dieselmotor ab 1949 großer Beliebtheit bei den Landwirten.

Im Jahre 1955 stellte David Brown auf der Landwirtschaftsausstellung in Smithfield das Modell 2D vor, einen Kleintraktor für kleine Betriebe, der im

■ LINKS: *Restaurierter David Brown 880. Der 880 war eines der Modelle mit neuem Design, das mit dem Modell 900 von 1956 eingeführt wurde. Er ersetzte im Jahre 1962 das Modell 950.*

■ RECHTS: *Blick aus der Fahrerperspektive einer späteren Ausführung des 880.*

■ UNTEN: *Die Bezeichnung 880 findet sich auch noch auf diesem späteren Modell. Der Bügel hinter dem Sitz sollte den Fahrer bei einem Überschlag in hügeligem Gelände schützen.*

Verlauf von sechs Jahren in zweitausend Exemplaren verkauft wurde und damit einen beträchtlichen Anteil auf dem Zielmarkt eroberte. Sein luftgekühlter Zweizylinderdiesel saß, völlig unüblich, hinter dem Fahrer, und die Anbaugeräte wurden über einen seitlich montierten Geräteträger bedient. Dieser arbeitete mit Druckluft, die im Rohrrahmen des Traktors erzeugt und gespeichert wurde.

■ DAVID BROWN 950

Bis 1956, als das neue Modell 950 auf den Markt kam, lehnte sich das Design der David-Brown-Traktoren eng an die abgerundeten Formen der VAK-Serie an.

DAVID BROWN 950

Baujahr	1958
Motor	Vierzylinder als Diesel oder Benziner
Leistung	42,5 PS
Getriebe	4 Vorwärtsgänge
Gewicht	nicht bekannt

■ RECHTS: *David-Brown-Traktor mit Kabine und hydraulisch betätigtem Frontlader.*

■ UNTEN RECHTS: *David Brown 995. Die Firma David Brown wurde später von Case übernommen.*

■ UNTEN: *David-Brown-Traktor mit Kreiselheuwender bei der Ernte in West Yorkshire. Traktoren von David Brown wurden zwar in alle Welt exportiert, doch dieser hier ist nie weiter als 15 Kilometer von seiner Produktionsstätte entfernt gewesen.*

Der 900 bot dem Käufer die Wahl zwischen vier Motoren, aber er wurde nur bis zum Erscheinen des 950 im Jahre 1958 gebaut. Diesen Traktor gab es wahlweise mit Benzin- oder Dieselmotor, beide mit einer Leistung von 42,5 PS. Er wurde in der vierjährigen Produktionszeit einige Male verbessert. So erhielt er beispielsweise eine automatische Tiefenkontrolle für die Hydraulik und eine Zapfwelle mit zwei Geschwindigkeiten. Ein kleineres Modell, der 850, war ab 1960 mit einem 35-PS-Diesel erhältlich. Dieses Modell wurde 1965 vom 770 mit Dreizylinderdiesel abgelöst. In diesem Zeitraum fertigte David Brown zusätzlich zweitausend Traktoren für die Oliver Corporation. David Brown wurde im Jahre 1972 von Case übernommen.

WEITERE HERSTELLER

(Deutz, Eagle, Emerson-Brantingham)

■ DEUTZ

Das Unternehmen gehörte in seinen Anfangstagen zu den Pionieren des Verbrennungsmotors. Nikolaus August Otto baute mit Eugen Langen einen Viertaktmotor, der auf der Pariser Weltausstellung 1867 gezeigt wurde. Die beiden gründeten die Gasmotoren-Fabrik Deutz AG und beschäftigten so bekannte Persönlichkeiten wie Gottlieb Daimler und Wilhelm Maybach.

Das Unternehmen brachte 1907 seinen ersten Traktor und Motorpflug auf den Markt, dessen Konstruktion als sehr fortschrittlich galt. Im Jahre 1926 erschien der Traktor MTZ 222 mit Dieselmotor, der den Anstoß zur weiteren Entwicklung der Diesel-Traktoren gab.

In Deutschland führte der Dieselmotor zu einer Wende in der Traktorherstellung; Anfang der Dreißigerjahre baute Deutz seine »Stahlschlepper«-Modelle F1M 414, F2M 317 und F3M 315 mit Ein-, Zwei- bzw. Dreizylinderdieselmotor. Die kleineren Motoren wurden elektrisch angelassen, während der größere mit Druckluft gestartet wurde. Der Motor mit dem größten Hubraum leistete im Betrieb 50 PS. Zu dieser Zeit verkaufte Deutz seine Motoren bereits an andere Traktorhersteller, darunter auch Fahr, mit dem das Unternehmen später fusionierte. Die Firma Ritschel verwendete Deutz-Diesel für den einzigen Dreiradtraktor, der je in Deutschland gebaut wurde.

Nach dem 2. Weltkrieg gehörte Deutz zur Klöckner-Humboldt-Deutz AG, erwarb Fahr und brachte die Modelle 514 und 612 mit luftgekühlten Dieselmotoren auf den Markt. Das Unternehmen gehörte zu den ersten europäischen Herstellern, die Traktoren in die Vereinigten Staaten exportierten. Es produzierte auch in Südamerika und erwarb einen Anteil an Steiger. Im Jahre 1985 kaufte KHD das amerikanische Unternehmen Allis-Chalmers und bildete die Deutz-Allis, die später Teil der AGCO Corporation wurde.

■ OBEN: ***Der fehlende Kühlergrill verlieh diesem Deutz aus der Nachkriegszeit sein charakteristisches Aussehen.***

■ LINKS: ***Deutz-Fahr mit Vierradantrieb; Deutz übernahm Fahr nach dem 2. Weltkrieg.***

■ UNTEN LINKS: ***In den Nachkriegsjahren waren die europäischen Traktoren denen aus den Vereinigten Saaten technisch weit unterlegen.***

■ UNTEN RECHTS: ***Dieser Deutz ist mit Zapfwelle und Zughaken ausgestattet.***

■ EAGLE

Die Eagle Manufacturing Company hatte ihren Sitz in Appleton im US-Bundesstaat

■ OBEN LINKS: ***Deutz 7206 mit Dieselmotor. Dieses Modell hat Zweiradantrieb und daher Vorderreifen mit Rillen, damit es sich besser lenken lässt.***

■ OBEN RECHTS: ***Dieser Deutz-Fahr DX 6.31 besitzt Vierradantrieb und deshalb Stollenreifen, die die Traktion an der Vorderachse verbessern.***

■ UNTEN: ***Dieser Deutz-Fahr Agcotion zeigt das Neueste auf dem Gebiet Kabine. Das Ballastgewicht vorn erhöht die Traktion an der Vorderachse.***

Wisconsin und baute ihren ersten Traktor im Jahre 1906 mit einem liegenden Zweizylinder-Boxermotor. 1911 kam eine Vierzylindermaschine mit 56 PS Leistung hinzu, und im Jahre 1916 war eine ganze Reihe von Traktoren mit Vierzylindermotoren in der Fertigung, die die Firma durch die Zwanzigerjahre brachte. 1930 erfolgte eine Kursänderung weg von den liegenden Zweizylindern und hin zu stehenden Sechszylinder-Reihenmotoren. Einer der damit ausgestatteten Traktoren war der Eagle 6A, der für drei bis vier Pflüge vorgesehen war und von einem Waukesha-Sechszylinder angetrieben wurde, der 22 PS am Treibriemen und 37 PS am Zughaken leistete. Der 6B war ein Breitspurtraktor und der 6C ein Mehrzweckschlepper. Der Eagle blieb in seinen verschiedenen Ausführungen bis zum 2. Weltkrieg in der Produktion. Die Fertigung wurde später nicht wieder aufgenommen.

■ EMERSON-BRANTINGHAM

Die Firma Emerson-Brantingham war einer der Pioniere des amerikanischen Landmaschinenbaus. Ihre Wurzeln reichten zurück bis zu dem Mähbinder von John H. Manny aus dem Jahre 1852. Sie kaufte 1912 die Gas Traction Company in Minneapolis auf und konzentrierte sich auf die Fertigung von Traktoren mit Benzinmotoren. Ihre Modellpalette umfasste den Big 4 Model 30, eine zehn Tonnen schwere Maschine, deren Motor 30 PS am Zughaken leistete und die später zum Big 4 Model 45 vergrößert wurde. Dieser Traktor war noch schwerer, und sein Motor leistete 45 PS am Treibriemen und 90 PS am Zughaken. Das Modell 20 von 1913 war viel kleiner und wurde 1918 vom Modell AA 12-20 abgelöst, aus dem wiederum das Modell K des Jahres 1925 hervorging.

Das riesige Unternehmen mit Sitz in Rockford im US-Bundesstaat Illinois geriet 1928 in finanzielle Schwierigkeiten und wurde von Case aufgekauft. Diese Übernahme verschaffte der Firma Case einen erheblichen Aufschwung, weil ihr ein wertvolles Verkaufsgebiet mit einem etablierten Händlernetz im Herzen des amerikanischen Maisanbaugürtel zufiel und sie außerdem eine bewährte Palette an Landmaschinen gewann.

FENDT

Einer der einfachsten Traktoren, die in den Dreißigerjahren in Deutschland auf dem Markt waren, war der Fendt Dieselross. Dabei handelte es sich um wenig mehr als einen Stationärmotor mit einem einfachen Getriebe und Rädern. Im 2. Weltkrieg gehörte Fendt zu den deutschen Traktorherstellern, die Motoren mit Holzvergaser entwickelten, die mit nahezu jedem Brennmaterial arbeiteten. In den Nachkriegsjahren brachte Fendt den Dieselross mit verschiedenen Motorversionen wieder auf den Markt. So gab es ein Modell mit einem Zweizylindermotor von MWM, der 25 PS leistete, und ein kleineres Modell mit 16-PS-Motor von Deutz. Fendt wurde 1997 von der AGCO Corporation aufgekauft.

■ **OBEN RECHTS:** ***Fendt-Maschine von 1928 zum Mähen von Gras.***

■ **RECHTS:** ***Vierradgetriebener Fendt Farmer 312 von 1992 beim Pflügen in schwerem Boden.***

■ **UNTEN:** ***Fendt Dieselross von 1932 mit Balkenmäher. Dieser Traktor wurde von einem 1-Liter-Einzylinderdiesel von Deutz angetrieben.***

FENDT FARMER 312	
Baujahr	1998
Motor	Reihensechszylinder-Turbodiesel
Leistung	110 PS an der Zapfwelle
Getriebe	21 Vorwärts-, 21 Rückwärtsgänge
Gewicht	2363 kg

■ OBEN: *Vierradgetriebener Fendt Farmer Turbomatik mit Walzen bei der Feldbestellung.*

■ LINKS: *Fendt verwendete den Namen Dieselross für mehrere Traktoren. Dieses Modell von 1952 besaß einen winzigen Einzylinderdiesel von MWM mit 0,85 Litern Hubraum und sechs Vorwärtsgänge.*

■ UNTEN: *Im Laufe der Jahrzehnte trugen mehrere Fendt-Modelle die Bezeichnung Farmer. Hier ist ein Farmer 45 zu sehen, der sich doch ziemlich von dem oben abgebildeten Turbomatik unterscheidet.*

■ OBEN: *Fendt Farmer 2D aus den Fünfzigerjahren mit Zweiachsanhänger.*

FERGUSON

Der Ferguson-Traktor war das Ergebnis einer Vereinbarung mit David Brown und später einer Partnerschaft zwischen Harry Ferguson und Henry Ford. Ursprünglich hatte Harry Ferguson seine innovative Dreipunktkupplung an den Traktoren von David Brown installiert. Anschließend schloss er ein per Handschlag besiegeltes Abkommen mit Henry Ford, das aber nicht lange hielt. Die Trennung resultierte in gerichtlichen Auseinandersetzungen, als Ferguson in Detroit ein eigenes Werk errichtete. Das Gericht kam zu dem Urteil, dass Ford mit der Verwendung der Dreipunktkupplung an seinem Modell 8N Patentrechte verletzt habe. Ford musste an Ferguson Schadenersatz wegen

■ OBEN: *Der Ferguson-Brown wurde gemeinsam von Harry Ferguson und David Brown in der zweiten Hälfte der Dreißigerjahre gefertigt. Die Produktion belief sich auf nur 1350 Exemplare.*

■ LINKS: *Ferguson TE20 mit Ballenpresse von Massey-Harris. Der TE20 ging 1946 in Produktion und wurde schnell zu einem vertrauten Anblick auf britischen Feldern.*

FERGUSON-BROWN A	
Baujahr	1936
Motor	Vierzylinder, Baureihe E von Coventry Climax
Leistung	18-20 PS
Getriebe	Drei Vorwärtsgänge, ein Rückwärtsgang
Gewicht	nicht bekannt

■ OBEN: *Auf Vollkette umgerüstete Ferguson-Traktoren für die Südpolexpedition beim Entladen.*

■ UNTEN LINKS: *Der TE20, der dem TO20 in den USA entsprach, kam im Laufe seiner Produktionszeit auf über 300 000 Exemplare.*

■ UNTEN: *Der TE20 wurde unter dem Slogan vertrieben, dass erst die Zahl der möglichen Anbaugeräte den wahren Wert eines Traktors ausmache. Hier ein Modell von 1949.*

■ UNTEN: *Der TE20 war anfänglich mit Benzinmotor erhältlich. Später kamen Diesel- und Ölvergaser(TVO)-Motoren hinzu; hier ein TVO-Modell von 1955.*

■ GEGENÜBER: *Te20 mit Zweischarpflug an der revolutionären Dreipunktkupplung.*

FORD FERGUSON 9N

Baujahr	1939
Motor	2-Liter-Vierzylinder
Leistung	16,31 PS am Zughaken, 23,56 PS am Treibriemen
Getriebe	Dreigang
Gewicht	nicht bekannt

■ LINKS: *TED20 von 1951. Zu dieser Zeit wurden oft über 500 Traktoren in der Woche produziert.*

■ RECHTS: *Der TE20 war bekannt für seine Zuverlässigkeit und sein Arbeitsvermögen.*

■ UNTEN: ***Dieser TE20 ist noch mit den originalen Hinterreifen für den landwirtschaftlichen Einsatz ausgerüstet. An der Dreipunktkupplung befindet sich ein Träger für Milchkannen.***

Patentverletzung und entgangener Gewinne zahlen.

Harry Ferguson baute nun seine eigenen Traktoren, die Modelle TE und TO. Das TE stand für Tractor England, das TO für Tractor Overseas. Beide Modelle waren dem Fordson 9N nicht unähnlich, hatten aber stärkere Motoren und ein Vierganggetriebe. Ferguson schloss ein Abkommen mit Sir John Black von der britischen Standard Motor Company über die Fertigung eines neuen Traktors in seinem Werk in Coventry. Die Produktion begann im Jahre 1946 unter Verwendung eines importierten Continental-Motors. An dessen Stelle trat 1947 ein Standard-Motor aus der eigenen Produktion, der ab 1951 auch als Diesel angeboten wurde. Der erste Ferguson-Traktor war der TE20 bzw. TO20 in den Vereinigten Staaten. In Großbritannien wurden von 1946 bis 1956 über 500.000 TE20 gebaut, während in den Vereinigten Staaten von 1948 bis 1951 etwa sechzigtausend TO20 entstanden. Der TE20 mit seiner eintönigen grauen Lackierung wurde so populär, dass er in Großbritannien fast allgegenwärtig war. Im August 1951 erschien die Serie

TO30, und 1954 kam der in Beige und Grünmetallic lackierte TO35 auf den Markt. Ferguson verkaufte sein Unternehmen 1953 an Massey-Harris.

■ FERGUSON-FORSCHUNG

Ferguson gründete anschließend die Harry Ferguson Research Ltd. und experimentierte mit zahlreichen technischen Neuerungen, darunter einem Vierradantrieb für Hochleistungssportwagen. In modifizierter Form fand er später Verwendung im Allrad-Sportwagen Jensen FF Interceptor.

Ferguson verkaufte sein Unternehmen 1953 an den kanadischen Landmaschinenhersteller Massey-Harris. Aus dem Verkauf erhielt er 16 Millionen Dollar in Massey-Harris-Aktien, und das Unternehmen firmierte eine Zeitlang unter dem Namen Messey-Harris-Ferguson. 1957 zog sich Ferguson aus dem Unternehmen zurück und verkaufte seine Anteile. Im Jahre 1958 befasste er sich mit der Möglichkeit, in Großbritannien einen neuen Traktor zu entwickeln und zu bauen, aber daraus wurde nichts – teilweise wohl, weil die ökonomische Tendenz der Zeit dagegen sprach. Der

■ OBEN: ***Beim TE20 saß der Fahrer rittlings über dem Getriebe; seine Füße ruhten auf Fußstützen.***

■ UNTEN: ***Dieser Ferguson 35 als Nachfolger des TE20 hat einen Frontlader und schleppt einen Miststreuer.***

■ RECHTS: *Fergusons neue Traktorreihe, die den TE20 ablösen sollte, besaß eine viel rundlichere Haube als die früheren Modelle.*

■ UNTEN LINKS: *Ein TE20 wartet in einer englischen Scheune darauf, restauriert zu werden. Er ist abweichend von der Serie rot lackiert.*

FERGUSON TE20	
Baujahr	1946
Motor	Reihenvierzylinder
Leistung	28 PS
Getriebe	Viergang
Gewicht	1,12 t

Ferguson-Traktor und die Dreipunktkupplung sind und bleiben aber Landmarken in der Geschichte des Traktors, und zwar insbesondere die Kupplung, die – wenn auch in verbesserter Form – auf der ganzen Welt als Norm gilt und an fast jedem Traktor zu finden ist.

■ UNTEN: *Harry Fergusons Warenzeichen war sein Nachname in Kursivschrift über dem Kühlergrill.*

FIAT

■ LINKS: ***Der Fiat 70-90 ist eins von vier Modellen der mittleren Baureihe 90, die vom 55-90 bis zum 80-90 reicht. Die erste Zahl in der Bezeichnung steht für die Motorleistung.***

■ UNTEN: ***Fiat Geotech kaufte 1993 die Ford New Holland Inc. und verschmolz zur New Holland Inc.***

In vielen der am 1. Weltkrieg beteiligten europäischen Nationen sah man den Wert von Traktoren, soweit es darum ging, die Produktivität in der Landwirtschaft zu steigern. In Italien unternahm die Automobilindustrie Versuche mit selbst konstruierten Traktoren, und 1918 hatte Fiat den erfolgreichen 702 vorzuweisen, während der Pavesi-Konzern einen neuartigen Traktor mit Vierradantrieb und Knicklenkung auf den Markt brachte.

Im Jahre 1919 lief der erste in Serie gefertigte Fiat-Traktor, der 702, von den Fertigungsbändern. Fiat stieg schnell zum führenden italienischen Hersteller von landwirtschaftlichen Traktoren auf und nahm 1932 auch einen Raupenschlepper in seine Modellpalette auf. Das war der erste Schlepper, der als Erdbaumaschine gelten kann: Der 700C besaß vorn ein Räumschild und angeschweißte Vorrichtungen zur Beladung von Lastkraftwagen. Er wurde von einem Vierzylindermotor mit 30 PS angetrieben. Später, aber noch vor Ausbruch des 2. Weltkrieg, brachte Fiat den 708C und das Modell 40 heraus.

1950 stellte das Unternehmen den Fiat 55 vor, einen Raupenschlepper mit Vierzylinderdiesel, der 6,5 Liter Hubraum besaß und 55 PS bei 1400 U/min leistete. Das Getriebe umfasste ein Paar Kegelräder, der Endantrieb erfolgte mittels Stirnrädern. Der Schlepper hatte fünf Vorwärts- und einen Rückwärtsgang. Die Käufer konnten zwischen Bremshebel- und Radlenkung wählen. Die elektrische Anlage mit sechs Volt funktionierte ohne Batterie mit einem 90-Watt-Dynamo.

1962 ging Fiat unter der Bezeichnung Türk Traktor ein Joint Venture mit dem

FIAT 70-90

Baujahr	1986
Motor	3,6 Liter
Leistung	70 PS
Getriebe	nicht bekannt
Gewicht	nicht bekannt

■ UNTEN LINKS: ***Wie in der Baureihe 90 finden sich auch in der Baureihe 94 eine Reihe von Modellen mit zunehmender Motorleistung. Dieser Fiat 88-94 hat eine Nennleistung von 88 PS.***

■ LINKS: *Fiat-Mähdrescher bei der Ernte. Unter dem Mantel der Fiatagri produzierte Fiat Laverda-Mähdrescher und Hesston-Feldhäcksler.*

türkischen Unternehmen Koa Holding ein. 1966 gründete Fiat eine eigene Abteilung für den Bau von Traktoren und Erdbaumaschinen. Diese ging 1970 in die Fiat Macchine e Movimento Terra SpA über, die in einem neuen Werk in Lecce produzierte. Kurz danach übernahm die neue Firma Simit, den damals führenden italienischen Hersteller von Hydraulikbaggern. 1974 ging die Fiat Macchine e Movimento Terra ein Joint Venture mit dem amerikanischen Traktorhersteller Allis-Chalmers ein, aus dem die Fiat Allis hervorging. In Italien wurde die Fiat Trattori SpA gegründet, die im Jahre 1975 Anteile von Laverda übernahm. 1977 übernahm Fiat Trattori die Firma Hesston, um Zugang zum amerikanischen Markt zu bekommen, und später auch Agrifull, einen Hersteller für kleine und mittlere Traktoren. 1983 gründete Fiat Trattori mit der Pakistan Tractor Corporation in Karatschi das Gemeinschaftsunternehmen Al Ghazi Tractors Ltd.

1984 wurde Fiat Trattori zur Fiatagri, die die Aktivitäten der Fiat-Gruppe im landwirtschaftlichen Bereich bündeln sollte. Im Jahre 1988 schließlich wurden Fiat-Allis und Fiatagri in der FiatGeo-Tech verschmolzen, die für Land- und Erdbaumaschinen zuständig war. FiatGeoTech erwarb im Jahre 1991 die Firma Benati, die später mit Fiat-Hitachi fusionierte. Fiat kaufte weiterhin die Ford New Holland Inc. und verschmolz sie mit der FiatGeoTech. Das neue Unternehmen trug zunächst den Namen N.H. Geotech, wurde aber 1993 zur New Holland Inc.

■ RECHTS: *Fiat F100 bei der Arbeit. Der vierradgetriebene Traktor zieht einen Anhänger mit Rundballen.*

FORD

Im Jahre 1907 baute die Ford Motor Company den Prototyp eines Fahrzeugs, von dem sie hoffte, dass es einst als erster in Serie gefertigter Traktor in die Annalen eingehen würde. Die Maschine beruhte im Wesentlichen auf Bauteilen – darunter auch dem Getriebe – eines der früheren Ford-Autos. Als Sohn eines Farmers wusste Henry Ford, wie personalintensiv die Arbeit in der Landwirtschaft war. Er wollte Mittel und Wege finden, diese Arbeit zu technisieren. 1915 baute er seinen ersten Traktor, und 1916 verfügte er über eine Reihe funktionierender Prototypen, die ihn seinem Ziel näher bringen sollten: Den Landwirten einen Zweipflug-Traktor für nur 200 Dollar anzubieten und damit genau das zu tun, was er mit dem Ford T für die allgemeine Mobilität getan hatte.

Mit einer Reihe von Mitarbeitern konstruierte Ford den späteren Fordson F. Dessen Geheimnis lag in dem tragenden Gusseisenrahmen, in dem alle beweglichen Teile staub- und öldicht untergebracht waren, so dass sich viele Schwachpunkte früherer Traktoren gar nicht erst zeigten. Der Traktor besaß vier Räder und war kompakt gebaut – durchaus ungewöhnlich für eine Zeit, in der dreirädrige und massige Traktoren an der Tagesordnung waren.

■ FORDSON F

Der Fordson F, Fords erster Serientraktor, ging 1917 in die Fertigung. Als Antrieb diente ein Reihenvierzylinder-Benzinmotor, der 20 PS bei 1000 U/min leistete. Das Dreiganggetriebe mit Mehrscheibenkupplung lief in Öl, und der Endantrieb erfolgte über ein Schneckenrad. Ein an einer Schwungscheibe montierter Dynamo lieferte Hochspannungsstrom an die Zündspule, die auf dem Motorblock saß. Der Traktor kostete 750 Dollar und damit mehr als geplant, aber der gute Ruf des Ford T sorgte auch so dafür, dass sich der Fordson in großen Stückzahlen verkaufte.

Die Prototypen, die Ford bei einem Traktortest in Großbritannien vorstellte, fanden viel Beifall, so dass die britische Regierung darum bat, im Rahmen der Kriegsanstrengungen unverzüglich mit der Fertigung zu beginnen. Ford traf gerade die ersten Vorbereitungen dafür, als deutsche Bomber im Frühsommer 1917 bei Tageslicht Angriffe gegen London flogen. Die britische Regierung

■ LINKS: *Die Modelle Fordson F und N waren die wichtigsten Traktoren in der Geschichte der technisierten Landwirtschaft und brachten den Segen des Traktors zu ungeheuer vielen Landwirten.*

■ RECHTS: *Landwirte vor einem von Roadless Traction umgerüsteten Fordson Major E27N.*

FORDSON	
Baujahr	1917
Motor	Reihenvierzylinder-Benzinmotor
Leistung	20 PS
Getriebe	Dreigang
Gewicht	1225 kg

■ GEGENÜBER OBEN: ***Restaurierter Fordson N von 1937. Fordson baute das Modell ab 1933 im englischen Dagenham.***

■ OBEN LINKS: ***Der Fordson Major E27N war der erste neue Ford-Traktor nach dem Krieg. Seine Fertigung begann im März 1945 im Ford-Werk Dagenham.***

■ OBEN: ***Der Fordson Major war größer und sah besser aus als der Fordson N. Er besaß eine neu konstruierte Kupplung und ein Ausgleichgetriebe.***

■ OBEN: ***Der Major E27N wurde gern gekauft und die Produktion schnellte 1948 auf 50 000 Exemplare empor. Viele wurden exportiert und die Fertigung ging bis 1951 weiter.***

■ LINKS: ***Der Fordson N trug im Krieg dazu bei, dass viel mehr Nahrungsmittel im Lande angebaut werden konnten als vorher.***

■ LINKS: ***Der Ford Ferguson 9N von 1939 war innovativ wegen seiner integrierten hydraulisch gesteuerten Anbaukupplung. Gummibereifung, elektrischer Anlasser und Zapfwelle gehörten zur Serienausstattung.***

■ OBEN: ***Der Name Ferguson war auf dem Ford 9N zu sehen, weil er die Dreipunktkupplung in Verbindung mit einer Hydraulik entwickelt hatte.***

■ OBEN: ***Der Ford 9N verkaufte sich gut. Bereits Ende 1940 waren 35 000 Exemplare gebaut worden und das Ferguson-System führte bei anderen Herstellern dazu, dass sie erneut über das Anbringen von Anbaugeräten nachdachten.***

■ UNTEN: ***Der in England gebaute Fordson Super Major aus den frühen Sechzigerjahren baute auf dem Erfolg des »neuen« Fordson Major auf, der den Major E27N im Jahre 1952 abgelöst hatte.***

betrachtete das als gefährliche Entwicklung und beschloss, alle industriellen Kapazitäten auf den Bau von Jagdflugzeugen zu verwenden, die die deutschen Bomber bekämpfen sollten. Ford wurde gefragt, ob er statt dessen seine Traktoren in den Vereinigten Staaten fertigen könne. Er stimmte zu, und nur vier Monate später lief die Produktion des Fordson F auf vollen Touren.

Viel ernster als dieser vorübergehende Rückschlag sollten sich die Verzögerung und die Verlagerung der Fertigung für Ford auswirken. Denn nun drangen die Pläne zum Bau des neuen Traktors vorzeitig an die Öffentlichkeit, was ein anderes Unternehmen bewog, ihm zuvorkommen. In Minneapolis wurde die Ford Tractor Company gegründet, deren Name sich von einem ihrer Ingenieure ableitete. Dem Traktor, den diese kurzlebige Firma produzierte,

■ UNTEN: *Der Fordson Dexta besaß einen Dreizylinderdiesel von Perkins und wurde 1958 eingeführt, damit die Fordson-Händler auch einen kleinen, billigen Traktor anbieten konnten.*

■ LINKS: *Der Ford 8N kam 1948 nach dem Scheitern der Vereinbarung zwischen Henry Ford und Harry Ferguson auf den Markt.*

■ LINKS: *Der blau-orange lackierte Fordson war in den Fünfziger- und Sechzigerjahren ein vertrauter Anblick auf britischen Äckern.*

war kein großer Erfolg beschieden, aber er hinderte Ford daran, seinen eigenen Namen für seine Traktoren zu verwenden. Notgedrungen griff er zur zweitbesten Lösung: Henry Ford and Son, abgekürzt Fordson.

Der Fordson F erfreute sich von Anfang an großer Beliebtheit, und die Verkaufszahlen in den Vereinigten Staaten schnellten von den 35.000 Exemplaren im Jahre 1918 steil in die Höhe. 1922 trugen etwa siebzig Prozent aller in den Vereinigten Staaten verkauften Traktoren den Namen Fordson. Zu dieser Zeit war der in den Nachkriegsjahren verzeichnete Aufschwung bei den Traktorverkäufen ausgeklungen. Ford konnte überleben, weil er die Preise senkte, aber das taten auch seine wichtigsten Konkurrenten, darunter insbesondere International Harvester, so dass ein scharfer Wettbewerb entbrannte. 1928 hatte International Harvester wieder die Führung erobert und besaß einen Anteil von 47 Prozent am gesamten Marktvolumen.

■ PRODUKTIONSSTÄTTEN

Im Jahre 1919 hatte die Fertigung des Fordson im irischen Cork begonnen. Der

■ UNTEN: *Ford feierte 1953 das fünfzigjährige Bestehen des Unternehmens und brachte dazu neue Traktoren heraus. 1955 war die für drei Pflüge konzipierte Baureihe 600 mit neuem Kühlergrill und rotgrauer Lackierung im Verkauf.*

■ RECHTS: ***Die Baureihe Ford Workmaster ging 1959 mit Benzin-, Diesel- und Flüssiggasmotoren in den Verkauf; hier das Modell 601 von 1960.***

Fordson war damit der erste Traktor, der gleichzeitig in den Vereinigten Staaten und in Europa gebaut wurde. 1928 stellte Ford die Fordson-Produktion in den USA angesichts der wachsenden Konkurrenz durch International Harvester ein, und 1929 verlegte er seine gesamte Traktorfertigung nach Irland. 1933 erfolgte eine erneute Verlegung der Fordson-Fertigung, dieses Mal nach Dagenham in England. Von dort wurde der Fordson in die ganze Welt exportiert, auch zurück in die Vereinigten Staaten. Speziell für diesen Markt baute Ford in Dagenham im Jahre 1936 auch den Breitspurtraktor All Around. Der Fordson war der erste ausländische Teilnehmer am Nebraska-Traktortest, und zwar in den Jahren 1937 und 1938. Ein weiteres Fordson-Werk befand sich in der Sowjetunion; dort wurde die Produktion allerdings 1932 zugunsten eines sowjetischen Nachbaus des Universal Farmall aufgegeben. In den Vereinigten Staaten lebte sie hingegen in den Vierzigerjahren wieder auf.

Die nächste wichtige Neuerung – eine der bedeutendsten in der Geschichte des Traktors – bestand in der gegen Ende der Dreißigerjahre eingeführten Dreipunktkupplung. Diese Konstruktion von Harry Ferguson war zuerst am Ford 9N zu sehen und ist heute noch an den meisten Traktoren zu finden. In Verbindung mit einer Vielzahl kompatibler Anbaugeräte machte sie den Traktor zu einem universell einsetzbaren Ersatz für das Pferd. Ferguson führte Ford das System im Herbst 1938 vor, und die Produktion begann nach dem berühmt gewordenen, per Handschlag besiegelten Abkommen. Die Dreipunktkupplung, damals noch als Ferguson-System bezeichnet, wurde bis 1946 in Zusam-

■ LINKS: ***Dieser 961 von 1959 ist einer der ersten Ford-Traktoren mit einem in Amerika gebauten Dieselmotor.***

■ UNTEN LINKS: ***Ford Workmaster 601 von 1961, aus dem gleichen Jahr, in dem Ford seinen bis dahin größten Traktor auf den Markt brachte – das Modell 6000 mit 66 PS für fünf Pflüge.***

■ UNTEN: *Die Workmaster-Modelle wurden mit verschiedenen Motoren angeboten. Das Modell Workmaster Offset 501 erhöhte die Vielseitigkeit der Ford-Modellpalette.*

■ UNTEN: *In Großbritannien waren die Ford-Traktoren wie dieser Ford 5000 Diesel in zwei Blau-Farbtönen lackiert und nicht rot-grau wie in den Vereinigten Staaten.*

menarbeit mit der Ferguson-Sherman Company produziert.

Der Ford 9N wurde zum ersten Mal am 29. Juni 1939 in Dearborn gezeigt. Die neue Konzeption revolutionierte die Landwirtschaft. Die grundlegenden Konstruktionsprinzipien und -merkmale sind auch bei den heutigen Traktoren noch zu finden; der Ford N ging komplett mit der Dreipunktkupplung in den Verkauf. Für den Allzwecktraktor interessierten sich vor allem kleine Betriebe; er wurde schnell überaus populär. Als Antrieb diente ein Reihenvierzylinder-Benzinmotor mit 1,9 l Hubraum. Viele Komponenten des Motors entstammten dem damaligen V8-Automotor von Ford.

Der 9N erfuhr in jedem Jahr der dreijährigen Produktionszeit leichte Ände-

■ UNTEN LINKS: *Der Benzinmotor der Ford-Powermaster-Serie zwischen 1958 und 1961 war dieser Reihenvierzylinder mit 2,8 Litern Hubraum.*

■ UNTEN RECHTS: *Powermaster 861 mit Benzinmotor.*

FORD 6610	
Baujahr	1983
Motor	Reihenvierzylinder-Diesel
Leistung	86 PS (64 kW)
Getriebe	8 Vorwärtsgänge, 4 Rückwärtsgänge
Gewicht	nicht bekannt

■ LINKS: *Ford 5000 mit Spezialanbaugerät für die ungewöhnliche, aber höchst farbenprächtige Aufgabe der Tulpenernte.*

rungen. So hatte beispielsweise im Jahre 1939 der Kühlergrill waagerechte Balken, und Lenkgehäuse, Kühlergrill, Batteriegehäuse, Armaturenbrett und Getriebegehäuse bestanden aus Aluminiumguss. 1941 erhielt der 9N einen Kühlergrill aus Stahl mit senkrechten Balken sowie weitere Modifikationen. Ende 1941 waren die Änderungen so zahlreich geworden und hatte Ford so viele weitere Ideen, dass der Traktor die neue Bezeichnung Ford 2N erhielt. Es wurden von 1939 bis 1942 über 99.000 Exemplare des 9N und zwischen 1942 und 1947 fast 200.000 Exemplare des 2N produziert. Der Verkaufspreis des 9N betrug im Jahre 1939 einschließlich Gummibereifung, elektrischer Anlage

■ LINKS: *Ford TW20 mit großer Scheibenegge. Der TW20 gehört zu der in Amerika gefertigten Baureihe TW mit starken Motoren.*

■ UNTEN LINKS: *Vierradgetriebener Ford 7640; nach der Übernahme durch Fiat wurde die Bezeichnung Ford nach und nach durch New Holland ersetzt.*

mit Anlasser, Lichtmaschine und Batterie sowie Zapfwelle 585 Dollar. Scheinwerfer und Heckleuchte standen gegen Aufpreis zur Verfügung.

Der Ford 2N wurde nur relativ kurze Zeit produziert. Neu an ihm waren ein größerer Kühlerventilator mit Gehäuse, ein Druckkühlsystem und schließlich Sealed-Beam-Scheinwerfer. Weitere Änderungen erfolgten hier und da als Folge kriegsbedingter Einschränkungen. Eine Zeit lang gab es wegen der Gummiknappheit durch die japanischen Eroberungen in Asien nur Stahlräder, und anstelle einer Batterie wurde eine Magnetzündung eingebaut. Nach

■ LINKS: *In den Achtzigerjahren fertigte Ford die Baureihe 10 im englischen Basildon, einem von acht Werken. Die Baureihe umfasste elf Modelle von 44 bis 115 PS.*

■ OBEN RECHTS: *Ford 7000 mit Dieselmotor von 1972 in der charakteristischen Farbgebung.*

Kriegsende gab es wieder die alte Ausstattung. Ford hatte in den Kriegsjahren in England 140.000 Traktoren des Typs N gebaut.

Aus dem 2N wurde schließlich der Ford 8N, dessen Produktion offiziell im Jahre 1947 begann und bis 1952 dauerte. 1947 war auch das Jahr, in dem das viel beschworene Abkommen über die Dreipunktkupplung zu Ende ging. Ford und Ferguson schafften es in den unmittelbaren Nachkriegsjahren nicht, ein erneutes Abkommen auszuhandeln. Ford erklärte, er werde die Kupplung weiterhin nutzen, Ferguson dafür aber kein Geld mehr geben und auf die Bezeichnung »Ferguson-System« verzichten. Da es kaum offizielle Geschäftsunterlagen gab, kam es zu einem Rechtsstreit, in dem Ferguson zehn Millionen Dollar zugesprochen wurden.

Bis der Rechtsstreit endlich beigelegt war, waren einige Patente Fergusons ausgelaufen, so dass Ford weiterhin eine hydraulische Dreipunktkupplung mit nur geringen Änderungen bauen konnte.

Ferguson begann anschließend mit der Produktion der Traktoren TE 20 und TO 20, die dem 8N äußerlich sehr ähnlich waren und ihm erfolgreich Konkurrenz machten.

Ford brachte eine völlig neue Reihe von Anbaugeräten heraus. Am auffälligsten unterschied sich der 8N vom 2N durch acht anstelle von sechs Radmuttern am Hinterrad, durch den Schriftzug Ford auf den Kotflügeln und seitlich an der Haube sowie durch das Fehlen des Schriftzugs »Ferguson System« unter dem Ford-Oval.

Der erste Traktor, den Ford nach dem Krieg in Dagenham baute, war der Ford-

■ LINKS: *Vierradgetriebener Ford 5095; dieser Traktor bietet seinem Fahrer bei der Forstarbeit zusätzlichen Schutz durch das Rohrrahmengestell über der Kabine.*

■ LINKS: *Der Ford 4110 ist einer der in England gefertigten Traktoren aus der standardisierten Baureihe 10. Seine Leistung liegt bei 50 PS.*

son E27N, mit dessen Produktion auf Bitten des britischen Landwirtschaftsministeriums in aller Eile begonnen wurde. Er basierte auf einem verbesserten Motor des Fordson N mit einem Dreiganggetriebe, einer konventionellen Kupplung und Hinterachsantrieb. Der erste Fordson E27N rollte im März 1945 vom Band. Ford hatte bei diesem Traktor im Vergleich zu den früheren Modellen zahlreiche Verbesserungen vorgenommen. Er besaß ein konventionelles Differential mit Spiralkegelrad anstelle eines Schneckengetriebes und eine Einscheiben-Ölbadkupplung. Als Antrieb diente ein unten gesteuerter Reihenvierzylinder, der 30 PS bei 1450 U/min leistete. Der Traktor war in vier Ausführungen mit jeweils unterschiedlichen Bremsen, Reifen und Getrieben erhältlich. 1948 kam eine Variante mit Dieselmotor. In diesem Jahr wurden über 50.000 Exemplare des E27N gefertigt. Die Produktion ging bis 1951 weiter; dabei wurden verschiedene Verbesserungen vorgenommen, unter anderem an der elektrischen Anlage und an der Hydraulik.

1953 feierte Ford das fünfzigjährige Firmenjubiläum und brachte dazu das Modell NAA Jubilee heraus, dessen Motor als erster bei Ford hängenden Ventile besaß; er hatte 2,2 l Hubraum

■ RECHTS: *Ford-Traktor mit Sämaschine für Erbsen. Der Traktor hat vorn und hinten Zwillingsbereifung, um die Bodenverdichtung zu reduzieren.*

■ GEGENÜBER UNTEN: *Vierradgetriebener Ford mit Spritzgerät im Schlepp; der Traktor ist vorn mit Ballast beschwert, um die Traktion zu erhöhen.*

■ UNTEN: *County-Traktoren wie dieser für die Forstarbeit wurden teilweise aus Ford-Bauteilen gefertigt und hatten gleich große Vorder- und Hinterräder.*

und leistete 31 PS. Im Jahre 1958 kamen die Baureihen 600 und 800 mit amerikanischen Dieselmotoren auf den Markt; es standen allerdings auch Benzin- und Flüssiggasmotoren zur Verfügung. Diesen Baureihen folgten die Modelle der Serien Powermaster und Workmaster. Das Modell 8000 war der erste Ford-Traktor mit 100-PS-Motor, der über 6,6 Liter Hubraum verfügte; das kleinere Modell 6000 leistete bei kleinerem Hubraum nur 66 PS.

■ KONSOLIDIERUNG

Im Jahre 1960 besaß Ford Produktionsstätten für Traktoren in Brasilien, Großbritannien, Indien und den Vereinigten Staaten. 1964 wurde die Ford Tractor Operations nach Basildon in England verlegt. 1986 erwarb die Ford Motor Company von der Sperry Corporation die New Holland und verschmolz sie mit der Ford Tractor Operations zur Ford New Holland.

In Basildon fertigte Ford unter anderem das Modell 4610 mit einem Motor, der bei 3,3 Liter Hubraum 64 PS leistete. Dieses Modell war einer von elf Traktoren aus der Baureihe 10. Basildon ist eine von acht Produktionsstätten auf der ganzen Welt, und das Unternehmen exportiert in 75 Länder.

Im Jahre 1991 erwarb Fiat die Ford New Holland und verschmolz sie mit der FiatGeoTech zur New Holland Geotech. Später wurde die Versatile Farm Equipment Company Teil von Ford New Holland Americas, der Nordamerika-Sparte von New Holland Geotech.

New Holland Geotech änderte 1993 die Unternehmensbezeichnung in New Holland Inc. Den Namen Ford durfte New Holland nach einer Vereinbarung mit Fiat nur noch bis 2001 verwenden.

■ LINKS: *Das Ausgleichgetriebe mit Schlupfbegrenzung an der Vorderachse des vierradgetriebenen Ford 6810 tritt automatisch in Aktion, wenn die Räder durchdrehen.*

WEITERE HERSTELLER

(Frazier, Gleaner, Hanomag, Hart-Parr, Hesston, HSCS, Hurlimann)

■ FRAZIER

Frazier ist eine kleine Firma im englischen York und typisch für die vielen Spezialunternehmen, die Landmaschinen für besondere Aufgaben fertigen. Der IID Agribuggy wird aus einer Reihe firmeneigener Komponenten montiert, darunter Achsen, Fahrwerk und Motoren, und dient als Basisfahrzeug für Arbeiten wie Sprühen und Düngen. Die Maschinen werden auf Bestellung gefertigt und sind mit Diesel- und Benzinmotoren erhältlich. Der Diesel ist ein Vierzylindermotor von Ford mit 1,6 l Hubraum. Der Agribuggy ist variabel konzipiert und steht sowohl als Breitspurtraktor als auch in einer Ausführung mit niedrigem Bodendruck zur Verfügung.

■ LINKS: ***Zwei Frazier Agribuggies IID. Der Agribuggy ist auf geringen Bodendruck hin konstruiert.***

■ LINKS: ***Agribuggy mit Niederdruckreifen zur Minimierung der Bodenverdichtung.***

■ GLEANER

Die Firma Gleaner produziert seit über 75 Jahren Mähdrescher. Gegenwärtig im Programm sind vier Rotationsmähdrescher und das konventionelle Modell C-62, alle mit wassergekühlten Motoren von Cummins. Sie haben einen einteiligen geschweißten Rahmen und in der Mitte eine »Comfortech«-Kabine. Die Rotationsmähdrescher tragen die Serienbezeichnung R. Das Modell R42 Gleaner Class 4 besitzt einen 6200 l großen Getreidebehälter und einen Kraftstofftank, der 450 Liter fasst. Der Motor leistet 185 PS. Der R52 Gleaner Class 5 fasst in der Standardausführung 8200 Liter und in einer Sonderausführung 8900 Liter Getreide. Sein Kraftstofftank aus Polyurethan nimmt 450 Liter Kraftstoff auf, und der Motor leistet 225 PS.

Das Modell R62 Gleaner Class 6 bietet einen Reihensechszylinder mit 260 PS sowie einen 8200 Liter in der Standardausführung und 10.900 Liter in einer Sonderausführung fassenden Getreidebehälter. Hinzu kommen Beschleunigungsrollen, Spreuverteiler, zwei Förderschnecken und ein 680 Liter großer Kraftstofftank. Der R72 ist der einzige Mähdrescher der Klasse 7, der gegenwärtig in Nordamerika gebaut wird. Er hat einen 12.000 Liter fassenden Getreidebehälter und einen 300 PS starken Reihensechszylinder sowie Beschleunigungsrollen, einen Spreuverteiler, zwei Förderschnecken und einen 680 Liter fassenden Kraftstofftank.

Der konventionelle Mähdrescher C-62 soll nach Herstellerangaben alle anderen Maschinen in seiner Klasse übertreffen. Er hat einen 10.900 Liter großen Getreidebehälter und eine Entladeanlage, die das Korn mit 80 Litern pro Sekunde in Lastkraftwagen oder Eisenbahnwaggons fördert. Der C-62 ist auf einem durchgehend geschweißten Rahmen mit hoch belastbaren Endantrieben aufgebaut und mit gleichmäßiger Gewichtsverteilung konstruiert. Als Antrieb dient ein Cummins-Dieselmotor mit 260 PS.

Gleaner gehört zu AGCO, der Allis-Gleaner Corporation.

■ UNTEN LINKS: ***Gleaner gehört heute zu AGCO; hier ein Modell von 1991.***

■ HANOMAG

Die deutsche Firma Hanomag in Hannover produzierte bei Ausbruch des 1. Weltkriegs einen massigen Sechsschar-Motorpflug, der wie andere deutsche Maschinen der damaligen Zeit für den Einsatz in den norddeutschen Tiefebenen vorgesehen war. Nach dem Krieg kam eine größere Aus-

■ LINKS: *Wie an diesem Gleaner-Mähdrescher von 1967 zu sehen ist, hat sich der Schutz für den Fahrer in den letzten dreißig Jahren drastisch verbessert. Staubdichte Kabinen mit Klimaanlage sind heute Standard.*

führung mit einem Achtscharpflug und Vierzylinder-Benzinmotor mit 80 PS. In den Dreißigerjahren machte Hanomag teilweise durch den Export von Raupenschlepper und Traktoren gute Geschäfte. 1930 umfasste die Modellpalette die Radtraktoren R38 und R50 sowie den Raupenschlepper K50, alle mit Dieselmotor und Zapfwelle.

Da Hanomag ein Rüstungsbetrieb war, wurden das Unternehmen im Krieg heftig bombardiert. Ende der Vierzigerjahre lief mit dem rot lackierten R25 und Vierzylinderdiesel die Traktorenproduktion wieder an. Ein Zweizylinderdiesel von Hanomag diente später als Antrieb für den in Frankreich gebauten Massey-Harris Pony. Die Baureihe R mit den kleinen Modellen R12 und R24 neben den größeren Modellen R45 und R55 wurde bis Ende der Sechzigerjahre produziert. Ein Eignerwechsel im Jahre 1971 führte zur Einstellung der gesamten Traktorfertigung. Hanomag gehört heute zu Komatsu und fertigt vor allem kleinere Radlader.

■ **HART-PARR**

Charles Hart und Charles Parr studierten bis 1896 Maschinenbau an der Universität von Wisconsin und gründeten anschließend in Madison eine Firma für den Bau von Stationärmotoren. Diese waren insofern ungewöhnlich, als sie nicht mit Wasser sondern

■ LINKS: *Hanomag hatte in den Dreißigerjahren Erfolge im Export von Radtraktoren und Raupenschleppern zu verzeichnen.*

■ OBEN: *Vierradgetriebener hydraulischer Lader Hanomag 35D auf Mais-Silage in England*

WEITERE HERSTELLER

mit Öl gekühlt wurden – ein nicht zu unterschätzender Vorteil in einer Gegend, in der es im Winter sehr kalt wird. Da Öl erst bei beträchtlich tieferen Temperaturen als Wasser gefriert, kamen Motorenschäden durch gefrierendes Kühlmittel kaum mehr vor. Hart und Paar zogen 1901 nach Charles City in Iowa und bauten 1902 ihren ersten Traktor, dem im Jahre 1903 das Modell 18-30 folgte. Dieses besaß den auffallenden rechteckigen Kühlervorbau, der in den nächsten fünfzehn Jahren zum Markenzeichen aller Hart-Parr-Traktoren werden sollte. Im Kühlsystem zirkulierte das Öl um senkrechte Rohre, und für die nötige Luftströmung sorgte das in den Vorbau geleitete Abgas. Der als liegender Zweizylinder konstruierte Motor mit großem Hubraum besaß eine Nennleistung von 30 PS bei etwa 300 U/min. Das Modell 17-30 war eine Weiterentwicklung, der zahlreiche andere folgten, darunter der 12-27 Oil King.

Im Boom der Nachkriegsjahre brachte die Firma neue Konstruktionen auf den Markt. Eine davon war der 12-25 mit liegendem Zweizylindermotor. Später wurden diese Traktoren auch mit motorgetriebener Zapfwelle angeboten. Hart-Parr wurde im Jahre 1929 von Oliver übernommen.

■ LINKS: ***Aus Hart-Parr wurde im Rahmen der Fusion von 1929 die Oliver Farm Equipment Corporation.***

■ UNTEN LINKS: ***Die frühen Traktoren von Hart-Parr waren gekennzeichnet von den rechteckigen Kühltürmen.***

■ HESSTON

Die Firma Hesston wurde 1947 in Kansas gegründet. Sie wurde zu einem anerkannten Hersteller von Heumähern und Feldhäckslern mit innovativen Produkten, die teilweise auch in Europa produziert wurden. 1977 übernahm Fiat Trattori die Firma Hesston, um Zugang zum nordamerikanischen Landmaschinenmarkt zu bekommen. Im Jahre 1988 führte die Fiat-Gruppe Fiat-Allis und Fiatagri in der neuen FiatGeo-Tech zusammen, das die Aktivitäten im Bereich Land- und Erdbaumaschinen bündelte. Im Rahmen dieser Umstrukturierung wurden Hesston und Braud in der neuen Firma Hesston-Braud mit Sitz im französischen Coex zusammengefasst.

■ HSCS

Die ungarische Firma Hofherr, Schrantz, Clayton und Shuttleworth entstand, nachdem Clayton und Shuttleworth sich aus dem Markt für mobile Dampfmaschinen zurückgezogen hatte. Der Firmensitz befand sich zunächst in Kespet und wurde später nach Budapest verlegt. Nach dem Bau der ersten Benzinmotoren im Jahre 1919 entstand 1923 der erste Traktor. Dieser besaß einen Einzylinder-Benzinmotor und einen Stahlrahmen. Die Serienausführungen des HSCS-Traktors hatten Halbdieselmotoren, eine Konfiguration, die in einem Großteil Europas, aber nicht in Großbritannien und den USA populär war. Der Vorteil des Halbdieselmotors besteht darin, dass er mechanisch einfach aufgebaut ist und mit fast jedem Kraftstoff – auch Altöl – läuft. Der HSCS-Motor leistete 14 PS und war zum Pflügen und als stationärer Antrieb vorgesehen.

HSCS hielt bei der Produktion zahlreicher Traktoren und Raupenschlepper am Halbdieselmotor fest. Ein HSCS-Traktor nahm 1930 an den World Tractor Trials in Großbritannien teil. Unter dem kommunistischen Regime wurde 1951 der Firmenname in Roter Stern Tractor geändert. Ab 1960 wurden ihre Produkte unter der Markenbezeichnung DUTRA verkauft. Das Unternehmen exportierte seine Traktoren in andere Ostblockländer und darüber hinaus. Später baute es RABA-Steiger-Traktoren im Rahmen einer Lizenz von Steiger.

■ HÜRLIMANN

In den Hürlimann-Traktoren spiegeln sich die besonderen landwirtschaftlichen Bedingungen in der bergigen Schweiz wider. Dort ist nur wenig Platz für den

Anbau von Nutzpflanzen, und Hans Hürlimann begann mit dem Bau von Traktoren, die für dieses Land geeignet waren. Sein erster Traktor besaß einen Einzylinder-Benzinmotor und war mit einem Mähbalken ausgerüstet.

Die ersten Traktoren galten als altmodisch, aber stetige Weiterentwicklung in den Dreißigerjahren führte schließlich dazu, dass 1939 ein neues Modell herausgebracht werden konnte. Dieses besaß einen Vierzylinderdiesel mit Direkteinspritzung und bescherte Hürlimann erste Exporterfolge und Verkäufe an das schweizerische Militär als Geschützschlepper. Ein weiteres neues Modell – der D-100 – kam im Jahre 1945 auf den Markt.

Der D-100 besaß eine Zapfwelle, eine Riemenscheibe mit zwei Geschwindigkeiten und eine Differentialsperre, dazu einen Handgashebel, ein normales Gaspedal und ein Fünfganggetriebe. Sein Motor leistete 45 PS bei 1600 U/min, und der Traktor hatte durch die Hinterräder in der Größe 22“ einen tief liegenden Schwerpunkt. Hürlimann baute weiterhin Traktoren für den Export und wurde später Teil der italienischen Firma Same.

■ OBEN RECHTS: *Ungarischer HSCS-Traktor aus den Vierzigerjahren; die Bezeichnung HSCS stand für Hofherr, Schrantz, Clayton und Shuttleworth.*

■ LINKS: *Hürlimann S200 aus den Siebzigerjahren; Hürlimann war damals einer von mehreren Traktorherstellern in der Schweiz.*

■ RECHTS: *Der Hürlimann D-100 galt als gut konstruierter Traktor, der durch die Hinterräder mit kleinerem als normalem Durchmesser einen niedrigen Schwerpunkt behielt.*

■ OBEN: *Hürlimann rüstete seine Traktoren in den Dreißigerjahren mit Dieselmotoren aus und lieferte sie als Geschützschlepper an die schweizerische Armee.*

INTERNATIONAL HARVESTER

■ UNTEN: ***Die Baureihe Farmall fand in den Dreißigerjahren, als Gummibereifung nur als Sonderausstattung erhältlich war, viele Käufer. Die Reihe umfasste die Modelle F-12, F-20 und F-30.***

Die International Harvester Corporation entstand im Jahre 1902 aus der Fusion der beiden kleinen Traktorhersteller McCormick und Deering.

Die eigentliche Geschichte von International Harvester begann im Jahre 1831 mit der Erfindung einer Mähmaschine durch Cyrus McCormick. In der Anfangszeit vermarktete International Harvester zwei Modellreihen, nämlich den Mogul und den Titan. Ersterer wurde durch McCormick-Händler und letzter durch Deering-Händler vertrieben. Der erste International-Harvester-Traktor war der Typ A, der mit Benzinmotoren von 12, 15 und 20 PS zur Verfügung stand. Ihm folgte der Typ B, der bis 1916 gebaut wurde. Im zweiten Jahrzehnt des 20. Jahrhunderts war International Harvester bekannt durch den riesigen Mogul mit 45-PS-Motor, dem 1919 der Titan mit 22 PS folgte. International Harvester produzierte neben Traktoren auch leichte Lastkraftwagen.

Im 1. Weltkrieg wurden viele amerikanische Traktoren nach Großbritannien exportiert, vor allem die besonders geeigneten Modelle Titan 10-20 und Mogul 8-16.

■ TITAN 10-20

Der Titan 10-20 wurde im Werk Milwaukee gefertigt und war das kleinste und beliebteste Modell aus der Titan-Baureihe. Der Mogul wurde parallel dazu in Chicago gebaut. Die Produktion des 10-20 begann 1914 und wurde erst zehn Jahre später eingestellt, weil die einfache Konstruktion sich den Ruf der Zuverlässigkeit erworben hatte. Als Antrieb diente ein kerosinbetriebener Zweizylindermo-

■ RECHTS: ***Der F-12 besaß einen Vierzylindermotor, der mit 1400 U/min lief.***

■ LINKS: ***Der Farmall F-12 wurde 1932 vorgestellt. Er war als Breitspurtraktor für einen oder zwei Pflüge konzipiert. Ein Vorteil war seine stufenlos verstellbare Spurweite an der Hinterachse.***

FARMALL F-20	
Baujahr	1932
Motor	Vierzylinder
Leistung	16,12 PS am Zughaken, 24,13 PS am Treibriemen
Getriebe	Vierganggetriebe
Gewicht	nicht bekannt

■ RECHTS: ***Der Farmall M wurde 1939 als Breitspurtraktor im Design von Raymond Loewy eingeführt. Er sollte für alle Zeiten zu einem Klassiker unter den amerikanischen Traktoren werden.***

■ UNTEN LINKS: ***Der Übergang von Grau zu Rot in der Lackierung erfolgte 1936, aber Gummibereifung gab es schon früher.***

■ UNTEN MITTE: ***Luftreifen gab es für die Vorder- und die Hinterräder der Farmall-Breitspurtraktoren.***

■ UNTEN RECHTS: ***Dwayne Mathies auf dem einstmals neu gekauften Farmall seiner Familie. Vier Mathies-Generationen haben bisher darauf gesessen.***

tor mit großem Hubraum, der 20 PS bei nur 575 U/min leistete. Die Kühlung erfolgte mittels Wasser aus einem 180-Liter-Tank über den Vorderrädern. Der Titan 10-20 besaß einen Stahlträgerrahmen. Er wurde über eine Kette angetrieben und hatte ein Zweiganggetriebe. Der 10-20 wurde in über 78.000 Exemplaren gebaut und war eines der Modelle, die das Unternehmen in die Zwanzigerjahre begleiteten. Weitere waren der 8-16, der 15-30 und der Farmall Regular.

■ INTERNATIONAL HARVESTER 8-16

Der International Harvester 8-16 wurde während des 1. Weltkriegs in den Vereinigten Staaten gebaut, wo er sich großer Beliebtheit erfreute. Die abfallende Haube über Motor und Kühler verlieh ihm ein unverwechselbares Aussehen. Seine Produktion begann im Jahre 1917 und wurde 1922 eingestellt. Die Konstruktion orientierte sich zwar an den Lastwagenmodellen, war aber eigentlich überholt, weil sie auf einem separaten Rahmen basierte und mit Kettenantrieb arbeitete. Aber die als Sonderausstattung verfügbare Zapfwelle verschaffte dem Traktor gegenüber seinen Konkurrenten einen Vorteil, weil damit auch andere Maschinen angetrieben werden konnten. International Harvester konnte zwar nicht behaupten, die Zapfwelle erfunden zu haben (sie war bereits an einem Scott-Traktor aus dem Jahre 1904 zu sehen gewesen), konnte aber als erstes Unternehmen damit geschäftlichen Erfolg erzielen. International Harvester machte sie zur Standardausstattung beim

■ LINKS: ***Der Farmall F-14 trat 1938 an die Stelle des F-12. Er war gegenüber seinem Vorgänger leicht verbessert: Sein Motor lief mit 1650 U/min und kam beim Nebraska-Test auf 14,84 PS am Zughaken und 17,44 PS am Treibriemen.***

■ RECHTS: ***Der Industriedesigner Raymond Loewy verschaffte den Farmall-Traktoren in den Dreißigerjahren den waagerecht geschlitzten Kühlergrill und die abgerundete Kühlerhaube.***

■ UNTEN: ***Als weitere Neuerung bekamen die Farmall-Modelle in den Dreißigerjahren Dieselmotoren.***

McCormick-Deering 15-30 des Jahres 1921.

Als der Aufschwung der unmittelbaren Nachkriegsjahre langsam nachließ, senkte Ford die Preise, und angesichts dieser Konkurrenz bot International Harvester mit jedem verkauften Traktor einen kostenlosen Pflug. Das räumte die Lager und ermöglichte es dem Unternehmen, in den Jahren 1921 und 1923 die Modelle 15-30 bzw. 10-20 auf den Markt zu bringen. Diese Traktoren bedeuteten für Ford eine Konkurrenz, wie sie das Unternehmen noch nicht erlebt hatte. Die neuen IH-Modelle waren ähnlich wie der Fordson um einen selbsttragenden Gussrahmen konstruiert, besaßen aber ein paar Ausstattungsdetails, in denen sie dem Fordson überlegen waren. Dazu gehörten eine Magnetzündung, eine neu konstruierte Kupplung und eine eingebaute Zapfwelle, mit denen ein neuer Standard für Traktoren gesetzt wurde.

■ MCCORMICK-DEERING

Der International Harvester 10-20 von 1923 galt als solide, zuverlässig und leistungsstark und erzielte in den Vereinigten Staaten, wo er allgemein als McCormick-Deering bekannt war, herausragende Verkaufserfolge. Bei Produktionsende im Jahre 1942 hatte er 216.000 Käufer gefunden. Vom Design her hatte der 10-20 viel mit dem größeren 15-30 gemeinsam: beide Modelle wurden von einem auf Benzin- und Kerosinbetrieb ausgelegten Reihenvierzylinder mit hängenden Ventilen angetrieben, der mit seinen austauschbaren Zylinderbuchsen auf lange Lebensdauer ausgelegt war. 1928 wurde eine Raupenschlepperversion des 10-20 vorgestellt, der so genannte TracTracTor, der 1931 in T-20 umbenannt wurde. Er war der erste von International Harvester gebaute Raupenschlepper.

1924 machte das Unternehmen mit der Einführung des Farmall, des ersten rich-

■ LINKS: ***Markenmischung: Ein roter Farmall vor einem Pflug im vertrauten Gelbgrün, das zeigt, dass er von John Deere stammt.***

■ OBEN: ***Der Farmall M wurde von Anfang an serienmäßig mit Luftreifen angeboten, wobei es für Stahlräder einen Preisnachlass gab. Elektrischer Anlasser und Beleuchtung waren als Sonderausstattung erhältlich.***

■ OBEN LINKS: ***Die späteren Modelle von International Harvester waren mit zusätzlichem Gerät wie diesem Frontlader ausgerüstet.***

■ OBEN RECHTS: ***Restaurierter Farmall Super FC-D mit verstellbarer Spurweite hinten im stromlinienförmigen Design von Raymond Loewy.***

■ UNTEN: ***Dieser Farmall M ist als Breitspur-Dreiradtraktor mit hydraulischem Frontlader ausgelegt.***

tigen Breitspurtraktors, einen weiteren Fortschrift. Der Farmall konnte zum Pflügen, aber auch zur Kultivierung eingesetzt werden. Er eignete sich für lange Reihen mit Baumwolle, Mais und andere Pflanzen. Für die Dreißigerjahre wurde er verbessert und als F-20 Teil einer Serie von drei Modellen, zu der noch der F-12 und der F-30 gehörten.

1929 mutierte der 15-30 zum 22-36, der dann 1934 vom W-30 ersetzt wurde. Der 10-20 wurde bis 1939 gebaut. In den Dreißigerjahren ersetzte International Harvester die traditionelle graue durch eine rote Lackierung und erzielte damit eine zweifache Wirkung: Ersten waren die Traktoren für die anderen Verkehrsteilnehmer besser sichtbar, und zweitens wurden sie von potentiellen Käufern besser wahrgenommen. In Charkow und Stalingrad in der Sowjetunion ging der International Harvester 15-30 unter der Bezeichnung SKhTZ 15-30 in die Produktion, und in Chelabinsk im Ural wurden den Motoren auf der Grundlage von Caterpillar-Maschinen gebaut.

Der erste IH-Traktor mit Dieselmotor erschien 1934 unter der Bezeichnung WD-40. Der Vierzylinder leistete etwa 44 PS. Er war insofern ungewöhnlich, als er mit Benzin gestartet wurde. Sobald der Motor warm war, wurde durch Schließen eines Ventils auf Dieselbetrieb umgestellt.

■ DIE BAUREIHE W

Der International Harvester W6 aus dem Jahre 1940 war Teil der neuen Modellpalette, zu der außerdem der W4 und der W9 gehörten. Alle W-Typen wurden von einem Reihenvierzylinder angetrieben, der im Benzinbetrieb 36,6 PS und im Kerosinbetrieb etwas weniger leistete. Eine Dieselversion lief unter der Bezeichnung WD6.

■ LINKS: ***Der Farmall A kam ebenfalls 1939 neu auf den Markt. Er war ein kleiner Traktor mit verstellbarer Spurweite vorn und nach links versetztem Motor und Getriebe.***

■ RECHTS: ***Deutlich zu sehen sind bei diesem Standardtraktor die Lenkung an der Vorderachse und die stufenlos verstellbaren Hinterräder.***

■ RECHTS: *International Harvester 584 mit Miststreuer an einem Wintertag in England.*

■ UNTEN: *Der vierradgetriebene International Harvester 955 wurde gebaut, bevor die Tenneco Inc. mit Case und International Harvester verschmolz.*

Ende der Dreißigerjahre hatte der Industriedesigner Raymond Loewy das International-Harvester-Warenzeichen modifiziert, um sich anschließend mit dem äußeren Erscheinungsbild der Traktoren zu befassen. Er war es, der für den abgerundeten Kühlergrill mit waagerechten Schlitzen sorgte.

Im 2. Weltkrieg fertigte International Harvester eine ganze Palette von Maschinen für die Rüstung, darunter auch Halbkettenfahrzeuge für die alliierten Streitkräfte. So entstanden im Werk Springfield mehr als 13.000 Exemplare des International M-5.

■ RECHTS: *International-Harvester-Traktoren aus verschiedenen Jahrzehnten. International Harvester hatte Anfang der Achtzigerjahre unter der Landwirtschaftskrise in den Vereinigten Staaten zu leiden.*

■ UNTEN: *Heuballen werden per Hand auf einen Anhänger verladen.*

■ PRODUKTION IN ÜBERSEE

Der W6 wurde in den Anfangsjahren der Fünfziger verbessert und in Super W6 und Super M von International Harvester bzw. Farmall umbenannt. Durch eine größere Bohrung leistete der Motor etwa 10 PS mehr. Überhaupt erweiterten die etablierten amerikanischen Traktorhersteller in den unmittelbaren Nachkriegsjahren ihre Palette schnell um neue Modelle, und International Harvester bildete da keine Ausnahme. Das Unternehmen ersetzte das Modell A durch den Super A mit einer hydraulischen Hubvorrichtung, wie sie immer stärker in Gebrauch kam.

International Harvester war in den Nachkriegsjahren einer der drei großen amerikanischen Hersteller, die Produktionsstätten in Großbritannien errichteten. International Harvester baute ein Werk in Doncaster und war das einzige US-Unternehmen, dem – mit dem Farmall M –

■ RECHTS: *International Harvester stellt auch heute noch Erntemaschinen wie diesen Mähdrescher her.*

■ RECHTS AUSSEN OBEN: *Der Farmall Cub war der kleinste Traktor in der Modellpalette; er wurde von 1949 bis 1979 gefertigt.*

■ RECHTS AUSSEN MITTE: *International Cub von 1965.*

■ UNTEN RECHTS: *Restaurierter Farmall C; dieses Modell ersetzte bei der Einführung mit dem Farmall Cub im Jahre 1947 das Vorgängermodell B.*

größere Erfolge auf dem britischen Markt beschieden waren.

■ DIESELTECHNIK

Im Jahre 1959 einigten sich die amerikanischen Traktorhersteller auf eine Industrienorm für die zunehmend gekaufte Dreipunktkupplung, um die Austauschbarkeit von Anbaugeräten verschiedener Marken zu gewährleisten. Um dieser Norm zu entsprechen, brachte International Harvester 1960 die neuen Modelle 404 und 504 heraus, die mit der ersten in Amerika konstruierten Dreipunktkupplung mit automatischer Tiefeneinstellung ausgerüstet waren. Der 504 besaß zudem eine Servolenkung, und beide Modelle verfügten über Trockenluftfilter und eine Kühlung für die Hydraulikflüssigkeit. In den Sechzigerjahren erlebte der Dieselmotor mit der Entwicklung von Turboladern und Ladeluftkühlern einen gewaltigen Aufschwung. Auch International Harvester befasste sich mit der neuen Technik und entwickelte immer bessere Getriebe und Vierradantriebe. Der Farmall 966 aus den Siebzigerjahren besaß einen 100-PS-Motor mit 6,8 Liter Hubraum sowie ein Getriebe mit sechzehn Vorwärts- und zwei Rückwärtsgängen.

Die Wirtschaftskrise zu Beginn der Achtzigerjahre sollte weit reichende Folgen für die amerikanische Landmaschinenindustrie haben. International Harvester fiel ihr zum Opfer. Im Geschäftsjahr 1980 machte das Unternehmen knapp 4 Millionen Dollar Verlust, und das folgende Jahr wurde ähnlich schlecht. 1982 verschlechterte sich die Lage mit einem Minus von über 1,6 Milliarden Dollar noch dramatisch. Die Verluste konnten zwar im Jahre 1983 auf 485 Millionen Dollar reduziert werden, aber International Harvester konnte nicht überleben. 1984 kaufte die Tenneco Inc., die bereits Case unter ihre Kontrolle gebracht hatte, die Landmaschinensparte von International Harvester und bildete die Case IH.

JCB

■ UNTEN: *JCB Fastrac 1115 mit Düngerstreuer Amazone N1209; der 1115 leistet 115 PS und schleppt Lasten bis 24 Tonnen.*

Der britische Hersteller JCB fertigt gegenwärtig eine umfassende Palette von Maschinen, darunter den bekannten »Digger« mit Frontlader und Baggerschaufel. Hinzu kommen Baggerfahrzeuge auf Rad und Kette. Die Schlepper mit der Modellbezeichnung Fastrac sind völlig auf landwirtschaftliche Arbeiten eingerichtet.

■ JCB FASTRAC

Der JCB Fastrac ist ein moderner schneller Schlepper. Er besitzt eine einzigartige Rundumfederung, eine Zweimann-Kabine mit Klimaanlage, die gleichzeitig als Überrollschutz dient sowie vier gleich große Räder. Der Fastrac hat eine Dreipunkt-Anbaukupplung, und für die Modelle 2115, 2125 und 2135 steht wahlweise die Vierradlenkung des Typs JBC Quadtronic zur Verfügung. Diese wechselt automatisch zwischen Zweirad- und Vierradlenkung und ermöglicht so am Feldrand ein schnelleres Wenden. Als Antrieb dienen Turbodieselmotoren mit 115-170 PS. Der drehmomentstarke Diesel der Perkins-Baureihe 1000 läuft leise und sparsam. Alle Modelle sind aufgeladen: der 2135 hat einen Abgasturbolader, während der 2150 einen Abgasturbolader und einen Ladeluftkühler besitzt. Dieser ist gekoppelt mit einem dreistufigen Powershift-Getriebe und einer elektronischen Getriebesteuerung, die für einen reibungslosen Gangwechsel unter Last sorgt. Aufhängung und Fahrwerk sind technisch ebenso fortgeschritten: die dreigeteilte Vorderachsaufhängung ermöglicht einen Radeinschlag bis unter das Chassis, so dass der Wendekreis sehr klein

JCB FASTRAC 2150

Baujahr	1998
Motor	Perkins-Turbodiesel, Baureihe 1000
Leistung	133 PS an der Zapfwelle, 150 PS
Getriebe	54 Vorwärts-, 18 Rückwärtsgänge
Gewicht	6365 kg

■ LINKS: *Der JCB Fastrac ist vielseitig einsetzbar. Er beherrscht das auf dem Feld erforderliche langsame Tempo und erreicht auf der Straße bis zu 72 km/h. Viele seiner Funktionen sind computergesteuert.*

■ RECHTS: *Der 1991 vorgestellte JCB Fastrac besitzt ein Fahrwerk mit automatischem Niveauausgleich und einen Turbodieselmotor. Die Leistung der verschiedenen Modelle liegt zwischen 115 und 170 PS.*

ist. Ein automatischer Niveauausgleich an der Hinterachse nimmt das zusätzliche Gewicht von Anbaugeräten auf, und der seitliche Niveauausgleich erhöht die Querstabilität bei der Arbeit an Hängen. Wahlweise steht eine verstellbare Traktionsregelung zur Verfügung, die in Zusammenarbeit mit einem Radarsensor, der die wahre Geschwindigkeit misst, dazu beiträgt, die Reifenabnutzung zu reduzieren. Alle vier Räder sind mit luftgekühlten hydraulischen Scheibenbremsen ausgestattet.

■ UNTEN: *JCB Fastrac 150 mit Claas-Ballenpresse Quadrant 1200. Für einen Traktor ungewöhnlich, bietet der Fastrac in der Kabine Platz für einen Beifahrer.*

■ GETRIEBE

In der Kabine ermöglicht das elektronische Überwachungssystem eine ständige Kontrolle zahlreicher Funktionen am Armaturenbrett. Dazu gehören die Motor- und Zapfwellendrehzahl, das gewählte Übersetzungsverhältnis und eine ganze Reihe von Anzeigen beispielsweise für die vordere und hintere Zapfwelle.

Die Achsantriebswellen verfügen an den Lagerschalen über doppelte Dichtringe, in denen mehr Schmierfett Platz findet. Verbesserte Antriebswellen mit Kerbverzahnung sorgen für eine längere Haltbarkeit. Das gilt auch für die massiven Lagerabstandbuchsen zwischen den Ritzelwellenlagern der Vorderachse. Für den Fall, dass die Räder durchdrehen, steht eine weich eingreifende Differentialsperre zur Verfügung, die den Antriebsstrang schützt und sich automatisch löst, wenn auf Vierradlenkung umgeschaltet wird.

WEITERE HERSTELLER

(HST, Iseki, Ivel, Jeep)

■ H.S.T. DEVELOPMENTS

Die Firma H.S.T. Developments wurde im Jahre 1972 als Taylor Engineering Developments Ltd. gegründet und nahm 1989 ihren jetzigen Namen an. Sie beschritt neue Wege mit ihrem so genannten Trantor, einem Akronym für Transporttraktor. Der Trantor kann ganz normal als Traktor auf dem Acker eingesetzt werden, bietet aber vielfältigere Möglichkeiten auf der Straße, wo ja ein hoher Prozentsatz der landwirtschaftlichen Produkte transportiert werden muss. Mittels einer gefederten Deichsel kann er auf der Straße bis zu zehn Tonnen Last mit einer Geschwindigkeit von knapp 90 km/h bewegen. Auf dem Feld schleppt er acht Tonnen. Der Trantor 904 besitzt einen 90-PS-Dieselmotor, der das Fahrzeug über ein Zehnganggetriebe (mit zwei Rückwärtsgängen) antreibt. Er hat eine zweistufige Zapfwelle mit 540 und 1000 U/min, eine eigenständige Zapfwellenkupplung und eine Dreipunktkupplung der Kategorie 2. Dazu kommen Servolenkung, Differentialsperre und eine voll gefederte Anbauvorrichtung. Der Trantor 904 besitzt Luftdruckbremsen an allen vier Rädern – hinten 28 Zoll und vorn 16 Zoll – sowie eine druckluftbetätigte Handbremse. Es steht eine Vielzahl an Ausstattungsmöglichkeiten für Kabine, Motor und Getriebe zur Verfügung. Die ersten Modelle wurde Ende der Siebzigerjahre auf britischen Landwirtschaftsausstellungen vorgestellt. Eine überarbeitete Version, der Trantor Mk II, wurde in limitierter Stückzahl gebaut. Derzeit läuft die Produktion in Großbritannien, und die Firma arbeitet an Plänen zur Vermarktung und Fertigung in Drittweltländern in Asien und Südamerika. Dort sind die Anforderungen an einen Traktor weniger umfangreich als in den Vereinigten Staaten und Westeuropa.

■ ISEKI

Der japanische Hersteller Iseki baut Kleintraktoren und größere konventionelle Traktoren. Zur ersten Kategorie zählen beispielsweise der TX 2140 und der TX 2160. Sie werden angetrieben von wassergekühlten Dreizylindermotoren mit 0,776 bzw. 0,849 Liter Hubraum, sind sowohl mit Zweirad- als auch mit Vierradantrieb erhält-

■ OBEN: *Konstruktionsskizzen der Trantor-Modellpalette aus den Achtzigerjahren.*

OBEN LINKS: *Der Trantor war vielseitig konzipiert, hier mit einem Verdeck für die hintere Ladefläche.*

OBEN MITTE: *Der Trantor besitzt hinten eine Dreipunktkupplung.*

■ LINKS: *Trantor Mark II von 1982 auf einem Hof in Wales.*

■ RECHTS: ***Der CJ5 wie dieses Modell von 1973 war einer der letzten Jeeps für die landwirtschaftliche Nutzung. Das Unternehmen verlegte sich anschließend auf den Bau von so genannten Sport-Utility-Fahrzeugen.***

■ UNTEN RECHTS: ***Der Jeep CJ2A von 1945 war eine zivile Ausführung des Militär-Jeeps für Farmer und Rancher.***

lich und eignen sich für eine ganze Palette von Anbaugeräten. Eines der größeren Modelle ist der T6500 mit wassergekühltem 3,6-Liter-Vierzylinderdieselmotor. Sein Getriebe besitzt zwanzig Vorwärts- und fünf Rückwärtsgänge. Der T6500 hat vier gleich große Räder, so dass er auch für den Anbau von Pflanzen geeignet ist, welche eine hohe Bodenfreiheit erfordern.

■ IVEL AGRICULTURAL MOTOR

Dan Albone ließ sich 1902 in England eine Maschine patentieren, die er als »landwirtschaftlichen Motor« bezeichnete; dieser Dreiradtraktor ging 1903 in einem Werk in Biggleswade in die Produktion. Albone benannte ihn Ivel nach einem Fluss in der Nähe seiner Heimatstadt. Der Ivel leistete 20 PS bei 850 U/min und wog 1650 kg.

Nach Albones Tod im Jahre 1906 wurde seine patentierte Maschine kaum noch weiter entwickelt. Die Firma konnte ohne seinen Elan nicht überleben und musste 1920 Konkurs anmelden. Albone hinterließ der Landwirtschaft jedoch ein wertvolles Vermächtnis: Er bewies, dass Motoren die Antriebsquelle der Zukunft darstellten und machte den Weg frei für die allgemeine Akzeptanz der neuen Maschinen.

■ JEEP

Während sich der 2. Weltkrieg dem Ende näherte, wurde immer deutlicher, dass der Jeep mit seinem Vierradantrieb eine unschätzbare Hilfe für die Landwirte darstellen könnte. Daher begann Willys-Overland mit der Produktion ziviler Jeeps, die die Modellbezeichnung CJ erhielten. Der erste war der CJ2A. Zu Anfang wurden die CJ-Modelle für landwirtschaftliche Zwecke vermarktet und waren mit Zapfwelle und Zughaken ausgestattet. Sie waren für eine Vielzahl von landwirtschaftlichen Aufgaben wie das Schleppen von Pflügen und Scheibeneggen vorgesehen. Als zweites CJ-Modell folgte der CJ3A. Dieser Jeep ging 1948 in die Produktion und wurde bis 1953 gebaut. In diesem Jahr kam der CJ3B, der bis in die Sechzigerjahre in der Produktion bleiben sollte: Er kam auf eine Zahl von 155.494 Exemplaren. Inzwischen aber hatte sich das Jeep-Image gewandelt, als landwirtschaftliches Nutzfahrzeug spielte er kaum eine Rolle mehr. Jeep ist heute eine Marke der Chrysler Corporation, und die Fahrzeuge, die diesen Namen tragen, fallen in die Kategorie Sport- und Freizeit.

JOHN DEERE

■ UNTEN: *Schon bald nach der Markteinführung wurde der John Deere GP in verschiedenen Konfigurationen angeboten, darunter als Dreirad-Breitspurtraktor und, davon abgeleitet, als Modell A und B.*

Die Geschichte des Unternehmens John Deere beginnt im Jahre 1837. In diesem Jahr konstruierte und baute John Deere, ein 33-jähriger Schmied aus Vermont, in seiner kleinen Schmiede in Grand Detour im US-Bundesstaat Illinois aus einem gebrochenen Sägeblatt einen »selbst reinigenden« Pflug. Dieser Pflug durchschnitt den dicken, klebrigen Prärieboden, ohne sich zuzusetzen oder zu tief in den Boden einzudringen. Er war ein Meilenstein in der Geschichte der Landwirtschaft und der erste Stahlpflug, der in den USA kommerziellen Erfolg hatte. Der Pflug erwies sich als eine unerlässliche Voraussetzung für die Erschließung des amerikanischen Mittelwestens durch die Landwirtschaft und ermöglichte die landwirtschaftliche Produktion auf hohem Niveau.

■ EXPANSION

Mit unterschiedlichen Partnern fertigte John Deere jedes Jahr mehr Pflüge. Da der Nachschub an gebrochenen Sägeblättern natürlich begrenzt war, ließ Deere zunächst Stahl aus England kommen. Im Jahre 1846 wurde der erste je in den Vereinigten Staaten gewalzte Pflugstahl im Auftrag Deeres in Pittsburg hergestellt. 1848 verlegte Deere sein Geschäft nach Moline in Illinois, wo der

■ RECHTS: *John Deere GP: Die Abkürzung GP stand für »General Purpose«. Der Traktor wurde 1928 eingeführt und war für drei Feldreihen konzipiert.*

■ UNTEN: *Restaurierter John Deere GP A mit Zweischarpflug; das Modell A kam 1934 auf den Markt, überwiegend in der Dreiradkonfiguration wie hier.*

JOHN DEERE A

Baujahr	1934
Motor	Zweizylinder, 5 Liter Hubraum
Leistung	18,72 PS am Zughaken, 24,71 PS am Treibriemen
Getriebe	Zweiganggetriebe
Gewicht	1840 kg

■ OBEN: ***Räder mit Stahlstollen sorgten auf dem Feld für Traktion, bedeuteten aber auch, dass der Traktor nicht auf der Straße fahren durfte.***

Mississippi das Wasser für den Antrieb der Maschinen und für den Transport der fertigen Produkte lieferte. Bereits 1852 produzierten Deere, Tate and Gold jedes Jahr etwa viertausend Pflüge. Diese Partnerschaft hielt jedoch nicht lange – Tate wurde später sogar zum Konkurrenten – und im Jahre 1856 trat Deeres Sohn Charles in das Unternehmen ein, das dann 1868 als Deere & Company firmierte.

Unter Charles Deere expandierte das Unternehmen weiter. Er hatte einen ausgezeichneten Ruf als Geschäftsmann und richtete Verteilerzentren ein, die ein Netz aus selbständigen Einzelhändlern versorgten. In den Achtzigerjahren des 19. Jahrhunderts war Deere in der Lage, seinen Endkunden die Finanzierung seiner Landmaschinen anzubieten. Als Charles Deere im Jahre 1907 starb, fertigte das Unternehmen eine breite

■ LINKS: ***Die Entwicklung des Luftreifens für Landmaschinen kann als wichtiger Schritt auf dem Weg zum Traktor der Neuzeit gelten.***

■ RECHTS: ***Bei allem technischen Fortschritt hat sich manches doch nur wenig verändert. Im Falle John Deere haben der Markenname und die Farbgebung die Zeiten überdauert.***

■ LINKS: ***Der John Deere B wurde 1935 herausgebracht. Er war kleiner als das Modell A und kam im Nebraska-Test auf 11,84 PS am Zughaken und 16,01 PS am Treibriemen.***

■ UNTEN LINKS: ***Der Industriedesigner Henry Dreyfuss zeichnete verantwortlich für die ästhetischen Linien der Modelle A und B.***

■ UNTEN RECHTS: ***Bei den Modellen A und B GP war die Spurweite hinten stufenlos verstellbar.***

■ UNTEN: ***Der John Deere B wurde zwischen 1935 und 1952 in mehr als 322.000 Exemplaren gebaut.***

Palette von Stahlpflügen, Kultivatoren, Mais- und Baumwollsetzmaschinen sowie anderen Landmaschinen.

■ AKQUISITION

1911 erwarb Deere & Company unter seinem dritten Präsidenten William Butterworth sechs Landmaschinenhersteller und gliederte sie in das eigene Unternehmen ein, um langfristig die ganze Palette an Landmaschinen anbieten zu können. 1918 kaufte das Unternehmen die Waterloo Gasoline Engine Company und war damit auch im Traktorengeschäft vertreten. Der Traktor avancierte schließlich zur wichtigsten Sparte des Unternehmens. Mit ihm begann die neuere Geschichte der John Deere Company. Die Waterloo Gasoline Engine Company fertigte damals ihr Modell N,

■ RECHTS: *Dreirad-Breitspurtraktor von John Deere mit Zweireihen-Sämaschine. Der Erfolg des Designs von Henry Dreyfuss sorgte dafür, dass der Traktor lange produziert wurde.*

■ RECHTS: *1937 kam der John Deere G, der einen Dreischarpflug schleppen konnte. Sein Motor leistete 20,7 PS am Zughaken und 31,44 PS am Treibriemen.*

■ RECHTS: *John Deere A von 1935 im spartanischeren Design aus der Zeit vor Dreyfuss; das Modell A wurde in zahlreichen Ausführungen gebaut, unter anderem auch für den Einsatz auf Obstplantagen.*

das auch unter Deere noch bis 1924 in der Produktion blieb. Dieses Modell nahm am ersten Nebraska-Traktortest im Jahre 1920 teil. Es wurde als 12-25er bewertet, nachdem die Test eine Leistung von 12,1 PS am Zughaken und 25,21 PS am Treibriemen bestätigt hatten.

■ JOHN DEERE D

In den Zwanzigerjahren brachte das Unternehmen sein Modell D mit Zweizylindermotor auf den Markt. Viele andere Traktorhersteller hatten zu dieser Zeit Vierzylindermaschinen im Programm, aber die Ingenieure bei Deere dachten in Anbetracht der Tatsache, dass der Aufschwung nach dem Krieg vorüber war, an Herstellungs- und Instandhaltungskosten und entschieden sich für einen Zweizylinder. Die Geschichte zeigt, dass sie damit richtig lagen, denn das Modell D erwies sich als besonders erfolgreich. Es war die Deere'sche Interpretation des Traktors mit Gussrahmen, angetrieben von einem Zweizylinder-Kerosinmotor und ausgestattet mit einem Zweigangge-

■ LINKS: *Eine Treibriemenscheibe war ursprünglich genau so wichtig wie ein Zughaken, weil man damit eine Vielzahl von Maschinen antreiben konnte.*

triebe mit einem Rückwärtsgang. Auf dieser Grundkonstruktion entstanden bis 1953 über 160.000 Exemplare, die im Laufe der Jahre stetig verbessert wurden. Das Ausmaß der Verbesserungen lässt sich an der Tatsache ermessen, dass das 1924er Modell beim Nebraska-Test noch mit 22-30 PS bewertet wurde, während das 1953er Modell 38-42 PS erreichte. Ihr Kennzeichen war das charakteristische »Knattern«.

JOHN DEERE 4010	
Baujahr	1959
Motor	Reihensechszylinder
Leistung	73,65 PS am Zughaken
Getriebe	8 Gänge
Gewicht	3175 kg

■ JOHN DEERE GP

1928 brachte Deere den Breitspurtraktor GP auf den Markt. Im gleichen Jahr übernahm Charles Deere Wiman, ein Urenkel von John Deere, die Leitung des Unternehmens. In einer Zeit, in der die moderne Landwirtschaft entstand, resultierte die Tatsache, dass er sich sehr auf Technik und Produktentwicklung konzentrierte, in schnellem Wachstum. Der GP als Allzwecktraktor war als Maschine für drei Ackerreihen konzipiert und hatte als erster John-Deere-Traktor eine Servohubvorrichtung für die Anbaugeräte. Eine gebogene Vorderachse und Untersetzungsgetriebe an den Hinterrädern sorgten für ausreichende Bodenfreiheit. Leider war der GP nicht so erfolgreich, wie man gehofft hatte, und deshalb setzten sich die Ingenieure bei Deere wieder an ihre Zeichenbretter und konstruierten den GPWT als Breitspurtraktor in Dreiradkonfiguration. Dieses Modell wurde in den folgenden Jahren in einer Reihe von Varianten gebaut, darunter der GPO für den Obstplantageneinsatz und der GP-P für den Kartoffelanbau.

Während der Weltwirtschaftskrise und trotz der finanziellen Verluste zu Beginn der Dreißigerjahre unterstützte das Unternehmen die verschuldeten Land-

■ RECHTS AUSSEN: *Die Zapfwelle und die Anbaukupplung sind an diesem restaurierten John Deere deutlich zu erkennen.*

■ RECHTS: *Restaurierter John Deere GP von 1931; an der linken Seite ist das Schwungrad des Motors zu sehen, die Treibriemenscheibe befindet sich auf der anderen Seite.*

■ LINKS: *Dieser Dreirad-Breitspurtraktor war eine der ersten Spezialkonstruktionen und fand in kurzer Zeit begeisterte Käufer.*

wirte, solange es nötig war. Das resultierte in einer Kundentreue, die sich über drei Generationen bis in die heutige Zeit erstreckt. Trotz der Rückschläge durch die Depression erzielte Deere 1937, also im Jahr des hundertjährigen Bestehens, zum ersten Mal einen Umsatz von über 100 Millionen Dollar.

■ JOHN DEERE A

Das Modell A wurde zwischen 1934 und 1952 gebaut. Der Dreirad-Breitspurtraktor zeigte zahlreiche Neuerungen. Splinte in den Radnaben ermöglichten eine Verstellung der Spurweite, und das Getriebe saß in einem einteiligen Gehäuse. Das erste Modell A war mit 18

■ RECHTS: *John Deere kam zwar spät zum Traktorbau, verschwendete nach dem Kauf von Waterloo Boy aber keine Zeit und entwickelte schnell neue Modelle.*

■ UNTEN: *Die Größenordnung der Landwirtschaft auf den amerikanischen Prärien führte zur Entwicklung größerer Traktoren mit viel stärkeren Motoren.*

PS am Zughaken und 24 PS am Treibriemen bewertet, aber diese Leistung wurde nach und nach gesteigert. Als die Produktion 1952 auslief, waren über 328.000 Exemplare gebaut worden. Nicht weniger erfolgreich war das Modell B, das von 1935 bis 1952 produziert wurde. Es war kleiner als das Modell A und leistete 11 PS am Zughaken und 16 PS am Treibriemen. Das Modell B wurde später in zahlreichen Versionen, u.a. auch als BO und Raupenschlepper, gebaut. Das Modell MC wurde später speziell als Kettenfahrzeug gefertigt.

■ WIRTSCHAFTLICHE ERHOLUNG

1937 befand sich die amerikanische Wirtschaft auf dem Weg zur Erholung, und 1938 stellte das Unternehmen eine Palette von Traktoren vor, für deren Design der Industriedesigner Henry Dreyfuss verantwortlich gezeichnet hatte.

■ OBEN: ***Breitspurtraktor 630; die Baureihe 30 war die letzte mit Deere-Zweizylindermotoren.***

■ LINKS: ***Das neue Modell R mit Dieselmotor war bei der Einführung im Jahre 1949 der stärkste Deere-Traktor.***

■ LINKS: ***Die Baureihe 20 mit Zweifarblackierung feierte 1956 ihr Debüt mit einem gelben Streifen seitlich an Haube und Kühlergehäuse. Die Motoren von Traktoren wie diesem 620 besaßen neu konstruierte Zylinderköpfe, die die Leistung steigerten.***

■ RECHTS: *Konservierter John-Deere-Traktor; es ist gut zu verstehen, dass diese stählernen Lastesel nach jahrelangem zuverlässigen Dienst so hoch geachtet werden.*

■ UNTEN: *Das Modell G wurde von 1942 bis 1953 gebaut.*

■ UNTEN: *Restaurierter John-Deere-Traktor bei einem sommerlichen Oldtimer-Treffen in Süddakota.*

Die Unternehmensleitung war sich bewusst, dass es in der Deere-Modellpalette zwischen 1923 und 1937 kaum Änderungen gegeben hatte, während die Wettbewerber sich im Design ihrer Traktoren immer mehr an der Automobilindustrie orientierten. Die Modelle A und B waren die ersten mit neuem Design, wobei das Modell B sich von der Technik her kaum von dem Original aus dem Jahre 1935 unterschied. Ihnen folgten 1939 die ähnlich aussehenden Modelle D und H und 1942 das Modell G. Das Modell H war ein leichter Dreiradtraktor für zwei Feldreihen und wurde in mehr als 60.000 Exemplaren gefertigt. Das Modell G war ein Drei-Pflug-Traktor mit 20-31 PS, damals die stärkste Leistung aller Deere-Traktoren. Als es in die Fertigung ging, gehörten Luftreifen zur Standardausrüstung; der Gummimangel im 2. Weltkrieg zwang den Hersteller jedoch

Weltkrieg zwang den Hersteller jedoch zum Rückgriff auf Stahlräder.

■ NACHKRIEGSJAHRE

Die Deere-Werke produzierten eine breite Palette von Rüstungsgütern von Panzergetrieben bis hin zu mobilen Wäschereien. Aber auch in dieser Zeit konzentrierte man sich bei Deere weiterhin auf das Produktdesign und erarbeitete sich mit Charles Wiman und dem Vorstandsvorsitzenden Burton Peek als treibenden Kräften eine gute Ausgangsbasis für den Nachkriegsmarkt. Vor Wimans Tod im Jahre 1955 hatte sich das Unternehmen fest unter den hundert größten Herstellungsbetrieben im Land etabliert. In den ersten zehn Jahren nach dem Krieg, von 1946 bis 1954, brachte es viele neue Produkte und Innovationen an den Markt, darunter die ersten selbst fahrenden Mähdrescher, Baumwollpflücker und Maisernter, eine der erfolg-

■ UNTEN: *John Deere stellte 1959 die neue Generation leistungsstarker Traktoren vor. Größe und Leistung der Traktoren nahmen von da an stetig zu.*

■ UNTEN: *Der 5010 war ein großer Traktor mit Dieselmotor, der problemlos einen Feldhäcksler und einen Anhänger schleppen konnte.*

reichsten Neuerungen des Unternehmens im Erntebereich. Elektrischer Anlasser und Beleuchtung gehörten mit Beginn der Nachkriegszeit zur Standardausstattung aller Deere-Traktoren.

■ JOHN DEERE M

Alle etablierten Traktorhersteller in Amerika erweiterten ihre Palette unmittelbar nach dem Krieg schnell um neue Modelle. John Deere bildete da keine Ausnahme und ersetzte 1947 die Modelle H, LA und L durch das Modell M. Diesem folgten im Jahre 1949 als Abkömmlinge die Modelle MC und MT, ein Raupenschlepper und ein Dreirad-Traktor. Das Modell M wurde von 1947 bis 1952, das Modell MT zwischen 1949 und 1952 gebaut. Beide Modelle zusammen kamen auf mehr als 70.000 Exemplare. Der MC war der erste bei Deere konstruierte und gebaute Raupenschlepper; er erbrachte im Nebraska-Traktortest eine Nennleistung von 18-22 PS. Die Käufer konnten unter einer Vielzahl von Kettenbreiten wählen. Bis 1952 entstanden mehr als 6.000 Exemplare. Der MC und die Industrievariante des Modells M, der MI, wurden zur Ausgangsbasis für die Abteilung Industriemaschinen bei John Deere.

1949 fertigte Deere den ersten Dieseltraktor unter der Bezeichnung R, bevor das Unternehmen seine Modellbezeich-

■ LINKS: *In den Sechzigerjahren entwickelte John Deere Produkte für Nischenmärkte wie diesen Aufsitzmäher.*

■ UNTEN: *John Deere 45; der Fahrer sitzt im Freien und ist ungeschützt dem Staub und Lärm bei der Ernte ausgesetzt.*

■ GEGENÜBER UNTEN: *Hang-Mähdrescher John Deere 55-H von 1954.*

■ LINKS: *Im Gegensatz zu früheren Maschinen bieten moderne Mähdrescher ein gewisses Maß an Komfort für den Fahrer, was unweigerlich die Produktivität steigert.*

nungen auf Zahlen umstellte. Das Modell R ersetzte das Modell D und basierte auf Entwicklungsarbeiten, die bereits in den Kriegsjahren begonnen hatten. Die leistungsstarke Maschine erbrachte beim Nebraska-Traktortest 45,7 PS am Zughaken und 51 Brems-PS. Der großvolumige Diesel wurde mittels eines elektrisch angelassenen Zweizylinder-Benzinmotors gestartet. Zwischen 1949 und dem Produktionsstop im Jahre 1954 wurden vom Modell R über 21.000 Exemplare gebaut.

■ BAUREIHE 20

1952 stellte Deere die Traktorbezeichnungen auf ein numerisches System um, und die Traktoren, die jetzt folgten, waren die Baureihe 20 Mitte der Fünfzigerjahre, die Baureihe 30 ab 1958 sowie die Baureihen 40, 50, 60, 70 und 80 im weiteren Verlauf der Fünfziger und Sechziger. Die Baureihen 50 und 60 ersetzten beispielsweise 1952 die Modelle B bzw. A, während die Baureihe 80 an die Stelle des Modells R trat.

1956 wurden im Rahmen der 20er Reihe sechs verschiedene Traktoren vorgestellt, die die Bezeichnung 320 bis 820 trugen. Davon war der 820 der größte und zudem das einzige Dieselmodell. Trotzdem hatte er einen liegenden Zweizylindermotor. Der 820, in vielerlei Hinsicht ein aufgewertetes Modell R, leistete 64,3 PS bei 1125 U/min und war damit die stärkste Maschine, die Deere bis zu diesem Zeitpunkt gebaut hatte. Der Motor hatte 7,7 Liter Hubraum bei 15,5 x 20 cm Bohrung x Hub. Angelassen wurde er mittels eines kleinen V4-Benzinmotors. Der 820 war serienmäßig mit einer hydraulischen Hubvorrichtung ausgestattet, während eine Zapfwelle als Sonderzubehör erhältlich war. Er wog über vier Tonnen und konnte nach Her-

■ RECHTS: *Dieser John Deere ist mit einem hydraulischen Ballen- und Silagegreifer ausgerüstet, einem von sechs Anbaugeräten für den Frontlader.*

stellerangaben sechs Furchen von je 35 cm ziehen. Dieser Traktor wurde nur kurz bis 1958 gebaut, leitete aber mit den Trend zu immer größeren und stärkeren Traktoren ein.

■ WELTWEITE VERMARKTUNG

Mitte der Fünfzigerjahre war Deere bereits mit Herstellung und Vermarktung in Mexiko und Deutschland vertreten und hatte damit den ersten Schritt auf dem Weg zu einem multinationalen Konzern getan. 1958 wurde offiziell die Sparte Industriemaschinen ins Leben gerufen. Deere war allerdings schon seit den Zwanzigerjahren im Industriebereich tätig gewesen und hatte Maschinen für die Straßeninstandhaltung, leichte

■ LINKS: *1959 nahm John Deere den ersten vierradgetriebenen Traktor in die Modellpalette auf; hier ein späteres Modell 2130.*

■ UNTEN: *Die Baureihe Pro lässt sich auf bis zu 24 Reihenabstände einstellen.*

■ RECHTS: ***Die Baureihe 20 von 1956 umfasste sechs Traktoren vom 320 bis zum 820.***

■ UNTEN: ***Die Baureihe 20 hatte eine Zweifarbenlackierung, neue Instrumente und einen gefederten Fahrersitz.***

BAUMWOLLPFLÜCKER JOHN DEERE 9976 PRO	
Baujahr	1997
Motor	8-Liter-Sechszylinder-diesel mit Turbolader
Leistung	300 PS (224 kW)
Getriebe	Dreiganggetriebe
Gewicht	15602 kg

Erdbaumaschinen und Maschinen für die Forstwirtschaft gebaut. In dasselbe Jahr fiel die Gründung der John Deere Credit Company, die heute zu den 25 größten Finanzgesellschaften in den Vereinigten Staaten gehört.

■ MEHRZYLINDER-MOTOREN

Die Modelle der Baureihe 30 von 1958 waren die letzten Deere-Traktoren mit Zweizylindermotor. 1959 stellte das Unternehmen seinen ersten Traktor mit Vierradantrieb – den 8010 – vor, und für 1960 kam eine völlig neue Palette von Mehrzylindermotoren, die den zunehmenden Bedarf an leistungsstärkeren Traktoren decken konnten. Die neuen Traktoren wurden im August 1959 in Dallas vorgestellt. Sie trugen die Bezeichnungen 1010, 2010, 3010 und 4010 und waren von Grund auf neu konstruiert. Die kleineren Modelle wurden von Reihenvierzylindern, die größeren von Reihensechszylindern angetrieben. Die »Knattermaschinen« waren den Weg des Pferdes gegangen.

■ JOHN DEERE 4010

Der Sechszylinder des 4010 und der Vierzylinder des 3010 wurden als Diesel angeboten, waren aber auch mit Benzin- und Flüssiggasbetrieb erhältlich. Die Traktoren waren auf höhere Betriebsgeschwindigkeit und besseres Leistungsge-

■ UNTEN: ***Die heutigen Lader von John Deere besitzen eine Hubhöhe von 3,5 m und eine Reichweite von 109,2 cm.***

wicht ausgelegt, um die Produktivität zu steigern. Der 4010 leistete über 70 PS am Zughaken, während der kleinere 3010 auf gut 50 PS kam. Servolenkung, Bremskraftverstärker und Servohubvorrichtung kamen gerade zur rechten Zeit, und ein Achtganggetriebe erweiterte die Einsatzmöglichkeiten. Die kleineren Modelle 1010 und 2010 besaßen beispielsweise eine verstellbare Spurweite, damit sie auch für die Reihenarbeit eingesetzt werden konnten. Die Traktoren fanden bei den potentiellen Kunden eine begeisterte Aufnahme. Die neue Modellreihe trug im Laufe von fünf Jahren beträchtlich zur Ausweitung des Marktanteils des Unternehmens bei. 1959 kam John Deere auf einen Anteil von 23 Prozent am amerikanischen Traktormarkt. Dieser Prozentsatz war 1964 auf 34 Prozent gestiegen, und damit war Deere Marktführer.

■ OBEN: *Der John Deere 7520 wurde in den Sechzigerjahren für die Bewirtschaftung großer Flächen entwickelt.*

■ MITTE: *Zweiradgetriebener John Deere 3040 auf einem Hof in England; er besitzt eine gebogene Windschutzscheibe, um die Sicht für den Fahrer zu verbessern.*

■ LINKS: *John Deere aus den Neunzigerjahren mit hydraulischem Frontlader und serienmäßiger Dreipunktkupplung.*

1963 vollzog das Unternehmen den Schritt zu verwandten, wenn auch kleineren Maschinen und wandte sich der Landschaftspflege zu. In der zweiten Hälfte der Sechzigerjahre expandierte die Sparte Industriemaschinen mit Planierraupen, vierradgetriebenen Ladern, Transportschlitten für Holzstämme, Ladern mit Löffelbagger, Gabelstaplern und Baggern und nahm Förderlader, Schürfraupen und Lader neu ins Programm auf. 1969 ging das Unternehmen ins Versicherungsgeschäft und gründete die John Deere Insurance Group, die auch kreditbezogene Versicherungsprodukte für John-Deere-Händler anbietet.

■ **DIE SIEBZIGERJAHRE**

Ab 1970 verzeichnete John Deere in allen Maschinensparten eine breite Expansion mit wesentlichen Verbesserungen in allen Produktreihen. Es kam zur Erschließung weltweiter Märkte und einem Investitionsprogramm zur Vergrößerung und Verbesserung der Produktionsstätten. Im Rahmen dieses Programms wurden zwischen 1975 und 1981 über 1,4 Milliarden Dollar investiert.

Zu dieser Zeit erfreuten sich die Traktoren der Baureihe 40 größerer Beliebtheit, weil sie mittlerweile mit V6-Dieselmotoren mit Turbolader ausgestattet waren, die über 100 PS leisteten. Die Nachfrage stieg Ende des nächsten Jahrzehnts noch weiter, als der John Deere 4955 auf 200 PS kam. Der 7800 besitzt hinten Doppelräder und einen 7,6-Liter-Motor, der 170 PS leistet und das Fahrzeug über ein Zwanziggangetriebe antreibt. 1978 hatte der Umsatz vier Mil-

■ LINKS: ***Vierradgetriebener John Deere 7520 mit Zwillingsbereifung.***

■ LINKS: ***Abgearbeiteter John Deere mit Ballen- und Silagegreifer von Farmhand.***

■ UNTEN: ***John Deere 4055 mit Feldhäcksler, aus dem das Heu in den ebenfalls geschleppten Anhänger befördert wird.***

■ RECHTS: *Eine der wichtigen Konstruktionsüberlegungen bei Vierradtraktoren ist der Wendekreis, der als Teil der Norm einen Vergleich zwischen den verschiedenen Modellen ermöglicht.*

liarden Dollar erreicht, das Vierfache des Umsatzes in den vergangenen zehn Jahren. Im Kreditgeschäft wurde die Expansion im Jahre 1984 mit dem Kauf der Firma Farm Plan fortgesetzt. Damit vergab das Unternehmen erstmals auch landwirtschaftliche Kredite für Produkte, die nicht aus dem eigenen Hause stammten.

■ LINKS: *Anfang der Sechzigerjahre dehnte John Deere die Geschäftstätigkeit auf die Boden- und Landschaftspflege aus.*

■ UNTEN: *Der John Deere 7810 von 1998 wird von einem Dieselmotor mit Turbolader angetrieben.*

■ DIE BAUREIHE 40

Der John Deere 2040 des Jahres 1986 wurde angetrieben von einem 3,9-Liter-Dieselmotor, der etwa 70 PS leistete. Er war einer von dreien in der Baureihe 40: 1640, 2040 und 2140. Im selben Jahr entstand der John Deere 4450 mit 7,6-Liter-Motor, der 160 PS leistete, und einem 15-Gang-Getriebe mit zuschaltbarem Vierradantrieb. 1987 expandierte das Unternehmen in der Markt für Golf- und Rennbahngerät und 1988 in den Bereich Freizeitfahrzeuge und Produkte für Wasserfahrzeuge. Im gleichen Jahr wurde eine Sparte für Ersatzteile ins Leben gerufen, um den Verkauf von eigenen und fremden Ersatzteilen anzukurbeln. 1989 brachte John Deere den Mähdrescher Maximizer auf den Markt. Im Jahre 1991 wurde die weltweit tätige Abteilung Landschaftspflege in eine selbständige Sparte im Unternehmen umgewandelt, um ihre Spezialerzeugnisse von denen der Landwirtschaftssparte abzuheben.

■ DIE BAUREIHE 8000

Die Neunzigerjahre begannen vielversprechend. 1992 kamen die Baureihen 6000 und 7000 auf den Markt, von Grund auf neu konstruierte Traktoren mit 66 bis 145 PS, die den wechselnden Bedarf der weltweiten Märkte decken und schnelle und kostengünstige Verbes-

serungen ermöglichen sollten. 1993, nach 75 Jahren im Traktorgeschäft, umfasste die Modellpalette einen Bereich von 40 bis 400 PS. In einem Vertriebsabkommen mit Zetor, einem tschechischen Traktorhersteller, sicherte sich Deere 1993 die Vertriebsrechte für eine preislich niedriger angesiedelte Modellpalette mit 40 bis 85 PS zunächst für aufstrebende Märkte in Lateinamerika und Asien.

Die Traktoren der Baureihe 8000 setzten im Jahre 1994 neue Maßstäbe für

■ OBEN: ***Der Baumwollpflücker löst die Baumwolle mit den Spindeln von den Pflanzen und befördert die Bällchen in den Korb.***

■ UNTEN LINKS: ***Die Traktoren von John Deere besaßen eine gebogene Frontscheibe aus Sicherheitsglas.***

■ UNTEN: ***Ende der Neunzigerjahre sind die John-Deere-Traktoren mit der so genannten ComfortGard-Kabine ausgestattet. Sie ist ergonomisch gestaltet, so dass die Bedienelemente bequem zu erreichen sind.***

■ LINKS: ***Zwillingsreifen wie bei diesem Modell 8850 müssen gewogen, ausbalanciert und auf den korrekten Luftdruck gebracht werden, um die Produktivität zu steigern, die Bodenverdichtung zu reduzieren und den Kraftstoffverbrauch zu optimieren.***

■ UNTEN: ***Zweiradgetriebener John Deere 6110 mit 65 PS (49,2 kW) und ComfortGard-Kabine. Der Traktor ist auch offen und mit Überrollbügel erhältlich.***

Motorkraft, Leistung, Wendigkeit, Sicht, Steuerung und Komfort. Der 8400 war der weltweit erste Breitspurtraktor mit 225 PS. Im gleichen Jahr kaufte Deere die Firma Homelite, einen Hersteller von kleinen Maschinen für Hausbesitzer und Kleinfirmen. 1995 führte das Unternehmen dann eine neue Reihe mittelpreisiger Rasentraktoren und Rasenmäher und dem Markennamen »Sabre by John Deere« ein, die über das eigene Händlernetz und nationale Einzelhändler vertrieben wurden. Im selben Jahr kündigte Deere das »GreenStar Combine Yield-Mapping System« als erstes in einer Reihe von Präzisionssystemen an, die den Ertrag auf verschiedenen Teilen eines Feldes erfassen sollten.

■ AKTIEN UND ANTEILE

Das Unternehmen nahm am 17. November 1995 ein Aktiensplitting vor, die Anteilscheine wurden im Verhältnis 3:1 aufgeteilt; beim letzten Splitting von 1976 hatte das Verhältnis 2:1 betragen. In diesem Jahr lag der konsolidierte Nettoumsatz bei über 10 Milliarden Dollar.

■ OBEN: *Der 8400 ist das größte Modell der Baureihe 8000.*

■ RECHTS: *Baureihe Advantage mit den Modellen – von links – 7405, 6605 und 6405 mit Motorleistungen von 105, 95 und 85 PS.*

■ UNTEN: *Die Sämaschine John Deere 1860 No-Till kann ohne Werkzeug verstellt werden und braucht nur ein Minimum an Wartung.*

■ LINKS: *Der John Deere 9610 gehört zur Mähdrescherbaureihe Ten und wird von einem 8,1-Liter-Sechszylinderdiesel mit Turbolader angetrieben.*

■ UNTEN LINKS: *Mähdrescher wie dieser machen die Ernte zu einer Ein-Personen-Angelegenheit.*

Auch 1996 wurden wieder finanzielle Transaktionen durchgeführt, nachdem der Aufsichtsrat 500 Millionen Dollar für einen Aktienrückkauf genehmigt hatte. In diesem Jahr kam Deere auf einen konsolidierten Nettoumsatz von Rekord verdächtigen 11,2 Milliarden Dollar. 1995 war mit der größten Einführung neuer landwirtschaftlicher Produkte in der Unternehmensgeschichte und dem größten Einzelauftrag überhaupt ein erfolgreiches Jahr. Dieser Auftrag belief sich auf 187 Millionen Dollar für Mähdrescher für die Ukraine. John Deere ist zwar ein amerikanischer Traktorhersteller, hat aber auch Produktionsstätten in anderen Ländern, darunter Argentinien, Australien, Deutschland (ehemaliges Lanz-Werk), Mexiko, Südafrika und Spanien.

■ DEERES VERMÄCHTNIS

Die Bedeutung John Deeres für die Landwirtschaft (und die Entwicklung Amerikas) lässt sich absehen an dem Ausmaß der Bewunderung, die seiner ursprünglichen Schmiede in Grand Detour zuteil wird. Im Jahre 1962 entdeckte ein Ausgrabungsteam von der Universität Illinois den genauen Standort der Werkstatt, in der John Deere 1837 seinen ersten Stahlpflug gebaut hatte. Die Stelle wird heute von einer Ausstellungshalle geschützt, in der gezeigt wird, wie die Ausgrabung vonstatten ging. Die Ausstellung beinhaltet zahlreiche Stücke aus der damaligen Zeit, darunter auch eine Rekonstruktion der alten Schmiede, ergänzt durch Hufgeklapper, die Geräu-

JOHN DEERE 9400	
Baujahr	1997
Motor	Reihensechszylinder-Turbodiesel
Leistung	425 PS (316 kW)
Getriebe	12 Gänge (wahlweise 24)
Gewicht	13295 kg

sche von Hämmern auf dem Amboss und Unterhaltungen zwischen den Arbeitern. An einem Ort wie diesem hat John Deere einst den selbst reinigenden Pflug entwickelt, der der Landwirtschaft die endlosen Prärien erschloss; ein Besuch in seiner Schmiede ist ein Blick in die Zeit der Pioniere. Sein Wohnhaus errichtete er, als er 1837 in Grand Detour eintraf, und erweiterte es später um Anbauten für seine wachsende Familie. Die Zimmer sind ausgestattet, wie es damals üblich war. Auch das Haus von Deeres Nachbarn ist ein Freilichtmuseum, daneben dient es als Besucherzentrum.

■ OBEN: ***Der John Deere 9300 hat 360 PS und Vierradantrieb sowie drei Getriebe zur Auswahl.***

■ MITTE: ***Der 9300 gehört zur Baureihe 9000 mit Motorleistungen zwischen 260 und 425 PS.***

■ RECHTS: ***Der 9400 kann mit Zwillings- oder Drillingsbereifung ausgerüstet werden, die für optimale Traktion und minimale Bodenverdichtung sorgen.***

WEITERE HERSTELLER

(Kirov, Komatsu, Kubota)

■ KIROW

Kirow war ein Unternehmen in der ehemaligen Sowjetunion, zu dessen Erzeugnissen Mitte der Achtzigerjahre der Riesentraktor K-701 zählte. Diese 12-Tonnen-Maschine wird von einem wassergekühlten V12-Viertaktdiesel angetrieben, der 300 PS produziert und am vorderen Ende der Kurbelwelle einen Schwingungsdämpfer besitzt. Die Motorölpumpe wird elektrisch betrieben und vor dem Anlassen des Motors eingeschaltet, um die Schmierung auf Betriebsdruck zu bringen. Die Kraftübertragung auf das Getriebe erfolgt über eine halb starre Kupplung mit Reduktionseinheit, die abgekoppelt werden kann, um das Anlassen bei kaltem Wetter zu erleichtern. Das Planetengetriebe wird mechanisch gesteuert und verfügt über hydraulisch geregelte Reibungskupplungen. Der K-701 besitzt einen Gliederrahmen, um die Traktion und Wendigkeit zu verbessern, und um den Verbrauch zu verringern, kann der Hinterachsantrieb abgeschaltet werden, wenn er nicht benötigt wird.

■ KOMATSU

Komatsu ist ein seit langem etablierter Raupenschlepperhersteller in der japanischen Präfektur Ishikawa. Wie Caterpillar produziert Komatsu überwiegend Bulldozer. Die Produktion der Baureihe D50 begann 1947 mit dem D501, einer konventionell konstruierten Maschine mit dem firmeneigenen 60-PS-Dieselmotor vom Typ 4D120. Bis Juni 1970 hatte Komatsu 50.000 Exemplare der Reihe D50 gebaut. Gegenwärtig umfasst die Modellpalette 23 Raupenfahrzeuge, darunter auch das weltweit größte, der Komatsu D575A-2 Super. Komatsu übernahm Hanomag; am Standort Hannover werden heute kleine Radlader gebaut. Die Traktorenherstellung wurde völlig eingestellt.

■ KUBOTA

Kubota ist ein japanisches Unternehmen, das im letzten Jahrzehnt des 19. Jahrhunderts gegründet wurde. Es begann in den Sechzigerjahren des 20. Jahrhunderts mit dem Bau von Traktoren und war nach eigenen Angaben Mitte der Achtzigerjahre der fünftgrößte Hersteller. Eines seiner Produkte war der Kleintraktor B7100DP, ein Traktor mit Dreizylindermotor, der 0,762 Liter Hubraum hatte und 16 PS leistete. Dazu besaß er Vierradantrieb, unabhängige Hinterradbremsen und eine Zapfwelle mit drei Geschwindigkeiten. Das Unternehmen hat eine ganze Palette von Landschaftspflegegeräten, Mähern samt Zubehör, Aufsitzmähern und Kleintraktoren im Angebot. Zur gegenwärtigen Palette an Aufsitzmähern gehören die Modelle G1700 mit 0,656 Liter Hubraum und G1900-S mit 0,719 Liter Hubraum und Vierradlenkung. Weiterhin sind im Programm die Modelle T1560 und TG1860 mit 0,423 bzw. 0,719 Liter Hubraum. Zur gegenwärtigen Palette an Kleintraktoren mit Vierradantrieb zählt der 7100HAST, der von einem 16-PS-Dreizylinderdiesel angetrieben wird. Die größte Kleintraktorserie ist die Baureihe L mit den Modellen L3300, L3600 und L4200. Der größte davon ist der L4200 mit einem Motor mit 2,2 Liter Hubraum und 45,3 PS Leistung, der für den Einsatz im Servicebereich vorgesehen ist. Kubota liefert außerdem Motoren für die Landmaschinen anderer Hersteller; so wurde beispielsweise das Tractomobil TM 800 des schweizerischen Herstellers Bucher Mitte der Achtzigerjahre von einem Kubota-Motor mit 24 PS angetrieben.

■ UNTEN: ***Kubota baut eine Reihe von Kleintraktoren sowie Anbaugeräte. Dieses vierradgetriebene Modell ist mit Frontlader und Baggerarm ausgestattet.***

■ OBEN: *Kleintraktor Kubota B8200 mit Dieselmotor und Vierradantrieb.*

■ UNTEN: *Kubota fertigt eine Reihe von Mähern, und zwar auf der Basis der Kleintraktoren (links) und als Aufsitzmäher (rechts).*

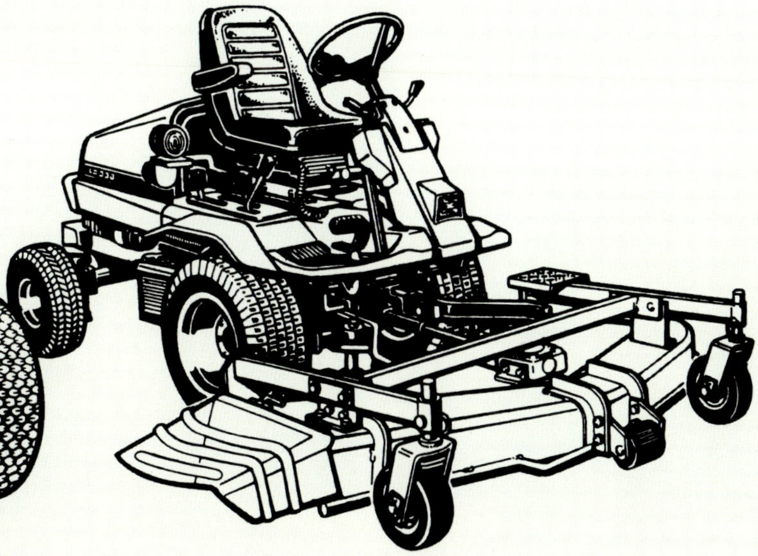

LANDINI

Die Firma Landini – der älteste Traktorhersteller in Italien – wurde in Fabbrico in der Po-Ebene von dem Schmied Giovanni Landini gegründet. Bereits 1884 begann die Unternehmensgeschichte in Form einer mechanischen Werkstatt in der kleinen Stadt in der Emiglia Romagna. Landini hatte Erfolg und baute sein Geschäft weiter aus – von einfachen Schmiedearbeiten bis zur Herstellung von Maschinen für die Landwirte in der Umgebung. Er fertigte Maschinen für den Weinbau und dann Dampfmaschinen, Verbrennungsmotoren und Zerkleinerungsgerät. 1911 baute Landini eine fahrbare Dampfmaschine, der dann Fahrzeuge mit Halbdieselmotoren folgten. Es war klar, dass Italien auf dem Wege zu einer modernen, technisierten Landwirtschaft war, und Landini begann mit der Arbeit an einem eigenen Traktor. Sein Tod im Jahre 1925 verhinderte jedoch die Fertigstellung des ersten Prototyps.

■ LINKS: *Der Velite aus den Dreißigerjahren war einer der ersten erfolgreichen Traktoren des Unternehmens. Er wurde angetrieben von einem 7,2-Liter-Einzylinder-Halbdiesel.*

Seine drei Söhne führten seine Arbeit fort und bauten noch 1925 den ersten italienischen Traktor, eine Maschine mit 30 PS. Sie erwies sich als erfolgreich und wurde zum Vorläufer einer ganzen Palette an Landini-Traktoren mit 40 und 50 PS, die in den Dreißigerjahren auf den Markt kamen und unter den Bezeichnungen Velite, Buffalo und Super liefen. Die ersten Serienmodelle wurden von einem Ein-

■ OBEN LINKS: *In den Nachkriegsjahren baute Landini den L25. Er wurde angetrieben von einem 4,3-Liter Halbdieselmotor mit 25 PS.*

■ LINKS: *Landini L25 von 1954; sein Halbdieselmotor lief mit minderwertigen Kraftstoffen wie Pflanzen- oder auch Altöl.*

■ RECHTS: *Der Legend 130 verfügt über ein modernes Motor- und Getriebemanagement.*

■ UNTEN: *Landini 9880 von 1996 mit 3,9-Liter-Motor, der 88 PS leistet.*

zylinder-Zweitakt-Halbdiesel mit 40 PS angetrieben. Das Unternehmen baute bis 1957 Traktoren mit Halbdieselmotoren, weil dieser Motortyp in den europäischen Ländern, darunter auch Deutschland, gefragt war. Eine Zeit lang fertigten Landini und andere italienische Hersteller wie Deganello und Orsi in Lizenz Lanz-Traktoren.

Anfang der Dreißigerjahre konstruierten die Gebrüder Landini einen stärkeren Traktor, dem sie die Bezeichnung Super Landini gaben. Er erschien 1934 und war mit 50 PS bei 650 U/min aus 1,2 Litern Hubraum der leistungsstärkste Traktor auf dem italienischen Markt. Der Super Landini besaß ein Dreiganggetriebe mit einem Rückwärtsgang und blieb bis zum Ausbruch des 2. Weltkriegs in Produktion.

Nach dem Krieg konstruierte Landini eine neue Palette von Traktoren und weitete die Produktion aus. In den Nachkriegsjahren kam der L25 auf den Markt, dessen Halbdieselmotor bei 4,3 Litern Hubraum 25 PS leistete. Er wurde in einem neuen Werk in Como gefertigt. 1955 begann die Produktion des Modells 55L, des leistungsstärksten Traktor mit Einzylinder-Glühkopfmotor.

Ein weiterer wichtiger Aspekt der neuen Palette war die Abkehr vom bis dahin verwendeten Glühkopfmotor zu Gunsten von Perkins-Mehrzylinderdieseln. Damit begann der Aufstieg Landinis zu einem internationalen Unternehmen. Dieser Aufstieg erhielt eine festere Grundlage, als Landini im Jahre 1960 per Vertrag Teil von Massey-Ferguson wurde. Da der Trend zu Volldieselmotoren anhielt, schloss Landini 1957 einen Vertrag mit dem britischen Motorenhersteller Perkins über die Lizenzfertigung von Dieselmotoren in Italien. Dieser Vertrag zwischen Landini und Perkins ist auch heute noch in Kraft, und Landini stattet seine gesamte Modellpalette mit Perkins-Dieseln aus.

1959 baute Landini mit dem C35 den ersten Raupenschlepper, der zum Vorläufer einer anderen Traditionslinie werden sollte. Die Modelle der bekannten Baureihen 6500, 7500 und 8500 bekamen 1973 ein neu konstruiertes Getriebe. Mit der Einführung der Baureihe 500 mit Zwei- und Vierradantrieb im gleichen Jahr wertete Landini seine Radtraktoren mit einer Technik auf, die viele Jahre lang Standard bleiben sollte. Sobald sich die vierradgetriebenen Modelle bewährt hatten, begann die Arbeit an starken Traktoren, deren Perkins-Reihensechszylinder über 100 PS leisteten. Erweitert wurde die Modellpalette um Traktoren mit 45 bis

■ LINKS: *Die gegenwärtige Landini-Modellpalette umfasst fünfzig verschiedene Modelle mit Leistungen von 43 bis 123 PS an der Zapfwelle; hier der Advantage 65F.*

■ UNTEN: *Landini baut auch eine Reihe von Kleintraktoren und arbeitet mit der japanischen Firma Iseki zusammen.*

145 PS. Die Produktion dieser neuen Palette begann im Jahre 1977.

Die 80er waren Jahre sowohl der Diversifizierung als auch der Spezialisierung. Angesichts des wachsenden Bedarfs im Bereich Wein- und Obstanbau begann Landini mit der Produktion der Baureihen V, F und L. Bald hatte das Unternehmen einen Marktanteil von 25 Prozent und avancierte weltweit zum Marktführer in diesem Bereich. 1986 brachte das Unternehmen eine neue Palette von Traktoren für den Weinbau auf den Markt, die es dem Werk in Fabbrico gestattete, sich ganz auf Maschinen für den Wein- und Obstanbau zu konzentrieren, die als Rad- und Kettenfahrzeuge unter dem Markennamen Massey-Ferguson vertrieben wurden. 1988 kamen die neuen Baureihen 60, 70 und 80 auf den Markt, mit denen das Werk Fabbrico mit über 13.000 Exemplaren einen Verkaufsrekord erzielte.

Im Jahre 1989 verkaufte Massey-Ferguson 66 Prozent seiner Landini-Anteile an das Holdingunternehmen Eurobelge/Unione Manifatture, das später mehrheitlich an die Cameli Gerolimich Group ging. Durch diesen Schachzug kam die Landini SpA zu Unione Manifatturi und konnte die Neunzigerjahre – in Italien und weltweit – an vorderster Front in der Traktorindustrie angehen. Kurz danach brachte das Unternehmen die neuen Baureihen Trekker, Blizzard und Advantage heraus und verkaufte damit zum ersten Mal über 3000 Exemplare im Export.

Im Februar wurden Valerio und Pierangelo Morra als Vertreter der Familienholding Argo SpA Präsident bzw. Vizepräsident der Landini SpA. Sie sorgten zusammen mit Massey-Ferguson in nicht unbeträchtlichem Umfang für eine Neukapitalisierung des Unternehmens, in deren Folge im März 1994 die japanische Firma Iseki zu Landini kam. Im Dezember des gleichen Jahres verkündete die Landini SpA einen Nettogewinn von mehr als sieben Milliarden Lire und einen Anstieg der Verkaufszahlen um über dreißig Prozent im Vergleich zum Vorjahr. Im Januar 1995 erwarb Landini die Valpadana SpA, eine prestigeträchtige Firma aus dem italienischen Landmaschinenbau. In den folgenden Monaten wurde eine Vereinbarung über den Vertrieb der Landini-Produkte über das nordamerikanische AGCO-Händlernetz geschlossen und der Vertrag über die alleinige Lieferung von Spezialtraktoren und -raupenschleppern an AGCO erneuert. Aber

SUPER LANDINI	
Baujahr	1934
Motor	1,2 Liter
Leistung	50 PS bei 650 U/min
Getriebe	3 Vorwärtsgänge, 1 Rückwärtsgang
Gewicht	nicht bekannt

auch die Märkte in Übersee wurden beackert. Im März 1995 nahm in Valencia in Venezuela die Landini Südamerika den Geschäftsbetrieb auf. Diese Firma sollte die Marke Landini in Lateinamerika bekannt machen, einem Markt, von dem man sich ein beträchtliches Verkaufspotenzial versprach. Im gesamten Jahr 1995 verkaufte Landini einschließlich der importierten Massey-Ferguson-Traktoren und der im Werk San Martino gefertigten Valpadana-Maschinen insgesamt 14.057 Exemplare, von denen 9.415 den Namen Landini trugen.

Um die wachsende Nachfrage nach der Traktorbaureihe Legend befriedigen zu können, tätigte Landini 1996 beträchtliche Investitionen und ersetzte das Fertigungsband Nr. 2 im Werk Fabbrico durch ein neues, das die Produktionskapazität verdoppelte. In San Martino ging 1996 ein neues Werk in Betrieb, in dem ausschließlich gedrehte Teile, Zahnräder und Komponenten für Prototypen entstehen sollten. Dass bei der Eröffnung die Präsidenten von Landini und Iseki anwesend waren, galt als sicheres Indiz für eine langfristige technische Zusammenarbeit.

Die gegenwärtige Landini-Palette umfasst fünfzig verschiedene Modelle im Leistungsbereich zwischen 43 und 123 PS am Zughaken. In Nordamerika werden die Landini-Produkte durch AGCO vertrieben. Dort besteht die Palette aus den Modellen der Baureihen Advantage, V, F, GT, HC, Trekker, 60, 80, Blizzard, Legend und Globus.

■ OBEN: ***Dieser Landini-Kleintraktor schleppt eine Rundballenpresse auf einer Bergwiese.***

■ LINKS: ***Schmale Traktoren kommen traditionell im Weinbau zum Einsatz; dieser Landini Discovery mit Speziallader kann zwischen den Rebstockreihen fahren.***

■ UNTEN: ***Der Kleintraktor Discovery 85 hat viele Merkmale größerer Traktoren, darunter eine Kabine mit Überrollschutz und ein gefederter Fahrersitz.***

WEITERE HERSTELLER

(Lamborghini, Land Rover, Lanz, Laverda, Leyland)

■ LAMBORGHINI

Dieses Unternehmen dürfte wohl eher für Sportwagen als für Traktoren bekannt sein. Ferrucio Lamborghini wurde am 28. April 1916 in Renazzo di Cento bei Ferrara geboren. Er war schon früh von Maschinen fasziniert und studierte konsequenterweise Maschinenbau in Bologna, um dann im 2. Weltkrieg als Mechaniker in der zentralen Fahrzeuginstandsetzung der italienischen Armee auf Rhodos zu dienen. Bei Kriegsende nach Italien zurückgekehrt, begann Lamborghini mit dem Aufkauf überschüssiger Militärfahrzeuge, die er dann zu Landmaschinen umrüstete. Bereits drei Jahre nach Kriegsende konstruierte und baute das Lamborghini-Werk seine eigenen Traktoren.

Es ist schwer zu sagen, was Lamborghini dazu bewog, sich von Landmaschinen auf den Bau von Luxussportwagen zu verlegen. Vielleicht ließ er sich vom Erfolg seines Nachbarn Enzo Ferrari dazu verleiten. Vielleicht stimmt aber auch jene Geschichte, laut der Lamborghini, nachdem er sich bei Enzo Ferrari über das hakelige Getriebe – in einer anderen Version waren es die miesen Bremsen – beschwert hatte, zur Antwort bekommen habe, er möge sich um seine Traktoren kümmern und ihn, Ferrari, Sportwagen bauen lassen.

Ferrucio Lamborghini weitete seine Interessen auf verschiedene Felder aus, darunter Heizungs- und Klimaanlagen und sogar Hubschrauber. Während jedoch die Autos, die er ab 1963 baute, relativ erfolgreich waren und heute noch gebaut werden, stieß er bei der Produktion von Hubschraubern auf umfassende bürokratische Hindernisse, so dass er die Idee schließlich aufgab.

Auf der Pariser Landwirtschaftsausstellung 1962 stellte Lamborghini den 5C vor, einen Raupenschlepper, der insofern ungewöhnlich war, als er neben den Ketten auch noch drei gummibereifte Räder hatte. Wenn diese Räder heruntergelassen wurden, schwebten die Ketten in der Luft, so dass normales Fahren auf der Straße möglich wurde. Die Räder waren an den hinteren Kettenantriebsrädern befestigt. Das kleine Vorderrad hatte einen Freilauf, und gelenkt wurde mit den Bremshebeln, mit denen auch im Kettenbetrieb gelenkt wurde. Der 5C wurde von einem Dreizylinderdiesel mit 39 PS angetrieben.

Als Ferrucio Lamborghini erkennen musste, dass sein Sohn Antonio nicht an Fahrzeugen interessiert war, machte er sich Gedanken über seinen Rückzug aus dem Geschäftsleben. 1973 verkaufte er all seine Firmen und zog sich auf sein Weingut in Umbrien zurück, um sich in den letzten zwanzig Jahren seines Lebens der Erzeugung guter Weine zu widmen. Auf diesem Weingut starb Lamborghini am 20. Februar 1993 im Alter von 77 Jahren.

Bereits 1972 war die Trennung zwischen der Automobil- und der Traktorsparte vollzogen worden. Der Traktorbau wurde von der Firma Same übernommen, die die Lamborghini-Palette weiter entwickelt und die Produktion gesteigert hat.

■ LINKS UND MITTE: ***Als der Lamborghini Premium 950 gebaut wurde, hatte Lamborghini seine Auto- und Traktorsparte schon an verschiedene Firmen verkauft.***

■ UNTEN LINKS: ***Dieser vierradgetriebene Lamborghini 874-90 wird von einem Dieselmotor mit Turbolader angetrieben.***

■ OBEN: ***Der Prototyp des Land Rover mit Mittellenkung beim Betrieb eines Massey-Harris-Förderers beim Anlegen eines Heuhaufens im Jahre 1947.***

■ LAND ROVER

In den ersten Nachkriegsjahren befand sich die Luxuswagen-Firma Rover wegen der Stahlknappheit in einer schwierigen Lage. Deshalb dachten die Ingenieure Maurice und Spencer Wilks daran, ein kleines Nutzfahrzeug mit Aluminiumkarosserie und Vierradantrieb zu bauen. Das speziell für die Landwirtschaft vorgesehene Fahrzeug sollte ein reiner Lückenfüller sein, bis wieder genügend Stahl für den Bau von Luxusautos zur Verfügung stand.

Die Gebrüder Wilks ließen einen Großteil der Konstruktionsarbeit von anderen erledigen. Beim ersten Prototypen des Land Rover saß das Lenkrad wie bei einem Traktor in der Mitte, damit das Fahrzeug sowohl in Ländern mit Links- als auch in Ländern mit Rechtsverkehr verkauft werden konnte. Weil ein konventionelles Chassis teure Werkzeuge erfordert hätte, entwickelte der Ingenieur Olaf Poppe eine Spannvorrichtung, auf der vier Stahlbleche zu einem Chassis mit Kastenprofil verschweißt werden konnten.

Der erste Land Rover wurde auf der Amsterdamer Automobilausstellung 1948 vorgestellt. Besonders nach der Vorstellung des Fahrzeugs auf Landwirtschaftsausstellungen in ganz Großbritannien kamen so viele Bestellungen zusammen, dass Rover sich ernsthaft nach Exportmärkten umzusehen begann. Bei den Vorführungen wurden die Fahrzeuge beim Pflügen und Mähen gezeigt. Zapfwelle und Winde konnten als Sonderausstattung bestellt werden, und zwischen 1948 und 1954 wurden zahlreiche Details verbessert. Um das Fahrzeug leistungsfähiger zu machen, wurden für das Modelljahr 1954 der Radstand um 15 cm auf 2,15 m und der hintere Überhang um 7,5 cm verlängert. Dadurch konnte die Ladefläche vergrößert werden. Hinzu kam eine Ausführung mit langem Radstand von 2,7 m als Pick-up; diese besaß den 2-Liter-Motor des späteren Modells mit 2 m Radstand. Die nächsten Änderungen folgten 1956 in Form einer Radstand-Verlängerung auf 2,24 bzw. 2,77 m. Im Juni 1957 wurden erstmals Dieselmotoren angeboten. Im Jahr 1958 rollte bereits der 200.000ste Land Rover vom Band. Im April 1958 brachte Rover den Land Rover II heraus, der 4 cm breiter als sein Vorgänger war und neben anderen kleineren Verbesserungen modernere Türaufhängungen und Motorhaubenverriegelungen aufwies.

Der Land Rover – inzwischen in Ford-Besitz – wird nach wie vor produziert und in alle Welt exportiert, doch liegt die Betonung jetzt auf sportlichen Freizeitfahrzeugen. Davon ausgenommen sind die Modelle Defender 90 und Defender 110, technisch aufgewertete Versionen des ursprünglichen Land Rover, die immer noch gern in der Landwirtschaft eingesetzt werden. Der Land Rover ist im Laufe seiner Produkti-

■ UNTEN: ***Land Rover aus der Serie II mit Auflieger beim Transport eines Traktors mit Perkins-Dieselmotor.***

■ LINKS: ***Die modernste Version des Land Rover ist der Defender 90, der noch auf vielen landwirtschaftlichen Betrieben im Einsatz ist. Die besser ausgestatteten Modelle gelten als so genannte Sport-Utility-Fahrzeuge.***

WEITERE HERSTELLER

onszeit vielfach umgerüstet worden, um spezielle Aufgaben in der Landwirtschaft wahrzunehmen, beispielsweise den Transport oder den Betrieb von Anbaugeräten, ähnlich dem Unimog von Mercedes.

■ LANZ

Die deutsche Firma Lanz produzierte den Bulldog-Traktor in den Modellen T (Raupenschlepper) sowie L, N und (Radtraktoren) mit Motorleistungen von 15, 23 und 45 PS. Die Maschinen wurden nach Großbritannien importiert, wo sie sich großer Beliebtheit erfreuten, weil sie mit minderwertigem Kraftstoff wie mit Kerosin verdünntem Alt- und Getriebeöl liefen. Im Jahre 1924 erhöhte Ford den Einsatz und brachte den Fordson F auf den deutschen Markt, so dass die deutschen Hersteller sich dem Wettbewerb stellen mussten. Die deutschen Unternehmen wie Stock und Hanomag wiesen immer wieder darauf hin, dass der Fordson im Vergleich zu ihren eigenen Maschinen, die nach und nach auf Diesel umgestellt wurden, einen hohen Kraftstoffverbrauch hatte. Lanz brachte als Reaktion auf Ford den Felddank heraus, der mit seinem Zweizylinder-Glühkopfmotor ebenfalls minderwertigen Kraftstoff vertrug.

Die ersten Bulldog-Traktoren waren einfachste Konstruktionen. So hatte beispielsweise das Modell HL keinen Rückwärtsgang: um zurückzusetzen, musste der Fahrer den Motor anhalten und rückwärts laufen lassen. Als Antrieb diente ein liegender Einzylinder-Zweitakt-Glühkopfmotor, der 12 PS leistete. Der HL wurde nach und nach verbessert und 1926 vom HR2 abgelöst. Lanz ging später in den Besitz von

■ OBEN: *Lanz baute ab 1859 Landmaschinen und der Bulldog galt als einfache, zuverlässige Maschine. Lanz war vor dem 2. Weltkrieg einer der beiden großen Traktorhersteller in Deutschland.*

■ LINKS: *Die Fertigung des Lanz Bulldog wurde nach dem Krieg wieder aufgenommen, obwohl das Werk von den alliierten Bombern in Schutt und Asche gelegt worden war. Die politische Situation im Nachkriegsdeutschland hatte negative Auswirkungen auf die Verkaufszahlen.*

John Deere über; das ehemalige Lanz-Werk in Mannheim ist heute das größte John-Deere-Werk außerhalb der USA.

■ **LAVERDA**

Die Firma Laverda wurde im Jahre 1873 im italienischen Breganze gegründet und war zu Beginn dieses Jahrhunderts der führende Dreschmaschinenhersteller in Italien. Sie ist weiterhin bekannt als Motorradhersteller. 1975 übernahm Fiat Trattori Anteile an Laverda, und 1984 schließlich wurde aus Fiat Trattori die Fiatagri als Holdinggesellschaft für den Landmaschinenbereich der Fiat-Gruppe.

■ **LEYLAND**

In Großbritannien wurde Morris Motors schließlich Teil des Großkonzerns British Leyland. Dort war man besorgt über den schwachen Verkauf der Nuffield-Traktoren und benannte die Marke kurzerhand in British Leyland um. Gleichzeitig erhielten die Traktoren eine neue Lackierung in zwei Blautönen.

British Leyland baute Traktoren wie die Modelle 270 und 344. Es stand aber nicht genügend Geld zur Verfügung, um die Produkte weiter zu entwickeln, so dass andere Traktorhersteller nach und nach größere Verkaufszahlen erreichten. Die Leyland-Traktorsparte wurde 1981 verkauft und mit Marshall in der Nickerson-Organisation zusammengeführt.

■ OBEN: ***British Leyland 344 aus den späten Siebzigerjahren in der typischen Farbgebung nach dem im Zuge der Fusion mit Morris Motors getätigten Kauf von Nuffield.***

■ RECHTS: ***Die British-Leyland-Plakette an diesem 344 war in den Siebzigerjahren auch an einer Reihe von Autos zu finden.***

■ UNTEN LINKS: ***Der Lanz Bulldog wurde in Mannheim gefertigt, aber nachdem John Deere das Unternehmen aufgekauft hatte, wurde die Produktion eingestellt.***

■ UNTEN RECHTS: ***Verrottender British Leyland mit ab Werk gelieferter Sicherheitskabine.***

MASSEY-FERGUSON

Harry Ferguson fusionierte 1953 mit Massey-Harris. Bei den abschließenden Verhandlungen stellte sich die Frage der jeweiligen Anteile. Eine Einigung war nicht zu erzielen, bis Ferguson vorschlug, eine Münze zu werfen. Er verlor damit zwar eine Million Dollar, schien sich darüber aber keine Sorgen zu machen, weil er ohne Zweifel wusste, dass seine Patente in fähigen Händen lagen.

Nachdem Harry Ferguson an Massey-Harris verkauft hatte, kam es zu tief greifenden Veränderungen in der Traktorindustrie, schließlich hatte vor dem Zusammenschluss Massey-Harris mit Ford und Ferguson konkurriert.

Eine Zeit lang fertigte die neu gebildete Massey-Harris-Ferguson zwei

■ LINKS: ***Massey-Ferguson 135 aus den Siebzigerjahren, aufgenommen in Kappadozien in der Türkei.***

MASSEY-FERGUSON MF 362 4WD

Baujahr	1998
Motor	Perkins-Vierzylinderdiesel
Leistung	60 PS an der Zapfwelle, 62 Brems-PS
Getriebe	8 Vorwärts-, 2 Rückwärtsgänge
Gewicht	2666 kg

■ OBEN LINKS: ***Massey-Harris war bekannt für seine selbst fahrenden Mähdrescher und vernachlässigte die Traktorherstellung bis zu einem gewissen Ausmaß. Um aufzuholen, fusionierte die Firma 1953 mit Ferguson.***

■ LINKS: ***Das Design der Massey-Ferguson-Palette war in den Siebzigerjahren viel kantiger als vorher, wie an diesem MF135 zu sehen ist.***

■ RECHTS: *Etwas abgeändert, wahrscheinlich öfter neu lackiert, aber auch dreißig Jahre nach der Fertigung immer noch im Einsatz.*

■ LINKS: *Der zweiradgetriebene MF 399 hat 16"-Vorderräder und 38"-Hinterräder. Er wird von einem Perkins-Sechszylinderdiesel angetrieben und hat ein 12-Gang-Getriebe.*

■ UNTEN LINKS OBEN: *Vierradgetriebene Ausführung des MF 362. Der Traktor wird von einem Perkins-Vierzylinder des Typs A4.236 angetrieben.*

■ UNTEN LINKS UNTEN: *Heruntergekommener MF 20 bei einer Pause während der Heuernte.*

■ UNTEN RECHTS: *Massey-Ferguson 375 mit Perkins-Vierzylinderdiesel, gestiftet vom World Business Council für Landwirte in Tansania.*

getrennte Baureihen unter den Markenzeichen Massey-Harris und Ferguson, weil beide Marken unter Händlern wie Käufern treue Anhänger hatten. Der MH50 und der Ferguson 40 hatten zwar verschiedene Aufbauten, waren technisch aber identisch, weil beide auf dem Ferguson 35 basierten. Im November 1957 baute die mittlerweile in Massey-Ferguson umbenannte Firma ihren ersten Traktor in »Rot und Grau«, nämlich das Modell MF35 mit Perkins-Motoren.

KONVENTIONELLER MÄHDRESCHER MASSEY-FERGUSON MF 32

Baujahr	1998
Motor	Valmet 620DSL
Leistung	129 kW (175 PS)
Getriebe	hydrostatisch
Gewicht	8939 kg

■ OBEN: ***Mähdrescher müssen das Korn schneiden und über die Fördereinrichtung der Dreschtrommel zuführen, wo Korn und Stroh getrennt werden.***

■ RECHTS: ***Dieser Massey-Ferguson-Mähdrescher aus den Sechzigerjahren nahm die gleiche Aufgabe wahr, aber an Komfort für den Fahrer war noch nicht zu denken.***

■ LINKS: *Mähdrescher wie dieser MF 530 S mit offenem Fahrersitz sind immer seltener anzutreffen.*

■ UNTEN: *Dieser MF 31 war 1986 der größte Mähdrescher in der Massey-Ferguson-Palette; als Antrieb diente ein 153 PS starker Perkins-Motor mit Turbolader.*

■ OBEN: *Wie Traktoren benötigen Mähdrescher auf dem Feld durchgehend Bodenhaftung; sie haben meist ein hydrostatisches Getriebe und einen großvolumigen Dieselmotor.*

■ RECHTS: *Für Felder mit bis zu 11 Grad Gefälle hat Massey-Ferguson einen automatischen Niveauausgleich entwickelt, der für einen gleich bleibenden Abstand der Schneid- und Trennkomponenten sorgt.*

■ OBEN LINKS: *Massey-Ferguson 3070 mit Cambridge-Walze bei der Feldbestellung für das nächste Jahr.*

■ OBEN RECHTS: *Vierradgetriebener Massey-Ferguson mit Frontlader, einem vielseitig verwendbaren Hilfsmittel.*

■ LINKS: *Zwei Generation von Massey-Ferguson-Traktoren bei der Arbeit. Mit dem älteren Modell werden Rundballen auf den Anhänger hinter dem neueren, vierradgetriebenen Modell verladen.*

■ UNTEN: *Der Massey-Ferguson 2775 aus den Achtzigerjahren besitzt einen Perkins-V8-Motor mit 10,5 Litern Hubraum.*

■ RECHTS: *Der vierradgetriebene MF 6180 von 1998 wird angetrieben von einem Perkins-Motor des Typs 1006-6T, einem Sechszylinder-Turbodiesel, der seine Kraft über ein 16-Gang-Getriebe auf die Räder überträgt.*

Das Unternehmen mit Sitz in Kanada ließ dem MF35 eine ganze Palette neuer Traktoren folgen, darunter der MF50, der MF65 und der MF85. 1976 stellte Massey-Ferguson die neuen Modelle 1505 und 1805 vor, beide mit dem 174 PS starken V8-Dieselmotor von Caterpillar.

Mitte der Achtzigerjahre kam die Baureihe 3000 mit Sechszylinder-Turbodiesel mit 190 PS auf den Markt. Ein kleinerer Massey-Ferguson-Traktor war der MF 398 mit 3,9-Liter-Dieselmotor und Vierradantrieb. Aus dem Jahre 1986 stammten die Modelle 2685 und MF699. Ersteres gehörte neben dem 2645 und dem 2725 zur Baureihe 2005 und besaß einen 5,8-Liter-Turbodiesel von Perkins, der 142 PS leistete. Alle Modelle hatten Vierradantrieb mit 16 Vorwärts- und 12 Rückwärtsgängen. Der MF699 war der stärkste Traktor aus der Baureihe MF600 mit den Modellen MF675, MF690, MF698T und MF699. Er wurde von einem 100-PS-Motor angetrieben.

Massey-Ferguson wurde 1994 Teil der AGCO, nach »33 Jahren, in denen mehr Leute Massey-Ferguson-Traktoren gekauft haben als jede andere Marke«.

■ LINKS: *Der MF 3095 Autotronic von 1993 gehört zur Baureihe 3000, bei der Massey-Ferguson zum ersten Mal vermehrt auf die Elektronik setzte.*

■ UNTEN: *Auch der MF 3690 gehörte zur Baureihe 3000 von 1993.*

■ OBEN: *Der MF 185 ist eine in Amerika gebaute Rechteckballenpresse. Sie produziert Ballen bis zu 320 kg und fährt auf breiten Niederdruckreifen.*

MASSEY-FERGUSON MF 4245 4WD

Baujahr	1998
Motor	Perkins 1004-4T
Leistung	75,8 PS an der Zapfwelle, 88 Brems-PS
Getriebe	8 Vorwärts-, 8 Rückwärtsgänge
Gewicht	3759 kg

■ LINKS: *Der MF 844 gehört zur Lader-Baureihe 800, die für Traktoren mit 60-90 PS vorgesehen ist. Er hebt 1700 kg bis auf 3,75 m Höhe.*

■ LINKS: *Vierradgetriebener Massey-Ferguson 4245 beim Heumachen mit einer Rundballenpresse MF 146.*

■ GEGENÜBER: *MF 4270 mit 114-PS-Sechszylinder von 1998 bei der Heuernte mit einem MF-Feldhäcksler.*

■ RECHTS: *Der konventionelle Mähdrescher MF 40 besitzt einen Behälter, in dem das Korn nach dem Dresch- und Trennvorgang gelagert wird. Als Antrieb dient ein Valmet-Motor des Typs 612DSJL.*

■ UNTEN: *Der MF 8120, hier mit Vierradantrieb, besitzt einen Sechszylinder-Turbodiesel und ein 32-Gang-Getriebe.*

Massey-Ferguson bietet gegenwärtig eine umfassende Modellpalette von Traktoren mit 130-180 PS, 86-110 PS, 55-95-PS, 34-67 PS, 37-53 PS und 16-40 PS sowie konventionelle Mähdrescher, Walzenmähdrescher und Lader.

Die Modelle der Baureihe 8100 mit 130 bis 180 PS sind als Hochleistungstraktoren konzipiert, während in der Baureihe 4200 mit 55 bis 95 PS verschieden konfigurierte Modelle mit unterschiedlichen Optionen zur Verfügung stehen. Die Baureihe 200 mit 34 bis 67 PS ist mit Dieselmotoren von Perkins ausgerüstet. In der Baureihe 1200 sind weitere kleine Modelle mit 16 bis 40 PS zusammengefasst. Massey-Ferguson baut zudem Mähdrescher der Klassen 5 und 6, darunter die Modelle 8680 und 8780.

■ LINKS MITTE: *Der MF 6130 von 1998 hat ein Getriebe mit je 16 Vorwärts- und Rückwärtsgängen. Als Antrieb dient ein Vierzylinder-Turbodiesel.*

MASSEY-HARRIS

■ UNTEN: *Einer der ersten vierradgetriebenen Traktoren war der Massey-Harris General Purpose von 1930. Sein Motor hatte 250 cm^3 Hubraum.*

■ GANZ UNTEN: *Der Massey-Harris 101 kam 1938 als stromlinienförmiger Breitspurtraktor auf den Markt. Als Antrieb diente ein hoch verdichtender Sechszylinder-Benzinmotor von Chrysler.*

Die Firma Massey-Harris entstand im Jahre 1891 im kanadischen Toronto durch den Zusammenschluss zweier Landmaschinenhersteller. Daniel Massey hatte seit 1847 Landmaschinen gebaut, und A. Harris, Son & Company war ein Wettbewerber gewesen. Der Durchbruch als Traktorhersteller gelang aber erst mit dem Modell 25, das in den Dreißiger- und Vierzigerjahren gern gekauft wurde. Auch der ebenfalls erfolgreiche Massey-Harris 101 von 1935 stammte aus dieser Zeit. Er wurde von einem untengesteuerten Chrysler-Reihensechszylinder mit 24 PS angetrieben. Das dritte wichtige Modell war der Twin Power Challenger mit einem Vierzylindermotor, der etwa 36 PS leistete. Seit Mitte der Dreißiger-

■ GANZ UNTEN: *Der Massey-Harris Challenger von 1936 hatte als letzter Traktor der Firma den kesselartigen Rahmen nach Art der Wallis-Traktoren. Die Hinterräder waren auf verschiedene Reihenabstände einstellbar.*

■ RECHTS: *Massey-Harris-Mähdrescher in den Fünfzigerjahren in England.*

■ UNTEN RECHTS: *Der Reihenvierzylinder-Benzinmotor des Challenger leistete 26-36 PS.*

MASSEY-HARRIS 101	
Baujahr	1939
Motor	untengesteuerter Chrysler-Benzinmotor, Typ T57-503
Leistung	23,94 PS am Zughaken
Getriebe	Dreiganggetriebe
Gewicht	2597 kg

jahre lackierte das Unternehmen seine Traktoren in Rot und Strohgelb – eine sehr charakteristische Farbgebung.

Nach dem 2. Weltkrieg brachte Massey-Harris das Modell 44 mit dem Motor des Challenger und einem Fünfganggetriebe heraus. 1947 kam eine neue Modellpalette, die neben dem Modell 44 die Modelle 11, 20, 30 und 55 umfasste. Vom Modell 30 mit Fünfganggetriebe wurden über 32.000 Exemplare gefertigt, bevor Massey-Harris mit Ferguson fusionierte.

Die größten Produktionszahlen vor der Fusion erreichte der Massey-Harris Pony. Dieser kleine Traktor wurde auf den Märkten in Übersee stärker nachgefragt als in den Vereinigten Staaten und Kanada, wo er für viele landwirtschaftliche Anwendungen als zu klein

■ LINKS: *Der Massey-Harris Pony wurde in den französischen und kanadischen Werken in über 121.000 Exemplaren gebaut.*

galt. Der Pony wurde zwischen 1947 und 1954 im kanadischen Werk Woodstock und ab 1951 im französischen Marquette gebaut. Zehn Jahre später belief sich die Gesamtproduktion auf mehr als 121.000 Exemplare. Die erste Ausführung des Pony wurde über ein Dreiganggetriebe mit einem Rückwärtsgang von einem Continental-Vierzylindermotor angetrieben. Die Motorleistung von 11 PS rechte für eine Höchstgeschwindigkeit von 11 km/h. Im französische Werk lief ab 1957 den Pony 820 mit Fünfganggetriebe und einem Dieselmotor von Hanomag vom Band; der Pony 821 von 1959 wies weitere Verbesserungen auf.

Etwa 90.000 Exemplare des Pony wurden im französischen Werk gebaut, und das bedeutete für Massey-Harris den Durchbruch in Europa.

MASSEY-HARRIS 44

Baujahr	1949
Motor	obengesteuerter Vierzylinder
Leistung	27,75 PS am Zughaken
Getriebe	Dreiganggetriebe
Gewicht	2307 kg

■ LINKS: *Viele der in Europa gebauten Massey-Harris Pony 820 besaßen einen Dieselmotor von Hanomag.*

■ UNTEN LINKS: *Charakteristisches Merkmal des Pony 820 war der abgerundete Kühlergrill.*

Vor dem Krieg hatte Massey-Harris mit 90.000 Exemplaren des Modells 44 in den Vereinigten Staaten gute Verkaufszahlen erzielt. Ihn gab es auch nach dem Krieg. Sein rundliches Design war zwar veraltet, doch die Technik neu und zeitgemäß. Der Käufer konnte zwischen Benzin-, Kerosin- und Dieselmotor wählen. Ab 1950 stand eine hydraulische Hubvorrichtung für Anbaugeräte zur Verfügung. Mit dem 44er begann der Export nach England; 1948 begann die Montage in Manchester, die dann später nach Kilmarnock in Schottland verlegt wurde. Die Teile wurden aus dem Werk Racine im US-Bundesstaat Wisconsin per Schiff

■ OBEN: *Massey-Harris begann 1948 in Manchester mit der Produktion des 744 PD. Die Fertigung wurde später nach Schottland verlagert und der Traktor in 744D umbenannt.*

■ UNTEN: *Der Massey-Harris 33 wurde zwischen 1952 und 1955 gebaut. Er war eine verbesserte Ausführung des Zwei-Pflug-Modells 30, das 1947 eingeführt worden war.*

geliefert. Lieferbar war das Modell 44 in Breitspurausführung, mit hoher Bodenfreiheit und als Halbkettenversion mit Umrüstsatz von Roadless. Insgesamt entstanden etwa 17.000 Exemplare, weitere 11.000 Stück liefen mit Perkins-Motor – als Modell 745 – vom Band, bevor die Produktion 1957 endete. Im gleichen Jahr erfolgten nach der Fusion mit Ferguson die Umbenennung der Firma in Massey-Ferguson und die Einführung einer neuen Modellpalette.

Die Fortschritte im Traktorenbau zeigt die kurze Auflistung der technischen Daten, die bei den Nebraska-Traktortests ermittelt wurden.

Test Nr. 306 befasste sich 1939 mit dem im Werk Racine gefertigten Massey-Harris 101 S. Seine technischen Daten lauteten: Hinterräder 10x36, Vorderräder 5.00x15, untengesteuerter Chrysler-Sechszylinder T57-503 mit 79 x 111 mm Bohrung x Hub bei 1500 und 1800 U/min und elektrische Anlage von Auto-Lite. Er wog 1726 kg mit Stahlrädern und 2597 kg mit Gummibereifung. Test Nr. 427 von 1949 bescheinigte dem Massey-Harris 44K Standard folgende technische Daten: untengesteuerter Vierzylindermotor mit 98 x 140 mm Bohrung x Hub bei 1350 U/min, 6-V-Anlage von Auto-Lite, Zenith-Vergaser 62AJ10, Gewicht 2306 kg. Sieben Jahre später wurde – Nr. 603 – ein Massey-Harris 333 getestet. Seine technischen Daten: untengesteuerter Vierzylindermotor mit 94 x

124 mm Bohrung x Hub bei 1500 U/min, Hinterräder 12x38, Vorderräder 6.50x16, Gewicht 2685 kg.

In diesem Zusammenhang ist ein Blick auf die Testergebnisse besonders aufschlussreich. Beim ersten Test betrug die Nennleistung 23,94 PS am Zughaken und 36,15 PS am Treibriemen. Knapp zwei Jahrzehnte später wurden am Zughaken 29,71 PS und am Treebriemen 39,84 PS ermittelt.

■ OBEN: *Trotz der vertrauten Farbgebung handelt es sich bei diesem Traktor am Strand nicht um einen John Deere, sondern um einen umlackierten Massey-Harris Pony aus dem französischen Werk Marquette.*

■ LINKS: *Der Massey-Harris 745 mit Perkins-Dieselmotor war eine verbesserte Version des Modells 744. Er wurde zwischen 1954 und 1958 in etwa 11.000 Exemplaren im schottischen Werk Kilmarnock gebaut.*

■ OBEN: *Ein in Frankreich gebauter Massey-Harris Pony über vierzig Jahre nach der Fertigung. Schmutzfänger und Fahrersitz sind neu.*

■ OBEN: *Massey-Harris Pony mit Benzinmotor aus europäischer Fertigung. Der Motor ist ein Reihenvierzylinder.*

■ RECHTS: *Ein Grund dafür, dass der Massey-Harris Pony in Europa noch gebaut wurde, nachdem die Produktion in Kanada eingestellt worden war, lag darin, dass er von seiner Größe her besser für die kleineren Betriebe in Europa geeignet war als für die großen Farmen in Amerika.*

MERCEDES-BENZ

Benz begann im Jahre 1919 mit dem Bau von Traktoren; damals wurden der »Landtraktor« mit Benzinmotoren von 40 und 80 PS gefertigt. Der erste Traktor mit Dieselmotor war jedoch der Benz-Sendling S7 von 1923, dessen stehender Zweizylindermotor 30 PS leistete. Der S7 war eine Dreiradkonstruktion mit einzelnem angetriebenen Hinterrad; Ausleger sorgten für die Stabilität im Betrieb. Der Traktor wurde schon bald von dem Vierradmodell BK abgelöst.

■ BENZ UND DAIMLER

1926 schlossen sich Benz und Daimler zu Mercedes-Benz zusammen. In den Dreißigerjahren baute das Unternehmen das Modell OE mit liegendem Einzylin-

■ OBEN: *Der MB-trac 1500 von Mercedes-Benz ist voll reversibel, da die Instrumente und Bedienelemente in der Kabine um 180 Grad geschwenkt werden können.*

MERCEDES-BENZ UNIMOG U1200

Baujahr	1998
Motor	6-Liter-Reihensechszylinder, Typ OM 366 A
Leistung	125 PS
Getriebe	8 Vorwärts-, 8 Rückwärtsgänge
Gewicht	8500 kg

■ LINKS: *Der MB-trac 1500 kann Landmaschinen sowohl schleppen als auch schieben. Ein 5,7-Liter-Turbodiesel mit 150 PS sorgt für reichlich Leistung.*

■ RECHTS: *Der Unimog ist in zahlreichen Konfigurationen lieferbar und wird seit mehreren Jahrzehnten mit Vierradantrieb gebaut.*

der-Viertaktdiesel, der 20 PS leistete. Einer dieser Traktoren nahm 1930 auch an den World Tractor Trials in England teil. Vor dem 2. Weltkrieg wurden in Deutschland nur in relativ kleinem Umfang Traktoren gebaut, und sogar im Krieg war die Wehrmacht im Gegensatz zu den mechanisierten Armeen der Alliierten noch in großem Ausmaß auf Pferde angewiesen.

Zwei der ersten Traktoren der Nachkriegsjahre besaßen Vierradantrieb. Der eine war der MAN 325, der zwanzig Jahre in der Produktion blieb, bis das Unternehmen den Traktorbau zugunsten der Lastwagenproduktion aufgab. Der zweite war der Böhringer Unimog, dessen Rechte später an Mercedes-Benz verkauft wurde. Dieses Fahrzeug wird bei Mercedes-Benz unter dem gleichen Namen auch heute noch in verschiedenen Ausführungen produziert.

■ OBEN: *Unimog U900 mit kurzem Radstand und Ladefläche aus den Achtzigerjahren; der Unimog kann mit einer Vielzahl von Zusatzgeräten ausgestattet werden.*

■ MERCEDES UNIMOG

Aus dem Unimog ist ein ganzes Geräte- und Fahrzeugsystem mit einer Vielzahl von Fahrzeugen und einer nahezu unbegrenzten Zahl von Anbaumöglichkeiten geworden. Es gibt mehrere Baureihen von kompakten bis zu Schwerlastmodellen, von denen jedes mindestens drei Anbaupunkte und eine Hydraulik für den Betrieb von Anbaugeräten besitzt. Der Unimog ist so konstruiert, dass die Räder den Druck gleichmäßig verteilen, damit der Boden möglichst wenig verdichtet wird. Er hat Allradantrieb, um eine optimale Traktion zu gewährleisten.

Mit Unimog-Technik stellte Mercedes auch Ende der 70er-Jahre Traktoren her, die MB-tracs. Ein gutes Beispiel dafür war der MB-trac 1500 von 1986. Dieser besaß einen Turbodiesel mit 5,7 Litern Hubraum, dessen Leistung bei 150 PS lag. Der MB-trac war für Vorwärts- und Rückwärtsfahrt konzipiert.

Die Traktoren von Mercedes-Benz konnten sich auf die Dauer nicht durchsetzen. Sie boten zwar viel, aber doch nicht so viel mehr, um den exorbitanten Aufpreis herkömmlicher Allradschleppern gegenüber zu rechtfertigen.

■ RECHTS: *Um die Bodenfreiheit zu vergrößern, ist der Unimog wie dieser U1200 aus den Neunzigerjahren mit Portalachsen ausgerüstet.*

WEITERE HERSTELLER

■ MINSK

Die Minsk-Werke verkaufen ihre Traktoren über Landmaschinenhändler in 35 Länder auf der ganzen Welt. Die gegenwärtige Fertigung umfasst die Modelle MTZ-320, MTZ-682, MTZ-1221 und MTZ-920.

MINNEAPOLIS-MOLINE

■ UNTEN: *Der Minneapolis-Moline Universal J war ein Breitspurtraktor mit stufenlos verstellbarem Hinterachsradstand. Er erreichte auf Gummibereifung eine Höchstgeschwindigkeit von 19,5 km/h.*

In den hektischen Zwanzigerjahren entstanden viele neue Traktorhersteller, während andere fusionierten und neue Gesellschaften bildeten. Im Jahre 1929 schlossen sich die drei Firmen Minneapolis Steel and Machinery, Minneapolis Threshing Machine Company und Moline Implement Company zur Minneapolis-Moline Power Implement Company zusammen, deren Hauptprodukte waren der Twin-City-Traktor und der Minneapolis-Traktor. Im Wege der Rationalisierung nach der Fusion konzentrierte man sich ganz auf die Vermarktung des Twin City, der dem neuen Unternehmen die entsprechenden Märkte eröffnen sollte. Zunächst war die Herstellerbezeichnung »Minneapolis-Moline« nicht mehr als nur ein Namenszusatz, ersetzte aber im Laufe der technischen Entwicklung den Markennamen Twin City mehr und mehr, bis endlich der Schriftzug Twin City ganz unterblieb und die Maschinen ausschließlich als Minneapolis-Moline bezeichnet wurden. Die Geschichte der drei beteiligten Firmen ist hoch interessant.

■ UNTEN: *Der Minneapolis-Moline R, ein Dreirad-Breitspurtraktor, wurde von 1939 bis 1941 gebaut.*

■ **MOLINE IMPLEMENT COMPANY**

Im Jahre 1915 hatte die Moline Plow Company die Universal Tractor Company in Columbus im US-Bundesstaat Ohio erworben. Die Produktion des Universal-Traktors wurde anschließend in eine neue Halle in Moline im Bundesstaat Illinois verlegt. Der Moline Universal war eine Konstruktion, die darauf ausgelegt war, die ursprünglich von Pferden gezogenen Landmaschinen sowie eigens neu entwickelte Maschinen zu ziehen. Der Universal galt allgemein als erster Breitspurtraktor. Er besaß eine elektrische Beleuchtung und einen elektrischen Anlasser, was damals als sehr fortschrittlich galt.

■ LINKS: *Der Minneapolis-Moline U war in Breit- und Normalspurausführung erhältlich. Der UDLX stand mit Kabine zur Verfügung, wurde aber nur in kleinen Stückzahlen gefertigt.*

MINNEAPOLIS-MOLINE UNIVERSAL J	
Baujahr	1935
Motor	wechselgesteuerter Vierzylinder
Leistung	16 PS
Getriebe	Fünfganggetriebe
Gewicht	2222 kg

Nach dem 1. Weltkrieg wollten eine Reihe von Autoherstellern in das Traktorgeschäft einsteigen, und die Moline Plow Company wurde von John N. Willys umworben. Willys kaufte Moline den Eigentümern, der Familie Stephens, ab und begann mit der Produktion des Universal. Als Partner im Traktorgeschäft standen ihm Georg N. Peek und General Hugh Johnson zur Seite. Willys fertigte den Moline Universal bis in die Zwanzigerjahre. In diesem Jahrzehnt

■ UNTEN: *Das Modell U erreichte 1938 beim Nebraska-Traktortest bei 1275 U/min 30,86 PS am Zughaken und 38,12 PS am Treibriemen.*

■ LINKS: *Der Minneapolis-Moline V war ein Kleintraktor. Dieses Exemplar wurde 1944 gebaut.*

■ UNTEN: *Der Minneapolis-Moline Z kam 1937 als Breitspurtraktor in der neuen Farbe Präriegold heraus.*

fand der Traktorboom ein Ende; Willys zog sich aus der Moline Plow Company zurück und verkaufte an seine Partner. General Johnson wurde Präsident und R. W. Lea Vizepräsident der Firma. Als sie sich aus dem Geschäftsleben zurückzogen, übernahmen ihre Teilhaber die Firma und betrieben sie weiter als Moline Implement Company, bis sie schließlich 1929 in der Minneapolis Moline Power Implement Company aufging.

■ MINNEAPOLIS THRESHING MACHINE COMPANY

Die Minneapolis Threshing Machine Company begann im Jahre 1889 in der kleinen Stadt Hopkins unmittelbar westlich von Minneapolis mit dem Bau von hochwertigen Dampf-Lokomobilen; 1893 erhielt eine von der Firma gebaute Dreschmaschine mit Dampfantrieb auf der Weltausstellung in Chicago mehrere Medaillen. Bereits 1911 baute die Minneapolis Threshing Machine Company Traktoren unter der Bezeichnung Minneapolis und produzierte bis zur Fusion viele große Traktoren, die aber besser zum Aufbrechen der Grasnarbe als für die eigentliche Feldarbeit geeignet waren. Nachdem die Firma einige Breitspurtraktoren gebaut hatte, fertigte sie den Minneapolis 17-30 als Typ A und Typ B, die auch nach der Fusion noch in der Produktion blieben. Schon vor Minneapolis-Moline bewarb sie in den Zwanzigerjahren ihre Produkte als die »großartige Minneapolis-Produktreihe«.

■ MINNEAPOLIS STEEL AND MACHINERY COMPANY

Ende des 19. und Anfang des 20. Jahrhunderts produzierte die Minneapolis Steel and Machinery Company in erster Linie Baustahl in Tausenden von Tonnen pro Jahr. Nebenher baute die Firma die Corliss-Dampfmaschine, die viele

■ LINKS: *Minneapolis-Moline entstand im Jahre 1929 aus dem Zusammenschluss dreier Landmaschinenhersteller.*

■ RECHTS: *Wie andere Traktoren aus der Minneapolis-Moline-Modellpalette besaß der UTS rot lackierte Räder.*

MINNEAPOLIS-MOLINE U	
Baujahr	1938
Motor	Reihenvierzylinder
Leistung	30,86 PS am Zughaken, 38,12 PS am Treibriemen
Getriebe	Fünfganggetriebe
Gewicht	nicht bekannt

■ RECHTS: *Das Logo stand zwar für Minneapolis-Moline, aber das Unternehmen verlor keine Zeit damit, es in »Moderne Maschinen« umzudeuten.*

■ UNTEN: *Der Minneapolis-Moline UTS war ein Modell der Baureihe U aus der Kriegszeit. Der ähnliche UTU war ein Dreirad-Breitspurtraktor.*

Mühlen in Süd- und Norddakota antrieb. Im Jahre 1910 fertigte Minneapolis Steel and Machinery den Traktor Twin City 40. Bei Ausbruch des 1. Weltkriegs war die Firma einer der größeren Traktorhersteller. Sie baute darüber hinaus eine Reihe von Traktoren für andere Unternehmen, darunter die Bull Tractor Company. Der Twin City wurde auch noch nach dem Zusammenschluss zur Minneapolis-Moline im Jahre 1929 gebaut.

Nach der Fusion zogen es die meisten leitenden Angestellten der drei Firmen vor, in den Ruhestand zu gehen und in der Minneapolis-Moline Power Implement Company einer jüngeren Generation Platz zu machen.

Nach Experimenten mit dem luxuriös ausgestatteten Traktor UDLX mit Kabine brachte Minneapolis-Moline 1939 den GT als Fünf-Pflug-Traktor auf den Markt. Dieser brachte es bei den Nebraska-Traktortests auf eine gemessene Leistung von 55 PS am Treibrie-

■ OBEN: ***Dieser Minneapolis-Moline GTA von 1947 lief mit Flüssiggas.***

■ LINKS: ***Unmittelbar nach dem Krieg erhielten die Minneapolis-Moline-Traktoren ein neues Design; hier das Modell Z von 1949 in Dreirad-Breitspurausführung.***

■ LINKS: ***Einer der letzten neuen Minneapolis-Moline-Traktoren vor dem Krieg war der GT, ein Normalspurmodell, das 1939 in Nebraska getestet wurde.***

MINNEAPOLIS-MOLINE M-5	
Baujahr	1960
Motor	5,5-Liter-Diesel
Leistung	58,15 PS bei 1500 U/min
Getriebe	Sechsganggetriebe
Gewicht	nicht bekannt

men, obwohl er laut Hersteller eine Nennleistung von nur 49 PS besaß. Sein Reihenvierzylinder-Benzinmotor entwickelte seine Höchstleistung bei 1075 U/min. Nach dem 2. Weltkrieg kamen die Modelle G und GB mit höherer Leistung auf den Markt. Minneapolis-Moline wurde im Jahre 1963 von der White Motor Company aufgekauft. Deren Sparte White Tractors wiederum ging 1991 in den Besitz der AGCO über, die damit die Rechte am Namen Minneapolis-Moline erwarb.

■ OBEN LINKS: ***Als dieser M670 im Jahre 1969 entstand, gehörte Minneapolis-Moline schon seit sechs Jahren zu White. Das Unternehmen wurde später von AGCO erworben.***

■ RECHTS: ***Dass dieser Minneapolis-Moline G1050 mit Flüssiggas läuft, sieht man an dem Tank vor dem Kühler.***

NEW HOLLAND

Die New Holland Machine Company wurde 1895 gegründet und spezialisierte sich auf den Bau von landwirtschaftlichem Gerät. 1940 wechselte New Holland den Besitzer und begann mit der Produktion der ersten erfolgreichen automatischen Heuballenpresse. Im Jahre 1947 übernahm die Sperry Corporation die New Holland Machine Company und bildete die Sperry New Holland. 1964 erwarb Sperry New Holland einen wesentlichen Anteil an Claeys, damals einer der größten Mähdrescherhersteller in Europa, und brachte in den folgenden Jahren den Mähkonditionierer 460 auf den Markt. Diese Maschine leistete das, wofür vorher zwei oder drei Maschinen erforderlich gewesen waren, und galt als wichtige Neuerung in der Heuerntetechnik.

FORD NEW HOLLAND 8830	
Baujahr	1998
Motor	6,6-Liter-Diesel
Leistung	170 PS
Getriebe	18 Vorwärts-, 9 Rückwärtsgänge
Gewicht	6804 kg

■ FUSION

1986 erwarb die Ford Motor Company die Sperry New Holland und verschmolz sie mit der Ford Tractor Operations zur Ford New Holland. 1991 ging Ford New Holland in den Besitz der Fiat-Gruppe über, die sie mit FiatGeotech in der N. H. Geotech verband, aus der 1993 die New Holland wurde. Bei der zweiten

■ UNTEN: ***New Holland ist ein bekannter Hersteller von automatischen Heuballenpressen. Das Unternehmen expandierte durch den Erwerb einer großen Beteiligung an Claeys, einer etablierten europäischen Firma.***

■ RECHTS: *In den Siebzigerjahren begannen Unternehmen wie Case, Claas und New Holland, den zunehmend internationalen europäischen Markt zu beherrschen.*

weltweiten Aktionärsversammlung in Orlando, Florida, stellte New Holland neben der Fiat-Hitachi-Palette 24 neue Traktormodelle in drei Baureihen vor.

Die Gelenktraktoren der Baureihe Versatile 82 sind leistungsstarke Maschinen für größte Felder und schwerste Anwendungen. Die Baureihe umfasst die Modelle 9282, 9482, 9682 und 9882, die sämtlich von Sechszylindermotoren mit unterschiedlicher Leistung angetrieben werden und über ein 12-Gang-Getriebe für zwei- und Vierradbetrieb verfügen. Die Traktoren der Baureihe 70 liegen in der Leistung zwischen 170 und 240 PS. Sie besitzen das firmeneigene »Powershift«-Getriebe, bei dem die achtzehn Vorwärts- und neun Rückwärtsgänge über einen einzigen Hebel angewählt werden. Sie werden im kanadischen Winnipeg gefertigt und weltweit vertrieben. Die Traktoren sind mit und ohne Kabine sowie mit Überrollbügel erhältlich. Die dritte New-

■ OBEN: *Ein New-Holland-Mähdrescher 8070 belädt einen Anhänger mit dem gedroschenen Korn.*

■ RECHTS: *New-Holland-Mähdrescher bei der Ernte in England; die wenigen Erntewochen sind von entscheidender Bedeutung für die Wirtschaftlichkeit landwirtschaftlicher Betriebe und das Preis-Leistungs-Verhältnis von Mähdreschern.*

Holland-Serie ist die Baureihe 90, die mit verschiedenen Getrieben geliefert wird. Die Modelle 100-90 und 110-90 werden im italienischen Jesi gebaut, während die Modelle 140-90, 160-90 und 180-90 in Curitiba in Brasilien produziert werden.

Im Jahre 1997 übernahm New Holland den Rest der Anteile der Ford Motor Credit Company an den beiden gemeinsamen Unternehmen, die den Kauf von New-Holland-Produkten in den Vereinigten Staaten finanzieren. Weiterhin wurde mit der Firma Manitou ein Vertrag über die Konstruktion und den Bau von Teleskopumschlaggeräten geschlossen. In Indien stellte New Holland 1998 ein neues Werk für Traktoren mit 35 bis 75 PS fertig und nahm die Produktion auf. Außerdem schloss das Unternehmen einen Vertrag mit der Firma Flexi-Coil in Kanada, die Sä- und Bodenbearbeitungsmaschinen herstellt. In der Türkei verständigte sich New Holland mit der Koμ-Gruppe über eine Aufstockung des Anteils am gemeinsamen Unternehmen Türk Traktor auf 37,5 Prozent. Die New Holland Finance dehnte ihre Geschäftstätigkeit von Großbritannien auf andere europäische Länder aus, wobei Italien den Anfang machte.

NEW HOLLAND NH 6635

Baujahr	1996
Motor	Turbodiesel
Leistung	85 PS (63 kW)
Getriebe	wahlweise mit Kriechgang
Gewicht	nicht bekannt

■ OBEN: ***Die New-Holland-Baureihe 40, zu der dieses Modell 7840 von 1996 gehört, ist mit der ergonomisch gestalteten Kabine und dem modernen Vierradantrieb auf dem neuesten Stand der Technik.***

■ LINKS: ***New Holland 7740 von 1996 mit NH-Rundballenpresse 640 im Schlepp. Die Presse fertigt Ballen bis zu 1,5 m Durchmesser.***

■ LINKS: *Vierradgetriebener Ford New Holland 7840 von 1996 mit Ballastgewicht.*

■ OBEN: *Ford New Holland 8340, einer der letzten Traktoren mit dem Namen Ford.*

■ UNTEN: *New Holland produziert auch heute noch eine Palette von Erntemaschinen wie diese Rundballenpresse des Typs 640.*

NUFFIELD

■ UNTEN: *Der Nuffield Universal wurde den britischen Landwirten 1948 bei der Ausstellung in Smithfield vorgestellt.*

William Morris erwarb sich seinen Ruf als treibende Kraft hinter dem Autohersteller Morris Cars, der zu einer der bekanntesten Namen in der britischen Autoindustrie wurde. Bereits 1926 hatte er sich für Traktoren interessiert und einen kleinen Raupenschlepper gebaut, dessen Kette auf der eines leichten Panzerfahrzeugs basierte. Dieses Vorhaben wurde später aufgegeben, dann aber wieder aufgenommen, als Mitte der Vierzigerjahre ein Ende des Krieges absehbar war. 1946 befand sich ein Dutzend Prototypen in der Erprobung, die so erfolgreich verlief, dass die Produktion in der Wolseley-Autofabrik aufgenommen wurde. Nuffield stellte den Traktor Universal im Jahre 1948 auf der Landwirtschaftsausstellung in Smithfield der Öffentlichkeit vor.

Der Universal wurde in zwei Ausführungen angeboten: Der M4 war ein

Vierradtraktor und der M3 ein Dreiradtraktor für die Reihenarbeit. Der Motor war von dem Motor des Morris Commercial aus der Kriegszeit abgeleitet, einem seitengesteuerten Vierzylinder, und wurde beim Traktor mit Benzin angelassen, um dann mit Kerosin zu laufen. Er leistete 42 PS bei 2000 U/min. Später kam auch ein Dieselmotor ins Programm, zunächst ein Perkins P4, nach dem Zusammenschluss von Austin und Morris dann ein 3,4-Liter-Diesel der British Motor Corporation (BMC). 1957 kam der Universal 3 mit Dreizylinderdiesel auf den Markt, und 1961 wurde der Universal 4/60 angekündigt. Dessen Leistung von 60 PS war erzielt worden durch das Aufbohren des 3,4-Liter-Motors auf 3,8 Liter.

Die Produktion wurde später nach Bathgate in Schottland verlegt. Die Nuffield-Traktoren erhielten 1964 ein neues Erscheinungsbild und wurden in 10-60

■ OBEN LINKS: *Sir William Morris war der Mann hinter den Nuffield-Traktoren, und zwar weil er angeblich aufgefordert worden war, gegen die zahllosen Importe nach dem 2. Weltkrieg vorzugehen.*

■ LINKS: *Restaurierter M4 von 1955 mit dem Motor des Morris Commercial, der sich in den Kriegsjahren in zahlreichen Morris-Lastwagen bewährt hatte.*

■ RECHTS: ***Nuffield M4 mit Dieselmotor; ursprünglich wurde ein Perkins-Motor verwendet, der dann von einem 3,4-Liter Diesel der British Motor Corporation abgelöst wurde.***

■ UNTEN: ***Der frühe Nuffield M4 galt als britische Alternative zu den aus Amerika importierten Traktoren. Er besaß ein Fünfganggetriebe und einen Lastwagenmotor und war bekannt für seine Geschwindigkeit.***

■ UNTEN: ***Der M4 von 1949 besaß eine Dreipunktkupplung, Zughaken und Zapfwelle.***

und 10-42 umbenannt. Für das Modelljahr 1967 erschienen sie in neuer Form, aber noch bevor sie von den Käufern richtig angenommen werden konnten, ging Nuffield in der British Leyland Motor Corporation auf, und aus den Nuffield- wurden Leyland-Traktoren. Leyland wurde 1981 an die Unternehmensgruppe Nickerson verkauft.

NUFFIELD M4	
Baujahr	1948
Motor	Morris Commercial ETA
Leistung	42 PS bei 2000 U/min
Getriebe	Fünfganggetriebe
Gewicht	nicht bekannt

OLIVER

Wie viele große Traktorhersteller entstand auch Oliver aus dem Zusammenschluss mehrerer kleiner Firmen. Im Jahre 1929 fusionierten Hart-Parr, Nichols and Shepard und die American Seeding Machine Company mit der Oliver Chilled Plow Company zur Oliver Farm Equipment Sales Company, die dann mit der Konstruktion einer völlig neuen Modellpalette von Traktoren begann. Oliver selbst war im Jahre 1855 durch den Schotten James Oliver gegründet worden, der einen Pflug aus Hartguss entwickelt hatte. Er besaß das Patent für ein Verfahren, das dem Stahl seiner Pflüge eine harte Oberfläche und eine gewisse Zähigkeit verlieh.

Nach Gründung der Oliver Farm Equipment Sales Company gingen die Breitspurtraktoren der Typen A und B der ursprünglichen Firma Oliver in Produktion. Oliver verwendete als erstes Unternehmen in der Spur verstellbare Hinterräder, die auf den unterschiedlichen Reihenabstand verschiedener Pflanzen eingestellt werden konnte. Andere Hersteller zogen aber bald nach. Für den Antrieb sorgte ein Vierzylindermotor mit 18 bis 27 PS, der auch in die Standardmodelle eingebaut wurde, die es bis 1937 in den Ausführungen Standard, Western, Ricefield und Orchard gab und aus denen in den späten Dreißigerjahren der Oliver 90 mit wahlweise Vier- oder Sechszylindermotor mit 49 PS und Dreiganggetriebe wurde.

■ OBEN UND RECHTS: ***Der Oliver 60 feierte 1940 sein Debüt als Kompaktversion des bereits vorhandenen Oliver 70.***

OLIVER 60 BREITSPUR

Baujahr	1940
Motor	1,9 Liter
Leistung	nicht bekannt
Getriebe	Vierganggetriebe
Gewicht	907 kg

■ UNTEN: ***Oliver 70 von 1937, als der Name Hart-Parr bereits nicht mehr im Firmennamen auftauchte.***

■ MODELL 70 HC

Unerwartete Erfolge erzielte das Unternehmen mit dem Breitspurtraktor Oliver Hart-Parr 70 HC, der der Öffentlichkeit im Oktober 1935 vorgestellt wurde. Er war mit einem hoch verdichtenden Sechszylinder-Benzinmotor ausgestattet, der leise und vibrationsarm lief. Bis Februar 1936 waren bereits über 5000 Exemplare verkauft, etwa 3000 mehr als erwartet. Elektrischer Anlasser und

■ OBEN LINKS: ***Der Oliver 80 war ein weiteres neues Modell aus dem Jahre 1940, besaß aber nicht das stromlinienförmige Design der Modelle 60 und 70.***

■ OBEN RECHTS: ***Den 80 gab es mit Benzinmotor wie hier abgebildet und mit Kerosinmotor.***

Beleuchtung standen als Sonderausstattung zur Verfügung.

1937 fiel der Zusatz Hart-Parr im Firmennamen weg, so dass das Modell 70 HC nur noch die Bezeichnung Oliver auf seiner stromlinienförmig gestalteten Haube trug. Im Nebraska-Test leistete der mit hochoktanigem Benzin betriebene Sechszylinder 22,64 PS am Zughaken und 28,37 PS am Treibriemen. 1938 folgten die Modelle 80 und 90. Der 80 besaß das kantige Aussehen früherer Modelle, und der 90 lief mit Kerosin. Von 1938 bis 1952 baute Oliver die Modelle 90 und 99, die anschließend beide unter der Bezeichnung 99 liefen. 1940 stellte die Firma einen kleineren Traktor, das Modell 60, in Breitspurkonfiguration vor und 1944 übernahm sie die Firma Cletrac.

■ BAUREIHE FLEETLINE

Im Jahre 1948 stellte Oliver zum hundertjährigen Firmenjubiläum die Baureihe Fleetline mit den Modellen 66, 77 und 88 vor, die sich durch einen neuen Kühlergrill und ein neues Blechkleid auszeichneten. Alle waren mit einer Zapfwelle ausgestattet, und die Motorenpalette hatte für jeden Käufer etwas zu bieten. Der Hubraum reichte beim 99 Diesel von 2,1 bis 3,8 Liter. Weitere Dieselmotoren waren für die Modelle 77 und 88 erhältlich; ansonsten standen Benzin- und Kerosinmotoren zur Verfügung. Eine Zapfwelle gehörte zur Serienausstattung, eine hydraulische Hubvorrichtung hingegen nicht.

Diesen Modellen folgte die Baureihe Super mit den Modellen 44, 55, 66, 77, 88 und 99. Der Super 44 war das kleinste Modell in der Serie; er wurde angetrieben von einem untengesteuerten Continental-Vierzylinder, der versetzt eingebaut war, um die Sicht des Fahrers zu verbessern. Der Super 55 war ein kompakter Nutztraktor, der mit Benzinmotor 29,6 PS am Zughaken und 34,39 PS am Treibriemen leistete. Die Produktion des Oliver 55 lief auch nach der Übernahme durch White weiter. Der Super 99 von 1954 verfügte über einen aufgeladenen 3,8-Liter-Dreizylinder-Zweitakt-Diesel von General Motors; alternativ dazu gab es ihn auch mit einem Oliver-Diesel. Er besaß eine Dreipunktkupplung und war gegen Aufpreis mit einer Kabine erhältlich.

Im Jahre 1960 kaufte die White Motor Corporation zunächst Oliver und verleibte sich dann auch Cockshutt und Minneapolis-Moline ein und verschmolz sie zur White Farm Equipment.

■ LINKS: ***Der Oliver 1955 besaß eine eckige Kabine und wurde in den Siebzigerjahren gebaut, mehr als zehn Jahre, nachdem Oliver von White aufgekauft worden war. Beide Unternehmen kamen später zu AGCO.***

RENAULT

In den Anfangstagen der Traktorproduktion in Europa lag Frankreich hinter den großen europäischen Ländern zurück; der Traktorbau beschränkte sich auf den Autohersteller Renault und die Montage britischer Austin-Traktoren. In den Jahren unmittelbar nach dem 1. Weltkrieg kündigte Renault (zusammen mit Peugeot und Citroen) den Bau eines Raupenschleppers an. Der Renault-Raupenschlepper basierte auf den Erfahrungen, die das Unternehmen während des Krieges im Panzerbau gesammelt hatte. Er erhielt die Modellbezeichnung GP und war mit einem 30-PS-Benzinmotor und einem Dreiganggetriebe mit einem Rückwärtsgang ausgestattet; gesteuert wurde er über einen Lenkhebel. Eine verbesserte Ausführung, der H1, ging 1920 in den Verkauf. Anschließend entwickelte Renault den HO, eine Radversion des H1. Dieses Modell wurde von einem Vierzylindermotor angetrieben, der 20 PS bei 1600 U/min leistete, und besaß ein epizyklisches Untersetzungsgetriebe in den Hinterrädern. Alle Modelle basierten auf einem Stahlträgerrahmen, und der Motor saß unter einer modisch abgerundeten Haube, die starke Ähnlichkeit mit den Renault-Lastkraftwagen und Personenwagen jener Zeit aufwies. 1922 erschien das Modell PE, das sich von der Konstruktion her stark von seinen Vorgängern unterschied. 1933 folgte das Modell VY mit 30-PS-Reihenvierzylinderdiesel. Es hatte einen vorn platzierten Kühler, und der Motor war gekapselt. Dieser gelb-schwarze Renault-Schlepper wurde als erster Dieseltraktor in Frank-

■ UNTEN: ***Renault 145.54, einer aus einer modernen Palette unterschiedlich starker Traktoren mit Turbodieselmotor.***

■ UNTEN: ***Der vierradgetriebene Renault Ceres 610RX gehört mit dem kleineren 85-PS-Modell 95X derzeit zu einer Baureihe mit stromlinienförmigem Design.***

RENAULT 106.54	
Baujahr	1996
Motor	Sechszylinder-Turbodiesel
Leistung	100 PS (75 kW)
Getriebe	12 Vorwärts-, 12 Rückwärtsgänge
Gewicht	nicht bekannt

■ RECHTS: *Renault produziert Allzwecktraktoren wie diesen hier und Spezialmaschinen für Obstplantagen.*

■ UNTEN LINKS: *Renault-Traktor mit in Frankreich gebautem hydraulischen Frontlader.*

■ UNTEN RECHTS: *Der Renault 106.54 hat Vierradantrieb und einen 100-PS-Motor. Zwillingsbereifung und Vierradantrieb sorgen für besseres Vorwärtskommen in schwerem Boden.*

reich in größeren Stückzahlen gebaut. Renault war auch im 2. Weltkrieg der bedeutendste französische Traktorhersteller und hatte 1948 eine Gesamtproduktion von 8500 Exemplaren erreicht. Ein großer Teil davon entfiel auf das Modell 303E, dem 1948 das Modell 3042 folgte.

Zu den neueren Traktoren von Renault gehört das Modell 61 RS, eine Maschine mit niedriger Silhouette für den Einsatz auf engem Raum, die von einem Dreizylinderdiesel angetrieben wird, der bei einer Nennleistung von 60 PS an der Zapfwelle höchstens 57 PS leistet. Der TYX 80 ist ein Traktor mit wassergekühltem Vierzylinderdiesel mit 78 PS. Das Modell 61 RS steht als zwei- und vierradgetriebene Ausführung mit zwölf Vorwärts- und Rückwärtsgängen zur Verfügung. Der 106.14 ist ein größerer Traktor mit Sechszylinderdiesel mit 5,6 Litern Hubraum. Er leistet 96 PS und ist mit wahlwesie mit einer oder zwei angetriebenen Achsen erhältlich.

ROADLESS TRACTION LTD

Die Roadless Traction Ltd. in Großbritannien konstruierte zahlreiche Halbketten-Umrüstsätze für so unterschiedliche Fahrzeuge wie den Foden-Dampflastwagen und den Morris Commercial. Später kamen Umrüstsätze für verschiedene Traktoren wie den Fordson E27N und für den Land Rover als Forstwirtschaftsfahrzeug hinzu.

■ PHILIP JOHNSON

Der Firmenname Roadless Traction Ltd. wurde am 4. März 1919 für Henry Johnson registriert. Johnson, Jahrgang 1877, hatte am College of Science in Durham Maschinenbau studiert und erste Berufserfahrungen in der Schwerindustrie in Südwales gesammelt. Als 1899 der Burenkrieg ausbrach, meldete sich Johnson als Freiwilliger, wurde aber wegen seiner Fehlsichtigkeit nicht angenommen und verdiente sich die Überfahrt nach Südafrika auf einem Viehtransporter. In Kapstadt schaffte er es aufgrund seiner Erfahrungen mit Dampfmaschinen, sich zu einer Transportkompanie der Pioniere abstellen zu lassen. Die Einheit war zuständig für den Transport von Haubitzen und Feldgeschützen sowie Munition, und zwar überwiegend mittels Fowler-Dampflokomobilen. Hier in Südafrika konnte Johnson den Einsatz mechanisierter Transportmittel abseits der Straße studieren. Er kehrte 1906 nach England zurück und nahm eine Stelle bei der Firma Fowler and Company in Leeds an. In dieser Stellung musste er beim Export von Dampfmaschinen assistieren und lebte auch eine Zeit lang in Indien. Angeblich soll er viele Fowler-Dampflokomobile unter eigenem Dampf bis in die entlegensten Winkel des Subkontinents ausgeliefert haben.

Johnson kehrte 1915 aus Indien zurück und nahm einen Posten im Rüstungsministerium an. Er verbrachte einen Großteil der Kriegsjahre mit der Entwicklung von Panzern und besuchte auch die Front in Frankreich, um Panzer im Einsatz zu sehen. Nach dem Krieg befasste er sich weiter mit der Panzertechnik und entwickelte Gummigleisketten und eine Aufhängung aus Federn und Drahtseilen.

1918 endete Johnsons Militärdienst, und in den Zwanzigerjahren begann er mit der Umrüstung von Foden- und Sentinel-Lastwagen zu Halbkettenfahrzeugen, indem er die angetriebenen Hinterräder durch Ketten und Laufrollen ersetzte. In dieser Zeit wurden auch Lastwagen verschiedener Größen auf Halbkette umgerüstet, darunter Fahrzeuge von Peugeot, Vulcan, Austin, Guy, Daimler, FWD und Morris, die an Käufer in so unterschiedlichen Gegenden wie Schottland, Sudan und Peru gingen. Einer der ersten größeren geschäftli-

■ RECHTS: *Fordson N Roadless von 1941 mit über Kette angetriebener Hesford-Winde.*

■ GEGENÜBER UNTEN: *Fordson-Roadless-Halbkettenschlepper mit Tankanhänger aus dem 2. Weltkrieg; die Gruppe freiwilliger Luftwaffenhelferinnen betankt eine Hawker Hurricane.*

■ UNTEN: *Fordson E27N mit Roadless-Halbkette DG4.*

chen Erfolge war ein Auftrag über Lastwagen für die Anglo-Persian Oil Company im Zusammenhang mit der Ölsuche im Iran. Roadless lieferte dazu umgerüstete Morris Commercial.

■ RAUPENSCHLEPPER

Mit zunehmenden Erfolgen wandte sich die Firma Traktoren und potenziellen landwirtschaftlichen Anwendungen ihrer Technik zu. Als eine der ersten

FORDSON N ROADLESS

Baujahr	1944
Motor	Reihenvierzylinder-Benzinmotor
Leistung	20 PS
Getriebe	Dreiganggetriebe
Gewicht	1225 kg plus Laufräder

Maschinen wurde ein Peterbro-Traktor der Firma Peter Brotherhood Ltd. aus Peterborough umgerüstet.

Dieser Traktor besaß einen Vierzylinder-Benzin/Kerosin-Motor von Ricardo, der 30 PS leistete. Es wurden nur wenige Exemplare gebaut und noch weniger – möglicherweise nur einer – auf die Roadless-Halbkette umgerüstet. Roadless arbeitete noch mit einer weiteren Firma aus Peterborough, Barford and Perkins Ltd., zusammen, um einen Halbkettenschlepper zu bauen. Dieser basierte auf der Straßenwalze THD und wurde von einem im Heck eingebauten stehenden Zweizylindermotor von McLaren-Benz angetrieben, der seine Kraft über ein Dreiganggetriebe auf die Straße brachte. Seine Zugleistung am Haken betrug 6858 kg, aber da der Schlepper elf Tonnen wog, war er im Gelände nur begrenzt zu gebrauchen, so dass das Projekt schließlich aufgegeben wurde.

Die Entwicklung von Ketten mit Gummigelenken versetzte Roadless in die Lage, voll taugliche Schlepper für die Landwirtschaft zu bauen. Das firmeneigene Kettensystem ließ sich problemlos auf viele Traktoren einstellen

und erforderte nur geringen Wartungsaufwand, so dass es die Landwirte schnell zu schätzen lernten. Die Firma rüstete bei AEC hergestellte Rushton-Traktoren zu Vollkettenfahrzeugen mit Gummigleisketten mit Bremslenkung und Differentialbremsen um. Rushton Tractors war im Jahre 1929 als Tochterfirma von AEC gegründet worden, um Rushton- und Roadless-Rushton-Schlepper zu fertigen. Den Roadless Rushton gab es mit zwei Kettenlängen: die Standardausführung besaß zwei, die andere Version drei Laufrollen auf jeder Seite. Diese Schlepper gehörten zu denen, die 1930 bei den World Agricultural Tractor Trials in Wallingford erfolgreich vorgeführt wurden. Sie verkauften sich sowohl in Großbritannien als auch im Export recht gut. Rushton Tractors ging allerdings in Konkurs, nachdem ein Kunde aus Algerien mit der Bezahlung von 100 Schleppern für den Weinbau in Verzug geraten war.

Natürlich war es nur eine Frage der Zeit, bis auch Fordson-Traktoren umgerüstet werden konnten. 1929 war es so weit. Nach einer erfolgreichen

■ OBEN: ***Dieser Roadless E von 1950 wird von einem TVO-Motor angetrieben. Man nimmt an, dass insgesamt nur etwa 25 Maschinen dieses Typs gebaut wurden.***

ROADLESS E VOLLKETTE

Baujahr	1950
Motor	Fordson TVO oder Diesel
Leistung	40 PS
Getriebe	Dreiganggetriebe
Gewicht	nicht bekannt

Vorführung, bei der der auf Halbkette umgerüstete Fordson N 1930 am Strand von Margate drei Tonnen Tang wegschleppte, wurde der Fordson mit Roadless-Umrüstsatz schnell populär. Ihn gab es in zwei Kettenlängen. Ford verlegte 1931 die Traktorproduktion von Irland nach Dagenham und stimmte der Umrüstung offiziell zu. Die Verbindung zwischen Ford und Roadless Traction blieb von da an bis in die Achtzigerjahre hinein bestehen.

Ein weiterer großer Hersteller, der sich der Roadless-Technik bediente, war die Firma Case in Racine, Wisconsin. Eine Reihe von Case-Traktoren, darunter die Modelle C. L und LH, wurde umgerüstet, behielten aber im Gegensatz zu anderen, das Lenkrad. Roadless baute Versuchsfahrzeuge für McLaren, Lanz, Bolinder-Munktell, Mavag und Allis-Chalmers, die aber vielfach nicht über das Prototypstadium hinauskamen. Die Forstwirtschaft und das Schleppen von Rettungsbooten waren zwei Anwendungsgebiete, für die sich die von Roadless umgerüsteten Fahrzeuge hervorragend eigneten.

In den Kriegsjahren baute Roadless eine Vielzahl von Maschinen als Flugzeugschlepper für die britische Luftwaffe. Obwohl das Werk fast den deutschen Luftangriffen zum Opfer fiel, produzierte es ausschließlich für die Rüstung, sei es in Form von Experimentalarbeit oder in der Umrüstung amerikanischer Traktoren von Case, Massey-Harris und Oliver auf Kettenantrieb.

In den Jahren unmittelbar nach dem Krieg rüstete Roadless eine große Zahl

■ UNTEN LINKS: ***Der Fordson Roadless mit Vollkette war mit einer Gummigleiskette ausgestattet, aber auch nach beträchtlichen Entwicklungsarbeiten wurden nur sehr begrenzte Stückzahlen verkauft.***

■ UNTEN RECHTS: ***Roadless ging mit dem Modell E im Jahre 1950 in die Produktion, als auch diese Ausführung mit TVO-Motor entstand.***

Fordson E27N auf Kette um, die dann über Werbung in Fordanzeigen vermarktet wurden. Der umgerüstete Fordson erhielt 1948 bei der Royal Show in York eine Silbermedaille und wurde anschließend in mehreren Ausführung gefertigt und exportiert.

In den Fünfzigerjahren wandte sich das Unternehmen dem Bau von Vollkettenschleppern und vierradgetriebenen Traktoren zu. Diese Tätigkeit und die Verbindungen zur Forstwirtschaft führten letztendlich zur Umrüstung des Land Rover. Wie die Vollketten- so entstanden auch die Halbkettenfahrzeuge aus Radtraktoren. Das Unternehmen rüstete den Fordson E um und später auch den Fordson Diesel Major, der dann als Roadless J17 vertrieben wurde. Gleichzeitig entwickelte Roadless eine Dreirad-Breitspurausführung des Fordson E27N Major für den Vertrieb in den Vereinigten Staaten, die bis 1964 in der Produktion blieb.

Der erste vierradgetriebene Roadless-Traktor erschien 1956 unter der Ägide von Philip Johnson, der das Unternehmen jetzt führte. Johnson war viel unterwegs, um seine Produkte im Einsatz zu beobachten. Bei einer Reise nach Italien zu Landini lernte er Dr. Segre-Amar kennen, der die Firma Selene bei Turin gegründet hatte. Selene rüstete Fordson-Traktoren mittels des Zwischengetriebes und der Vorderachse von sechsradgetriebenen GMC-Lastwagen aus Kriegsbeständen auf Vierradantrieb um. Aus dieser Bekanntschaft entwickelte sich eine Zusammenarbeit, die schließlich dazu führte, dass Roadless in Großbritannien Fordson-Traktoren mit Vierradantrieb baute. Roadless rüstete den Power Major von 1958 und den späteren Super Major in großen Stückzahlen um, daneben ein kleineres Los von Fordson Dexta. Auch International Harvester vertrieb einen von Roadless umgerüsteten Traktor mit Vierradantrieb, den B-450, der bis 1970 im Werk Doncaster gebaut wurde.

■ ROADLESS UND ROVER

Ende der Fünfzigerjahre wandte sich Roadless dem leichten vierradgetriebenen Land Rover zu, der seit mittlerweile zehn Jahren gebaut wurde. Die Forstbehörde hatte gewisse Probleme mit ihren normalen Land Rovern, die sich auf den zerfurchten Waldwegen oft festfuhren und im Gelände vor umgestürzten Bäumen kapitulieren mussten. Der Technikbeauftragte der Forstbehörde, Colonel Shaw, schlug vor, den Land Rover mit Traktorreifen der Größe 10 x 28“ auszurüsten. Nach Bau und Erprobung eines Prototyps kam man zu dem Schluss, dass das Fahrzeug über ein gewisses Potenzial verfügte, aber noch weiter entwickelt werden musste. Daraufhin erhielt Roadless einen Land Rover mit langem Radstand zur Umrüstung.

Der Umbau gestaltete sich recht aufwendig. Die ursprünglichen Schalt- und Zwischengetriebe behielt man bei, kombinierte sie aber mit Studebaker-Achsen mit Planetenuntersetzungsgetriebe von GKN-Kirkstall. Die Vorderachse besaß eine um 35 cm größere Spurweite als die Hinterachse, damit das Fahrzeug ausreichend manövrierbar blieb. Der Wendekreis betrug etwa 12 m. Um die großen Räder unterzubringen, wurden die vorderen Kotflügel durch große flache Spritzbleche ersetzt, während die hinteren Schmutzfänger wie bei Traktoren aussahen. Durch die Änderung der

■ RECHTS: *Um den Land Rover nach den Roadless-Vorgaben auf 28"-Räder umzurüsten, mussten die vorderen Kotflügel geändert werden.*

■ UNTEN LINKS: *Die Umrüstung des Land Rover durch Roadless wurde von der Firma Rover ab 1961 genehmigt. Diese Ladefläche aus Stahl gehörte zur Sonderausstattung.*

Übersetzungsverhältnisse und der Raddurchmesser erreichte das Fahrzeug eine Höchstgeschwindigkeit von 48 km/h.

Der umgebaute Land Rover wurde zusammen mit einem zweiten Prototyp ausführlichen Tests unterzogen. Roadless nahm ein paar weitere Veränderungen vor, darunter eine Verstärkung des Chassis und eine Vergrößerung der Bodenfreiheit, und nach mehrjährigen Tests stimmte Rover der Umrüstung zu. Diese Zustimmung führte dazu, dass der umgerüstete Land Rover ab 1961 als Roadless 109 vermarktet werden konnte. Im Dezember des gleichen Jahres kostete die Ausführung mit 2,3-Liter-Benzinmotor 1558 Pfund Sterling, während das Modell mit Dieselmotor auf 1658 Pfund kam. Ein Sonderaufbau mit Ladefläche war für weitere 172 Pfund erhältlich. Der Roadless brauchte 28,3 l/100 km und besaß einen 68-Liter-Tank. Tests zeigten, dass das Fahrzeug bei der Kurvenfahrt mit 24 km/h untersteuerte; die Lenkung war bei geringer Geschwindigkeit schwergängig, und der Wagen konnte 75 cm tiefes Wasser durchwaten. Letzteres wurde auch in der Werbung herausgestrichen, zusammen mit dem Hinweis, dass die große Spurweite für Stabilität bei seitlicher Hangfahrt sorgte. Das Land-Rover-Projekt lief bei Roadless gewissermaßen nebenher, denn die Hauptaktivitäten richteten sich Mitte der Sechzigerjahre auf den Bau vierradgetriebener Traktoren. Als die Produktion des Fordson Super Major im Jahre 1964 auslief, hatte Roadless etwa 3000 Exemplare auf Vierradantrieb umgerüstet.

■ ROADLESS 4X4

Im Laufe der nächsten zehn Jahren vollzogen sich bei Roadless einschneidende Änderungen – beginnend mit dem Tod von Philip Johnson, der am 8. November 1965 im Alter von 88 Jahren starb. Johnson war bis zuletzt aktiv im Unternehmen tätig gewesen. Sein Tod bedeutete eine Umorientierung, doch die Produktion vierradgetriebener Traktoren ging weiter: Roadless lieferte die Umrüstsätze für die neuen Ford-Modelle 2000, 3000, 4000 und 5000. Der 5000 war das stärkste Modell mit 65 PS und wahlweise 8- oder 10-Gang-Getriebe. In der von Roadless umgerüsteten Version hieß er Ploughmaster 65. Ihm folgte der Ploughmaster 95.

Bei diesen Traktoren waren wie bei den Vorgängern die Vorderräder kleiner als die Hinterräder, aber mit der Umrüstung des Land Rover hatte das Unternehmen bestimmte Erfahrungen gesammelt. Bereits seit Mitte der Sechzigerjahre hatte es Pläne zum Bau von Traktoren mit gleich großen Rädern an der Vorder- und Hinterachse gegeben, wie sie auch der Roadless 109 besessen hatte. Einer der ersten Traktoren dieser Art war der Roadless 115.

Die überzeugenden Vorführungen bei landwirtschaftlichen Ausstellungen führten dazu, dass auch weiterhin bei Roadless kein Mangel an Arbeit herrschte. Aber die Roadless-Traktoren hatten unter einer zunehmend strengeren Gesetzgebung zu leiden und mussten ab Ende der Siebzigerjahren mit schallgedämpften Kabinen ausgerüstet werden. Zu der Zeit hatte der Verkauf der vierradgetriebenen Fahrzeuge wegen der wachsenden Konkurrenz durch andere Hersteller, die wie Same, Belarus und Zetor auch billigere Trak-

toren mit Vierradantrieb anboten, nachgelassen. Hinzu kam die Konkurrenz anderer internationaler Unternehmen.

Roadless dehnte zwar noch die Geschäftstätigkeit auf den Bau von Umschlaggerät für Baumstämme und Traktoren für die Forstwirtschaft aus, doch war es zu spät: Die Rezession im Gefolge der zweiten Ölkrise am Beginn der Achtzigerjahre zwang das Unternehmen zur Aufgabe.

■ OBEN UND LINKS UNTEN: ***Roadless Traction rüstete den Land Rover mit 2768 mm Radstand um. Hier zu sehen ist ein Modell der Baureihe II mit Dieselmotor, das für die Forstarbeit vorgesehen ist. Bei der Umrüstung wurden die Vorder- und die Hinterachse gegen Studebaker-Achsen ausgetauscht, die die Bodenfreiheit und die Spurweite vergrößerten.***

ROADLESS 109 LAND ROVER	
Baujahr	1961
Motor	Reihenvierzylinder-Diesel
Leistung	67 Brems-PS (50 kW) bei 4000 U/min
Getriebe	8 Vorwärts-, 2 Rückwärtsgänge
Gewicht	3052 kg

WEITERE HERSTELLER

(Same, Somua, Steyr)

■ SAME

Die italienische Firma Same wurde 1942 gegründet und besitzt derzeit die Rechte an der Marke Lamborghini. Einer ihrer ersten Traktoren war der 4R20M von 1950, der von einem Zweizylinder-Benzin/Kerosin-Motor mit 20 PS angetrieben wurde. Mitte der Achtzigerjahre baute Same den Condor 55 und die Modelle 90 und 100. Der Condor 55 ist ein konventioneller Traktor mit luftgekühltem 2,8-Liter-Dreizylinderdiesel mit Direkteinspritzung, der 55 PS leistet. Die Modelle 90 und 100 gehören zu einer Baureihe, deren Typbezeichnung etwa der PS-Leistung entspricht. Beide haben zwölf Vorwärts- und drei Rückwärtsgänge und erreichen eine Höchstgeschwindigkeit von 30 km/h. Beide verfügen über eine zweistufige Zapfwelle und hydrostatische Lenkung.

■ LINKS: ***Die Firma Same wurde 1942 von Francesco Cassani gegründet; hier ein Same Antares 100 von 1990.***

■ OBEN: ***Same baut heute Maschinen wie den Antares 130 und ist bekannt für 4x4-Traktoren.***

■ UNTEN: ***Der Same Silver 90 von 1995 ist ein vierradgetriebenes Modell aus einer Reihe ähnlicher Traktoren mit unterschiedlichen Leistungen.***

■ UNTEN: ***Der Same Silver 90 hat einen Turbodiesel, der etwa 90 PS leistet.***

■ RECHTS: *Somua war einer von zahlreichen französischen Herstellern, die in der Zeit zwischen den Kriegen Traktoren für die Landwirtschaft bauten.*

■ **SOMUA**

Somua war in den Jahren zwischen den Kriegen ein französischer Landmaschinenhersteller, zu dessen Produkten auch eine Maschine mit angetriebener Motorhacke gehörte. Weitere Hersteller ähnlicher Maschinen waren Amiot und Dubois. Ersterer baute eine Maschine mit integriertem Pflug, letzter einen umkehrbaren Motorpflug.

■ **STEYR**

Der österreichische Hersteller Steyr kam 1928 mit einem 80-PS-Traktor auf den Markt, von dem aber nur wenige Exemplare gefertigt wurden. Nach dem 2. Weltkrieg nahm Steyr die Traktorproduktion wieder auf und brachte 1948 das Modell 180 mit Zweizylinderdiesel sowie 1949 das kleinere Modell 90 auf den Markt. Diesen folgten in den Fünfzigerjahren die Modelle 185 und 280 mit Drei- bzw. Vierzylinderdiesel. Das Unternehmen mit Sitz in St. Valentin hatte in den achtziger und Neunzigerjahren eine Reihe von Traktoren zwischen 42 und 145 PS im Programm. 1996 erwarb Case von der Steyr-Daimler-Puch AG 75 Prozent der Anteile an der Steyr Landmaschinentechnik GmbH (SLT).

■ LINKS: *Früherer Somua-Traktor, nun eingesetzt zum Schleppen von Fischerbooten an den abfallenden Stränden in der Normandie.*

■ LINKS: *Die österreichische Firma Steyr nahm die Traktorproduktion nach dem 2. Weltkrieg wieder auf. Hier gezeigt ist ein modernes, vierradgetriebenes Exemplar aus der gegenwärtigen Modellpalette.*

STEIGER

■ LINKS: *Die Steiger-Traktoren waren in einem auffälligen Limonengrün lackiert und nach Tieren benannt. Dieser Cougar II ist einer von ihnen.*

Der erste Steiger-Traktor wurde Ende der Fünfzigerjahre in North Dakota gebaut. Benannt nach den Brüdern, die ihn konstruiert hatten, soll dieser Traktor über zehntausend Betriebsstunden erreicht haben. Er ist heute im Museum von Bonanzaville in West Fargo zu besichtigen. Die erste Steiger-Produktionsstätte war eine Scheune auf der Farm der Gebrüder Steiger bei Thief River Falls im US-Bundesstaat Minnesota. Ende der Sechzigerjahre verlegte die Firma ihre Produktion in größere Einrichtungen in Fargo. Die auffallend limonengrünen Steiger-Traktoren mit Motoren von bis zu 52 PS trugen Tiernamen wie Puma, Bearcat, Cougar, Panther, Lion und Tiger, wobei jeder Name für eine bestimmte PS-Klasse stand.

1986 ging Steiger in den Besitz von Case International Harvester über. Im Rahmen dieser Übernahme wurden die vierradgetriebenen Traktoren beider Unternehmen farblich und von der Bezeichnung her zusammengefasst. Unter dem Namen Steiger liefen die leistungsstarken Modelle, und bei einer Umfrage unter Landwirten wurde dieser Name als bekannteste Marke für vierradgetriebene Traktoren genannt. Aus diesem Grunde belebte Case International Harvester den Namen später für die Modelle der Baureihe 9300 wieder, die als führend auf dem Markt der Allradtraktoren galten. Eine Zeit lang baute ein ungarischer Hersteller in Lizenz Traktoren unter der Bezeichnung RABA-Steiger.

Die gegenwärtige Baureihe 9300 der Case International Harvester umfasst zehn Steiger-Modelle im Leistungsbereich zwischen 240 und 425 PS, darunter zwei Breitspur-Sonderausfertigungen und der Quadtrac mit vier unabhängi-

■ OBEN: *Steiger baute Großtraktoren für andere Hersteller, darunter diesen Allis-Chalmers 440 von 1973, dem 1986 der 4W-305 folgte.*

■ OBEN: *Dieser Steiger Case IH 9280 ist mit Drillingsreifen ausgerüstet und speziell auf den Bedarf großer Betriebe zugeschnitten.*

■ LINKS: *Case IH kaufte Steiger im Jahre 1986. Anschließend wurden die Traktoren beider Firmen im Rotgrau von Case IH lackiert. Dieser 9280 stammt aus dem Jahre 1992.*

STEIGER 9310 4WD	
Baujahr	1996
Motor	Case 6TA, sechs Zylinder
Leistung	207 PS an der Zapfwelle, 240 Brems-PS
Getriebe	12 Vorwärts-, 3 Rückwärtsgänge
Gewicht	9537 kg

gen Gleisketten. Ihr Produktionsort ist Fargo.

Vierradgetriebene Traktoren bieten gegenüber zweiradgetriebenen Fahrzeugen den Vorteil, dass sie in nassem Boden weniger tief einsinken. Gewicht und Zugkraft sind gleichmäßiger verteilt, Schlupf und Rollwiderstand sind geringer, und am Zughaken steht mehr Kraft zur Verfügung. Die Steiger-Modelle der Baureihe 9300 sind mit ihren Motoren der Typen Case 8.3 L, Cummins N14 und Cummins M11 sparsam im Verbrauch. Diese Motoren sind auf ein optimales Verhältnis von Drehmomentanstieg, Leistungsverlauf und Verbrauch hin konstruiert. Die Modelle der Baureihe 9300 reichen vom 9330 mit 240 PS bis zum 9390 mit 425 PS. An Getrieben stehen zur Verfügung ein 12-Gang-Synchroshift-Standardgetriebe, ein 24-Gang-Synchroshift-Getriebe mit Wahlmöglichkeit zwischen hoher und niedriger Übersetzung und ein 12-Gang-Powershift-Getriebe, wobei nicht jedes Ausführung für jedes Modell erhältlich ist. Die Traktoren sind umfangreich ausgestattet mit Zughaken, Hydrauliksystemen und Zapfwellen. Ihre Hubfähigkeit reicht je nach Modell von 6662 bis 8884 kg.

■ OBEN: ***Der Steiger Panther ST-310 hat wie der größere Tiger ST-470 einen Dieselmotor von Cummings.***

■ UNTEN: ***Der Sechszylinderdiesel des Panther ST-310 leistet 310 PS bei 14 Litern Hubraum.***

WEITERE HERSTELLER

(Tung Fung Hung, Twin City, Universal, Ursus, Valmet, Versatile, Volvo, Waterloo Boy)

■ TUNG FUNG HUNG

Die Traktorproduktion hat trotz der vielen verfügbaren Arbeitskräfte einen großen Stellenwert in der chinesischen Landwirtschaft. Tung Fung Hung ist nur einer von mehreren chinesischen Herstellern. In den Fünfzigerjahren baute das Unternehmen in staatlichen Einrichtungen einen Traktor mit der Bezeichnung Iron Buffalo sowie einen Raupenschlepper. Sie fertigte weiterhin eine Ausführung des MTZ der Minsker Traktorenwerke. Eine Reihe chinesischer Werke bauen Traktoren für den Export, die unter einer Vielzahl von Namen vertrieben werden, darunter American Harvester.

■ OBEN: *In China werden sowohl normale Traktoren als auch Raupenschlepper gebaut.* ■

■ OBEN: *In China ist die Landwirtschaft nicht so von der Technik bestimmt wie in anderen Teilen der Erde. Kleintraktoren wie diese Maschine in Nanking sind allerdings weit verbreitet.*

■ MITTE: *Kleine Landmaschinen wie hier in der Provinz Hunan bestehen aus kleinen Motoren mit Traktorreifen.*

■ OBEN: *Maschinen wie diese werden in China für vielfältige Aufgaben eingesetzt.*

■ RECHTS: *Im Laufe der Jahre ist die Bezeichnung Universal von vielen Traktorherstellern verwendet worden; hier ein UTB Universal 530.*

TWIN CITY

Twin City war der Markenname der Traktoren der Minneapolis Steel and Machinery Company, die 1910 den Twin City 40 auf den Markt brachte, dessen Abstammung von der Dampfmaschine ganz deutlich war: Er besaß einen frei zugänglichen Motor an Stelle des Kessels, einen zylindrischen Kühler und ein lang gezogenes Dach. Der Twin City 40 wurde von einem Reihenvierzylinder angetrieben, während sein größerer Bruder 60-90 über einen großvolumigen Reihensechszylinder verfügte, der 90 PS bei 500 U/min leistete. Die Maschine besaß Hinterräder mit 2,1 m Durchmesser und ein 1-Gang-Getriebe, mit dem sie 3 km/h erreichte. 1929 wurde die Minneapolis Steel and Machinery Company Teil von Minneapolis-Moline.

■ **UNIVERSAL**

Im Jahre 1915 erwarb die Moline Plow Company die Universal Tractor Company in Columbus, Ohio. Deren Produktion wurde nach Moline in Illinois verlegt, wo für den Bau des Moline Universal eine neue Halle errichtet wurde. Der Moline Universal war eine Zweiradkonstruktion für die bislang von Pferden gezogenen Maschinen der Landwirte sowie für eigene Neuentwicklungen. Er gilt allgemein als erster Breitspurtraktor für die Reihenarbeit und verfügte über einen elektrischen Anlasser und Beleuchtung – sehr fortschrittlich für die damalige Zeit.

■ OBEN: ***Das UTB-Logo weist darauf hin, dass dieses Modell 600 von der Universal Tractors of Brasov gebaut wurde.***

■ LINKS: ***Der UTB Universal 600 mit Dieselmotor stammt aus Brasow in Rumänien, wo die Produktion 1946 begann. Wie andere Hersteller aus dem ehemaligen Ostblock setzt UTB stark auf den Export.***

WEITERE HERSTELLER

■ OBEN: *Ursus in Polen begann mit einer Konstruktion, die auf dem Lanz Bulldog beruhte, um später auf ein Ostblock-Standardmodell umzustellen. Dieses viel spätere Modell 106-14 ist in Irland an der Arbeit.*

■ LINKS: *Ursus-Traktoren wie dieser wurden sowohl in die Vereinigten Staaten als auch in einen Großteil der europäischen Länder exportiert.*

■ GEGENÜBER OBEN: *Der Valmet 8450 ist ein moderner, vierradgetriebener Traktor mit einem 140 PS starken Dieselmotor mit Turbolader.*

■ GEGENÜBER: *Die kanadische Firma Versatile baute ab 1966 massige Gelenktraktoren. Der 895 hat einen 14-Liter-Motor mit 310 PS hinter der Kabine.*

■ **UNIVERSAL**
Eine weitere Firma, die die Bezeichnung Universal verwendete, kam aus dem rumänischen Brasow. Sie begann 1946 mit der Produktion und exportierte in viele Länder. Aus der Mitte der Achtzigerjahre stammt das Modell 1010, das von einem 100 PS starken Sechszylinderdiesel mit 5,4 Litern Hubraum angetrieben wird. In den Vereinigten Staaten wurden die rumänischen Universal-Modelle unter dem Markennamen Long vertrieben.

■ **URSUS**
Bei Ursus handelte es sich um einen in Staatsbesitz befindlichen polnischen Traktorhersteller, dessen Traktoren starke Ähnlichkeit mit den Fahrzeugen anderer Staatsbetriebe des damaligen Ostblocks aufwiesen, darunter die fünfziger Modelle von ZT (ehemalige DDR) und der tschechoslowakische Zetor. Ursus produzierte außerdem in Bulgarien unter der Bezeichnung Bolgar.

■ **VALMET**
Valmet ist ein finnischer Traktorhersteller, der seit 1972 zu Volvo BM gehört. Das

Unternehmen hat sich auf Traktoren für die Forstwirtschaft spezialisiert und baut beispielsweise den Jehu 1122, bei dem Ketten über die Räder gezogen werden können, um die Traktion im Tiefschnee zu erhöhen. Volvo BM Valmet fertigt weiterhin das Modell 2105, einen Traktor mit 163-PS-Sechszylinder-Turbodiesel. Valmet fertigt übrigens auch im Auftrag von Porsche und Saab Personenwagen wie den Boxster oder das Saab-Cabrio.

■ **VERSATILE**
Im Jahre 1947 wurde im kanadischen

WEITERE HERSTELLER

Toronto die Hydraulic Engineering Company gegründet und begann mit der Produktion kleiner Landmaschinen unter der Bezeichnung Versatile. 1954 brachte die Firma ihre erste große Maschine heraus, einen selbst fahrenden Schwadmäher. 1963 wurde die Hydraulic Engineering Company in eine Aktiengesellschaft umgewandelt und nannte sich von da an Versatile Manufacturing Ltd. Im Jahre 1966 schließlich stieg Versatile in die Fertigung großer vierradgetriebener Traktoren mit über 200 PS Leistung ein. Das Unternehmen wechselte 1976 den Besitzer und wurde 1977 als Versatile Farm Equipment Company Teil der Versatile Corporation, um 1991 schließlich in den Besitz der Ford New Holland Americas überzugehen.

■ LINKS: ***Der kanadische Hersteller Versatile spezialisierte sich zu Beginn der Siebzigerjahre auf den Bau großer vierradgetriebener Traktoren wie diesen 895.***

■ UNTEN: ***1991 kam Versatile zu Ford New Holland; daraus entstanden Maschinen wie dieses Modell 946 in den charakteristischen Ford-Farben.***

■ VOLVO

Die schwedische Volvo-Gruppe ist einer der großen Autohersteller und seit langem auf dem Traktormarkt etabliert. In den Zwanzigerjahren produzierte sie Traktoren neben der Firma Munktell, die sie später übernahm.

Volvo setzt bei Traktoren seit langem auf Dieselmotoren. So besaß beispielsweise der T30 aus den Fünfzigerjahren einen Perkins-Diesel des Typs L4. Ab 1972 kooperierte Volvo im Traktorbau mit der finnischen Valmet und brachte die Baureihe Nordic speziell für die skandinavischen Länder heraus. In den Achtzigerjahren produzierte Volvo das Modell 805 mit Zweiradantrieb und dazu das vierradgetriebene Modell 805-4. Beide wurde von einem 95-PS-Vierzylinderdiesel mit Turbolader angetrieben. Ein größerer Traktor aus der gleichen Zeit war das Modell 2105. Volvo gehörte zu den ersten Herstellern, die Sicherheitskabinen konstruierten und ihre Traktoren damit ausstatteten. Volvo-Traktoren werden überall in Europa und in den Vereinigten Staaten vertrieben; der Konzern selbst gehört zu Ford.

■ WATERLOO BOY

Ein gewisser John Froelich baute in Iowa eine Maschine mit Einzylindermotor von Van Duzen, die vielfach als erster in der Praxis brauchbarer Traktor angesehen wird. Der Motor saß auf dem Robinson-Chassis einer Dampfmaschine, und Froelich konstruierte ein System für die Kraftübertragung. Er besaß Erfahrung mit der Landwirtschaft und hatte ein Lohndreschunternehmen betrieben, so dass er sich über die Anforderungen an die Erntetechnik im Klaren war.

Froelich kaufte eine große Case-Dreschmaschine und ließ sie zusammen mit einem Waggon für deren Bedienung per Eisenbahn nach Langford in South Dakota transportieren. Berichten zufolge fanden sich Hunderte von Zuschauern ein, die seine Maschine während der siebenwöchigen Erntezeit bei der Arbeit sehen wollten. Es gab keinerlei technische Defekte, so dass er viele Leute von den Vorteilen der Technisierung überzeugen konnte. In der Folge konnte Froelich daraufhin eine Reihe von Geschäftsleuten gewinnen, die die Waterloo Gasoline Engine Company gründeten. 1893 baute die Firma vier weitere Traktoren, von denen aber nur zwei voll funktionsfähig waren; 1896 und 1897 kamen weiter Modelle hinzu. Die Firma strich 1895 das Wort »Traction« aus dem Namen und konzentrierte sich auf den Bau von Stantionärmotoren. Da John Froelich in erster Linie an Traktoren interessiert war, verließ er die Firma zu dieser Zeit.

1911 entdeckte die Firma wieder ihr Interesse an Traktoren und baute bis 1914 den Vorläufer des späteren Modells R. Dieses wurde von einem liegenden Zweizylindermotor angetrieben und wurde bald darauf durch das Modell N ersetzt, das 1916 in die Produktion ging und im Laufe von acht Jahren in etwa 20.000 Exemplaren gefertigt wurde. Der N besaß einen massiven Rahmen, auf dem Kraftstofftank, Kühler, Zweizylindermotor und Fahrersitz montiert waren. Der Motor, der mit Benzin angelassen wurde und dann mit Kerosin lief, leistete 25 PS. Die Verwendung von Kugellagern an allen passenden Stellen galt damals als innovativ.

Dieser frühe Traktor hatte unterschiedliche, aber gleichermaßen wichtige Auswirkungen auf zwei andere Traktorhersteller. In Belfast arbeitete damals Harry Ferguson als Vertreter der Firma Overtime (der englischen Importeur); hier machte er seine ersten Erfahrungen mit Traktoren und begann mit seinen Überlegungen, wie sich Zusatzgeräte besser anbringen ließen. Der Waterloo Boy war es auch, der John Deere in das Traktorgeschäft einsteigen ließ. Deere kaufte im Jahre 1918 die Waterloo Gasoline Engine Company für eine Million Dollar und ließ das Modell N zunächst als Deere-Traktor weiter produzieren.

■ OBEN: ***Volvo BM Valmet 405. Im Namen des Herstellers spiegelt sich das Erbe von Volvo, Bolinder, Munktell und Valmet.***

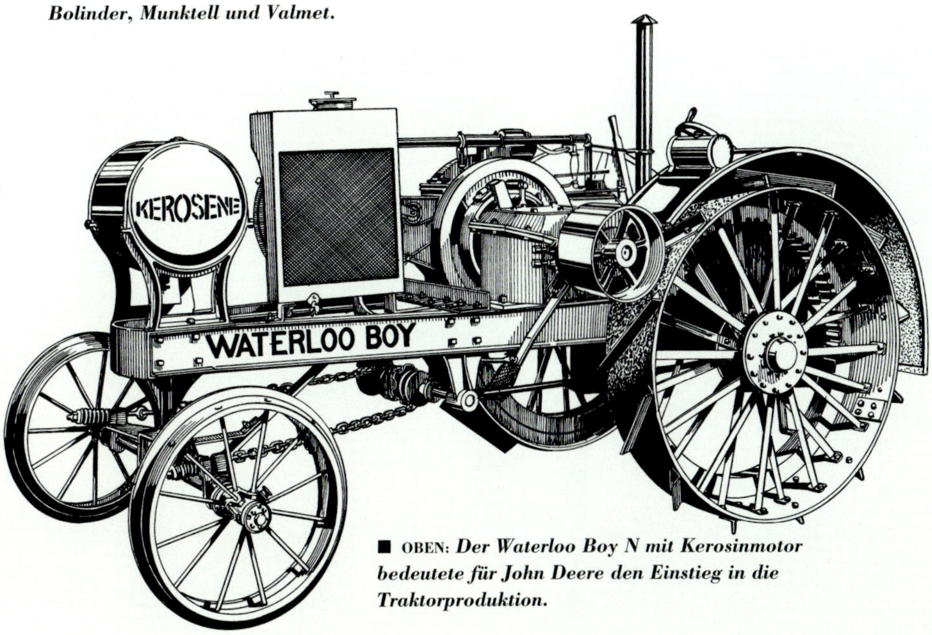

■ OBEN: ***Der Waterloo Boy N mit Kerosinmotor bedeutete für John Deere den Einstieg in die Traktorproduktion.***

White Farm Equipment

Die White Motor Corporation aus Cleveland in Ohio etablierte sich in der Traktorproduktion, nachdem sie Anfang der Sechzigerjahre eine Reihe relativ kleiner Hersteller aufgekauft hatte. Dabei handelte es sich im Wesentlich um Firmen, die seit frühester Zeit im Traktorbau tätig gewesen waren. 1960 erwarb White die Firma Oliver und setzte die Produktion des erfolgreichen und beliebten Modells Oliver 55 bis zum Ende des Jahrzehnts fort. Oliver war selbst im Jahre 1929 aus dem Zusammenschluss mehrerer kleiner Firmen entstanden.

■ LINKS: *Cockshutt war ein etablierter Traktorhersteller und wurde 1962 von der White Motor Corporation aufgekauft, die zuvor schon Oliver und Minneapolis-Moline erworben hatte.*

1962 kaufte White die Cockshutt Farm Equipment Company, deren Geschichte bis 1839 zurückreichte. In den Jahren zuvor hatte Cockshutt beispielsweise die Traktormodelle 20 und 40 gefertigt. Der Cockshutt 20 wurde 1952 eingeführt und besaß einen untengesteuerten 2,3-Liter-Vierzylindermotor von Continental und ein Vierganggetriebe, während das Modell 40 mit einem Sechszylindermotor und Sechsganggetriebe ausgestattet war. Ein Jahr nach Cockshutt kaufte White auch Minneapolis-Moline. White behielt die Markennamen aller drei Firmen bei, bis das gesamte Unternehmen 1969 zur White Farm Equipment umstrukturiert wurde. In den Siebzigerjahren baute White einen Traktor mit der Bezeichnung Plainsman. Dabei handelte es sich um einen zwillingsbereiften Zweiachser mit 8,3-Liter-Motor, der 169 PS leistete. In der Folgezeit wurde White selbst aufgekauft. Die TIC Investment Corporation mit Sitz im texanischen Dallas übernahm White im Jahre 1981 und führte deren Geschäfte unter der Abkürzung WFE weiter. Die Allied Products Corporation in Chicago erwarb Teile von WFE, darunter auch das Traktorwerk in Charles City. 1987 vereinigte Allied White mit der New Idea Farm Equipment Company zu White-New Idea. 1993 kaufte die AGCO Corporation deren Palette an Landmaschinen und behielt den Namen White für ihre Traktoren bei. Die gegenwärtige White-Modellpalette umfasst Traktoren von 45 bis 215 PS, die mit firmeneigenen Entwicklungen wie Synchro-Reverser-, Powershift- und Quadrashift-Getrieben ausgestattet sind. Als Antrieb dienen Cummins-Dieselmotoren mit Direkteinspritzung. Die Modellpalette besteht aus

■ OBEN: *Der White Field Boss 2-60 wurde in der zweiten Hälfte der Siebzigerjahre als White-Traktor vertrieben.*

■ LINKS: *Der Field Boss 4-150 war einer der großen Traktoren der White Farm Equipment.*

■ LINKS: *Dieser White 60 entstand 1989, als die Firma White von der Allied Products Corporation in Chicago kontrolliert wurde.*

den Modellen 6045 und 6065 Mid-Size, 6090 Hi-Clearance sowie sechs Fieldmaster- und drei Powershift-Modellen.

■ WHITE 6045

Der 6045 Mid-Size mit 45 PS an der Zapfwelle besitzt einen Radeinschlagwinkel von 50 Grad und ist mit Zweiradantrieb und mit angetriebener Vorderachse erhältlich. Das Synchro-Reverser-Getriebe hat zwölf Vorwärts- und Rückwärtsgänge. Der 6065 Mid-Size leistet 63 PS an der Zapfwelle; er hat ein Synchro-Reverser-Getriebe mit zwölf Gängen und einen Vierzylindermotor und steht mit Zwei- und Vierradantrieb zur Verfügung. Der 6090 Hi-Clearance mit 80 PS an der Zapfwelle hat eine Bodenfreiheit von 69 cm über den Pflanzreihen, 59 cm an der Vorder- und Hinterachse sowie 55 cm unter dem Zughaken. In dieser Form besitzt er serienmäßig ein Synchromesh-Getriebe mit zwanzig Vorwärts- und Rückwärtsgängen. Die Modelle 6175 und 6195 Powershift leisten zwischen 124 und 200 PS und verfügen über ein elektronisch gesteuertes Getriebe mit 18 Vorwärts- und 9 Rückwärtsgängen. Der White 6215 Powershift leistet 215 PS an der Zapfwelle und besitzt ein Powershift-Getriebe mit 18 Vorwärts- und 9 Rückwärtsgängen. Er wird angetrieben von einem Cummins-Sechszylinder mit 8,3 Litern Hubraum und Turbolader.

WHITE 8410 4WD

Baujahr	1998
Motor	Cummins-Sechszylinder, Typ B5.9
Leistung	145 PS an der Zapfwelle
Getriebe	32 Vorwärts-, 32 Rückwärtsgänge
Gewicht	7303 kg

■ UNTEN: *Der White Plainsman A4T von 1971 war ein großer Gelenktraktor mit 8,3-Liter-Motor.*

WEITERE HERSTELLER

■ WIKOV

Mitte der Zwanzigerjahre baute in der Tschechoslowakei, die gerade ihre Unabhängigkeit von Österreich-Ungarn erreicht hatte, die Firma Wichterie und Kovarik in Prostejow den Wikov 22 mit Zweizylindermotor. Unter den tschechoslowakischen Autoherstellern, die auch Traktoren anboten, waren Praga und Skoda, deren Gründungsfirmen vorher Motorpflüge gebaut hatten.

OPraga hatte die Modelle AT25, KT32 und U50 im Programm, während Skoda den 30HAT mit Vierzylindermotor und Dreiganggetriebe baute, der sowohl mit Kerosin als auch mit einer Mischung aus Alkohol und Benzin, dem so genannten Dynalkol, lief.

ZETOR

Zetor wurde im Jahre 1946 in Brünn in der heutigen Tschechischen Republik gegründet und entwickelte sich zu einem der größten Traktorhersteller in Europa. Bis heute wurde mehr als eine halbe Million Zetor-Traktoren in über hundert Länder auf der ganzen Welt verkauft, vor allem auf zwei Vertriebswegen: Den einen bilden die Firmen der Motokow-Gruppe mit Niederlassungen rund um den Erdball, den anderen das Deere-Händlernetz. Das wurde ermöglicht durch langfristige Vertriebsvereinbarungen zwischen der Motokow-Gruppe, John Deere und Zetor. In den Vereinigten Staaten werden Zetor-Traktoren seit 1982 vertrieben. 1984 übernahm die American Jawa Ltd. den US-Vertrieb über ihre beiden Zentralen in Harrisburg, Pennsylvania, und La Porte, Texas. 1993 konnte Zetor im Rahmen einer Vertriebsvereinbarung mit John Deere eine preislich tiefer angesiedelte Baureihe von Traktoren mit 40 bis 85 PS in so genannten Schwellenländern in Lateinamerika und Asien vermarkten.

Zetor konstruiert und fertigt die meisten Komponenten selbst, darunter auch die sparsamen Motoren. Immer wieder hat sich das Unternehmen um Innovationen bemüht. Bereits 1960 brachte es eines der ersten Hydrauliksysteme, die Zetormatic, auf den Markt. Später gehörte Zetor zu den ersten Traktorherstellern, die voll integrierte Sicherheitskabinen mit eigener Aufhängung fertigten. Der Zetor 8045 Crystal von 1986 besaß einen Diesel-

■ OBEN: *Ein nach England exportierter Zetor-Traktor mit der Zetormatik-Kupplung, einem hydraulischen System für den Anbau von Maschinen wie diesem Heuwender.*

■ LINKS: *Für Zetor war der Export immer ein wichtiges Geschäft. Dieses Modell aus den Siebzigerjahren steht in Frankreich, aber das Unternehmen exportiert weltweit in über 100 Länder.*

■ OBEN: *Der Zetor 25 aus dem Jahre 1945 besaß einen Zweizylinder-Diesel mit 25 PS und war einer der ersten Traktoren, der aus der Tschechischen Republik exportiert wurde.*

motor mit 4,5 Litern Hubraum, der etwa 85 PS leistete. Er hatte Vierradantrieb und ein Getriebe mit acht Vorwärts- und zwei Rückwärtsgängen. 1997 umfasste die Zetor-Modellpalette zehn verschiedene Traktoren vom 3320 und 3340 mit 46 PS bis zum 9640 und 10540 mit 90 PS. Zetor-Traktoren werden in zahlreichen Ländern montiert, darunter Argentinien, Burma, Indien, Irak, Uruguay und Zaire.

■ UNTEN: ***Zeitweise waren der tschechische Zetor, der polnische Ursus und der ostdeutsche ZT als Resultat der Sowjetherrschaft nahezu identisch.***

■ UNTEN: ***Dieser Zetor 3011 Diesel wurde im Werk Brünn hergestellt und nach Großbritannien exportiert. Andere gingen in den Fünfzigerjahren nach Irland und bis nach Neuseeland.***

ZETOR 8045 CRYSTAL	
Baujahr	1986
Motor	4,6-Liter-Reihenvierzylinder-Dieselmotor
Leistung	85 PS
Getriebe	8 Vorwärts-, 4 Rückwärtsgänge
Gewicht	nicht bekannt

■ UNTEN: ***Der Zetor 3011 Diesel von 1966 war ein durch und durch konventioneller Traktor. Der Lenkarm verläuft neben dem Motor zur Vorderachse.***

LANDMASCHINEN

Die Vielseitigkeit von Traktoren wird erhöht durch Spezialgeräte für bestimmte Aufgaben bei der Bestellung und der Ernte. Bei diesen Geräten und Maschinen unterscheidet man im Allgemeinen zwischen solchen, die an den Traktor angebaut werden, und solchen, die hinter dem Traktor geschleppt werden.

In manchen Anbaugebieten kann der Boden zu nass für die Pflanzen werden, so dass Maschinen eingesetzt werden, die die Felder entwässern und die in nassem, schwerem Boden funktionieren, ohne sich festzusetzen. Zur Dränage kann beispielsweise ein Maulwurfsdränagepflug eingesetzt werden, der schmale Entwässerungsrinnen in die Erde schneidet, durch die das überschüssige Wasser abfließen kann. Neueren Datums sind Maschinen, die perforierte Kunststoffrohre für die Entwässerung verlegen.

Hecken werden mit Heckenschneidemaschinen gepflegt, während die Bodenqualität durch das Aufbringen

■ LINKS: ***Traktoren wie dieser Farmall in der Breitspurausführung sind für die Arbeit auf bestellten Feldern vorgesehen und halten die Beschädigung der wachsenden Pflanzen auf ein Mindestmaß beschränkt.***

■ OBEN: ***Vierradgetriebene Traktoren wie dieser Massey-Ferguson bieten genügend Traktion, um Maschinen wie Untergrundpflüge und Ähnliches zu schleppen.***

■ LINKS: ***Moderne Traktoren sind oft vorn und hinten mit Maschinen bestückt, um die Produktivität durch die gleichzeitige Erledigung mehrerer Aufgaben zu erhöhen.***

■ RECHTS: *Vierradgetriebener John Deere mit Sämaschine am Zughaken. Die Sämaschine wird über die Zapfwelle angetrieben und gibt genau bemessene Samen- und Düngermengen ab.*

■ UNTEN RECHTS: *Das Pflügen bleibt eine der zeitlosen Arbeiten in der Landwirtschaft, für die Traktoren unerlässlich sind.*

verschiedener chemischer Dünger als Pulver oder Flüssigkeit mit den entsprechenden Geräten verbessert wird.

Die Pflüge sind heute zwar größer und technisch fortschrittlicher als je zuvor, aber am Pflügevorgang selbst hat sich nichts geändert. Das Pflügen dient dem Zweck, die obere Bodenschicht aufzubrechen, damit die Wurzeln der Pflanzen in die Erde eindringen können. Pflüge sind so konstruiert, dass sie die obere Schicht durchschneiden und durch die Krümmung der Pflugschar umdrehen. Der von John Deere entwickelte selbstreinigende Pflug für den schweren Prärieboden kann gar nicht hoch genug eingeschätzt werden. Pflüge

■ OBEN: *Der Frontlader ist ein vielseitig verwendbares Hilfsmittel, und zwar besonders, wenn er noch mit einer Vielzahl von Werkzeugen bestückt werden kann.*

■ RECHTS: *John-Deere-Traktor beim Pflügen. Der Pflug ist an der Dreipunktkupplung angebracht und auf die Bodenverhältnisse einstellbar.*

■ OBEN: *John Deere produziert die ganze Palette von Traktoren und Landmaschinen einschließlich Doppelscheibeneggen wie dieses Modell 235.*

■ UNTEN: *Die Sämaschine von John Deere ist ein komplexes, effizientes System, das in einem Durchgang die Krume öffnet, den Samen einbringt und den Boden wieder schließt.*

werden von Fachfirmen wie Ransomes in Großbritannien, Kverneland in Norwegen, Niemeyer und Krone in Deutschland sowie den großen Vollanbietern wie John Deere, Massey-Ferguson und Teilen der AGCO hergestellt. Kultivatoren zur Nachbearbeitung nach dem Pflügen werden von einer ähnlichen Reihe von Firmen gefertigt. Angetriebene Spatenrolleggen, Walzen, Untergrundpflüge und Zahneggen sind sämtlich Spezialgeräte für eine Vielzahl von Bodenbedingungen.

Das Säen ist genauso technisiert wie das Pflügen, und die riesigen Sä- und Drillmaschinen von John Deere zeigen, wie weit die Technisierung seit der Erfindung von Jethro Tull fortgeschritten ist. Trotzdem führen die Maschinen noch die gleichen Aufgaben aus, nämlich den Samen unter die Erde zu bringen, damit er dort keimen kann. Sobald der Samen mit der Breitsämaschine oder der zunehmend beliebten Drillmaschine ausgebracht ist, spritzt der Landwirt Dünger und Pestizide. Die dazu erfor-

■ RECHTS: *John-Deere-Pflanzmaschine hinter einem John-Deere-Traktor. Damit so große Maschinen transportiert werden können, können sie hinter dem Traktor eingeklappt werden.*

derlichen Maschinen (und Traktoren) müssen über die Pflanzen hinwegfahren, ohne sie zu beschädigen, so dass zahlreiche Geräte mit hoher Bodenfreiheit entwickelt wurden. Sä- und Pflanzmaschinen werden von den Vollanbieter und kleinen Fachfirmen wie Smallford, Reekie und Hestair in Großbritannien sowie beispielsweise Vaderstad, Kuhn und Westmac auf dem europäischen Kontinent hergestellt. Spritzmaschinen liefern unter vielen anderen Hardi, Vicon, ETS Matrot und Moteska.

■ LINKS: *John-Deere-Kreiselmäher für Gras und Heu.*

■ UNTEN: *Das Säen und Pflanzen wird zunehmend zur Wissenschaft; Geräte steuern die Setztiefe und die genaue Düngermenge.*

■ LINKS: *Mit dem Heuwender wie hier hinter einem Ferguson TE20 wird das Heu gewendet, damit es trocknet, bevor es zu Ballen gepresst wird.*

■ MITTE: *An diesem alten Gerät für die Heuernte lässt sich erkennen, um wie viel präziser die Ernte heute verläuft.*

■ UNTEN: *Doppelachsanhänger hinter einem International-Harvester-Traktor zum Abtransport von Korn.*

Sobald die Pflanzen reif sind, kommen andere Spezialmaschinen für die Ernte zum Einsatz. Neben Mähdreschern für Getreide und Ballenpressen für Heu gibt es Spezialmaschinen für die Ernte von Erbsen, Bohnen, Baumwolle, Zuckerrohr, Wurzelgemüse und Tabak. Geographische Lage und Klima beschränken aber die Verbreitung mancher Maschinen auf bestimmte Regionen. Massey-Ferguson, Claas, Deutz-Fahr, New Holland und John Deere gehören zu den bekannten Herstellern solcher Erntemaschinen. Neben selbst fahrenden Erntemaschinen gibt es eine beträchtliche Vielfalt von Maschinen, die vom Traktor geschleppt werden. Eine der größten Gruppen darunter sind

Mäher und Wender für die Heuernte. In den letzten Jahren hat sich eine rasante Entwicklung bei den Ballenpressen vollzogen, die heute viel größere Ballen als früher pressen können. Die neue Generation von Ballenpressen produziert so große Rundballen, dass diese selbst schon wieder ein Problem darstellen und spezielle Lader entwickelt werden mussten. Auch Feldhäcksler gibt es in selbst fahrender und geschleppter Ausführung für die Grasmahd und Silageherstellung.

Die wissenschaftliche Beschäftigung mit der Landwirtschaft hat zur Entwicklung von speziellen Lade- und Umschlaggeräten wie Gabelstaplern und Ladern für den Einsatz im Gelände geführt. Eine der ersten Maschinen dieser Art war der hydraulische Frontlader, dessen Fähigkeit in den letzten Jahren aber auch erweitert wurden. John Deere produziert derzeit eine Reihe von Zusatzgeräten für Frontlader, darunter Kübel in verschiedenen Größen, ein Ballenförderer, eine Palettengabel, eine Rundballengabel und ein Ballen- und Silagegreifer.

■ OBEN LINKS: ***Die Umstellung auf Rundballen führte zur Entwicklung eines dornartigen Aufsatzes für den hydraulischen Frontlader.***

■ OBEN RECHTS: ***Das Foto aus den Sechzigerjahren zeigt noch die eckigen Ballen auf dem Anhänger.***

■ RECHTS: ***Kleiner Fendt Dieselross mit Balkenmäher an der Seite.***

■ RECHTS: ***Selbst fahrende Erntemaschinen wie diese sind speziell auf die Ernte von Wasserpflanzen ausgelegt.***

STICHWORTVERZEICHNIS

FC NANTES
ATLANTIQUE

Ouvrage publié dans la collection
« Un club, jour après jour »
sous la direction de José Carlin Pérez

N° d'édition : 14350/01
ISBN : 978-2-7021-3746-8
Dépôt légal : octobre 2007
Imprimé en Espagne

un club, jour après jour

FCNA

FOOTBALL CLUB NANTES ATLANTIQUE

Texte
Pierre Minier

Préface
Gilles Rampillon

calmann-lévy

LE JEU À LA NANTAISE

Un label pour toujours, une identité construite au fil du temps, la force d'une expression collective, l'esprit de conquête : le jeu à la nantaise constitue une référence pour tous les amoureux du beau football.

Sur ce socle, le FC Nantes s'est bâti un palmarès éloquent : huit titres de champion de France, trois fois vainqueur de la Coupe de France, cent matches de Coupe d'Europe. La qualité du jeu déployé – offensif, attractif et spectaculaire – repose sur des principes immuables et partagés : la technique en mouvement et la maîtrise collective, la vitesse d'exécution et le jeu à une touche de balle, la disponibilité permanente autour du porteur du ballon, l'intelligence tactique et la créativité, la solidarité et le sens de l'équipe.

Parce qu'elle est fondée sur des valeurs humaines authentiques, la permanence du FC Nantes au plus haut niveau du football français a généré un courant de sympathie extraordinaire et conforté une image forte, développée génération après génération par l'ouvrage remarquable de joueurs de classe désireux de progresser ensemble et d'entraîneurs animés d'une volonté de transmission efficiente d'une ligne directrice dans le jeu.

La continuité du prestige du FC Nantes dépend pour une large part de la faculté à s'inspirer de ce passé admirable dans l'harmonie d'un renouvellement adapté aux évolutions récentes du football moderne.

À cet égard, le FC Nantes dispose de ressources exceptionnelles : l'attachement d'un public fidèle et nombreux, ainsi que des infrastructures de haut niveau. Valorisé par l'organisation de la Coupe du monde en 1998, le stade de La Beaujoire est apprécié pour son confort et son esthétique. Le centre sportif José Arribas de La Jonelière est considéré comme l'un des plus beaux d'Europe.

Afin de continuer à susciter l'admiration de tous les amateurs de ce sport populaire et universel, le travail à venir doit être clairement orienté vers la recherche de l'excellence en matière de formation pour favoriser l'épanouissement individuel et collectif des futurs talents qui construiront les succès de demain du nouveau FC Nantes...

Animateur de ce jeu à la nantaise au poste de n° 10 durant plus de dix saisons, de 1971 à 1982, triple champion de France (en 1973, 1977 et 1980), vainqueur de la Coupe de France en 1979, demi-finaliste de la Coupe d'Europe des vainqueurs de coupe en 1980, international A... je vous invite maintenant à découvrir ce livre remarquable qui fait revivre avec force les plus belles pages de l'histoire d'un club unique grâce, notamment, à la diversité des illustrations inédites. Un vibrant hommage à tous les acteurs de cette épopée !

Gilles Rampillon
International FC Nantes de 1971 à 1982

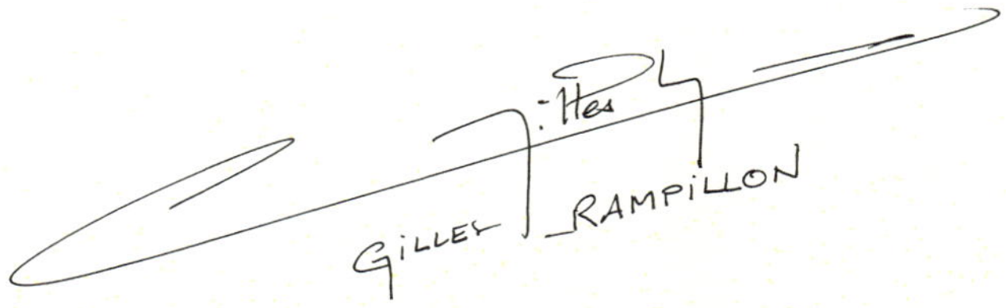

LA VIE S'ÉCRIT AU JOUR LE JOUR

C'est le livre de notre enfance, une enfance qui durerait encore et toujours. Un livre que l'on a toujours eu dans un coin de sa tête, ou posé là, sur un coin de table, et dans lequel les autographes se mêlent aux billets des matches.

Mais c'est aussi le livre des héros d'hier et d'aujourd'hui, des joies et des peines, un livre que racontent si bien tous ces objets inscrits dans nos souvenirs et dans la mémoire collective. Pour balayer l'histoire nourrie du FC Nantes depuis sa naissance, en avril 1943, jusqu'à nos jours, nous avons rassemblé un nombre important de photos inédites provenant de fonds privés (familles, joueurs, institutions) mais aussi des documents officiels rares (licences, contrats, comptes rendus d'assemblées...) ainsi que des objets (fanions, écharpes, objets promotionnels) qui illustrent à merveille l'histoire d'un club au travers des époques traversées.

Pour évoquer les faits qui ont construit la « carte d'identité » de ce club mythique, nous avons choisi de le présenter tout simplement sous la forme d'une éphéméride, « jour après jour », comme le nom que nous avons donné à cette collection.

Ce qui fait la force du propos ici, c'est d'abord et avant tout l'objet, et toutes ces choses qui savent si bien faire fonctionner notre imaginaire et réveiller le passé. Du premier contrat de joueur-instructeur de Jean Vincent en passant par ceux de Budzynski ou de Loko, aux licences de quelques jeunes joueurs d'alors (Bossis, Deschamps...) devenus depuis de véritables références pour cette formidable école de formation qu'est Nantes, voilà une idée des objets que l'on trouvera dans cet ouvrage. Des curiosités et des documents exceptionnels qui en font un livre unique, une pièce rare. Un livre en forme d'hommage.

L'éditeur

Mr DESCHAMPS Didier

A TURIN, le 5 janvier 1999.

Etant un pur produit de la formation nantaise, je ne peux que vanter les mérites de toutes les personnes qui m'ont entouré lors de mon passage au centre de la Jonelière.

Déjà 15 ans en arrière, la Jonelière représentait ce qui se fait de mieux, au niveau européen, en ce qui concerne la formation de jeunes footballeurs.

Je serais éternellement reconnaissant envers ce club pour tout ce qu'il a pu m'apporter, à tous les niveaux, dans l'apprentissage de mon métier.

Je sais que le FC NANTES m'a donné toutes les bases nécessaires, mentalement physiquement techniquement, pour faire une grande carrière internationale.

Je ne peux donc qu'inciter tous les jeunes aspirant à devenir footballeur, à intégrer cet excellent centre de formation.

Amitiés Sportives

D. DESCHAMPS

JANVIER

1er JANVIER

1955 Après vingt-deux rencontres, le FCN est onzième du classement provisoire de D2.

1956 NANTES-SÈTE 4-2 (CHAMPIONNAT D2).
En remportant leur huitième succès de la saison, les joueurs d'Antoine Raab sont loin de penser qu'ils termineront la saison dix-septièmes…

1957 Le jeune gardien Daniel Éon est officiellement qualifié. Mais le règlement empêche qu'il évolue en CFA, l'équipe amateur du FCN, car son club nazairien d'origine joue à ce niveau.

1961 CHERBOURG-NANTES 1-4 (CHAMPIONNAT D2).
Débuts sous le maillot nantais de Philippe Gondet, 18 ans, auteur d'un but et de deux passes décisives…

2005 La veille de la reprise, au terme d'une trêve hivernale marquée par des déclarations fracassantes de Mickaël Landreau dans la presse, le site officiel du club (www.fcna.fr) informe que Serge Le Dizet, responsable du centre de formation, est nommé à la tête de l'équipe première en remplacement de Loïc Amisse.

2 JANVIER

1975 Un an seulement après son arrivée à Nantes, l'Argentin Hugo Curioni est transféré au FC Metz. Du coup, son compatriote Angel Marcos reprend sa place sur le front de l'attaque des Canaris.

2000 Sous l'égide de la Fédération française de football, le FC Nantes Atlantique organise une affiche unique de foot en salle. L'équipe de Bretagne, dirigée par Serge Le Dizet – alors jeune entraîneur du club –, compte dans ses rangs plusieurs Canaris, dont Laurent Guyot, Nicolas Laspalles ou Éric Loussouarn, ces deux derniers étant même élus meilleur joueur et meilleur gardien de la compétition.

3 JANVIER

1964 SAINT-ÉTIENNE-NANTES 2-0 (CHAMPIONNAT).
Un premier déplacement à Geoffroy-Guichard, en première division, qui en appellera d'autres…

1995 NICE-NANTES 0-3 (16es DE FINALE DE LA COUPE DE LA LIGUE).
Premier match et premier succès des Nantais dans la nouvelle version de l'épreuve.

1996 PSG-NANTES 2-2, 6-5 T.A.B. (TROPHÉE DES CHAMPIONS).

UNE GRANDE PREMIÈRE AVEC CETTE FINALE DU TROPHÉE DES CHAMPIONS. LES CANARIS S'INCLINENT AU BOUT DE LA NUIT, MALGRÉ DES BUTS DE NICOLAS OUÉDEC ET BENOÎT CAUET.

4 JANVIER

1948 NANTES-STADE FRANÇAIS 1-1 (32es DE FINALE DE LA COUPE DE FRANCE).
L'un des premiers faits d'arme des Canaris ! Nantes tient tête pendant cent vingt minutes à l'équipe parisienne, alors en première division. Les joueurs d'Antoine Raab seront finalement éliminés de l'épreuve deux semaines plus tard, le 16 janvier, lors d'un match d'appui : même stade, même adversaire (0-1).

2004 BEAUJOLAIS MONT D'OR-NANTES 1-2 (32es DE FINALE DE LA COUPE DE FRANCE).
Bousculés par des joueurs de Division d'Honneur, à Chasselay, les Canaris se qualifient difficilement, dans les toutes dernières minutes, grâce à un but de Shiva N'Zigou.

1992 NANTES-RENNES 0-2 (CHAMPIONNAT).
Fin d'une longue série face au voisin rouge et noir. Après plus de quarante ans d'invincibilité à domicile, Nantes s'incline sèchement face à Rennes. Les buts sont signés John Utaka et Étienne Didot.

5 JANVIER

1947 NANTES-US CARÉZIENNE 2-2 (32es DE FINALE DE LA COUPE DE FRANCE).
Pour sa première apparition à ce stade de la compétition, le FC Nantes est tenu en échec par un adversaire de Division d'Honneur. Le match est à rejouer.

1953 NANTES-LIMOGES 4-2 (SIXIÈME TOUR DE LA COUPE DE FRANCE).
Le programme du match présente Émile Veinante et Camille Cottin, les deux entraîneurs anciens internationaux, à l'écoute du… président de l'Amicale des Bretons du Limousin.

2001 RENNES-NANTES 2-4 A.P. (16es DE FINALE DE LA COUPE DE LA LIGUE).
Face aux Bretons de Paul Le Guen et Bernard Lama, Nantes perd son gardien (Willy Grondin remplacé par Jérémie Guy), mais s'impose finalement au bout des prolongations grâce à quatre buts : Salomon Olembé, Éric Carrière et Nicolas Savinaud marquent au bout de la nuit.

LÉGENDES

Page de gauche
Arrivé à La Jonelière en 1984, Didier Deschamps a toujours considéré ses années nantaises comme déterminantes dans sa carrière.

Ci-contre
Serge Le Dizet passe de la direction du centre de formation à celle du groupe professionnel.

6 JANVIER

1974 NANTES-PARIS FC 3-0 (CHAMPIONNAT).
Pour pallier au départ pour Marseille de Didier Couécou et à la méforme d'Angel Marcos, le FCN engage un autre Argentin, Hugo Curioni, qui marque dès la deuxième minute de son premier match à Saupin, au milieu d'une mare d'eau !

1996 NANTES-GUINGAMP 2-3 A.P.
(8es DE FINALE DE LA COUPE DE LA LIGUE).
Grosse désillusion à La Beaujoire. Laurent Peyrelade donne en prolongations un avantage que l'on croit décisif. Mais Celdran, puis Carnot (à la cent dix-neuvième minute), offrent la qualification pour les quarts aux Costarmoricains.

2007 NANTES-GUINGAMP 1-0
(32es DE FINALE DE LA COUPE DE FRANCE).
Première très attendue de Fabien Barthez sous le maillot nantais, et qualification dans le temps additionnel grâce à un coup de tête rageur de Nicolas Savinaud.

7 JANVIER

1945 NANTES-ANCENIS 9-1
(CHAMPIONNAT CFA).
Libération oblige, le coup d'envoi des épreuves de football est donné avec près de six mois de retard. Le FC Nantes débute en championnat d'Anjou, qui remplace celui de l'Ouest.

1962 NANTES-ANGERS 1-4
(32es DE FINALE DE LA COUPE DE FRANCE).
Correction donnée par le SCO, alors en première division ! Les Canaris n'ont plus passé ce stade de l'épreuve depuis cinq ans…

1995 NANTES-LILLE 3-0 (CHAMPIONNAT).
Sur un triplé, Patrice Loko dépasse la barre des quinze buts marqués en vingt journées.

2006 NANTES-VALENCIENNES 2-1
(32es DE FINALE DE LA COUPE DE FRANCE).
Face aux joueurs d'Antoine Kombouaré, alors en Ligue 2, les Canaris doivent patienter jusqu'à la quatre-vingt-onzième minute pour se qualifier grâce à une réalisation d'Aurélien Capoue.

8 JANVIER

1956 BLOIS-NANTES 3-2
(32es DE FINALE DE LA COUPE DE FRANCE).
Les Canaris tombent sans gloire. Ils s'étaient pourtant qualifiés au prix d'un incroyable voyage au tour précédent. Après de longues hésitations, Antoine Raab a accepté le pari de Marcel Saupin pour un déplacement en Algérie alors que les événements agitent déjà le territoire français. À Oran, Nantes domine aisément Sidi-Bel-Abbès (4-0) en soixante-quatrièmes de finale.

1967 LENS-NANTES 4-0 (CHAMPIONNAT).
Un joli traquenard ! Alors que la pelouse artésienne est gelée, la rencontre est maintenue. Surpris, les Nantais ne voient pas sortir les Lensois au moment de l'échauffement… Au coup d'envoi, la surprise des Canaris – malhabiles avec leurs chaussures à crampons devenues inefficaces sur ce terrain dur – est totale quand ils s'aperçoivent que les locaux portent des baskets. Et qu'ils se déplacent ainsi avec plus d'aisance. Au tableau d'affichage, la correction est sans appel, malgré les prouesses du gardien André Castel.

2000 SAINT-ÉTIENNE-NANTES 3-1
(16es DE FINALE DE LA COUPE DE LA LIGUE).
Pour la troisième saison consécutive, les Nantais tombent d'entrée dans l'épreuve.

2002 NANTES-BASTIA 1-3
(8es DE FINALE DE LA COUPE DE LA LIGUE).
Deuxième opposition en trois jours face aux Corses, et élimination pour les joueurs d'Angel Marcos, malgré la première apparition sous le maillot nantais d'un certain Mario Yepes.

2005 COURNON-NANTES 0-3
(32es DE FINALE DE LA COUPE DE FRANCE).
Premier match de l'ère Serge Le Dizet et premier succès… conforté dans le temps additionnel par Claudiu Keserü.

9 JANVIER

1976 **Tandis que José Arribas entame ses derniers mois à la tête de l'équipe première, le projet de centre d'entraînement à La Jonelière est officiellement lancé.**

1999 METZ-NANTES 1-0
(16es DE FINALE DE LA COUPE DE LA LIGUE).
Comme face à Montpellier un an plus tôt, et sur le même score, les Canaris sortent d'entrée de la compétition.

LÉGENDES

CI-DESSUS
Entente cordiale entre les internationaux Gaby De Michèle et Georges Lech.

À GAUCHE
Le président Louis Fonteneau dirige la pose de la première pierre du centre de formation de La Jonelière.

LÉGENDE

L'équipe du titre 1973, le dernier de l'époque José Arribas.

10 JANVIER

1963 Marcel Saupin, surnommé « le vieux lion », s'éteint à Luçon, à l'âge de 70 ans, des suites d'une longue maladie. Ironie de l'histoire, le fondateur du club ne verra pas le FC Nantes monter en première division moins de cinq mois plus tard...

1965 ROUEN-NANTES 1-3 (CHAMPIONNAT).
Les Rouennais jouent l'intox et provoquent même la sortie du terrain de l'arbitre ! Victime d'une faute grossière, Bernard Blanchet signe pourtant un doublé dans les dernières minutes.

11 JANVIER

1953 Le FCN navigue en D2 et les supporters canaris s'interrogent dans leur « organe officiel » : « Notre amour-propre n'est peut-être pas satisfait ? Nous le reconnaissons, mais que faire de mieux ! Cruelle énigme à laquelle seul le mécénat local eût pu répondre... »

1983 MELUN-NANTES 0-1
(32es DE FINALE DE LA COUPE DE FRANCE).
La route de la finale au Parc des Princes débute laborieusement en région parisienne...

1995 PARIS SG-NANTES 0-3 (CHAMPIONNAT).
LE « TARIF MAISON » EST CETTE FOIS APPLIQUÉ À L'EXTÉRIEUR. GRÂCE À UN DOUBLÉ DE JAPHET N'DORAM ET UN BUT DE PATRICE LOKO, LES NANTAIS ÉCARTENT DU TITRE L'UN DE LEURS PLUS SOLIDES CONCURRENTS. FINALEMENT DEUXIÈME, LYON TERMINERA À DIX POINTS DE NANTES...

1997 LOUHANS-CUISEAUX-NANTES 0-0, 4-2 T.A.B.
(8es DE FINALE DE LA COUPE DE LA LIGUE).
L'épreuve ne réussit décidément pas aux Nantais, éliminés par une formation de D2.

1998 NANTES-LENS 1-0 (CHAMPIONNAT).
Face au futur champion de France et nouveau club de Stéphane Ziani, les joueurs de Raynald Denoueix l'emportent grâce à Christophe Le Roux.

2003 REIMS-NANTES 0-2
(32es DE FINALE DE LA COUPE DE FRANCE).
Lors d'une affiche qui fleure bon la nostalgie, Nantes s'impose grâce à Grégory Pujol et Nicolas Gillet.

12 JANVIER

1936 Coïncidence de l'histoire : Aimé Nuic, le Messin, et Émile Veinante, du RC Paris, forment l'attaque de l'équipe de France en match amical face aux Pays-Bas (1-6). Les deux hommes deviendront entraîneurs du FC Nantes, respectivement en 1943 et en 1951.

1958 CAEN-NANTES 0-1
(SIXIÈME TOUR DE LA COUPE DE FRANCE).
Au bout de la cinquième opposition, après trois résultats nuls et un match arrêté, Nantes se qualifie enfin pour les trente-deuxièmes de finale de l'épreuve grâce à un but de Bouteiller. L'affaire aura tenu Nantes en haleine pendant 469 minutes de jeu...

1963 Obsèques de Marcel Saupin dans la cathédrale de Luçon.

1969 LIMOGES-NANTES 3-6
(32es DE FINALE DE LA COUPE DE FRANCE).
L'équipe de José Arribas fait parler la poudre face à une équipe de D2.

13 JANVIER

1971 La tournée des Bleus en Argentine se solde par une seconde défaite (0-2, après 3-4). Pour la première fois, Henri Michel évolue en défense centrale.

1974 ANGERS-NANTES 2-3 (CHAMPIONNAT).
Ce nouveau derby épique est remporté grâce à un doublé de l'Argentin Hugo Curioni, devant 16 000 spectateurs réunis au stade Jean-Bouin.

1988 Claude Simonet, président de la Ligue de l'Atlantique de football, choisit le site de Saint-Sébastien-sur-Loire comme futur camp de base. Plusieurs Canaris viendront y échanger leurs premiers ballons, de Mickaël Landreau à Jérémy Toulalan.

1994 Patrice Loko, qui vient de perdre son fils un mois plus tôt, joue en équipe de France A' à Dakar, face au Sénégal (3-1), en compagnie de Christian Karembeu. Il inscrit un doublé !

2007 NANTES-NICE 1-0 (CHAMPIONNAT).
Comme Viorel Moldovan six ans plus tôt, Luigi Pieroni inscrit le but de la victoire dans le temps additionnel pour sa première sous le maillot nantais. Ce match marque également le retour de Fabien Barthez en L1.

14 JANVIER

1968 DINAN-NANTES 0-10
(32es DE FINALE DE LA COUPE DE FRANCE).
Après Pontivy en 1953 (12-0), les Canaris corrigent à nouveau une équipe bretonne de DH.

1973 NANTES-NANCY 2-1 (CHAMPIONNAT).
Sixième victoire consécutive pour les Canaris : Angel Marcos a marqué à chaque reprise.

1995 CLUSES-NANTES 1-2
(32es DE FINALE DE LA COUPE DE FRANCE).
En Haute-Savoie, les Canaris se qualifient d'un souffle.

2004 LE MANS-NANTES 1-1, 4-5 T.A.B.
(8es DE FINALE DE LA COUPE DE LA LIGUE).
Dans un derby inédit, le Nantais de naissance Yohan Hautcoeur répond à Viorel Moldovan. La route des quarts de finale s'ouvre aux tirs au but grâce à Mickaël Landreau.

1

LÉGENDES

1
Albert Heil restera comme le secrétaire général emblématique du club.

2
Premier but en L1 du Roumain Claudiu Keserü, 18 ans, face à Rennes.

2

15 JANVIER

1967 NANTES-TOULOUSE 4-0 (32es DE FINALE DE LA COUPE DE FRANCE).
Qualification aisée face à une autre formation de D1.

1977 NANTES-BASTIA 3-1 (CHAMPIONNAT).
Incroyable scénario à Saupin : les Corses ont une balle de 2-0 avant de sombrer. Hugo Bargas égalise à la quatre-vingt-cinquième minute. Sur l'engagement, Henri Michel donne l'avantage aux Nantais, et Omar Sahnoun assure la victoire dans les arrêts de jeu. Bastia est éliminé de la course au titre.

1983 NANTES-BORDEAUX 4-0 (CHAMPIONNAT).

15 JANVIER 1983

LE GRAND NANTES ATTEINT LES SOMMETS. GRÂCE À DEUX DOUBLÉS DE LOÏC AMISSE ET VAHID HALILHODZIC, LES JOUEURS DE JEAN-CLAUDE SUAUDEAU CORRIGENT LES GIRONDINS, LEURS DAUPHINS, QU'ILS LAISSERONT À DIX POINTS EN FIN DE SAISON. « NOUS AVONS TELLEMENT BIEN JOUÉ QUE J'EN SUIS TOUT ÉMU », DÉCLARE JEAN-CLAUDE SUAUDEAU.

2005 NANTES-RENNES 2-0 (CHAMPIONNAT).
Première à La Beaujoire pour Serge Le Dizet, et première victoire dans le derby grâce notamment à un but du Roumain Claudiu Keserü, 18 ans, que le technicien avait repéré lors d'un essai à Beauvoir-sur-Mer.
2007 **À l'occasion de ses vœux, le groupe de supporters « Allez Nantes Canaris » honore deux membres honorifiques : Claude Simonet, gardien puis vice-président du club avant de diriger la FFF, et Albert Heil, joueur en 1945 et secrétaire jusqu'en 1984.**

16 JANVIER

1947 NANTES-US CARÉZIENNE 5-2 (32es DE FINALE DE LA COUPE DE FRANCE).
En match à rejouer, les joueurs de D2 ne font pas de sentiment face à leurs homologues de DH. Nantes se qualifie pour son premier seizième de finale de l'épreuve...

1948 NANTES-STADE FRANÇAIS 0-1 (32es DE FINALE DE LA COUPE DE FRANCE).
Le 4 janvier, les deux équipes n'avaient pu se départager (1-1). Le match est donc rejoué. Près d'un millier de supporters nantais effectuent le déplacement à Rennes... où ils assistent à la défaite des Canaris, menés dès la huitième minute après un but parisien, signé Aston.
1958 NANTES-BORDEAUX 0-3 (32es DE FINALE DE LA COUPE DE FRANCE).
Pour son premier arrêt de la partie au Parc des Princes, Daniel Éon tente de capter une balle aérienne. En retombant, il se casse un poignet. Nantes se retrouve à dix contre onze (le règlement ne prévoyait pas de remplaçant à cette époque) et Martial Jacques remplace son partenaire comme il peut...
1972 NANTES-BASTIA 4-0 (CHAMPIONNAT).
Auteur d'un doublé, l'Allemand Erich Maas est imité par un buteur d'un jour, Georges Éo.

17 JANVIER

1965 NANTES-BORDEAUX 3-2 (32es DE FINALE DE LA COUPE DE FRANCE).
Au prix d'une belle course-poursuite, les Canaris se qualifient face aux Girondins au Parc de Princes. Les buts sont de Bernard Blanchet, Gilbert Le Chenadec et Jacques Simon.
1976 NANTES-VALENCIENNES 2-0 (CHAMPIONNAT).
Les Canaris restent invincibles grâce à Loïc Amisse et Yves Triantafilos.
1993 AUXERRE-NANTES 1-1 (CHAMPIONNAT).
Ouverture du score de Patrice Loko à laquelle répondra William Prunier.

18 JANVIER

1959 BÉZIERS-NANTES 3-1 (CHAMPIONNAT D2).
Les Canaris sont toujours aussi irréguliers. Sur le banc nantais, Louis Dupal commence à se faire quelques soucis...

LÉGENDE

Daniel Éon est le gardien titulaire des titres 1965 et 1966.

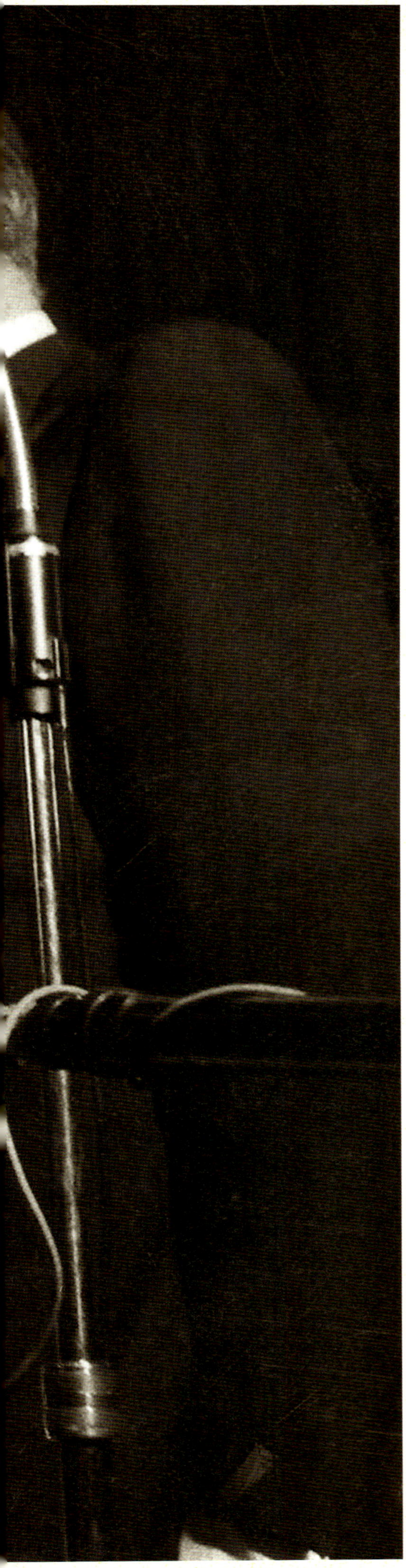

1978 Entre deux matches de D1, les Canaris sont invités à inaugurer le stade de Villeneuve-d'Ascq face à un grand d'Europe, Anderlecht.
1986 NANTES-MARSEILLE 0-2 (CHAMPIONNAT).
Surpris à domicile, les Canaris, fatigués, lâchent prise sur le PSG, désormais à huit points.
1995 Sur une longue transversale de Reynald Pedros, Patrice Loko marque sous le maillot bleu face aux Pays-Bas (1-0), en amical, à Utrecht.
2003 GUINGAMP-NANTES 3-3, 2-4 T.A.B. (8es DE FINALE DE LA COUPE DE LA LIGUE).
Suspense au Roudourou ! Florent Malouda offre la prolongation à Guingamp à la quatre-vingt-treizième minute. Nicolas Gillet et Pierre-Yves André donnent toutefois très vite deux buts d'avance aux Nantais, mais les Guingampais reviennent à nouveau au score ! La délivrance ne viendra qu'après la séance de tirs au but.

19 JANVIER

1964 SEDAN-NANTES 2-0 (CHAMPIONNAT).
Malgré la défaite, le jeu des Jaunes reprend des couleurs avec la première apparition de Ramon Muller, arrivé à l'intersaison de Strasbourg.
2007 AMIENS-NANTES 1-3 (16es DE FINALE DE LA COUPE DE FRANCE).
Emmenés par leur nouveau buteur Luigi Pieroni, auteur d'un doublé, les Canaris poursuivent leur route.

20 JANVIER

1996 NANTES-LILLE 1-2 (CHAMPIONNAT).
Surmenés par la Ligue des Champions, les Canaris se font surprendre par Antoine Sibierski, qui deviendra Nantais deux ans plus tard.
2001 PACY-SUR-EURE-NANTES 0-9 (32es DE FINALE DE LA COUPE DE FRANCE).
Un carton, avec notamment un quadruplé de Viorel Moldovan.

21 JANVIER

1982 *L'Équipe* affirme qu'Henri Michel est pressenti pour remplacer Michel Hidalgo au poste de sélectionneur national. L'emblématique capitaine des Canaris arrêtera sa carrière, sur blessure, quelques jours plus tard...
2002 SEDAN-NANTES 0-0 (CHAMPIONNAT).
Arrivé pendant l'hiver, le défenseur colombien Mario Yepes dispute son premier match de D1 sous le maillot nantais, aux côtés de l'Argentin Nestor Fabbri.
2006 METZ-NANTES 1-4 (CHAMPIONNAT).
Succès capital dans la course au maintien. Mamadou Diallo signe un doublé tandis que le jeune Réunionnais Dimitri Payet, 18 ans, ouvre son compteur en Ligue 1.

22 JANVIER

1961 NANTES-MARSEILLE 3-1 (CHAMPIONNAT D2).
Pour ses débuts au stade Malakoff, Philippe Gondet confirme ses talents de buteur en réalisant un doublé. Le public nantais découvre le remplaçant de l'attaquant hollandais Jan Van Geen.
1992 RENNES-NANTES 1-0 (32es DE FINALE DE LA COUPE DE FRANCE).
Un but de Ribar élimine les Canaris d'entrée !
1994 VAULX-EN-VELIN-NANTES 0-2 (32es DE FINALE DE LA COUPE DE FRANCE).
Arrivé de Brest l'année précédente, Claude Makelele montre la voie, imité ensuite par Patrice Loko.
2000 CARCASSONNE-NANTES 1-4 (32es DE FINALE DE LA COUPE DE FRANCE).
Débuts sans soucis pour le tenant du titre, grâce notamment à un doublé d'Antoine Sibierski.

23 JANVIER

1972 NANTES-LILLE 2-0 (32es DE FINALE DE LA COUPE DE FRANCE).
Le tirage n'avait pas été clément pour les Canaris en leur opposant d'entrée un adversaire de D1. Mais l'obstacle est franchi.
1999 LA ROCHE-SUR-YON-NANTES 0-1 (32es DE FINALE DE LA COUPE DE FRANCE).
Face au voisin vendéen, le FCNA se qualifie grâce au seul but d'Olivier Monterrubio.

24 JANVIER

1954 NANTES-PERPIGNAN 5-1 (CHAMPIONNAT D2).
Le coup d'envoi de la rencontre est donné par Raphaël Morand, un nageur nantais qui, le 24 décembre 1953, a parcouru 42 kilomètres en 13 h 55 dans les eaux du Nil.
1969 AU COURS D'UNE ASSEMBLÉE GÉNÉRALE EXTRAORDINAIRE, LOUIS FONTENEAU EST ÉLU PRÉSIDENT DU CLUB. PAS CANDIDAT AU DÉPART, L'ANCIEN VICE-PRÉSIDENT RESTERA EN POSTE PENDANT DIX-SEPT ANS.
1995 NANTES-BASTIA 0-1 A.P. (8es DE FINALE DE LA COUPE DE LA LIGUE).
Face aux Corses de l'ancien Canari Stéphane Ziani, Nantes est éliminé de la première édition de l'épreuve nouvelle version.
2007 TROYES-NANTES 1-0 (CHAMPIONNAT).
Fabien Barthez arrête un penalty mais ne peut rien sur le coup de tête de Gaël Sanz dans les cinq dernières minutes de la rencontre. Les Canaris perdent un duel important dans la course au maintien.

LÉGENDE

Louis Fonteneau (à gauche) a été président du FC Nantes de 1969 à 1986.

25 JANVIER

1969 Louis Fonteneau prend officiellement la succession de Jean Clerfeuille à la présidence du club.

1970 NANTES-AJACCIO 6-0 (CHAMPIONNAT).
La trêve d'un mois a fait du bien aux joueurs de José Arribas, avec notamment deux doublés de Philippe Gondet et Henri Michel.

1981 LYON-NANTES 0-0 (CHAMPIONNAT).
Après cinq mois d'arrêt, Éric Pécout effectue enfin sa rentrée.

1986 LIMOGES-NANTES 2-2, 4-3 T.A.B.
(32es DE FINALE DE LA COUPE DE FRANCE).
Les Canaris sont éliminés d'entrée par des joueurs de D2…

2003 LORIENT-NANTES 1-0
(16es DE FINALE DE LA COUPE DE FRANCE).
Face aux tenants du titre morbihannais, Nantes sombre à la quatre-vingt-septième minute, assommé par un but d'Élie Kroupi, bien servi par un certain Patrice Loko…

2004 FONTENAY-LE-COMTE-NANTES 0-3
(16es DE FINALE DE LA COUPE DE FRANCE).
Derby pour le FCNA et qualification sans trembler grâce à un doublé de Viorel Moldovan.

26 JANVIER

1969 NANTES-SAINT-ÉTIENNE 3-0
(CHAMPIONNAT).
Dans un stade Marcel-Saupin refait à neuf (13 000 places assises dont 11 000 numérotées pour une capacité de 29 000 spectateurs), les Canaris dominent sévèrement les Verts.

1985 NANTES-BORDEAUX 0-1 (CHAMPIONNAT).
Avec 44 297 spectateurs à La Beaujoire, malgré le froid qui a retardé pendant deux semaines le championnat, le record d'affluence pour un match du FC Nantes est pulvérisé. Mais, sur le terrain, un but de Dieter Muller lance les Girondins vers un deuxième titre consécutif.

1991 MARSEILLE-NANTES 6-0 (CHAMPIONNAT).
Face au grand OM de Jean-Pierre Papin et Abedi Pelé, auteurs chacun d'un doublé, les Canaris encaissent la plus grosse défaite de leur histoire en championnat et ne comptent plus que deux points d'avance sur le premier relégable. Lâché par ses joueurs, Miroslav Blazevic a dirigé son dernier match pour Nantes.

27 JANVIER

1952 NANTES-CANNES 4-2 (CHAMPIONNAT).
L'attaquant hollandais Jan Van Geen se brise un péroné au stade Malakoff. « Tout le stade a entendu le choc », se souvient Gilbert Porteau, supporter nantais de la première heure. En lice pour la montée en D1, les Nantais ne se remettront jamais de cette absence…

1974 NANTES-SAINT-ÉTIENNE 3-1
(CHAMPIONNAT).
Buts du trio Maas-Amisse-Michel et excellente opération nantaise dans la course au titre, d'autant qu'un bonus est attribué à toute équipe qui inscrit trois buts au cours d'un match.

1984 AMIENS-NANTES 1-2
(32es DE FINALE DE LA COUPE DE FRANCE).
Même stade et même adversaire que trois ans auparavant pour l'entrée en lice dans l'épreuve : les Canaris se qualifient à nouveau d'un petit but…

2001 LYON-NANTES 3-1 (CHAMPIONNAT).
Le leader nantais tombe à Gerland.

2007 NANTES-LORIENT 0-2 (CHAMPIONNAT).
Une leçon de réalisme infligée par le voisin morbihannais. Le FCNA replonge dans la zone de relégation.

28 JANVIER

1940 En pleine « drôle de guerre », la France domine le Portugal (3-2). Parmi les joueurs libérés par les autorités militaires figure Émile Veinante, futur entraîneur du FCN.

1973 NANTES-ANGERS 3-1
(32es DE FINALE DE LA COUPE DE FRANCE).
Débuts d'une nouvelle épopée en Coupe face au voisin de D1.

1978 NANTES-LE HAVRE 2-0 A.P.
(32es DE FINALE DE LA COUPE DE FRANCE).
Les Jaunes doivent attendre les prolongations pour battre les Normands.

1979 NANTES-SAINT-ÉTIENNE 3-1
(CHAMPIONNAT).
La trêve, longue de plus d'un mois, n'y change rien. Restant sur sept succès consécutifs, les Nantais marquent d'entrée par Éric Pécout (2e) et Henri Michel (4e).

1991 Après une réunion avec son comité d'administration puis une entrevue avec Robert Budzynski, le président Max Bouyer choisit finalement de se séparer de Miroslav Blazevic. Jean-Claude Suaudeau rejoint aussitôt le groupe, resté au vert à Aix-en-Provence.

2006 Événement rarissime à Nantes : la rencontre contre Troyes est reportée pour cause d'enneigement. Plus de trente centimètres ont recouvert l'ensemble de l'ouest de la France.

29 JANVIER

1977 NANTES-SOCHAUX 2-1 (CHAMPIONNAT).
Buteur lors de chacune des quatre rencontres de janvier, Omar Sahnoun permet aux Canaris d'engranger sept points sur huit possible.

1991 LYON-NANTES 2-0 (CHAMPIONNAT).
Évincé en 1988, Jean-Claude Suaudeau avait attendu son heure en retournant à la formation en compagnie de Raynald Denoueix. Trois ans après, il retrouve les bancs de D1 à Gerland.

2002 NANTES-LYON 3-0 (CHAMPIONNAT).
Huit jours après Mario Yepes, Angel Marcos lance un nouveau défenseur sud-américain arrivé pendant l'hiver. Le polyvalent Mauro Cetto, 20 ans, vient d'être sacré champion du monde juniors avec l'Argentine.

30 JANVIER

1971 NÎMES-NANTES 4-0 (CHAMPIONNAT).
Les Canaris, qui finiront septièmes à la fin de la saison, encaissent leur plus grosse défaite de l'exercice. Le départ de Roger Lemerre n'a pas été compensé en défense centrale.

1982 NANTES-METZ 2-0 (CHAMPIONNAT).
Remplacé à la soixante-quatorzième minute par Gilles Rampillon, Henri Michel disputait sans le savoir son dernier match sous les couleurs nantaises, le cinq cent trente-deuxième, record du club. Devenu entraîneur, il pense diriger son club de toujours mais opte finalement pour l'équipe de France. Après une expérience avec les Espoirs, il prendra en mains les « A », qu'il mènera en demi-finales de la Coupe du monde mexicaine, en 1986.
1989 **Disparition accidentelle de Louis Fonteneau, ancien président du club, dont le nom sera désormais associé au stade de La Beaujoire.**

2001 VALENCE-NANTES 1-1, 3-4 T.A.B. (8es DE FINALE DE LA COUPE DE LA LIGUE).
Incroyable suspense dans la Drôme ! Marama Vahirua croit donner la qualification aux siens dans les prolongations, mais les joueurs de deuxième division égalisent à la cent vingtième minute. Les Canaris l'emportent finalement aux tirs au but et rejoignent pour la première fois les quarts de finale de l'épreuve.
2005 ISTRES-NANTES 0-1 (CHAMPIONNAT).
Quinzièmes de la Ligue 1, les Canaris signent un succès capital dans la lutte pour le maintien grâce à un exploit en solitaire du jeune Guinéen Bocundji Ca.

31 JANVIER

1976 VALENCIENNES-NANTES 4-2 A.P. (32es DE FINALE DE LA COUPE DE FRANCE).
Les Canaris mènent 2-0 à la pause mais s'inclinent dans les prolongations sur un dernier but de Didier Six.
1987 **Toujours entraîneur des Bleus, Henri Michel devient officiellement directeur technique national (DTN).**
2007 NANTES-LILLE 1-0 A.P. (8es DE FINALE DE LA COUPE DE FRANCE).
Le jeune Claudiu Keserü qualifie les siens d'un superbe coup franc dans la lucarne lilloise. Les Nantais atteignent les quarts de finale de l'épreuve pour la sixième fois en neuf ans !

LÉGENDE

Loïc Amisse déborde à Saupin lors d'un classique face à Saint-Étienne.

6 JANVIER 2007

FABIEN BARTHEZ EST BIEN NANTAIS

Opération de la dernière chance au FCNA, alors mal en point en Ligue 1 ! Au terme d'un mois rythmé par les rumeurs, les conférences de presse et les entraînements devant des nuées de supporters, le gardien emblématique des Bleus joue son premier match sous les couleurs nantaises, face à Guingamp, en Coupe de France. Un bouleversement dans l'histoire des Jaunes ! Et une décision à double tranchant… jusqu'au départ ambigu du « divin chauve », le 28 avril, à quatre journées de la fin du championnat.

Son entrée sur la pelouse de La Beaujoire a fait frissonner le public nantais. Immédiatement, les téléphones portables, transformés en appareils photos, se sont activés. Les premiers rangs des tribunes étaient plus serrés qu'à l'accoutumée. Dans un silence inhabituel, en compagnie de Franck Mantaux, responsable des gardiens au club, Fabien Barthez s'est échauffé avec sérieux, comme il l'avait fait, pendant trois semaines, dans le froid de La Jonelière. Au moment du coup d'envoi, une clameur a accompagné son premier salut, son premier arrêt, son premier dégagement au pied, puis sa première envolée… « Sur le plan personnel, les dix minutes après le coup d'envoi vont être difficiles : les repères, un ballon ingérable, l'attente du public… cela fait pas mal de pression, avait commenté le portier la veille. C'est bien de se retrouver dans son élément. J'ai été super bien accueilli. Je tiens à remercier les Nantais. » Si le gardien international ne se montre pas décisif ce samedi 6 janvier face à Guingamp, en trente-deuxièmes de finale de la Coupe de France, sa seule apparition suffit à faire tourner les têtes du public !
La rumeur de sa venue est née le 9 décembre, du côté de Toulouse, ville où le jeune retraité s'était installé au lende-

LÉGENDE

Fabien Barthez aux côtés de son nouvel entraîneur, Georges Éo, à La Jonelière.

main de la finale de la Coupe du monde en Allemagne. À la mi-temps de la rencontre avancée opposant Toulouse à Lens, une indiscrétion, intentionnelle ou non, avait filtré sur Canal +. Elle évoquait la possible signature de Fabien Barthez au FCNA… Dans la presse locale, l'annonce se résuma à un simple entrefilet. Dans les allées de La Jonelière, on crut plutôt à une vaste blague !

Roussillon : « Rendez-vous demain matin. »

Puis, de jour en jour, la nouvelle enfla, jusqu'au dimanche 17 décembre, au lendemain d'un match nul prometteur face à Bordeaux (0-0). « Rendez-vous demain matin, à La Jonelière », faisait savoir le président Rudi Roussillon. Le jour J, il intronisait « sa » recrue après un petit déjeuner dans un hôtel du centre-ville, en compagnie de son agent Jean-Marie Cantona. Un à un, Fabien Barthez découvrait ses nouveaux partenaires avant de répondre, décontracté, aux questions de Thierry Gilardi, en direct et en duplex pour Téléfoot. Avant la traditionnelle conférence de presse, il confiait – affable – ses premières impressions : « Ce sont les événements de la vie qui ont décidé de mon retour. Il y a deux mois, j'aurais sans doute dit non, ma situation me convenait. J'ai pris ma décision très vite. Ma carrière s'est faite à l'instinct. Cette fois, je l'ai senti comme ça… » Face aux médias, il confirme ensuite la durée de son contrat (six mois avec une année supplémentaire en cas de maintien), son ambition (« Je reste candidat à l'équipe de France ») et son intention de s'entraîner immédiatement !

Motivé comme un minot

C'est ainsi que, ce dimanche ensoleillé, sur le terrain surplombant les bords de l'Erdre, un champion du monde enchaînait les courses et les arrêts de base jusqu'à 13 h 30, devant plusieurs coéquipiers à la fois amusés et impressionnés par tant de sérieux. « Je n'ai pas l'habitude de faire les choses à moitié », avait-il asséné en guise d'amuse-bouche…
Jusqu'à ses débuts face à Guingamp, le gardien de 35 ans enchaîna une trentaine de séances physiques. En moins de deux semaines ! Le jour de la Saint-Sylvestre, en fin de matinée, une cinquantaine de supporters ébahis assistaient même au premier entraînement collectif de leur nouvelle idole. Entre deux exercices, celle-ci multipliait les échanges verbaux avec ses défenseurs, lors des phases de jeu, et au cours de discussions improvisées entre chaque exercice.
« Je ne ferai pas de grands discours. Entre nous, les regards suffiront », avait-il assuré… « Fabien Barthez est un exemple de travail et d'humilité, c'est une belle leçon de professionnalisme. Il remet les gants, et il n'a pas envie de se décevoir et de décevoir les amateurs de football », expliquait Rudi Roussillon, début 2007, au cours de ses vœux à la presse. Le 6 janvier, donc, le gardien emblématique des Bleus ne s'était pas montré décisif. Une semaine plus tard, il prenait une part un peu plus importante dans le succès capital face à Nice (1-0). Le 18 février, l'ancien Marseillais était au plus haut niveau au Stade Vélodrome. Comme dix jours plus tard à Sedan, en quart de finale de la Coupe de France.

Une fin en queue de poisson

A contrario, les mauvaises langues qui lui promettaient la saison de trop soulignaient sa sortie hésitante face à Troyes, le 24 janvier, le quadruplé retentissant encaissé face à Steve Savidan (Nantes-Valenciennes, 2-5). Et, bien évidemment, la bévue de Sedan, en championnat, le 1er avril… Vexé par son erreur d'interprétation, à l'origine du but encaissé et de la défaite face à un rival direct pour le maintien en L1, Fabien Barthez quittait La Beaujoire avant le terme de la partie, prétextant une blessure. Le 28 avril, au soir du derby perdu à domicile face à Rennes (0-2), il était l'acteur d'un incident, jugé « mineur » par les forces de l'ordre, avec quelques supporters à la sortie du stade. Le lendemain matin, il prenait la décision ambiguë d'abandonner Nantes avec femme, enfant et bagages.
Immense par son talent et son palmarès, le joueur laissera une trace indélébile dans l'histoire du football. Individualiste et, semble-t-il, en décalage avec le FCNA, l'homme n'a fait que passer, symbole d'un effet d'annonce.

LÉGENDE

Le gardien champion du monde découvre le vestiaire nantais en présence de l'intendant Jacky Contassot.

FÉVRIER

LÉGENDES

PAGE DE GAUCHE
Enfant du quartier Procé, Marcel Desailly quittera La Mellinet pour s'épanouir sur les terrains de La Jonelière.

CI-DESSOUS
3 février 2004. Frédéric Da Rocha félicite son ami et capitaine Mickaël Landreau.

1er FÉVRIER

1953 NANTES-TOULOUSE 1-0 (CHAMPIONNAT D2).
Le programme présente les Sudistes avec leur « quinte majeure »... que les Canaris dominent. Mais ce sont les Toulousains qui monteront en D1 !

1970 NANTES-ANGOULÊME 1-1 (CHAMPIONNAT).
Malgré le but dès la première minute de Philippe Levavasseur, les Nantais se cassent les dents sur la défense charentaise, dirigée par l'ancien Nantais Gilbert Le Chenadec.

1985 LE HAVRE-NANTES 0-1 (CHAMPIONNAT).
Grâce à Pierre Morice, les Canaris entament une série de douze matches sans défaite. Mais, courant février, la neige les empêche de s'entraîner à Nantes pendant deux semaines. Jean-Claude Suaudeau et ses joueurs doivent s'exiler en Vendée...

1991 NANTES-TOULOUSE 0-0 (CHAMPIONNAT).
Les temps sont difficiles. Seulement 4 201 spectateurs répondent présent pour le retour de Jean-Claude Suaudeau sur le banc.

1992 SAINT-ÉTIENNE-NANTES 2-1 (CHAMPIONNAT).
Premier match sous les couleurs nantaises du Danois Johnny Mölby. Malgré les réticences de la DNCG, qui s'inquiète du passif du FCNA, le président Bouyer l'a enrôlé pendant l'hiver.

1995 NANTES-MONTPELLIER 3-2 (CHAMPIONNAT).
Nicolas Ouédec répond par un triplé à l'ouverture du score de Michel Der Zakarian, formé à La Jonelière. Dans les buts nantais, Éric Loussouarn remplace Dominique Casagrande, blessé.

2 FÉVRIER

1947 CANNES-NANTES 2-0 (16es DE FINALE DE LA COUPE DE FRANCE).
Face à l'équipe de la Côte-d'Azur, associée au club de Grasse, Nantes perd son premier duel de Coupe de France face à une formation de première division... et son premier seizième de finale !

1975 MARSEILLE-NANTES 4-0 (32es DE FINALE DE LA COUPE DE FRANCE).
Nantes est éliminé d'entrée face à l'OM brésilien de Jairzinho et Paulo Cesar.

2000 NANTES-METZ 1-3 (CHAMPIONNAT).
Point d'orgue d'une saison noire, le FCNA s'incline sèchement face à un adversaire direct pour le maintien, emmené par un certain Louis Saha.

3 FÉVRIER

1946 NANTES-REIMS 2-2 (AMICAL).
En match de gala, les Nantais accueillent leurs homologues professionnels du Stade de Reims.

1957 LYON-NANTES 2-2 A.P. (16es DE FINALE DE LA COUPE DE FRANCE).
Exploit des Nantais, qui tiennent tête aux joueurs de première division pendant cent vingt minutes (buts de Habitzl et Singier). En match d'appui, dix jours plus tard, l'équipe entraînée par le Tchèque Louis Dupal s'inclinera finalement 4-1 au Parc des Princes.

1974 NANTES-RENNES 3-1 (32es DE FINALE DE LA COUPE DE FRANCE).
Nouveau derby breton dans la capitale... et nouveau succès nantais !

2002 NANTES-MARSEILLE 3-1 (CHAMPIONNAT).
L'apport de l'entraîneur Angel Marcos se confirme. Le FCNA enregistre son troisième succès depuis son arrivée grâce à un étonnant doublé du milieu défensif Mathieu Berson.

2004 NANTES-AUXERRE 0-0, 5-4 T.A.B. (DEMI-FINALES DE LA COUPE DE LA LIGUE).

3 FÉVRIER 2004
LES NANTAIS S'INVITENT UNE NOUVELLE FOIS AU STADE DE FRANCE EN SORTANT LES BOURGUIGNONS AU BOUT DE L'ÉPREUVE DES TIRS AU BUT. MICKAËL LANDREAU ARRÊTE LA TENTATIVE DU VENDÉEN PHILIPPE VIOLEAU ET TRANSFORME LUI-MÊME LA BALLE DE MATCH !

4 FÉVRIER

1989 TOULOUSE-NANTES 1-2 (CHAMPIONNAT).
Christophe Robert offre le succès aux Nantais à la dernière minute.

1995 SAINT-LEU-NANTES 1-1, 4-2 T.A.B. (16es DE FINALE DE LA COUPE DE FRANCE)
Invaincus en championnat, les Canaris sont pourtant éliminés par les joueurs de National.

5 FÉVRIER

1950 RENNES-NANTES 3-1 (16es DE FINALE DE LA COUPE DE FRANCE).
Les Nantais s'inclinent à nouveau en seizièmes de finale de la Coupe, face aux voisins rennais.

2000 PSG-NANTES 0-0 (CHAMPIONNAT).
Devant près de 44 000 spectateurs, la bande à Denoueix résiste aux joueurs de la capitale.

2002 NANTES-RENNES 1-0 (CHAMPIONNAT).
Nouveau succès face au voisin, grâce à un jeune attaquant formé au club : Grégory Pujol.

6 FÉVRIER

1955 NANTES-LILLE 2-3 (32es DE FINALE DE LA COUPE DE FRANCE).
Toujours en D2, Nantes tient tête au champion de France en titre lillois jusqu'à la dernière minute, avant un ultime but du Nordiste Bourdotte.

1972 PSG-NANTES 2-3 (CHAMPIONNAT).
Malgré un but de Claude Arribas, transféré à Paris, les Canaris, menés 0-2, s'imposent grâce à un doublé d'Angel Marcos.

LÉGENDE

Gilles Rampillon, le n° 10 des grandes années Saupin.

7 FÉVRIER

1965 NANTES-BORDEAUX 2-0 (CHAMPIONNAT).
Grâce à Bernard Blanchet et Jacky Simon, les Canaris dominent le favori du championnat. Entre José Arribas et Salvador Artigas, deux conceptions opposées du football s'affrontent.

1971 LORIENT-NANTES 1-3 (32es DE FINALE DE LA COUPE DE FRANCE).
Qualification logique des Canaris face aux Merlus, alors en D3.

1976 NANTES-NANCY 3-0 (CHAMPIONNAT).
Grâce au trio Rampillon-Triantafilos-Amisse, le FCN s'impose et restera invaincu en D1 jusqu'en avril.

8 FÉVRIER

1967 LENS-NANTES 4-0 (CHAMPIONNAT).
La fin d'une grande période pour les Canaris, qui concèdent un triplé de l'international Lech. Il n'y aura pas de troisième titre consécutif…

1970 LENS-NANTES 1-6 (32es DE FINALE DE LA COUPE DE FRANCE).
Nantes ne fait pas de sentiment face à Lens, alors en D3 à la suite de deux relégations consécutives.

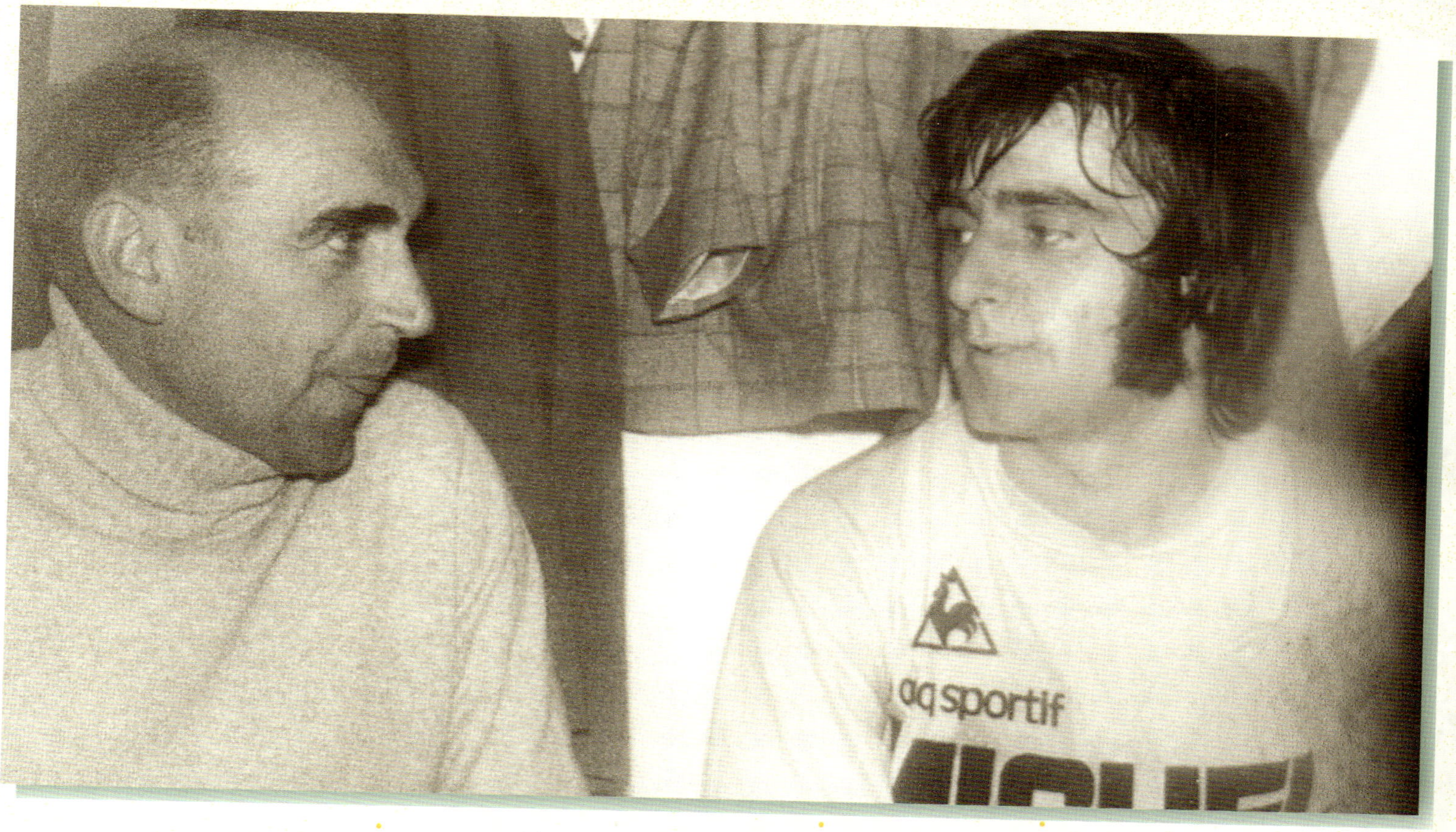

1991 CANNES-NANTES 2-1 (CHAMPIONNAT).
David Marraud encaisse le premier but en D1 d'un jeune milieu de terrain prometteur, un certain Zinédine Zidane.

9 FÉVRIER

1964 NANTES-SEDAN 1-0 (16es DE FINALE DE LA COUPE DE FRANCE).
POUR LA PREMIÈRE FOIS DE LEUR HISTOIRE, LES NANTAIS PASSENT LE STADE DES SEIZIÈMES DE FINALE DE L'ÉPREUVE. PHILIPPE GONDET EST L'UNIQUE BUTEUR DE LA RENCONTRE.

1969 NANTES-SEDAN 0-2 (16es DE FINALE DE LA COUPE DE FRANCE).
Cinq ans après, les Ardennais prennent leur revanche lors d'un nouveau duel entre équipes de D1.

1980 TOURS-NANTES 1-4 (32es DE FINALE DE LA COUPE DE FRANCE).
Jolie coïncidence : le FC Nantes retrouve le Parc des Princes pour défendre son trophée conquis huit mois plus tôt. Le tenant gère parfaitement son entrée en lice dans la compétition.

1992 NANTES-LENS 1-0 (CHAMPIONNAT).

9 FÉVRIER 1992
À LA QUATRE-VINGT-NEUVIÈME MINUTE, JAPHET N'DORAM INSCRIT UN BUT DÉCISIF, LE DEUX CENTIÈME DES JAUNES À LA BEAUJOIRE.

10 FÉVRIER

1957 NANTES-AIX-EN-PROVENCE 3-0 (CHAMPIONNAT D2).
PREMIÈRE APPARITION DANS LES BUTS NANTAIS D'UN JEUNE STAGIAIRE NAZAIRIEN, DANIEL ÉON, 17 ANS. LE FC NANTES DÉCOUVRE ALORS CELUI QUI SERA SON GARDIEN LORS DES DIX PROCHAINES SAISONS...

1963 BÉZIERS-NANTES 2-0 (CHAMPIONNAT D2).
Fin de série pour le FC Nantes, qui restait sur dix-sept matches sans défaite.

1979 BEAUVAIS-NANTES 0-8 (32es DE FINALE DE LA COUPE DE FRANCE).
Promenade de santé en ouverture d'une campagne de Coupe de France historique.

1982 À Angers, les Juniors Bleus s'inclinent face à leurs homologues allemands. Seul Christophe Robert représente Nantes au stade Jean-Bouin.

1997 Propulsé en équipe première du FCNA depuis six mois, le jeune Mickaël Landreau signe son premier contrat professionnel, d'une durée de trois ans. Le document est également paraphé par les parents de l'intéressé, puisqu'il n'a pas encore 18 ans !

2001 BORDEAUX-NANTES 0-1 (16es DE FINALE DE LA COUPE DE FRANCE).
Raynald Denoueix lance la jeune génération (Alioune Touré, Hassan Ahamada, Sébastien Macé et Yves Deroff). Nantes se qualifie grâce à Marama Vahirua, qui marque juste après son entrée en jeu.

LÉGENDE

José Arribas aura aligné à quarante-huit reprises son fils Claude sous le maillot nantais.

2007 NANTES-VALENCIENNES 2-5 (CHAMPIONNAT).
Nantes connaît l'une des défaites à domicile les plus sévères de son histoire. Balayé par Steve Savidan (quadruplé), le FCNA, dix-neuvième, s'enfonce vers la Ligue 2.

11 FÉVRIER

1962 NANTES-MARSEILLE 0-1 (CHAMPIONNAT D2).
Les Canaris de José Arribas perdent tout espoir de montée. Ils finiront à quatre points des Phocéens, quatrièmes, une place exceptionnellement suffisante cette saison-là pour accéder à la première division...

1968 ANNECY-NANTES 0-1 (16es DE FINALE DE LA COUPE DE FRANCE).
Qualification in extremis face à une équipe de CFA.

1973 NANTES-VALENCIENNES 1-0 (CHAMPIONNAT).
Grâce à Claude Arribas, le fils de l'entraîneur, le FCN se relance dans la course au titre.

2004 NANTES-BREST 4-0 (16es DE FINALE DE LA COUPE DE FRANCE).
Grâce à un doublé de Viorel Moldovan et des buts de Loïc Pallières et Grégory Pujol, les Nantais se qualifient face aux joueurs de National, emmenés par un certain Franck Ribéry.

12 FÉVRIER

1967 LA CIOTAT-NANTES 1-2 (16es DE FINALE DE LA COUPE DE FRANCE).
Qualification dans la douleur face à un adversaire de DH.

Homologué le 20.1.7[illegible]
Sous le No 258
L'Administrateur,

FÉDÉRATION FRANÇAISE DE FOOTBALL

GROUPEMENT DU FOOTBALL PROFESSIONNEL

24, Boul. de Courcelles, 75017 PARIS

CONTRAT D'ENTRAINEUR-INSTRUCTEUR

147912 15 JUIL 76

SAISON 1976/1977

Entre les soussignés :

(Nom et adresse du club) FOOTBALL CLUB DE NANTES 5bis, rue Bertrand Geslin NANTES

représenté par Monsieur Louis FONTENEAU " Président "

agissant au nom du Club en qualité de PRESIDENT

Et

(Nom de l'Entraîneur-Instructeur) VINCENT (prénoms) Jean-Charles

de nationalité Française , né le 29/II/I930 à LA BEUVRIERE (Pas de Calais)

domicilié à (adresse complète) NANTES 5bis, rue Bertrand Geslin (provisoirement)

A été convenu ce qui suit :

L'Entraîneur-Instructeur VINCENT Jean-Charles s'engage à diriger l'entraînement au football du FOOTBALL CLUB DE NANTES au mieux de ses capacités, conformément aux stipulations du Statut de l'Entraîneur-Instructeur dont un exemplaire lui a été remis.

Le (nom du club) FOOTBALL CLUB DE NANTES s'engage à verser à l'Entraîneur plus haut nommé un salaire mensuel de [illegible]rancs [illegible] des primes de résultat fixées conformément au statut de l'Entraîneur-Instructeur pour les rencontres de Championnat de France Professionnel de Deuxième Division, Coupe de France, Matches amicaux.

Le (nom du club) FOOTBALL CLUB DE NANTES et l'Entraîneur-Instructeur VINCENT Jean-Charles s'engagent à respecter tant dans leurs relations réciproques qu'à l'égard des tiers les prescriptions édictées par la FÉDÉRATION FRANÇAISE DE FOOTBALL, et le GROUPEMENT DU FOOTBALL PROFESSIONNEL, notamment le statut de l'Entraîneur-Instructeur et le statut du Club.

Le présent contrat prend date au OI JUILLET I976 pour une durée de 3 saisons et ne peut être renouvelé ou résilié qu'en conformité du Statut de l'Entraîneur-Instructeur.

En cas de défaillance du club, pour le paiement des salaires, en cas de manquements sérieux aux engagements pris par l'Entraîneur-Instructeur, la FÉDÉRATION et le GROUPEMENT devront être avisés, par le contractant qui s'estime lésé, au plus tard dans la quinzaine du manquement constaté.

Les soussignés déclarent sur l'honneur qu'aucune autre convention dans le cadre de la profession n'a été passée entre eux en dehors du présent contrat.

Fait à NANTES le IO JUILLET 1976

Signatures précédées de la mention manuscrite « lu et approuvé ».

Lu et approuvé

Lu et approuvé

FOOTBALL-CLUB DE NANTES Secrétariat 5bis Rue Bertrand Geslin

Mention du Stage auquel le joueur a obtenu son Brevet d'Etat d'Entraîneur-Instructeur ou de l'équivalence reconnue I.N.S. PARIS Juillet année I964 n° du classement 3ème

1977 NANTES-TOULOUSE 3-1 (32es DE FINALE DE LA COUPE DE FRANCE).
Premier match de l'ère Jean Vincent en Coupe de France. Face aux Violets, alors en deuxième division, les Canaris interrompent leur mauvaise série dans l'épreuve.

1994 LORIENT-NANTES 0-2 A.P. (16es DE FINALE DE LA COUPE DE FRANCE).
Grâce à leur duo d'attaque Ouédec-Loko, les Canaris se qualifient au bout de la nuit !

2000 MONTCEAU-NANTES 0-6 (16es DE FINALE DE LA COUPE DE FRANCE).
Nouveau succès aisé des Canaris, avec six buteurs différents.

2003 **Deux gardiens « nantais » officient en équipe de France, en match amical face à la République Tchèque (0-2) : Mickaël Landreau seconde Ulrich Ramé. Sur le plan des statistiques, deux autres « Canaris » occupent le devant de la scène : Marcel Desailly égale le record de Didier Deschamps, avec cent trois sélections.**

2005 SAUMUR-NANTES 0-2 (16es DE FINALE DE LA COUPE DE FRANCE).
Le réalisme des Canaris, bien aidés par un doublé de Mamadou Diallo, stoppe l'aventure des joueurs de DH de la Ligue de l'Atlantique.

2007 **Deux jours après la défaite de Valenciennes, Rudi Roussillon annonce le remplacement de Georges Éo par le tandem Michel Der Zakarian-Japhet N'Doram. C'est la première fois que le FC Nantes fait appel à trois entraîneurs différents au cours d'une même saison !**

13 FÉVRIER

1972 NANTES-ANGOULÊME 5-0 (CHAMPIONNAT).
Tenus en échec à la pause, les Canaris se fâchent. Georges Éo clôt le festival à la quatre-vingt-huitième minute.

1982 US NŒUXOISE-NANTES 2-1 (32es DE FINALE DE LA COUPE DE FRANCE).
Grosse déroute face à la petite équipe de Nœux-les-Mines.

14 FÉVRIER

1965 NANTES-LILLE 2-2 A.P. (16es DE FINALE DE LA COUPE DE FRANCE).
À la cent-dix-huitième minute, Jacky Simon offre le match d'appui à ses partenaires… Il inscrira un triplé décisif face aux Nordistes.

1971 NANTES-NANCY 7-0 (CHAMPIONNAT).
LES CANARIS ÉTABLISSENT LE RECORD DE LEUR PLUS LARGE SUCCÈS À DOMICILE. RÉDUITS À NEUF, LES LORRAINS TERMINENT AVEC LEUR MILIEU DE TERRAIN HUBERT ZÉNIER DANS LES BUTS.

1981 AMIENS-NANTES 0-1 (32es DE FINALE DE LA COUPE DE FRANCE).
Qualification in extremis face aux Picards.

1992 AUXERRE-NANTES 2-2 (CHAMPIONNAT).
Le FCN mène 2-0 grâce à un doublé de Nicolas Ouédec. Mais Christian Karembeu voit rouge, et les Bourguignons en profitent pour revenir au score. Les places européennes s'éloignent…

2006 NANTES-TROYES 1-1 (CHAMPIONNAT).
Scène insolite à La Beaujoire. Pour la première fois de sa carrière, Mickaël Landreau se fait expulser quelques minutes après son homologue troyen Ronan Le Crom. Nicolas Savinaud, le meilleur ami du gardien nantais, prend place dans les buts du FCNA, tandis qu'Enza Yamissi, le milieu de terrain aubois, réalise des miracles dans la cage de l'ESTAC !

15 FÉVRIER

1978 **La rencontre au sommet opposant Nantes à Monaco est annulée à cause de la pluie. Les 20 000 spectateurs rentrent déçus, tout comme le gardien Jean-Marc Desrousseaux, pour une fois annoncé titulaire à la place de Jean-Paul Bertrand-Demanes.**

2000 NANTES-LYON 6-1 (CHAMPIONNAT).
Avant que l'Olympique Lyonnais ne devienne le grand OL, Nantes lui inflige une sévère correction à La Beaujoire, avec notamment un doublé de Charles Devineau.

2001 PORTO-NANTES 3-1 (QUARTS DE FINALE DE LA COUPE UEFA, MATCH ALLER).
Malgré le premier but en pro d'Hassan Ahamada, les Canaris sombrent en deuxième mi-temps. La qualification pour les demi-finales européennes est mal engagée.

LÉGENDES

PAGE DE GAUCHE
Le contrat de Jean Vincent marque la fin de l'ère José Arribas.

CI-DESSOUS
Les gardiens Dominique Casagrande, Éric Loussouarn et le tout jeune Mickaël Landreau.

1

SPORTS

UN EQUIPE QUI MONTE

LE FOOTBALL-CLUB de NANTES

DAVID

GIOVANETTI

HEIL

DOCQUIN

KERDRAON

POUILLOT

LE moment est sans doute bien choisi pour présenter à nos lecteurs un reportage sur l'équipe de football du F. C. N. La grande presse spécialisée parle maintenant de NANTES avec une certaine faveur, après avoir négligé de faire état des performances qui valaient celles d'aujourd'hui.

Mais le succès appelle le succès, et personne ne veut être en retard. Beaucoup de gens ont oublié les valeureux matches nuls de Colmar ou d'Augoulême, mais chacun sait que Sochaux et Lyon ont été heureux de se retirer du Stade Malakoff avec un point dans leur giberne, et que Le Mans n'a été qu'un jouet entre les mains du F. C. N.

***

Le Football-Club de Nantes est né de la disparition de la Saint-Pierre qui lui a légué la plupart de ses joueurs et un grade élevé dans la hiérarchie des clubs amateurs de l'Ouest. Sur ce piédestal le F. C. N. a bâti tout de suite une jeune réputation qui s'est affirmée au cours des années qui ont précédé son admission dans le groupement professionnel.

Lille était déjà venu jouer au Vivier; Sète à Malakoff. Nantes avait donc œuvré pour créer un climat favorable. Que de chemin parcouru depuis ! Surtout au point de vue popularité du foot-ball à Nantes, puisque le millier de spectateurs d'il y a quatre ans est passé à six ou sept mille. Mais l'engouement du public a suivi la progression technique de l'équipe qui fut champion de l'Ouest amateur à cette époque, puis 8e au championnat professionnel de la 2e division, l'an dernier, pour son premier contact avec l'élite du foot-ball national, et se trouve maintenant au rang de candidat à la division nationale, grâce à sa deuxième place.

Ce bref rappel du passé, sur lequel nous ne nous éterniserons pas car les événements vont très vite, ne nous sert que « d'entrée » à notre sujet principal qui est de faire « le tour » de l'équipe actuelle et de donner à son sujet des détails encore ignorés du public.

Leur origine

I. — LES BRETONS

Ils viennent, ces joueurs actuels du F. C. Nantes, de deux points particuliers de l'horizon. Il y a d'abord les Bretons et ensuite les hommes que Nuic, l'ancien entraineur, a connu dans ses nombreuses périgrinations, et de l'un de ses derniers clubs : l'Avia de Paris.

Nous sommes bien en Bretagne, à Nantes ; et il était normal qu'une grande ville ouvrant des perspectives de travail bien rémunéré pour les jeunes gens, doublés de footballers, ait fait affluer sur les bords de la Loire ces Bretons en quête d'abord d'emplois, ensuite de distractions pour leurs loisirs.

De plus, les bombardements de villes comme Brest, Lorient ou Saint-Nazaire, provoquant l'exode, a eu pour contre-coup le séjour prolongé des « déracinés ».

Gergotich, Kerdraon, Garrec furent les premiers à s'inscrire à la Saint-Pierre qu'ils renforcèrent, puis s'incrustèrent au F. C. N., dont les deux premiers furent toujours les piliers et où Garrec revint après un court séjour à Lyon, et un autre à Vannes après sa démobilisation.

Lemaître, qui fut un brillant élément du C.A.P. de Saint-Nazaire, fut attiré dès 1943 par les perspectives du F. C. N.

Les plus récentes recrues du grand club pro sont les Bretons Scuillier, cueilli à Penmarch l'an dernier, et Abautret Eugène, un des fleurons de cette grande famille de footballers brestois dont la réputation est universelle dans tout l'Ouest. Enfin le jeune Deru, de Rosporden, jeune tige qui en s'étoffant promet de tenir aussi bien qu'un autre son rôle de vedette locale dans un an ou deux.

II. — CEUX DE L'AVIA-CLUB

Du temps de Nuic, c'est-à-dire jusqu'à la fin de la saison dernière, le F. C. N. sous l'impulsion de son entraineur tournait également les yeux vers la capitale et même vers l'Est où Nuic, l'ex-Messin, avait opéré soit comme joueur, soit comme dirigeant. Rien de plus naturel donc que son envie de meubler le F. C. N. avec des joueurs qu'il avait vus à l'œuvre ou dont il avait deviné les promesses.

Un noyau de jeunes gens vint donc corser la valeur de l'équipe nantaise. Ce furent le puissant gardien de but David, Giovanetti et Rivero, qui prit pendant la guerre le [...]

LA GRANDE EQUIPE DU F. C. N.

De gauche à droite et de haut en bas : RIVERO, GARREC, ABAUTRET, GERGOTICH, LEMAITRE, DRUMMER, LE FLOCH, RAAB (entraineur), SCUILLER, MAESTRONI, CREPIN.

III. — ET LES AUTRES

Proprement natifs de Nantes, il n'y en a pas. Ils sont plus ou moins adoptés. Cependant Docquin (l'ex-sanglier) pourrait faire figure d'autochtone, puisque il a joué longtemps à l'A. C. Loire, bien qu'ex-junior de Charleville. Lefloch, lui, est né à Basse-Indre, où tous les Lefloch font du football de père en fils et l'on a [...]

[...] fugié à Paris, il fut un grand demi-centre du C. A. P. amateur ; et c'est là que la Saint-Pierre le trouva quand elle l'attira chez elle avant la guerre. Obligé de se camoufler pendant l'occupation, il prit le maquis dans la région de Treillières. Et le voilà depuis cette année conductor du F. C. Nantes.

[...] malicieux, il vous a un petit air poupin, presque innocent.

Qualités et défauts

I. — CHEZ LES DEFENSEURS

J'en demande pardon aux joueurs de mêler dans ce reportage plutôt [...] son béret basque, avec son regard fait à la gloire du F. C. Nantes, quelques critiques à la louange. Mais c'est la faute au lecteur qui veut une opinion. Depuis le début, le style de Drummer me parut plus classique que celui de David : détente et agilité le rendent spectaculaire, mais ses sorties téméraires et les buts qu'il encaisse ainsi sont à mettre à son [...]

[...] saire, dégage loin, mais se fait prendre au jeu subtil et hésite à jouer de la tête. Raab, lui, y va de la tête, mais ce n'est pas souvent le crâne, c'est le cervelet qui travaille. Dans son raidissement physique (il a 34 ans), il trouve là une compensation. Garrec, actuellement indisponible, est le roc breton sur lequel se brisent les vagues. Son nez retroussé prend bien le vent, et flaire adroitement le sens de l'attaque adverse.

II. — LES DEMIS

Ce fut presque toujours le point fort du F. C. Nantes, et aussi le trio des Bretons 100 %. Abautret ayant remplacé Sellin de 1946. Mais il y a demis de défense, policemen ; Eugène y excelle ; ce n'est pas le fort de Gergotich, et les demis d'attaque, où Martial (Gergo) est au contraire un maître. Oui, mais il a un grave défaut, il « cultive » la balle, la tripote et en oublie parfois ses partenaires qui attendent avec impatience la fin de ses fantaisies. « Zeff » Kerdraon est plus expéditif ; il vous tombe dans les jambes, vous êtes par terre, il se relève le premier et sert ses avants. S'il aimait seulement moins déambuler dans les rues, la forme n'aurait pas d'éclipse.

Quant à Maestroni, l'inter demi ou le demi inter (voir plus haut son portrait), s'il avait un shoot à trajectoire tendue, quel « méchant client » pour les gardiens de but !

Lemaître n'a plus de poste fixe. Dommage. Il a des qualités qui ne demandent qu'à être bien mises en jeu à bon escient, et à la bonne place.

III. — LES AVANTS

A-t-on longtemps déploré l'insuffisance des attaquants ! On renforçait toujours la défense et l'on se souciait peu de trouver des hommes qui eussent le punch. Et pourtant on en a toujours eu un qui a fait son chemin depuis ses timides débuts : le gentleman René Crépin, toujours « tiré à quatre épingles » sur le stade comme dans le civil ; un ailier gauche de classe à qui manque un stage à l'aile droite pour assouplir le shoot du pied dextre. A ses côtés opère actuellement le jeune Pouillot qui débute et cristallise son action sur un style point déplaisant.

16 FÉVRIER

1947 NANTES-CLERMONT-FERRAND 3-1 (CHAMPIONNAT D2).

Au cœur d'une série de cinq succès consécutifs, le FCN commence à croire à la montée.

1977 **Parti un an plus tôt de Nantes, José Arribas est limogé de son poste d'entraîneur de Marseille.**

17 FÉVRIER

1990 CHOLET-NANTES 0-2 (32es DE FINALE DE LA COUPE DE FRANCE).

Derby attendu avec l'entrée en lice des Canaris face aux voisins du SO Cholet alors en D4.

1993 **Patrice Loko rejoint Christian Karembeu en équipe de France, face à Israël (4-0). L'attaquant nantais entre en jeu à la place de Bixente Lizarazu.**

2001 NANTES-STRASBOURG 1-0 (CHAMPIONNAT).

GRÂCE À UN BUT DE MARAMA VAHIRUA, LES NANTAIS ENTAMENT UNE SÉRIE DE HUIT SUCCÈS CONSÉCUTIFS QUI LES MÈNERA JUSQU'À LEUR HUITIÈME TITRE DE CHAMPIONS DE FRANCE.

18 FÉVRIER

1966 **Jacky Simon brille de mille feux au stage de l'équipe de France. Le sélectionneur national Henri Guérin annonce sa future sélection.**

1973 NANTES-SEDAN 1-0 (16es DE FINALE DE LA COUPE DE FRANCE).

Pour la quatrième saison consécutive, les Canaris atteignent les huitièmes de finale de l'épreuve.

1977 NANTES-RENNES 3-1 (CHAMPIONNAT).

Nouveau succès aisé face au voisin rennais, initié par l'homme en forme Omar Sahnoun.

1978 LUCE-NANTES 1-2 (16es DE FINALE DE LA COUPE DE FRANCE, MATCH ALLER).

Face à l'étonnante équipe de l'Eure-et-Loir, alors en deuxième division, les Jaunes font le métier.

1984 RENNES-NANTES 0-2 (16es DE FINALE DE LA COUPE DE FRANCE, MATCH ALLER).

Face aux coéquipiers de Yannick Stopyra, les Canaris assurent avant l'avalanche du retour…

2007 MARSEILLE-NANTES 0-0 (CHAMPIONNAT).

Première sur le banc nantais du duo Japhet N'Doram-Michel Der Zakarian. Ce dernier fête même son quarante-quatrième anniversaire dans la ville qui l'a vu grandir. Et le FCNA s'offre un bon point au Vélodrome, grâce notamment à un excellent Fabien Barthez.

19 FÉVRIER

1972 NANTES-RENNES 2-0 (16es DE FINALE DE LA COUPE DE FRANCE).

Joli derby breton dans la capitale, et nouveau succès des Canaris.

1993 **Patrice Loko, qui vient de vivre un drame personnel avec la perte de son bébé, victime d'une méningite en décembre, porte pour la première fois le maillot de l'équipe de France A, en amical face au Sporting Portugal (2/0). Le Nantais inscrit l'un des deux buts…**

1994 **Ancien gardien du club puis vice-président du FC Nantes, Claude Simonet, président de la Ligue de l'Atlantique, est élu à la tête de la Fédération française de football (FFF).**

20 FÉVRIER

1965 NÎMES-NANTES 0-3 (CHAMPIONNAT).

IRONIE DE L'HISTOIRE, LE PREMIER MATCH TÉLÉVISÉ EN FRANCE PROPOSE L'ENVOL DU FUTUR CHAMPION DE FRANCE NANTAIS, GRÂCE À UN DOUBLÉ DE JACKY SIMON ET UN BUT DE RAFAEL SANTOS.

LÉGENDES

1
Né en 1943, le FC Nantes commence à faire parler de lui !

2
Match mythique à La Beaujoire face au Manchester United de Laurent Blanc, ici opposé à Viorel Moldovan.

3
Ce 20 février 2002, la jeune équipe nantaise, où figure Mauro Cetto, résiste. Du moins à l'aller…

1966 NANTES-BORDEAUX 2-2 (CHAMPIONNAT).
Match au sommet de la saison. Jacky Simon et Joël Prou marquent pour Nantes mais les Girondins égalisent à chaque fois dans la foulée. Le FCN conserve ses cinq points d'avance.

1999 PSG-NANTES 1-1, 4-5 T.A.B. (16es DE FINALE DE LA COUPE DE FRANCE).
Pierre Ducrocq décroche in extremis les prolongations pour les Parisiens, mais Mickaël Landreau est finalement décisif sur sa ligne.

2002 NANTES-MANCHESTER UNITED 1-1 (DEUXIÈME PHASE DE LA LIGUE DES CHAMPIONS).
Au-delà du duel à distance entre Mickaël Landreau et Fabien Barthez, Ruud Van Nistelrooy répond dans le temps additionnel à Viorel Moldovan ! Le Nantes d'Angel Marcos tient tête à un grand d'Europe dans un stade de La Beaujoire comble.

21 FÉVRIER

1984 NANTES-RENNES 7-0 (16es DE FINALE DE LA COUPE DE FRANCE, MATCH RETOUR).
Déjà vainqueurs trois jours plus tôt en Ille-et-Vilaine (2/0), les joueurs de Jean-Claude Suaudeau infligent une correction à leurs voisins rennais, qui filent droit vers la D2 !

1997 RENNES-NANTES 0-1 (CHAMPIONNAT).
Grâce à un but de Jocelyn Gourvennec, Nantes poursuit une série de cinq victoires consécutives à l'extérieur.

2

3

LÉGENDE

Ambiance de vestiaire avec Daniel Éon et Bernard Blanchet.

22 FÉVRIER

1953 NANTES-STRASBOURG 0-2 (CHAMPIONNAT D2).
Le FC Nantes s'incline et l'arbitre, M. Devillers, doit quitter Malakoff sous escorte. Le Groupement, ancêtre de la Ligue professionnelle, impose aux dirigeants nantais de protéger la sortie du tunnel d'accès. Un supporter y apposera une plaque : « Avenue Devillers »...

1968 **Touché à un genou par un arrière sedanais, l'attaquant Philippe Gondet subit l'ablation du ménisque droit... puis rate presque toute la fin de saison, faisant seulement sa rentrée le 15 juin, comme remplaçant face à Metz (1-1).**

1978 NANTES-LUCE 3-1 (16es DE FINALE DE LA COUPE DE FRANCE, MATCH RETOUR).
Les Nantais confirment la qualification logique assurée quatre jours plus tôt.

2001 NANTES-PORTO 2-1 (QUARTS DE FINALE DE LA COUPE UEFA, MATCH RETOUR).
Battus 1-3 à l'aller, les Nantais encaissent un nouveau but portugais avant la pause, auquel répondront ceux de Marama Vahirua et Sylvain Armand. Insuffisant.

23 FÉVRIER

1964 MONACO-NANTES 3-1 (CHAMPIONNAT).
Albert Heil, secrétaire emblématique du FC Nantes, se souvient des déplacements de l'époque en Principauté : « Pour aller jouer le dimanche après-midi à Monaco, on partait le vendredi à 14 h 30. On dormait à Bordeaux, on déjeunait à Toulouse, et nous partions aussitôt après le match pour ne pas rater le train de nuit. Nous étions de retour à Nantes le mardi à 14 h 30. »

1975 NANTES-PSG 0-0 (CHAMPIONNAT).
Oscar Muller, le fils de Ramon, est aligné pour la première fois en D1, à 16 ans et demi !

1977 **Omar Sahnoun est appelé pour la première fois en équipe de France, en match amical face à l'Allemagne de l'Ouest (1-0). Il rejoint Loïc Amisse et Patrice Rio.**

1980 NANTES-SAINT-ÉTIENNE 2-0 (CHAMPIONNAT).
Devant 24 690 supporters, face aux partenaires de Johnny Rep et Michel Platini, les Jaunes décrochent une victoire capitale dans la course au titre grâce à des buts d'Henri Michel et Éric Pécout.

24 FÉVRIER

1929 **Un certain Émile Veinante fait ses débuts en équipe de France, en amical face à la Hongrie (3-0). En 1951, il deviendra le quatrième entraîneur de l'histoire des Canaris.**

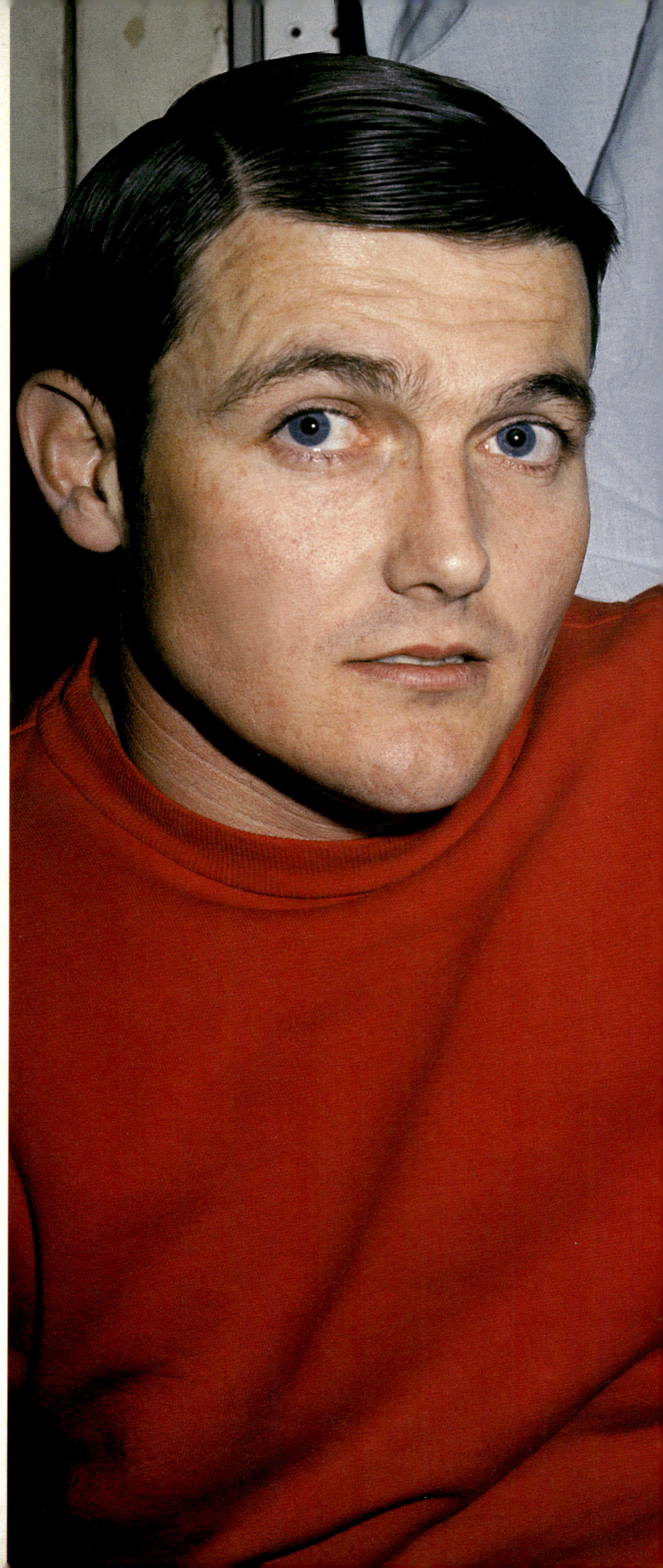

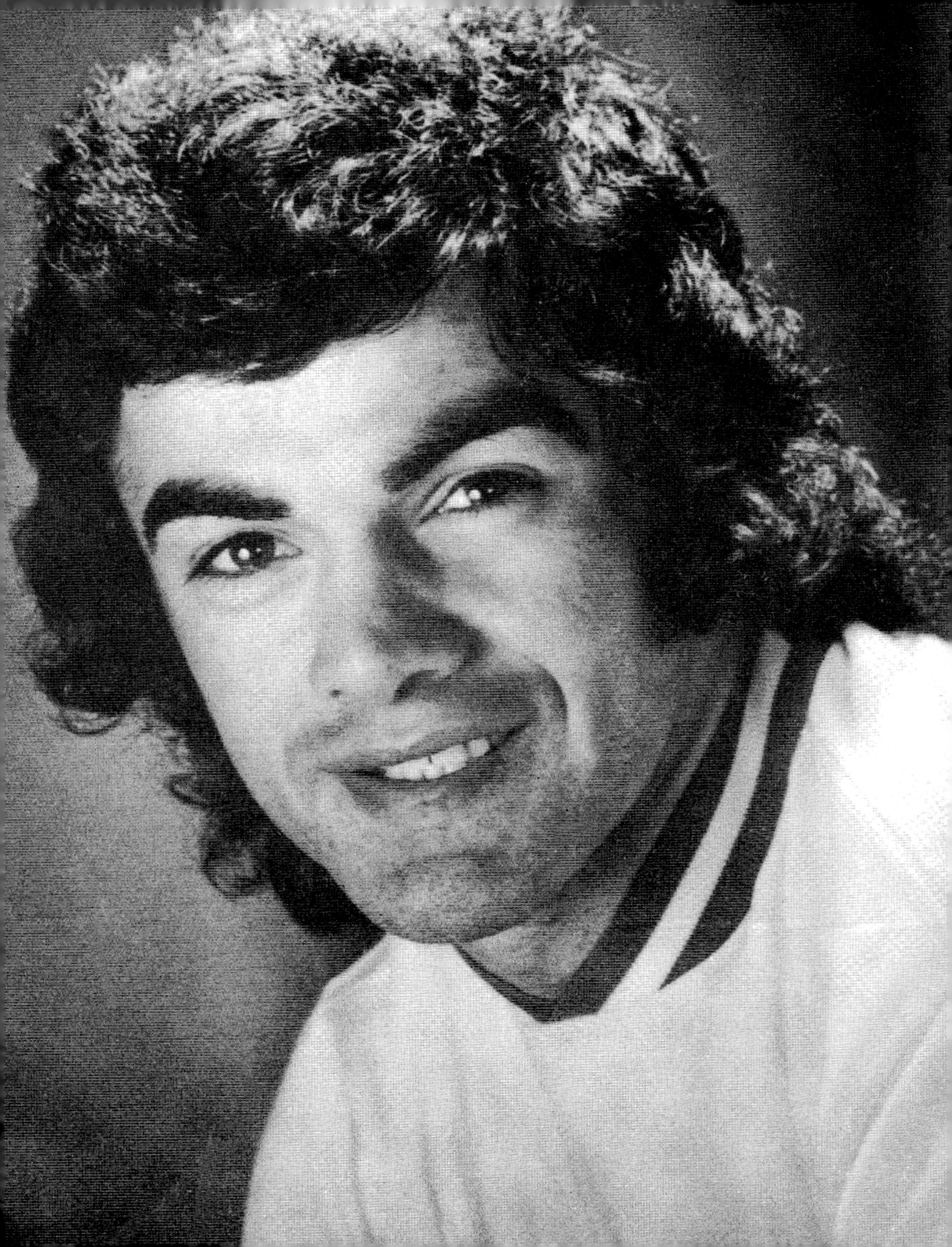

1970 *L'Équipe Magazine* y croit ! Venu en visite quelques jours plus tôt à Nantes, Mordechaï Spiegler, l'avant-centre de l'équipe d'Israël, pourrait rejoindre le FCN pour la saison 1970-1971.

1974 STRASBOURG-NANTES 3-2 (CHAMPIONNAT).
Invaincus depuis plus de trois mois, les Canaris tombent en Alsace ! Un doublé de Gemmrich donne trois buts d'avance aux Strasbourgeois à la pause, et le retour nantais est insuffisant...

25 FÉVRIER

1945 Blessé depuis deux mois, l'attaquant Aimé Nuic, entraîneur des Canaris en 1943, revient aux affaires à Sablé-sur-Sarthe, où le FCN s'impose 6-0.

1973 SOCHAUX-NANTES 0-1 (CHAMPIONNAT).
Première sous le maillot nantais de l'Argentin Hugo Bargas, fraîchement arrivé des Chacarita Juniors, comme Angel Marcos un an plus tôt. Redescendu d'un cran depuis le début de la saison, Henri Michel retrouve son plein rayonnement en milieu de terrain. Surtout, grâce à cette victoire, Nantes rejoint Nice en tête du championnat.

1979 Première d'Éric Pécout chez les Bleus, face au Luxembourg (3-0), dans le cadre des qualifications pour l'Euro 1980. Maxime Bossis et Henri Michel sont titulaires.

1984 NANTES-BORDEAUX 0-1 (CHAMPIONNAT).
Passation de pouvoir entre le nouveau et l'ancien champion de France. Les Girondins n'avaient plus gagné à Nantes depuis 1969.

26 FÉVRIER

1989 À Lens, le FCN se qualifie en Coupe face à Hénin (DH). « À l'échauffement, comme nous n'étions pas trop concentrés, Miroslav Blazevic a décidé de suspendre l'un des titulaires annoncés, se souvient Vincent Bracigliano. Entre lui et Jean-Claude Suaudeau, c'était le yin et le yang ! »

1998 Transféré un an plus tôt de Nantes vers Monaco, Japhet N'Doram est opéré d'un genou. Sa carrière de joueur est terminée.

2002 MANCHESTER UNITED-NANTES 5-1 (DEUXIÈME PHASE DE LA LIGUE DES CHAMPIONS).
Malgré l'ouverture de Frédéric Da Rocha, buteur face à Fabien Barthez, les Canaris sont impuissants face au talent des Mancuniens.

27 FÉVRIER

1977 NANCY-NANTES 3-0 (CHAMPIONNAT).
Face à Michel Platini, auteur d'un doublé, les joueurs de Jean Vincent craquent pour la première fois de l'année.

2007 SEDAN-NANTES 1-1, 5-6 T.A.B. (QUARTS DE FINALE DE LA COUPE DE FRANCE).
Fabien Barthez sort l'arrêt qu'il faut lors de la séance de tirs au but.

28 FÉVRIER

1970 NANTES-STRASBOURG 2-1 (16es DE FINALE DE LA COUPE DE FRANCE).
Au Parc des Princes, les Nantais obtiennent une victoire à l'arraché face aux Alsaciens.

1971 NANTES-VALENCIENNES 0-0 (16es DE FINALE DE LA COUPE DE FRANCE).
Duel de Coupe fermé entre équipes de première division. La rencontre est à rejouer !

1995 BAYER LEVERKUSEN-NANTES 5-1 (QUARTS DE FINALE DE LA COUPE DE L'UEFA, MATCH ALLER).
Les trois gardiens nantais étant blessés, Jean-Louis Garcia, à la retraite, doit remettre les gants. En Allemagne, il vit un calvaire, et Nantes sombre face au réalisme de Kirsten et Paulo Sergio.

2007 RENNES-NANTES 2-3 (16es DE FINALE DE LA COUPE GAMBARDELLA).
Alors que le centre de formation nantais est sujet à de multiples critiques, les « 18 ans » du FCNA s'imposent à Rennes, pourtant élue en début de saison meilleure formation hexagonale par la Direction technique nationale.

29 FÉVRIER

1988 Trois mois avant le terme du championnat de France, le président Max Bouyer annonce que le contrat de Jean-Claude Suaudeau ne sera pas renouvelé.

LÉGENDES

PAGE DE GAUCHE
En 1973, année du troisième titre, l'Argentin Hugo Bargas vient stabiliser la défense nantaise.

CI-DESSOUS
La dernière licence de Japhet N'Doram au FC Nantes.

Date de qualification : RENOUVELLEMENT
FÉDÉRATION FRANÇAISE DE FOOTBALL
LIGUE NATIONALE DE FOOTBALL
Siège Social : 24, Bd de Courcelles, PARIS
Saison 1996-97
N° 6631
F.C. NANTES ATLANTIQUE
LICENCE
de JOUEUR PROFESSIONNEL ou SEMI-PROFESSIONNEL
Nom N'DORAM
Prénoms Japhet
Né le 27/02/1966 à N'DJAMENA
Nationalité française
Domicile Le Bois St Lys - 18 rue Artémis, 44470 CARQUEFOU
Le Directeur Général de la L.N.F.,
Le Secrétaire du Club,

28 FÉVRIER 1995

LA MÉSAVENTURE DE JEAN-LOUIS GARCIA

Tandis que le FC Nantes, porté par sa classe biberon, enchante la France du football et domine haut la main le championnat, une incroyable série de blessures survient chez les gardiens. En quarts de finale de la Coupe UEFA, à Leverkusen (1-5), elle contraint Jean-Claude Suaudeau à aligner Jean-Louis Garcia, l'un des membres de son staff, à la retraite depuis six mois ! Une déroute pour le FCNA, mais un souvenir inoubliable pour l'intéressé.

La scène se passe à la fin du mois de février 1995, dans l'avion menant le groupe nantais en Allemagne. Jean-Louis Garcia est assis aux côtés de Jean-Claude Suaudeau et de Robert Budzynski. L'information que les trois hommes attendaient vient de leur parvenir : Éric Loussouarn, titulaire à Saint-Étienne quatre jours plus tôt, est forfait, victime d'un traumatisme crânien. Regards et sourires...

« Ils m'ont dit : "Louis, tu vas jouer", se souvient Jean-Louis Garcia. C'était trop gros pour être vrai. Six mois avant, j'avais arrêté ma carrière ! » Le week-end précédent, l'entraîneur des gardiens du FCNA avait assisté à un match des Allemands, en déplacement à Brême. À l'époque, celui qui n'a porté qu'à deux reprises le maillot des Canaris depuis son arrivée en 1994 n'accompagne pas l'équipe première en permanence. L'entraîneur nantais lui a confié une autre mission d'importance : la supervision des adversaires en Coupe d'Europe. « À mon retour, Coco me demandait comment il fallait les mettre en danger, quels étaient leurs joueurs d'influence. Bref, comment faire pour les battre ! C'est une école formidable. Je devais aussi faire des rapports à Robert Budzynski sur des joueurs susceptibles de s'adapter au jeu à la nantaise... »

Tous les gardiens à l'infirmerie !

Au retour de son week-end outre-Rhin, Jean-Louis Garcia donne ses impressions à son entraîneur et apprend en même temps que le troisième gardien des Jaunes, Éric Loussouarn, vient « de quitter l'entraînement dans les vapes » après un choc avec Christian Karembeu. La situation se complique : David Marraud, numéro un en début de saison, est écarté des terrains depuis le 10 novembre, victime d'une rupture des ligaments croisés sur la pelouse de Monaco. Son suppléant, Dominique Casagrande, s'est fracturé une main le 11 janvier, au Parc des Princes. Sur le papier, le FC Nantes n'a plus de remplaçant...

Par hasard, le jeune retraité Jean-Louis Garcia a renouvelé sa licence de joueur en début de saison, au cas où... Il peut donc évoluer en match officiel !

La veille du quart de finale aller de la Coupe UEFA, à Leverkusen, il est la cible des médias locaux et nationaux. « Avec le recul, c'était une erreur de leur répondre à tous, avoue le Sudiste, devenu entraîneur d'Angers en 2006. Dans l'approche de la rencontre, je ne m'étais pas assez protégé. Je l'ai abordée avec une nervosité qui m'avait entamé physiquement. À ce poste, c'est trop tard... »

LÉGENDE

En 2006, titulaire du DEPF, Jean-Louis Garcia (à gauche) devient l'entraîneur d'Angers SCO avec son adjoint Manu Nogueira.

LÉGENDE

Au milieu des années 1990, Jean-Louis Garcia participe à l'éclosion d'un certain Mickaël Landreau.

Ce mardi 28 février 1995, les Canaris sont attendus de pied ferme par le Bayer Leverkusen. Le coup d'envoi est fixé à 19 heures. Le programme officiel montre l'attaquant Rudi Völler. Le danger ne viendra pas d'un seul homme... Dès la neuvième minute, les Nantais encaissent un but de Hans-Peter Lehnhoff. « Je ne suis pas très clair », plaide Jean-Louis Garcia. Le scénario se poursuit avec une bourde de Christophe Pignol, « un ballon épouvantable en retrait », que le renard Ulf Kirsten ne laisse pas passer. Bien que Nicolas Ouédec inscrive un penalty, la fin de partie tourne au fiasco. Jean-Louis Garcia concède trois buts dans le dernier quart d'heure ; Reynald Pedros et Jean-Michel Ferri sont expulsés. Ils écoperont de trois et huit matches de suspension !

Garcia souffle le nom de Landreau à Suaudeau

Quatre jours plus tard, malgré les critiques, Jean-Louis Garcia conserve les gants. Cette fois à La Beaujoire, en championnat, face à Nice. « Le match commence comme un nouveau cauchemar, se rappelle-t-il. Chaouch marque de la tête sur le premier corner adverse. Sincèrement, c'était pas facile... » Les Canaris s'imposent sur le fil (2-1) et conservent leur invincibilité, à dix journées du terme. Le 14 mars, enfin, Jean-Louis Garcia doit voler une dernière fois au secours des siens lors du retour face au Bayer Leverkusen ! « Je remplace Dominique Casagrande à la mi-temps. Puis je fais deux bons arrêts. Le public de La Beaujoire se met à scander mon nom, ça voulait dire que les supporters ne m'en voulaient pas. En rentrant aux vestiaires, j'ai craqué nerveusement. Cette période est anecdotique par rapport à mes sept années passées à Nantes. Elle reste néanmoins le souvenir le plus douloureux et, en même temps, le plus fort de ma carrière... »

Ces concours de circonstances ne sont pas nouveaux dans l'histoire des Canaris. En 1956, alors qu'il évoluait en réserve, Claude Simonet, futur président de la Fédération française de football, avait remplacé la star de l'époque, Stéphane Dakoski. Un événement qui avait permis l'éclosion d'un premier grand nom dans les buts nantais : Daniel Éon, titulaire pour la première fois à... 17 ans. Autre anecdote proche de celle vécue par Jean-Louis Garcia : le 23 septembre 1966, José Arribas est privé de ses trois principaux gardiens (Éon, Castel et Fouché). Il est dans l'obligation de faire appel à son quatrième élément, Bernard Teigner, alors... au service militaire. Une permission exceptionnelle permet à celui-ci d'officier au Parc des Princes, face au Stade Paris, pour son unique participation en élite...

Une génération plus tard, un autre monument des buts nantais débute sa carrière à 17 ans. Le 5 novembre 1969, José Arribas, privé de Fouché et de Guéméné, fait appel à un jeune homme de Pauillac pour affronter l'OM de Skoblar et Magnusson. Jean-Paul Bertrand-Demanes, qui a signé son contrat quatre jours plus tôt, disputera cinq cent trente-deux rencontres de D1 sous le maillot nantais, record du club détenu avec son ami Henri Michel !

La mésaventure de Jean-Louis Garcia, elle, annonce l'arrivée d'un quatrième grand nom dans la riche histoire des portiers nantais. Tandis que Jean-Claude Suaudeau compose avec le même trio (Marraud-Casagrande-Loussouarn) lors de la saison 1995-1996, il tente un coup l'année suivante. Le 2 octobre 1996, Mickaël Landreau fait des débuts fracassants à 17 ans, en repoussant un penalty de Ljubomir Moravcik à Bastia. La décision avait été prise sur les conseils de son entraîneur... Un certain Jean-Louis Garcia !

LÉGENDE

En 1982, Jean-Claude Suaudeau succède à Jean Vincent et reprend l'entreprise de son mentor José Arribas.

MARS

1er MARS

1964 NANTES-STRASBOURG 1-0 (8es DE FINALE DE LA COUPE DE FRANCE).
Grâce à un but de Jean Guillot, le FC Nantes se qualifie pour son premier quart de finale de la Coupe de France !

1977 **Officiellement, la ville de Nantes cède à titre exclusif le droit d'affichage au stade Marcel-Saupin à Jean-Claude Darmon. Une première en France.**

2 MARS

1974 NANTES-NÎMES 1-0 (16es DE FINALE DE LA COUPE DE FRANCE, MATCH ALLER).
Un an après, les Canaris retrouvent les Gardois, qui résistent bien au stade Marcel-Saupin.

1979 PARIS FC-NANTES 1-2 (CHAMPIONNAT).
Après deux matches nuls, le FCN reprend une série de quatre succès consécutifs, grâce à un penalty transformé par Gilles Rampillon à l'ultime minute.

1990 SOCHAUX-NANTES 1-3 (CHAMPIONNAT).

2 MARS 1990
LES CANARIS FÊTENT PAR UNE VICTOIRE LEUR MILLIÈME MATCH CONSÉCUTIF EN D1, UN RECORD NATIONAL !

3 MARS

1971 NANTES-VALENCIENNES 1-0 (16es DE FINALE DE LA COUPE DE FRANCE).
En match à rejouer, les Canaris réussissent à faire plier les Nordistes.

1982 NANTES-SAINT-ÉTIENNE 3-0 (CHAMPIONNAT).
En pleine saison, Jean Vincent, successeur de José Arribas en 1976, quitte le FC Nantes pour rejoindre, un peu plus tard, la sélection du Cameroun, qualifiée pour la Coupe du monde 1982. Après ce dernier succès d'estime face aux Verts (doublé de José Touré), c'est Jean-Claude Suaudeau qui prend en main l'équipe première du FC Nantes.

1990 NANTES-RENNES 1-0 (CHAMPIONNAT D3).
La jeunesse nantaise fait parler d'elle lors du derby. Patrice Loko marque le but nantais...

4 MARS

1978 NANTES-NANCY 2-0 (CHAMPIONNAT).
L'équipe de Michel Platini s'incline à nouveau à Saupin. « Michel m'avait raconté qu'à chacune de ses venues à Nantes, il changeait de place dans le vestiaire après une défaite, se souvient Gilles Rampillon. Un jour, il m'a dit qu'il les avait toutes essayées ! »

1995 NANTES-NICE 2-1 (CHAMPIONNAT).
Toujours en pénurie de gardien, Nantes aligne son jeune retraité, Jean-Louis Garcia. Grâce à Japhet N'Doram, les Canaris remportent un précieux succès dans la course au titre.

2000 NANTES-GUEUGNON 0-0, 5-3 T.A.B. (8es DE FINALE DE LA COUPE DE FRANCE).
Mickaël Landreau, décisif, doit s'employer pour qualifier le FCNA face à une équipe de D2.

2007 SOCHAUX-NANTES 1-2 (CHAMPIONNAT).
Lanterne rouge au coup d'envoi, le FCNA s'offre un bol d'air dans la course au maintien grâce à deux jeunes insouciants : Dimitri Payet et Claudiu Keserü.

5 MARS

1980 DYNAMO MOSCOU-NANTES 0-2 (QUARTS DE FINALE DE LA COUPE DES COUPES, MATCH ALLER).
Exploit des Nantais lors de la première manche. Grâce à Thierry Tusseau et Éric Pécout, les joueurs de Jean Vincent prennent une première option sur la qualification pour les demi-finales.

1983 BAUME-LES-DAMES-NANTES 0-4 (16es DE FINALE DE LA COUPE DE FRANCE, MATCH ALLER).
Les Nantais font le métier face au Petit Poucet du Doubs, et s'imposeront 7-1 au retour !

1986 INTER MILAN-NANTES 3-0 (QUARTS DE FINALE DE LA COUPE UEFA, MATCH ALLER).
Six ans après, les Canaris retrouvent des Milanais encore plus forts. Altobelli, Tardelli et Rummenigge font la différence dès le match aller.

2003 NANTES-METZ 0-2 (QUARTS DE FINALE DE LA COUPE DE LA LIGUE).
Grosse déception à La Beaujoire face à une formation de Ligue 2. Le jeune Emmanuel Adebayor crucifie Mickaël Landreau dans les dix dernières minutes de la rencontre.

6 MARS

1981 NANTES-PSG 2-0 (16es DE FINALE DE LA COUPE DE FRANCE, MATCH ALLER).
Tout réussit aux Canaris, leaders en D1 et sereins en Coupe.

1992 NANTES-MARSEILLE 0-1 (CHAMPIONNAT).
Les Olympiens s'imposent grâce à JPP, mais Jean-Jacques Eydelie évoquera des approches du club marseillais à son encontre et en direction de Marcel Desailly.

1996 NANTES-SPARTAK MOSCOU 2-0 (QUARTS DE FINALE DE LA LIGUE DES CHAMPIONS, MATCH ALLER).
Les Nantais réalisent le score parfait grâce à Japhet N'Doram et Nicolas Ouédec. Seul bémol : Reynald Pedros est expulsé. Il écopera de cinq rencontres de suspension !

2004 RENNES-NANTES 0-3 (CHAMPIONNAT).
Événement rarissime au stade de la Route-de-Lorient : les Canaris quittent la pelouse sous les applaudissements rennais au terme d'une prestation de très haut vol : deux poteaux, trois buts – dont un doublé de Viorel Moldovan – et un niveau de jeu incroyable.

7 MARS

1965 STADE FRANÇAIS-NANTES 3-1 A.P. (8es DE FINALE DE LA COUPE DE FRANCE).
Malgré l'ouverture du score de Jacky Simon, les Canaris craquent lors des prolongations.

1981 NANTES-PSG 2-0 (16es DE FINALE DE LA COUPE DE FRANCE).
Sereins, les Canaris s'imposent au match aller. Ils feront de même au retour, au Parc des Princes (5-3 !).

1992 BOURG-PÉRONNAS-NANTES 2-4 A.P. (32es DE FINALE DE LA COUPE DE FRANCE).
Face au Petit Poucet de l'épreuve, les Canaris passent tout près de la correctionnelle ! Ils s'en sortent avec l'égalisation de Zoran Vulic, suivie d'un doublé de José Dalmao dans les prolongations.

8 MARS

1953 NANTES-PERPIGNAN 2-1 (CHAMPIONNAT D2).
Nantes poursuit une série qui s'arrêtera à six victoires consécutives !

1956 MONTPELLIER-NANTES 3-2 (CHAMPIONNAT D2).
La coupure de dix jours en raison du froid ne rassure pas les Nantais, qui n'ont plus gagné depuis sept journées.

1968 NANTES-SOCHAUX 1-2 (8es DE FINALE DE LA COUPE DE FRANCE).
Malgré l'ouverture du score de Bernard Blanchet, le FC Nantes est éliminé à la dernière minute... et ne fait pas mieux en championnat : septième, à seize points de Saint-Étienne.

1970 LYON-NANTES 2-5 (CHAMPIONNAT).
Moribonds, les Canaris sont capables de coups d'éclat, avec un triplé de Bernard Blanchet (le seul sous le maillot nantais) et un doublé de Philippe Gondet.

TOUT

1974 NÎMES-NANTES 0-0 (16es DE FINALE DE LA COUPE DE FRANCE, MATCH RETOUR).
Vainqueurs in extremis six jours plus tôt à Saupin, les Jaunes se qualifient dans la douleur.

1978 **RECORD EN ÉQUIPE DE FRANCE !** SIX NANTAIS SONT ALIGNÉS EN AMICAL CONTRE LE PORTUGAL (2-0), UN MATCH DE PRÉPARATION POUR LA COUPE DU MONDE. FINALEMENT, SAHNOUN, BARONCHELLI ET AMISSE RESTERONT À LA MAISON, ET SEULS **BERTRAND-DEMANES, BOSSIS, RIO ET MICHEL** PARTICIPERONT AU MONDIAL ARGENTIN.

1980 LILLE-NANTES 1-0 (16es DE FINALE DE LA COUPE DE FRANCE, MATCH ALLER).
Le tenant du titre vacille dans le Nord et devra batailler au match retour pour conserver son trophée.

1985 NANTES-SÈTE 6-0 (16es DE FINALE DE LA COUPE DE FRANCE, MATCH ALLER).
Feu d'artifice de buts pour le premier match de Coupe au stade de La Beaujoire. Les Canaris s'imposeront également au retour (2-1).

1989 **Les Bleus de Michel Platini s'effondrent en Écosse (0-2) dans la course au Mondial 1990, en Italie. Le bourreau des Français est un Nantais, Mo Johnston, auteur d'un doublé.**

9 MARS

1974 AVIGNON-NANTES 1-1 (CHAMPIONNAT D2).
Premier des trois déplacements décisifs pour la montée. Les joueurs d'Antoine Raab limitent les dégats, quatre jours avant de se rendre à Sochaux...

1996 NANTES-CANNES 2-0 (CHAMPIONNAT).
Entre deux quarts de finale de Ligue des Champions, Nicolas Ouédec fête son cent cinquantième match en D1 par un nouveau but.

10 MARS

1979 THONON-NANTES 1-1 (16es DE FINALE DE LA COUPE DE FRANCE, MATCH ALLER).
Il faudra faire la différence à Saupin...

1990 NANTES-AUXERRE 2-1 (16es DE FINALE DE LA COUPE DE FRANCE).
Retour aux oppositions sur un match sec. Les Canaris passent l'obstacle bourguignon.

1999 PSG-NANTES 0-0 (CHAMPIONNAT).
Devant plus de 40 000 spectateurs, le FCNA de Raynald Denoueix, avec huit joueurs formés au club, résiste aux assauts parisiens.

2001 CARCASSONNE-NANTES 0-3 (8es DE FINALE DE LA COUPE DE FRANCE).
Favorisé par le tirage au sort, qui lui oppose une équipe de CFA 2, le FCNA se qualifie grâce à Marama Vahirua, Hassan Ahamada et Stéphane Ziani.

LÉGENDES

PAGE DE GAUCHE
Henri Michel sera élu plus grand joueur de l'histoire du FC Nantes par les supporters.

CI-CONTRE
Dans la tradition, David Marraud gardera à deux cent quatre-vingt-une reprises les buts nantais.

11 MARS

1973 PARIS FC-NANTES 2-4 (8es DE FINALE DE LA COUPE DE FRANCE, MATCH ALLER).
Les Jaunes font un grand pas vers les quarts de finale face à l'étonnante équipe parisienne, alors en D1.

1981 PARIS SG-NANTES 5-3 (16es DE FINALE DE LA COUPE DE FRANCE).
Le score fleuve ne suffit pas aux Parisiens. Nantes s'est imposé 2-0 à l'aller, six jours plus tôt.

1982 **Le divorce entre Jean Vincent et son groupe est consommé. « Avec Henri Michel et Jean-Paul Bertrand-Demanes, nous avons réuni les joueurs dans un restaurant à La Baule, se souvient Patrice Rio. Nous voulions retrouver les bases de ce qui avait fait notre réussite. »**

2004 **Le groupe dirigé par Serge Dassault acquiert la Socpresse, propriétaire de nombreux médias (*Le Figaro, Presse-Océan*). Le FCNA fait également partie du rachat.**

12 MARS

1943 **Lors de leur première saison en amateurs, les Nantais inquiètent Saint-Malo (0-0), futur champion de l'Ouest, au stade de Procé.**

1967 ANGOULÊME-NANTES 1-1 (8es DE FINALE DE LA COUPE DE FRANCE).
Malgré un but de Jacky Simon, les Canaris sont incapables de dominer les joueurs de D2. Match à rejouer trois jours plus tard.

1972 NANTES-NICE 0-1 (8es DE FINALE DE LA COUPE DE FRANCE, MATCH ALLER).
Les Canaris compromettent leurs chances de qualification en s'inclinant à domicile.

1980 NANTES-NÎMES 4-0 (CHAMPIONNAT).
HENRI MICHEL DISPUTE SON **CINQ CENTIÈME MATCH** EN D1, TOUS SOUS LE MAILLOT NANTAIS !

1988 BORDEAUX-NANTES 1-1, 3-4 T.A.B. (32es DE FINALE DE LA COUPE DE FRANCE).
Le FCN oublie le signe indien : éliminés deux fois de suite aux tirs au but pour leur entrée en lice dans la compétition, David Marraud et les siens sortent les Girondins.

2006 NANTES-LILLE 1-1 (CHAMPIONNAT).
Dans les tribunes, les supporters nantais se signalent en associant les drapeaux de neuf nationalités de joueurs du club au blason du FCNA. Avec ce message : « Unis dans la diversité. »

13 MARS

1947 SOCHAUX-NANTES 9-0 (CHAMPIONNAT D2).
Face aux futurs élus à la montée, les Nantais, invaincus depuis six mois, sombrent. Pour leur défense, Charles Drummer, le gardien titulaire, était forfait, souffrant d'une pneumonie.

1966 NANTES-RED-STAR 1-1 (8es DE FINALE DE LA COUPE DE FRANCE).
Daniel Éon sauve trois fois son camp face aux Parisiens et offre un match d'appui au FCN.

1982 LENS-NANTES 1-0 (CHAMPIONNAT).
Premier match et première défaite pour le jeune entraîneur, Jean-Claude Suaudeau, formé à l'école de José Arribas depuis les années 1960.

1988 NANTES-BORDEAUX 1-1, 4-3 T.A.B. (32es DE FINALE DE LA COUPE DE FRANCE).
Grâce à un David Marraud décisif, les Canaris éliminent d'entrée leur grand rival de l'époque.

2001 TROYES-NANTES 0-1 (QUARTS DE FINALE DE LA COUPE DE LA LIGUE).
Premier quart de finale de l'épreuve et première qualification nantaise pour une demi-finale, grâce à un nouveau but décisif du Roumain Viorel Moldovan.

2002 NANTES-BOAVISTA 1-1 (DEUXIÈME PHASE DE LA LIGUE DES CHAMPIONS).
Malgré un but de Viorel Moldovan, le FCNA est définitivement éliminé de l'épreuve.

14 MARS

1965 ANGERS-NANTES 2-2 (CHAMPIONNAT).
Nouveau derby épique : Bernard Blanchet et Sadek Boukhalfa donnent l'avantage aux Canaris, mais à chaque fois les Angevins égalisent dans la minute qui suit !

1973 NANTES-PARIS FC 0-1 (8es DE FINALE DE LA COUPE DE FRANCE, MATCH RETOUR).
La défaite est sans conséquences. Les Canaris avaient fait la différence trois jours plus tôt.

1978 NANTES-MONACO 1-0 (CHAMPIONNAT).
Face à l'étonnant promu de Delio Onnis, Nantes s'impose grâce à Bruno Baronchelli en match en retard. On pense que le FCN conservera son titre…

1981 NANTES-STRASBOURG 1-1 (CHAMPIONNAT).
Patrice Rio croit donner la victoire aux Canaris à la quatre-vingt-unième minute, mais les Alsaciens égalisent dans les arrêts de jeu. Vainqueur de Monaco (5-1), Saint-Étienne reprend la tête.

1986 NANTES-PSG 2-0 (CHAMPIONNAT).
Jean-Claude Suaudeau innove avec une défense à trois, et Nantes domine le leader parisien grâce à ses deux étrangers, Vahid Halilhodzic et Jorge Burruchaga.

1995 NANTES-BAYER LEVERKUSEN 0-0 (QUARTS DE FINALE DE LA COUPE UEFA, MATCH RETOUR).
Après le 5-1 reçu en Allemagne, la messe est dite. Mais les Canaris tiennent à sortir de la compétition avec les honneurs. Jean-Louis Garcia est de nouveau dans les buts nantais en deuxième mi-temps. Le gardien, à la retraite depuis six mois, quitte le stade en larmes, ovationné par le public de La Beaujoire.

1999 METZ-NANTES 1-3 (8es DE FINALE DE LA COUPE DE FRANCE).
Grâce à trois joueurs formés au club (Olivier Monterrubio, Nicolas Savinaud et Alioune Touré), le FCNA retrouve les quarts de finale de l'épreuve.

1

15 MARS

1947 LYON-NANTES 1-1 (CHAMPIONNAT).
Les Nantais terminent à huit contre onze. Ils mènent longtemps 1-0 mais ils sont rejoints à un quart d'heure du coup de sifflet. Léon Abautret, épuisé, a manqué la balle de match à quelques minutes du coup de sifflet final ! Un exploit, tout de même, qui vaut un télégramme de félicitations de la part du maire de Lyon, Édouard Herriot, au député de Loire-Atlantique André Morice. Les joueurs nantais sont accueillis en héros par près de 1 000 supporters… « L'entraîneur lyonnais avait parlé de vaillants Bretons », se souvient Antoine Raab, l'entraîneur de l'époque.

1967 NANTES-ANGOULÊME 0-1 (8es DE FINALE DE LA COUPE DE FRANCE).
Le match est à rejouer… Une grosse déception pour les Canaris, cueillis par des joueurs de deuxième division à la quatre-vingt-cinquième minute de la rencontre…

1972 NICE-NANTES 0-0 (8es DE FINALE DE LA COUPE DE FRANCE, MATCH RETOUR).
Surpris trois jours plus tôt à Saupin, les Canaris ratent les quarts de finale de la Coupe pour la deuxième saison consécutive.

1980 NANTES-LILLE 1-2 (16es DE FINALE DE LA COUPE DE FRANCE, MATCH RETOUR).
Déjà battus 1-2 à Saupin, les Canaris cèdent leur titre et le rêve de réaliser le doublé !

16 MARS

1974 TROYES-NANTES 1-0 (CHAMPIONNAT).
Un but de Parizon crucifie les Nantais, qui n'ont pris qu'un point sur les six derniers possible. Saint-Étienne s'envole vers le titre.

2005 BOULOGNE-SUR-MER-NANTES 3-2 (8es DE FINALE DE LA COUPE DE FRANCE).
Grosse désillusion nantaise face aux joueurs de CFA. Vaincus à la dernière minute, les Canaris quittent sans gloire leur compétition fétiche.

2

LÉGENDES

1
La réception de l'Inter, l'un des grands rendez-vous européens du FC Nantes.

2
Patrice Rio, symbole d'une défense intraitable à Saupin.

1

17 MARS

1935 **Aimé Nuic fait ses débuts en équipe de France, en match amical face à l'Allemagne (1-3). Huit ans plus tard, l'attaquant lorrain deviendra le premier entraîneur de l'histoire des Canaris.**

1973 NANTES-AJACCIO 6-1 (CHAMPIONNAT).
Face aux Corses, Henri Michel réalise son premier et unique triplé sous les couleurs nantaises.

1981 **L'État promet une subvention de 27 millions de francs pour le financement du futur stade de La Beaujoire. Ce montant correspond à un tiers du budget estimé.**

1984 NANTES-LYON 0-0 (8es DE FINALE DE LA COUPE DE FRANCE, MATCH ALLER).
Affiche décevante. Difficile d'imaginer le feu d'artifice qui suivra trois jours plus tard...

LÉGENDES

1
Rencontre de légende à Moscou pour une qualification en demi-finales.

2
Déplacement prestigieux à Munich en Ligue des champions.

3
Mathieu Berson se confronte au Munichois Jens Jeremies.

2

2004 NANTES-RENNES 3-2 (QUARTS DE FINALE DE LA COUPE DE FRANCE).
Coup de théâtre avec la réserve déposée par les Rennais concernant la qualification de Viorel Moldovan. Menés 0-1, les Canaris se rebellent et se qualifient grâce à Marama Vahirua, Gilles Yapi-Yapo et Shiva N'Zigou.

18 MARS

1978 NANTES-DUNKERQUE 2-0 (8es DE FINALE DE LA COUPE DE FRANCE, MATCH ALLER).
Jean Vincent continue d'imposer son réalisme à l'équipe nantaise, qui l'emporte 5-0 au retour.

1994 NANTES-BORDEAUX 1-0 (8es DE FINALE DE LA COUPE DE FRANCE).
Les Jaunes se qualifient grâce au but de Nicolas Ouédec, inscrit dès la troisième minute...

2000 NANTES-RENNES 2-1 A.P. (QUARTS DE FINALE DE LA COUPE DE FRANCE).
Transféré trois mois plus tôt de Nantes à Rennes, Christophe Le Roux offre les prolongations à son nouveau club. Mais Antoine Sibierski se montre décisif à la cent-dix-huitième minute...

2005 **La pelouse de La Beaujoire, site olympique pour le tournoi de football, accueille une délégation emmenée par Bertrand Delanoë, maire de Paris, ville candidate à la réception des JO en 2012. Quelques mois plus tard, Londres est finalement préférée à la capitale française.**

19 MARS

1977 TROYES-NANTES 3-2 (16es DE FINALE DE LA COUPE DE FRANCE, MATCH RETOUR).
Vainqueurs 2-0 à Saupin, le FCN souffre mais se qualifie dans l'Aube.

1980 NANTES-DYNAMO MOSCOU 2-3 (QUARTS DE FINALE DE LA COUPE DES COUPES, MATCH RETOUR).
Vainqueurs 2-0 à l'aller, les Canaris se font peur en encaissant deux buts rapidement, mais Henri Michel, puis José Touré, réagissent. Pour la première fois, le FC Nantes se qualifie pour une demi-finale européenne.

1986 NANTES-INTER MILAN 3-3 (QUARTS DE FINALE DE LA COUPE UEFA, MATCH RETOUR).
Le cinquantième match du FC Nantes en Coupe d'Europe est d'anthologie ! Battus 0-3 à l'aller, les Canaris emballent la rencontre par Michel Der Zakarian, dont les nerfs lâcheront en fin de match ! Grâce à Vahid Halilhodzic et Yvon Le Roux, le FCN mène 3-1 à la mi-temps, mais Altobelli et Brady marquent à l'heure de jeu. Plus grave : José Touré est victime d'une rupture des ligaments croisés. « Le Brésilien » ne jouera plus sous le maillot jaune et vert !

2002 BAYERN MUNICH-NANTES 2-1 (DEUXIÈME PHASE DE LA LIGUE DES CHAMPIONS).
Le FCNA déjà éliminé, Angel Marcos lance les jeunes en Bavière (Grondin, Ateba, Paillières, Rubil). À noter également la première apparition en pros d'un certain Jérémy Toulalan.

3

20 MARS

1976 NANTES-SAINT-ÉTIENNE 3-0 (CHAMPIONNAT).
Le record de la recette est battu, avec 645 020 francs de l'époque. Devant près de 27 000 spectateurs, les Canaris, emmenés par Maxime Bossis, buteur d'entrée, tombent les doubles champions en titre.

1993 NANTES-MARSEILLE 0-2 (CHAMPIONNAT).
Les jeunes Canaris faiblissent. Devant 37 490 spectateurs, un doublé d'Alen Boksic envoie les Olympiens vers un cinquième titre consécutif. Mais la sortie de Zoran Vulic à la mi-temps fera couler beaucoup d'encre. L'affaire VA-OM éclatera quelques semaines plus tard...

1996 SPARTAK MOSCOU-NANTES 2-2 (QUARTS DE FINALE DE LA LIGUE DES CHAMPIONS, MATCH RETOUR).

20 MARS 1996
EN TROIS MINUTES, NIKIFOROV ET LES RUSSES RATTRAPENT LES DEUX BUTS NANTAIS DU MATCH ALLER. MAIS NICOLAS OUÉDEC SIGNE LUI AUSSI UN DOUBLÉ APRÈS LA PAUSE. LE FCNA EST EN DEMI-FINALES !

1

2

21 MARS

1965 NANTES-TOULOUSE 4-0 (CHAMPIONNAT).
Premier triplé de Rafael Santos en première division, le deuxième de l'histoire du club.

1970 LE MANS-NANTES 0-4 (8es DE FINALE DE LA COUPE DE FRANCE, MATCH ALLER).
Désormais, les rencontres de Coupe de France se jouent à partir des huitièmes de finale en matches aller-retour. Les Canaris font la différence en Sarthe.

1984 LYON-NANTES 4-4 (8es DE FINALE DE LA COUPE DE FRANCE, MATCH RETOUR).
Un score inhabituel favorable aux Canaris : l'aller s'était conclu sur un piteux 0-0…

1987 BREST-NANTES 1-1, 4-2 T.A.B. (32es DE FINALE DE LA COUPE DE FRANCE).
Un an après Limoges, les Finistériens font à nouveau tomber les Canaris d'entrée !

22 MARS

1953 **Le journal officiel des supporters, *Le Canari,* démontre à l'ensemble du public nantais comment « être sportif » !**

1964 NICE-NANTES 1-4 (QUARTS DE FINALE DE LA COUPE DE FRANCE).
Les joueurs de José Arribas se qualifient pour leur première demi-finale de l'épreuve grâce, notamment, à un doublé de Jean Guillot.

1967 **Première sélection en équipe de France A pour le gardien Daniel Éon, titulaire contre la Roumanie. Un match perdu (1-2) par les Bleus.**

1975 **Robert Budzynski frappe très fort en enrôlant le Polonais Robert Gadocha au bout de longues négociations. L'attaquant, troisième de la précédente Coupe du monde, est accueilli en héros à l'aéroport de Château-Bougon.**

1979 NANCY-NANTES 0-2 (CHAMPIONNAT).
Grâce à José Touré et Bruno Baronchelli, Nantes reprend la première place du championnat à la différence de buts, devant Strasbourg et Saint-Étienne, à dix journées de la fin…

1980 **Le FC Nantes, dernier représentant français en Coupe d'Europe, prend connaissance de son adversaire en demi-finales de Coupe des Coupes : ce sera Valence, tombeur de Barcelone et des Glasgow Rangers. L'autre demi-finale opposera Arsenal à la Juventus de Turin !**

1989 KOUROU-NANTES 0-3 (16es DE FINALE DE LA COUPE DE FRANCE, MATCH ALLER).
Voyage sympathique pour les Canaris, qui s'imposent en Guyane face au Geldar.

1995 NANTES-LE HAVRE 3-2 (CHAMPIONNAT).
Quatre buts en dix minutes au stade de La Beaujoire. Franck Renou (doublé) répond au tandem Daury-Lagrange. Patrice Loko permet finalement aux Canaris de franchir la barre des trente matches invaincus.

1997 NANTES-LILLE 1-0 (CHAMPIONNAT).

22 MARS 1997
SUR PENALTY, JAPHET N'DORAM EST L'AUTEUR DU DEUX MILLIÈME BUT DE L'HISTOIRE NANTAISE EN PREMIÈRE DIVISION.

2002 NANTES-RENNES 3-1 (CHAMPIONNAT).
Net succès face au voisin rennais. Le FCNA d'Angel Marcos se rapproche du maintien.

23 MARS

1966 NANTES-RED STAR 2-0 (8es DE FINALE DE LA COUPE DE FRANCE).
Petit événement avec la qualification pour les quarts de finale de la Coupe, obtenue en match d'appui grâce à deux buts rapides de Philippe Gondet et Ramon Muller.

1973 SAINT-ÉTIENNE-NANTES 1-2 (CHAMPIONNAT).
La presse parle alors de passation de pouvoir : grâce à Gilles Rampillon et Claude Arribas, les Canaris s'imposent et filent vers leur troisième titre, malgré la rupture des ligaments croisés de leur buteur Angel Marcos, « out » jusqu'à la fin de la saison.

LÉGENDES

1
Visite de Moscou pour Jean-Claude Suaudeau et son président Jean-René Toumelin…

2
L'époque des grands duels face à Saint-Étienne, avec Thierry Tusseau…

3
… et Henri Michel en débordement.

3

1979 NANTES-THONON 3-1 (16es DE FINALE DE LA COUPE DE FRANCE, MATCH RETOUR).
Secoués à l'aller (1-1), les Canaris assurent le coup au retour.
1983 **Henri Michel débute sa seconde carrière d'entraîneur avec l'équipe de France olympique. Face à l'Espagne (1-0), l'ancien Canari aligne William Ayache et José Touré.**
2007 **En match amical à Saint-Géréon, devant 1 200 personnes, le FC Nantes peine face à la lanterne rouge de D2, le FC Tours (2-2). En même temps, Dimitri Payet inscrit son premier doublé chez les pros avec l'équipe de France Espoirs, au Mans, face au Danemark (3-1).**

1

24 MARS

1945 NANTES-NANCY 2-0 (CHAMPIONNAT GROUPE NORD).
Après un déplacement victorieux à Besançon (4-2), Nantes reçoit le leader, invaincu, à Malakoff. Un but de Crépin, un second de Maestroni, et les futurs champions de France, incrédules, s'inclinent...
1957 **Premier match international à Malakoff, où les équipes B de France et du Portugal se quittent bonnes amies (1-1). Le même jour, à Fontainebleau, le gardien Daniel Éon fête ses débuts internationaux lors de France-Angleterre juniors (0-1).**
1963 LIMOGES-NANTES 4-1 (CHAMPIONNAT D2).
Sur la route de la montée, les Canaris tombent face à un certain Bako Touré, auteur d'un quadruplé ! Le père de José rejoindra Nantes trois saisons plus tard.
1965 **Pour la première fois, un Nantais est appelé en équipe de France. Meilleur buteur du championnat, l'attaquant Jacky Simon, auteur de vingt-quatre des soixante-six buts nantais, porte le maillot bleu face à l'Autriche (1-2), sous les ordres de l'ancien Rennais Henri Guérin.**
1982 **L'équipe de France Espoirs est éliminée en quarts de finale de l'Euro, en Russie (2-4). William Ayache et José Touré sont de la partie.**
1986 PARIS SG-NANTES 2-1 (CHAMPIONNAT).
Grâce à un penalty de Vahid Halilhodzic, parti de Nantes à l'intersaison avec William Ayache, les Parisiens accablent les Canaris.

LÉGENDES

1
Vahid Halilhodzic face à son futur club, le PSG.

2
Dédicace de Jacky Simon en Bleu.

PAGE DE DROITE
L'ailier Gérard Géorgin, auteur de six buts de 1966 à 1968.

2007 **Éliminés un an plus tôt par Le Mans, aux tirs au but, au même stade de l'épreuve, les 18 ans du FC Nantes de Laurent Guyot se qualifient de la même façon à Calais (0-0, 3-1 t.a.b.).**

25 MARS

1967 NANTES-SAINT-ÉTIENNE 4-1 (CHAMPIONNAT).
Le succès face aux Verts, initié par Henri Michel, entretient encore l'espoir d'un troisième titre consécutif...
1972 NANTES-RENNES 4-0 (CHAMPIONNAT).
La recette nantaise est d'attaquer à fond : Henri Michel et Bernard Blanchet marquent aux première et deuxième minutes !
1981 **Vahid Halilhodzic signe officiellement un contrat de trois ans au FC Nantes, valable à partir du début de la saison 1981-1982. Dans la ville, la rumeur se répand. Mais certains supporters craignent que ce ne soit un canular. Les Nantais ont du mal à croire à l'arrivée du redoutable buteur de la sélection nationale de Yougoslavie...**

2

26 MARS

1966 NANTES-SAINT-ÉTIENNE 5-0 (CHAMPIONNAT).
Démonstration nantaise face aux Verts, devant 21 161 spectateurs !
1969 NANTES-HONGRIE 0-3 (MATCH DE GALA).
Face à la sélection de Kocsis et Puskas, l'équipe de José Arribas inaugure la nouvelle tribune Honneur du stade Marcel-Saupin. Parmi les 21 811 privilégiés, ont été invités les représentants de la Fédération, ainsi que les 3 700 élus municipaux de Loire-Atlantique !

LÉGENDE

Posé sur les bords de Loire, le Parc des Sports de Malakoff est rebaptisé Marcel-Saupin en 1965.

1975 **Henri Michel marque avec les Bleus face à la Hongrie, en amical (2-0) au Parc des Princes. Yves Triantafilos est sélectionné pour la première fois, un an avant de quitter Saint-Étienne pour Nantes.**

1988 LE HAVRE-NANTES 1-0 (CHAMPIONNAT).
En chute libre, les joueurs de Jean-Claude Suaudeau s'inclinent chez la lanterne rouge.

2005 NANTES-LE MANS 0-0, 3-5 T.A.B. (8es DE FINALE DE LA COUPE GAMBARDELLA).
Signe des temps, les jeunes Nantais s'inclinent face à leurs voisins sarthois à Saupin.

2006 **Sous la pression médiatique, le lendemain du match Nancy-Nantes (0-0), Mickaël Landreau, l'enfant du FC Nantes, annonce son départ après dix saisons sous le maillot nantais. Le nom de son nouveau club, le PSG, ne sera officialisé qu'à la fin du mois de mai.**

27 MARS

1965 NANTES-VALENCIENNES 1-0 (CHAMPIONNAT).
Le parc des sports de Malakoff est officiellement rebaptisé stade Marcel-Saupin, deux ans après la disparition du fondateur du club.

1970 NANTES-LE MANS 2-0 (8es DE FINALE DE LA COUPE DE FRANCE, MATCH RETOUR).
Les Canaris confirment leur qualification aisée face aux Sarthois, alors en D3.

1976 **Une date importante dans l'histoire des Bleus. Pour sa première à la tête de l'équipe de France, Michel Hidalgo intègre une nouvelle génération de joueurs avec plusieurs Nantais (Patrice Rio, Maxime Bossis, Gilles Rampillon) aux côtés d'un certain Michel Platini, tandis que Jean-Paul Bertrand-Demanes et Henri Michel conservent leur poste de titulaire. En match amical, la France se heurte à la Tchécoslovaquie (2-2).**

1982 AUXERRE-NANTES 0-1 (CHAMPIONNAT).
But décisif de José Touré, devenu insatiable : le jeune attaquant nantais marquera également lors des quatre rencontres suivantes.

1994 **Sorti sur blessure deux jours plus tôt face à Sochaux (2-0), Laurent Guyot, titulaire depuis trois ans en charnière centrale, souffre d'une rupture des ligaments croisés.**

1999 **Formé à La Jonelière, Didier Deschamps bat le record de sélections détenu par Manuel Amoros (82) lors d'une rencontre contre l'Ukraine.**

2004 NANTES-MONTPELLIER 3-2 (CHAMPIONNAT).
Le FCN s'offre son deux centième succès à La Beaujoire grâce à Viorel Moldovan, auteur d'un coup du chapeau. Le Roumain en est à seize buts en treize matches, toutes compétitions confondues.

9
Café
Aurore

28 MARS

1971 SOCHAUX-NANTES 2-0 (8es DE FINALE DE LA COUPE DE FRANCE, MATCH ALLER).
La qualification est compromise face à un autre pensionnaire de D1.

1973 NANTES-NICE 2-2 (CHAMPIONNAT).
Face à leur adversaire le plus coriace, les Canaris concèdent le nul après avoir mené deux fois au score.

1979 METZ-NANTES 1-3 (CHAMPIONNAT).
Éric Pécout inscrit son premier et seul triplé sous le maillot nantais en championnat. Un autre suivra trois mois plus tard en Coupe…

1989 NANTES-KOUROU 8-0 (16es DE FINALE DE LA COUPE DE FRANCE, MATCH RETOUR).
Vainqueurs en Guyane, les Nantais ne font pas de sentiment face aux amateurs du Geldar.

29 MARS

1953 NANTES-RC PARIS 4-0 (COUPE DRAGO).
Les Canaris réalisent un festival face à l'un des nombreux clubs parisiens de l'époque.

1980 NANTES-LILLE 1-0 (CHAMPIONNAT).
Enzo Trossero conforte le troisième succès consécutif des Canaris, qui se rapprochent du titre.

1987 **Alors que l'on pensait plutôt à la fin de sa carrière, Jean-Paul Bertrand-Demanes signe pour deux nouvelles saisons au FC Nantes.**

1991 **À Angers, l'équipe de France Espoirs domine son homologue albanaise (3-0), grâce notamment à un doublé de Patrice Loko. Zinédine Zidane est titulaire, Bixente Lizarazu capitaine.**

30 MARS

1974 NANTES-STRASBOURG 1-0 (8es DE FINALE DE LA COUPE DE FRANCE, MATCH ALLER).
Comme face à Nîmes au tour précédent, le FCN s'impose par le plus petit des avantages.

1977 **Mauvais souvenir pour Thierry Tusseau, 19 ans, titularisé pour la première fois en équipe de France en raison du forfait de Marius Trésor. Les Bleus s'inclinent à Dublin, dans le stade mythique de Lansdowne Road, face à la République d'Irlande (0-1).**

1988 AUXERRE-NANTES 1-0 (16es DE FINALE DE LA COUPE DE FRANCE, MATCH ALLER).
Première manche perdue pour les Jaunes, qui devront s'imposer une semaine plus tard…

1993 NANTES-RODEZ 9-1 (16es DE FINALE DE LA COUPE DE FRANCE).
Récital nantais face à des joueurs de deuxième division : Patrice Loko et Nicolas Ouédec signent un doublé, Reynald Pedros un triplé !

31 MARS

1966 **À l'occasion du tournoi d'Alger, le FC Nantes se frotte au Real Madrid en finale (0-1).**

2001 NANTES-AUXERRE 4-1 (QUARTS DE FINALE DE LA COUPE DE FRANCE).
Dans le jeu, Mickaël Landreau arrête deux penalties de Djibril Cissé et Yann Lachuer. Nantes se qualifie finalement en prolongations grâce à trois buts inscrits dans les six dernières minutes par Nicolas Laspalles et Marama Vahirua, auteur d'un doublé.

LÉGENDES

À GAUCHE
31 mars 2001. Mickaël Landreau arrête un penalty de Djibril Cissé et propulse les Nantais en demi-finales de la Coupe de France.

CI-DESSOUS
Entrée des Canaris à Saupin derrière Henri Michel…

22 MARS 1975

ROBERT GADOCHA : UNE STAR DÉBARQUE

Vainqueur des JO en 1972, troisième de la Coupe du monde en Allemagne, deux ans plus tard, l'ailier gauche de la sélection polonaise débarque sur le tarmac de l'aéroport Château-Bougon à l'épilogue d'un transfert à rebondissements. S'il inscrit un doublé dès son premier match, il ne parviendra jamais à s'imposer chez les Canaris. Et il sera écarté par Jean Vincent dès le début de la saison 1976-1977. Retour sur l'un des plus « gros » coups de l'histoire du club en matière de recrutement, en compagnie du directeur sportif de l'époque, Robert Budzynski, qui dirigea les négociations côté FCN.

Viendra, viendra pas ? La signature de Robert Gadocha au FC Nantes, en mars 1975, donna lieu à tant de rebondissements et de péripéties que le joueur fut, jusqu'à son apparition en chair et en os, surnommé « l'Arlésienne ».

L'ailier gauche du Legia de Varsovie était, il est vrai, une star. Son transfert vers le championnat de France fut d'autant plus un « coup » pour les Canaris que la Fédération polonaise avait refusé pareil mouvement vers le Bayern Munich en août 1974. Après avoir gagné les JO deux ans plus tôt, l'international restait sur une Coupe du monde réussie en Allemagne, compétition dans laquelle son pays termina à la troisième place à la faveur d'une dernière victoire sur le Brésil (1-0). Dans les « Cahiers » de *L'Équipe* d'alors, l'une des « bibles » du football, Robert Gadocha figure dans le onze majeur élu par les journalistes. À l'avant de ce 4-2-4 de légende, il côtoie son compatriote Lato (à gauche), le Hollandais Cruijff et le Suédois Edstroem. Et la presse de souligner les mérites du n° 18 polonais, « offrant à ses camarades des balles en or » au détriment de sa propre réussite, puisqu'il marqua à une unique reprise, contre Haïti (7-0). « Par son style virevoltant et sa force de pénétration, il a su fournir la preuve, combien éclatante, qu'il était l'un des attaquants les plus complets... », concluait l'article.

Des qualités relayées par la télévision qui n'échappèrent pas à Robert Budzynski, directeur sportif du FCN depuis

LÉGENDE

Robert Gadocha débarque à l'aéroport de Château-Bougon en compagnie de Robert Budzynski.

1970... et fils d'émigré polonais. « En effet, nous le connaissions, explique-t-il trois décennies plus tard. Mais les règlements concernant les pays de l'Est étaient particuliers : le joueur devait ainsi avoir la trentaine révolue. Et il y avait un contexte particulier, le système politique, le rideau de fer. » Un œil sur l'intéressé, les Canaris rencontrent – heureux hasard – le Legia de Varsovie en trente-deuxièmes de finale de la Coupe UEFA, les 18 septembre (2-2 à Marcel-Saupin) et 2 octobre 1974 (0-1, succès signé Gilles Rampillon à la soixante-cinquième minute). « Nous avons retrouvé le Gadocha du Mondial 1974, poursuit Robert Budzynski. Dans la foulée, nous avons décidé de le contacter. Au début, par téléphone. Ce qui fut assez facile... »
Les choses se compliquent avec l'entrée en lice de la PZPN, la Fédération polonaise. En octobre 1974, commence une série de voyages, en compagnie de Sylvain Ichoua. « Nous nous déplacions à deux pour équilibrer les débats, car nous pouvions avoir sept ou huit personnes en face de nous », précise Robert Budzynski, qui mena les négociations en anglais. Des discussions propices à des tractations financières, poliment qualifiées d'« arrangements ».
« Nantes-Paris-Varsovie... nous connaissions la route, le franchissement des frontières. Après plusieurs voyages, les douaniers devenaient soupçonneux. J'ai fini par être bloqué et interrogé dans une pièce à part. J'avais néanmoins un atout : je venais réaliser des affaires liées au football. À chaque retour, nous annoncions son arrivée... et un retard de dernière minute survenait. Il n'avait pas de passeport, la lettre de sortie n'avait pas été signée par la Fédération ou le Legia... »

Accueilli à l'aéroport par des milliers de personnes

Ces reports successifs n'altérèrent jamais la volonté de Robert Gadocha, qui avait goûté à la vie en Europe non communiste. « Le pouvoir d'attraction de la liberté était très fort, continue Robert Budzynski. Son idée était simple : "Je me barre." Il voulait aussi faire sortir toute sa famille. Sa femme passée à l'Ouest, il fallut attendre presque le dernier moment pour que la situation se débloque pour le reste de ses proches. »
Quand son avion se posa sur le tarmac de l'aéroport Château-Bougon, la nouvelle s'était déjà répandue comme une traînée de poudre dans la cité des Ducs. Des milliers de spectateurs attendaient sur place, sur la route menant au centre-ville et aux abords du siège du club, rue Bertrand-Geslin. « En renommée, c'était notre plus gros transfert par rapport à ce qu'il représentait dans l'imagination des supporters, analyse Robert Budzynski. Auparavant, nous avions fait signer Marcos, Curioni... Ces garçons étaient des internationaux, mais ils eurent moins d'impact vis-à-vis du public. L'Argentine était un pays encore lointain. Robert Gadocha, les gens l'avaient vu à la télévision ! »

L'étoile Gadocha se perd à l'Ouest...

Du marketing sportif avant l'heure... et sans le savoir. Les débuts de Robert Gadocha en jaune sont couronnés de succès. Pour son premier match, le 1er avril 1975, contre Lyon (3-1), il réussit un doublé (43e et 87e). Marcel-Saupin est conquis ! « Son éclat a encore grandi », commente Robert Budzynski. Un éclat en forme d'étoile filante... Avec une blessure à Bastia, au cours de la rencontre suivante. Une fin de saison à quatre buts au compteur. Puis trente participations dans le championnat en 1975-1976 (3 buts)... et une mise à l'écart par Jean Vincent dès la reprise, à l'été 1976. L'ancien Rémois préféra miser sur la génération olympique.
« Il a trop mangé, sourit Robert Budzynski, détaillant cet échec avec le recul. Il n'a pas eu la volonté, la méchanceté pour se maintenir en condition physique. L'athlète finlandais Paavo Nurmi a eu cette phrase : "Ne te laisse jamais envahir par la paresse quand tu gagnes un titre." Robert Gadocha s'est relâché. Il n'a pas su gérer les aspects contraignants du professionnalisme. À l'entraînement, il démontrait pourtant une qualité exceptionnelle. Avec le groupe que nous avions, il se devait d'être performant. Il n'a pas été bon ! Je lui en ai voulu... Je ne lui en veux plus. »

LÉGENDE

Les premiers ballons du Polonais au stade Marcel-Saupin, pour les photographes...

UEFA
CHAMPIONS
LEAGUE
© UEFA 1992

JUVENTUS F.C.

F.C. NANTES ATLANTIQUE

3 APRILE 1996 - ORE 20.30 - STADIO DELLE ALPI, TORINO

AVRIL

1ER AVRIL

1970 BASTIA-NANTES 3-2 (CHAMPIONNAT).
Mauvaise blague pour les Canaris, qui mènent deux fois au score avant d'encaisser deux buts corses dans les cinq dernières minutes !

1975 NANTES-LYON 3-1 (CHAMPIONNAT).
Premier match du Polonais Robert Gadocha sous le maillot nantais, et premier doublé !

1978 **Match de gala pour les Bleus face au Brésil (1-0), avant de s'envoler pour l'Argentine, hôte du Mondial. Six joueurs nantais sont alignés par Michel Hidalgo : Jean-Paul Bertrand-Demanes, Patrice Rio, Maxime Bossis, Loïc Amisse, Bruno Baronchelli et Henri Michel. Ce dernier a pour mission de surveiller le duo Zico-Rivelino !**

1986 NANTES-BREST 3-1 (CHAMPIONNAT).
Match en retard de la trente et unième journée de D1. Le FCN revient à trois points du leader parisien.

2007 NANTES-SEDAN 0-1 (CHAMPIONNAT).
Au cours d'un match décisif pour le maintien, Fabien Barthez encaisse un but gag avant de quitter sans un mot le terrain puis le stade de La Beaujoire.

2 AVRIL

1949 NANTES-REIMS 4-2 (MATCH DE GALA).
Mal en point(s) en championnat, les Nantais se relancent avec ce match amical organisé en partie pour réconforter le public. Les joueurs d'Antoine Raab finiront à une honnête neuvième place, avec sept victoires lors des neuf dernières journées.

1976 NANTES-METZ 2-0 (CHAMPIONNAT).
Les Canaris se mettent à l'abri dès la septième minute grâce à Loïc Amisse et Patrice Rio. Mais Hugo Bargas se fait expulser en feignant un coup de tête envers l'arbitre. Le FCN rate le point du bonus.

1977 NANTES-LYON 3-0 (CHAMPIONNAT).

> 2 AVRIL 1977
> **FACE À L'UN DE SES ADVERSAIRES LES PLUS CORIACES, LE FCN PREND LE LARGE GRÂCE AU TRIO SAHNOUN-RIO-PÉCOUT. LE TITRE EST EN VUE.**

1974 STRASBOURG-NANTES 0-1 (8es DE FINALE DE LA COUPE DE FRANCE, MATCH RETOUR).
Nouvelle qualification pour les quarts de finale de la Coupe de France, où les Nantais sont attendus par... les Verts de Saint-Étienne !

1981 NANTES-BORDEAUX 1-4 (8es DE FINALE DE LA COUPE DE FRANCE).
Les Canaris connaissent l'une de leurs plus grosses déconvenues en Coupe de France. De retour de blessure, Jean-Paul Bertrand-Demanes est impliqué dans trois des quatre buts girondins.

1996 JUVENTUS TURIN-NANTES 2-0 (DEMI-FINALES DE LA LIGUE DES CHAMPIONS, MATCH ALLER).
Devant 69 000 spectateurs au Stade des Alpes, les Canaris tiennent bon pendant une mi-temps, mais ils perdent Bruno Carotti, expulsé avant la pause. Gianlucca Vialli et Vladimir Jugovic en profitent en deuxième période pour tromper Dominique Casagrande. Le retour s'annonce très difficile...

3 AVRIL

1966 NANTES-AJACCIO 2-0 (QUARTS DE FINALE DE LA COUPE DE FRANCE).
Grâce à Ramon Muller et Philippe Gondet, les Canaris s'ouvrent les portes des demi-finales.

4 AVRIL

1948 ANGERS-NANTES 1-0 (CHAMPIONNAT D2).
La pluie est au rendez-vous pour ce derby, qualifié d'« explosif » par la presse de l'époque. Les Nantais tiennent le match nul jusqu'à la quatre-vingt-troisième minute et un but de l'Angevin Nino, qui était semble-t-il en position de hors jeu au départ du ballon...

LÉGENDES

PAGE DE GAUCHE
Le programme italien de la demi-finale mythique au Stadio delle Alpi.

CI-DESSOUS
L'équipe type de la Ligue des champions 1995-1996 avec Serge Le Dizet et Laurent Guyot, devenu directeur du centre de formation.

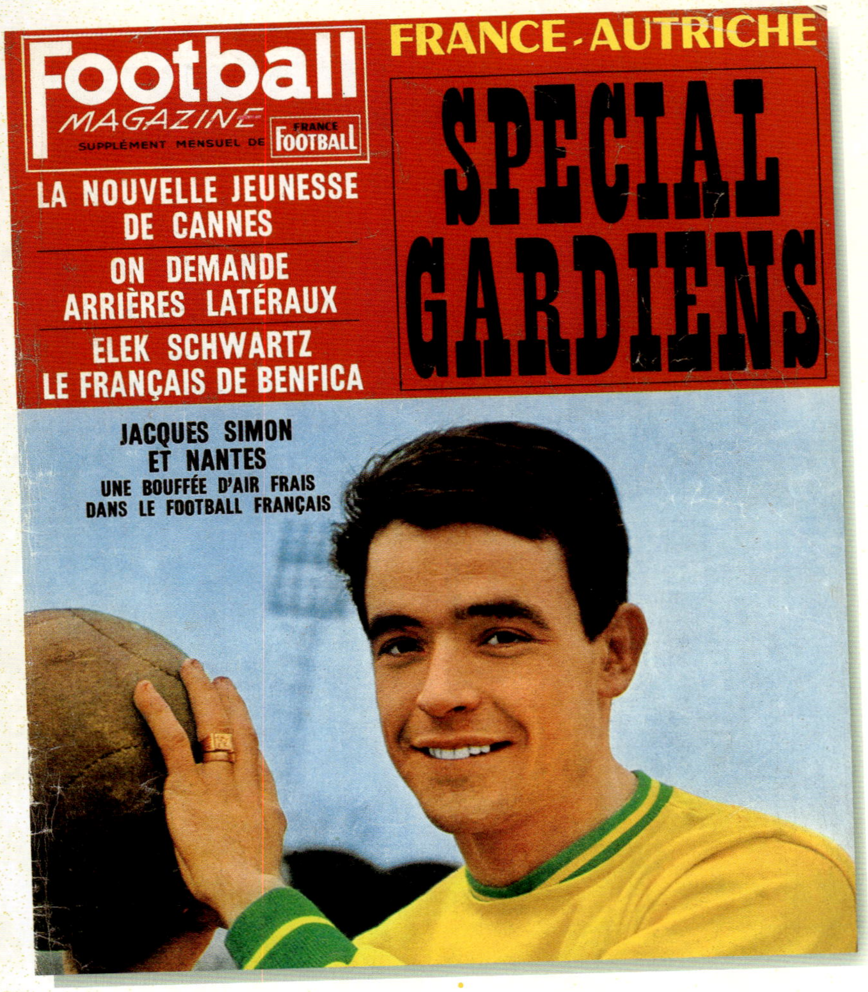

1973 NANTES-NÎMES 2-1 (CHAMPIONNAT).
Malgré une première victoire cinq mois plus tôt jour pour jour, les Canaris doivent à nouveau recevoir les Gardois en raison de l'annulation de la rencontre. Ils s'imposent à nouveau.

1979 **Retour en équipe de France de Loïc Amisse, face à la Tchécoslovaquie (2-0).**

1984 NANTES-MULHOUSE 2-0 (QUARTS DE FINALE DE LA COUPE DE FRANCE, MATCH ALLER).
Un doublé de Vahid Halilhodzic, inscrit en cinq minutes, permet au FCN de prendre une option sur la qualification dès la première manche.

1983 BORDEAUX-NANTES 0-0 (8es DE FINALE DE LA COUPE DE FRANCE, MATCH ALLER).
Bonne opération face au principal rival en championnat cette année-là.

1988 NANTES-AUXERRE 0-0 (16es DE FINALE DE LA COUPE DE FRANCE, MATCH RETOUR).
Incapables de marquer, les joueurs de Jean-Claude Suaudeau quittent l'épreuve sans panache.

1994 NANTES-PSG 3-0 (CHAMPIONNAT).
PRÉMICES D'UNE SAISON INOUBLIABLE, LES CANARIS DOMINENT LE FUTUR CHAMPION DE FRANCE. LES BUTEURS DE LA SOIRÉE SONT PATRICE LOKO, NICOLAS OUÉDEC ET REYNALD PEDROS.

5 AVRIL

1953 NANTES-CANNES 6-0 (CHAMPIONNAT D2).
Les Nantais enregistrent leur plus large succès en championnat depuis leur entrée chez les professionnels. Le Hollandais Jan Van Geen, qui terminera la saison à vingt-deux buts, n'est pas pour rien dans le sursaut des Canaris.

1969 NANTES-RENNES 3-2 (CHAMPIONNAT).
Mené deux fois, le FCN s'en sort in extremis grâce à Bernard Blanchet. Mais l'équipe de José Arribas ne va pas fort : elle termine le championnat dixième, à vingt et un points de Saint-Étienne !

1973 **Alors que le FC Nantes se dirige vers son troisième titre, le club renouvelle son contrat d'entraîneur à José Arribas, pour trois ans.**

6 AVRIL

1947 NANTES-ANGOULÊME 3-4 (CHAMPIONNAT D2).
Le cœur n'y est plus. Longtemps en course pour la montée, le FCN « explose » dans la dernière ligne droite.

1963 NANTES-BESANÇON 5-0 (CHAMPIONNAT D2).
À une poignée de journées de la fin, le FCN reste en course pour la montée !

2001 METZ-NANTES 1-2 (CHAMPIONNAT).
Grâce à ce succès acquis dans la douleur (buts d'Olivier Monterrubio et de Marama Vahirua), les Canaris prennent la tête au détriment des surprenants Lillois de Vahid Halilhodzic.

7 AVRIL

1973 NANTES-METZ 0-0 (CHAMPIONNAT).
Mauvaise opération dans la course au titre, mais confirmation de la solidité de la charnière Bargas-Gardon.

1979 NANTES-SOCHAUX 4-0 (CHAMPIONNAT).
Le FCN reste en course pour le titre grâce à Éric Pécout, Henri Michel et Loïc Amisse, auteur d'un doublé en cinq petites minutes…

1981 NANTES-AUXERRE 0-1 (CHAMPIONNAT).
Un but du Bourguignon Patrick Rémy à la quatre-vingt-quatrième minute vient interrompre la série d'invincibilité à domicile du FCN, dont les buts sont gardés par Dominique Leclercq. Pendant presque cinq ans, soit quatre-vingt-douze rencontres, les Canaris n'ont pas connu la défaite à Marcel-Saupin ! Un record inégalé en France.

8 AVRIL

1956 **Preuve que les Canaris peinent à enflammer le public nantais : ce sont les Sedanais et les Stéphanois qui établissent le record d'affluence à Malakoff, en quarts de finale de la Coupe de France, avec 14 352 spectateurs.**

1970 **Henri Michel marque en Bleu, en amical face à la Bulgarie (1-1).**

1977 NANTES-STRASBOURG 2-0 (8es DE FINALE DE LA COUPE DE FRANCE, MATCH ALLER).
Le FCN pense avoir fait le plus dur, mais les Alsaciens se révolteront quatre jours plus tard…

9 AVRIL

1974 NICE-NANTES 1-1 (CHAMPIONNAT).

9 AVRIL 1974
DERNIER BUT SOUS LE MAILLOT NANTAIS DE BERNARD BLANCHET, QUI TERMINE SA CARRIÈRE AU FC NANTES TROIS SEMAINES PLUS TARD À SOCHAUX. AVEC CENT ONZE BUTS EN DIX ANS DE CARRIÈRE (357 MATCHES), « LA BLAOUETTE » ÉTABLIT LE RECORD DU CLUB, À CE JOUR INÉGALÉ.

1980 NANTES-VALENCE 2-1 (DEMI-FINALES DE LA COUPE DES COUPES, MATCH ALLER).
Première grande affiche européenne à Saupin. Les deux entraîneurs, Jean Vincent et Alfredo Di Stefano, se retrouvent onze ans après le duel entre Reims et le Real Madrid. Dominateurs, les Canaris se montrent à la hauteur de l'événement grâce au doublé de Bruno Baronchelli, qui répond à Mario Kempes. Le retour s'annonce brûlant deux semaines plus tard…

LÉGENDES

À GAUCHE
Premier Nantais sélectionné en Bleu, Jacky Simon fait la une des magazines nationaux.

PAGE DE DROITE
Un des premiers contrats de Bernard Blanchet, meilleur buteur de l'histoire du club avec cent onze réalisations en première division.

Club

FÉDÉRATION FRANÇAISE DE FOOTBALL
LIGUE NATIONALE DE FOOTBALL
24, Boul. de Courcelles, PARIS-17e

Expédié le 3.6.65
Homologué le 10.6.65
Sous le No 2738
Le Secrétaire Général,

CONTRAT DE JOUEUR (Professionnel ou semi-professionnel) (1)

Entre les soussignés : 008698 -4 JUIN 65 **SAISON 1964-65**

Monsieur Jean CLERFEUILLE représentant le Club : FOOTBALL CLUB DE NANTES

Et (Nom du Joueur) (2) BLANCHET (prénoms) Bernard

de nationalité française , né le 1er Décembre 1943 à St.Mars la Jaille (LA)

domicilié à (2) (adresse complète) 86, avenue Branly NANTES

Clubs antérieurs

S'il s'agit d'un amateur, indication des clubs dans lesquels il a pratiqué au cours des cinq dernières saisons : saison 1963/64 F.C. NANTES

saison 62/63 : F.C.NANTES saison 61/62 :F.C. NANTES

saison saison

S'il s'agit d'un professionnel, indication des clubs auxquels il a appartenu les trois dernières saisons en précisant si les mutations étaient définitives ou temporaires : saison

saison saison

Il a été convenu ce qui suit :

Le Joueur (nom et prénoms) BLANCHET Bernard s'engage à pratiquer le football en qualité de joueur professionnel ou semi-professionnel (1) au (nom du Club) FOOTBALL CLUB DE NANTES à dater du 1° Juin 1965 et jusqu'à l'âge de 35 ans (fin de saison de football après les 35 ans révolus), conformément aux stipulations du Statut du Joueur professionnel.

Il accepte la résiliation de ce contrat en conformité avec le Statut Professionnel et le Règlement Administratif si, avant son expiration, l'autorisation d'utiliser des joueurs professionnels était retirée à (nom du club) FOOTBALL CLUB DE NANTES

Il aura droit à une indemnité forfaitaire de résiliation de trois mois de salaire, déterminé selon le salaire moyen de la saison en cours et payable en trois mensualités égales. Au cas où il ferait l'objet d'une mutation, les sommes qui lui auraient été versées seront prélevées en priorité sur l'indemnité de résiliation de contrat versée par le nouveau club au (nom du club)

FOOTBALL CLUB DE NANTES

Il accepte les conditions saisonnières ci-après pour la présente saison, et s'engage à respecter les Statuts et Règlements de la Ligue Nationale et de la Fédération, en particulier le Statut Professionnel et le Règlement Administratif dont un exemplaire lui a été remis. Les conditions saisonnières des saisons à venir seront appliquées conformément au Statut Professionnel.

Le (nom du club) FOOTBALL CLUB DE NANTES s'engage à verser audit joueur pour la présente saison :

1° Un salaire fixe minimum mensuel de F. : . ;

2° Une prime saisonnière mensuelle de F. : rrs. ;

3° Des primes de résultat fixées conformément au Statut Professionnel (3) pour les rencontres de : Championnat de France Professionnel, Coupe de France, Coupe de la Ligue Nationale, Challenge de la Ligue Nationale et matches amicaux ;

4° Une prime de classement selon les modalités prévues au Statut Professionnel et payable à la fin de la saison.

Les soussignés déclarent sur l'honneur qu'en vertu du Statut Professionnel et du Règlement Administratif, aucune autre convention dans le cadre de la profession n'a été passée entre eux en dehors du présent contrat.

Fait en quadruple exemplaire à NANTES le 1° JUIN 1965 196

Signature du Club, *Signature du Joueur,* (4)

Lu et approuvé
Blanchet

Signature et bon pour autorisation du représentant légal si le joueur est mineur,

(1) Rayer la mention inutile.
(2) D'après la carte d'identité officielle de l'intéressé.
(3) Voir au verso des extraits du statut professionnel.
(4) Faire précéder la signature des mots « *Lu et approuvé* »

LÉGENDE

William Ayache, défenseur latéral formé au club et futur international.

1985 NANTES-NÎMES 1-1 (8es DE FINALE DE LA COUPE DE FRANCE, MATCH ALLER).
Les Canaris devront réaliser l'exploit dans le Gard une semaine plus tard…
1987 **La facture du stade de La Beaujoire est jugée devant le tribunal administratif de Nantes. Le dépassement s'élève à 53 millions de francs, soit 60 % du budget initial.**
1994 MARTIGUES-NANTES 1-2 (CHAMPIONNAT).
Petit événement dans les cages nantaises : Jean-Louis Garcia remplace David Marraud, qui manque sa deuxième rencontre… en trois saisons !

10 AVRIL

1965 RENNES-NANTES 4-0 (CHAMPIONNAT).
Pour une fois diffusés en direct à la télévision, les joueurs de José Arribas s'inclinent sévèrement dans le derby breton. Cette seule défaite entre le 24 janvier et le 30 mai n'empêchera toutefois pas les Canaris de décrocher leur premier titre de champion de France.
1992 NANTES-MONACO 1-4 (CHAMPIONNAT).
Encore trop tendres, les jeunes Canaris s'inclinent face au Monaco de Youri Djorkaeff, auteur d'un triplé.
1999 NANTES-GUINGAMP 2-0 (QUARTS DE FINALE DE LA COUPE DE FRANCE).
Grâce à Olivier Monterrubio et Yves Deroff, le FCNA s'ouvre les portes des demi-finales.
2001 LYON-NANTES 3-2 (DEMI-FINALES DE LA COUPE DE LA LIGUE).
Grosse demi-finale entre les deux meilleures équipes de la saison. Grâce à Stéphane Ziani et Marama Vahirua, Nantes mène deux fois au score, mais Lyon répond par Sonny Anderson et Pierre Laigle, qui signe même un doublé décisif à l'heure de jeu.

11 AVRIL

1971 NANTES-SOCHAUX 1-1 (8es DE FINALE DE LA COUPE DE FRANCE, MATCH RETOUR).
Incapables de battre les Lionceaux, les Canaris quittent l'épreuve.
1981 BORDEAUX-NANTES 6-4 (8es DE FINALE DE LA COUPE DE FRANCE, MATCH RETOUR).
Déjà battus 1-4 à Saupin, les Nantais sont démobilisés par les défaillances de leurs deux piliers : Jean-Paul Bertrand-Demanes et Patrice Rio.
1984 MULHOUSE-NANTES 3-2 (QUARTS DE FINALE DE LA COUPE DE FRANCE, MATCH RETOUR).
Après Vahid Halilhodzic à l'aller, Loïc Amisse y va de son doublé. Heureusement, car les coéquipiers de Didier Six, battus 0-2 à Saupin, passent tout près de l'exploit.
1990 MONTPELLIER-NANTES 2-0 (8es DE FINALE DE LA COUPE DE FRANCE).
Face à la révélation de l'époque, future lauréate de l'épreuve, les Canaris constatent les dégâts. Depuis 1985, ils n'ont plus atteint les quarts de finale de la Coupe de France.

12 AVRIL

1970 ANGERS-NANTES 2-2 (8es DE FINALE DE LA COUPE DE FRANCE, MATCH ALLER).
Philippe Gondet et Steen Romer Larsen répondent à Jean-Marc Guillou. Les quarts de finale de la Coupe sont en vue…
1977 STRASBOURG-NANTES 3-1 (8es DE FINALE DE LA COUPE DE FRANCE, MATCH RETOUR).
Les Canaris souffrent face aux Alsaciens, alors en D2, mais la victoire de l'aller (2-0) suffit.
2000 MONACO-NANTES 0-1 (DEMI-FINALES DE LA COUPE DE FRANCE).
Les Canaris résistent au futur champion avant de donner le coup de grâce par Frédéric Da Rocha, buteur face à Fabien Barthez. Huitième finale de Coupe de France à venir !
2006 CALAIS-NANTES 0-1 (QUARTS DE FINALE DE LA COUPE DE FRANCE).
Retrouvailles, six ans après la finale de la Coupe de France. Les Nantais s'imposent une nouvelle fois in extremis, grâce à Frédéric Da Rocha, et se qualifient pour les demi-finales.

13 AVRIL

1952 NANTES-MONTPELLIER 0-2 (CHAMPIONNAT D2).
À la lutte pour une place en barrages, Nantes s'incline dans une ambiance délétère. L'arbitre quitte Malakoff sous les huées du public nantais.

1973 SAINT-ÉTIENNE-NANTES 2-0 (QUARTS DE FINALE DE LA COUPE DE FRANCE, MATCH ALLER).
Les Verts s'imposent logiquement d'entrée, mais ils jouent dur ! Jean-Michel Larqué et Henri Michel en viennent même aux mains...
1979 NANTES-NICE 2-1 (8es DE FINALE DE LA COUPE DE FRANCE, MATCH ALLER).
Les joueurs de Jean Vincent s'imposeront sur le même score au retour.
1982 VALENCIENNES-NANTES 1-2 (CHAMPIONNAT).
À 29 ANS SEULEMENT, GILLES RAMPILLON INSCRIT SON DERNIER BUT SOUS LE MAILLOT NANTAIS. IL RESTERA DANS L'HISTOIRE DU CLUB COMME LE MEILLEUR BUTEUR AU STADE MARCEL-SAUPIN.

14 AVRIL

1978 NICE-NANTES 4-1 (QUARTS DE FINALE DE LA COUPE DE FRANCE, MATCH ALLER).
Malgré l'ouverture du score de Gilles Rampillon, les Nantais perdent toute chance de qualification.
1983 NANTES-BREST 4-0 (CHAMPIONNAT).
À un mois de la fin de l'ère Saupin, William Ayache inscrit le neuf centième but des Canaris en D1.
1990 NANTES-TOULON 4-0 (CHAMPIONNAT).
Seulement 4 000 spectateurs assistent au succès des joueurs de Miroslav Blazevic, grâce notamment à un doublé du Belge Frankie Vercauteren.
1993 SOCHAUX-NANTES 0-1 (CHAMPIONNAT).
Un but du défenseur Eddy Capron envoie la nouvelle génération des Canaris en Coupe UEFA. Impensable huit mois plus tôt, alors que le FCN était administrativement relégué.
2001 NANTES-BASTIA 1-0 (CHAMPIONNAT).
Devant 33 700 spectateurs, et grâce à Olivier Monterrubio, l'équipe de Raynald Denoueix fait un nouveau pas vers le huitième titre du FCNA.

15 AVRIL

1964 Affiche unique à Nantes : la sélection de l'armée française élimine son homologue portugaise (2-1) et se qualifie pour le Mondial « Militaires », qu'elle remportera. Un Canari, Bernard Blanchet, s'y illustrera en marquant cinq buts.
1973 Six jours avant le match au sommet face à Bordeaux, le journal officiel du club annonce le succès des futurs champions de France...
1983 NANTES-BORDEAUX 4-0 (8es DE FINALE DE LA COUPE DE FRANCE, MATCH RETOUR).
Après un nul à l'aller (0-0), les Canaris corrigent les Bordelais sur le même score qu'en championnat trois mois plus tôt. « Cette équipe nantaise est diabolique », déclare Aimé Jacquet, l'entraîneur des Girondins.
1995 STRASBOURG-NANTES 2-0 (CHAMPIONNAT).
Une série connaît toujours une fin... Après trente-deux journées d'invincibilité (record national), Nantes s'incline finalement en Alsace, sur des buts de Lebœuf et Mostovoï. Ce sera la seule défaite des Canaris durant cette saison de rêve.
2006 NANTES-AUXERRE 3-2 (CHAMPIONNAT).

15 AVRIL 2006
GRÂCE À UN SUCCÈS ACQUIS DANS LES DERNIÈRES MINUTES PAR EMERSE FAE, LE FCNA DE SERGE LE DIZET ASSURE DÉFINITIVEMENT SA PLACE PARMI L'ÉLITE. POUR LA QUARANTE-QUATRIÈME FOIS CONSÉCUTIVE – UN RECORD EN FRANCE –, NANTES DÉBUTERA SA SAISON EN PREMIÈRE DIVISION.

16 AVRIL

1985 NÎMES-NANTES 1-2 (8es DE FINALE DE LA COUPE DE FRANCE, MATCH RETOUR).
Tenus en échec à La Beaujoire (1-1), les Nantais se qualifient grâce à deux buts marqués avant la pause par José Touré et Loïc Amisse.

2005 BORDEAUX-NANTES 0-2 (CHAMPIONNAT).
Succès crucial pour le maintien, acquis grâce aux deux « Mamadou » du FCNA (Diallo et Bagayoko).

17 AVRIL

1966 SEDAN-NANTES 3-0 (CHAMPIONNAT).
Les Ardennais mettent fin à une série de quatre mois et demi sans défaite du FCN. Mais l'avance des Nantais au classement du championnat est encore importante, et le deuxième titre se profile à l'horizon...
1996 NANTES-JUVENTUS TURIN 3-2 (DEMI-FINALES DE LA LIGUE DES CHAMPIONS, MATCH RETOUR).

17 AVRIL 1996
MATCH MYTHIQUE À LA BEAUJOIRE ! MENÉS DEUX FOIS AU SCORE PAR DES ITALIENS SOUVENT TRUQUEURS, LES CANARIS ÉGALISENT PAR ÉRIC DECROIX ET JAPHET N'DORAM, AVANT QUE LE PETIT FRANCK RENOU N'AILLE CHERCHER UN SUCCÈS HISTORIQUE MAIS TROP COURT POUR ALLER EN FINALE !

LÉGENDE

Serge Le Dizet face à Alessandro Del Piero : ce sont les Turinois qui joueront la finale de la Ligue des champions 1996.

LÉGENDE

17 avril 2004. Le public nantais investit les tribunes du Stade de France.

1998 METZ-NANTES 3-2 (CHAMPIONNAT).
Maigre consolation d'une saison de transition : Jocelyn Gourvennec marque son douzième but en championnat, ce qui fait du n° 10 nantais le huitième meilleur buteur de la première division.

2004 NANTES-SOCHAUX 1-1, 2-3 T.A.B. (FINALE DE LA COUPE DE LA LIGUE).
Buteur décisif lors de l'épreuve des tirs au but en demi-finales, Mickaël Landreau ose – mais manque – une « Panenka » face à son homologue sochalien Teddy Richert, en finale de la Coupe de la Ligue, au Stade de France. Le FCNA s'incline finalement face aux Doubistes et leur capitaine Benoît Pedretti.

18 AVRIL

1970 NANTES-ANGERS 2-0 (QUARTS DE FINALE DE LA COUPE DE FRANCE, MATCH RETOUR).

18 AVRIL 1970
LE GRAND DERBY DE L'ÉPOQUE RASSEMBLE 29 504 SPECTATEURS, DOUBLE RECORD ABSOLU (RECETTE ET AFFLUENCE) À MARCEL-SAUPIN. LE FCN SE QUALIFIE GRÂCE À DES RÉALISATIONS DE BERNARD BLANCHET ET JEAN-LUC LAGUILLEZ, BUTEUR UNE MINUTE APRÈS SON ENTRÉE EN JEU.

1973 NANTES-SAINT-ÉTIENNE 5-1 A.P. (QUARTS DE FINALE DE LA COUPE DE FRANCE, MATCH RETOUR).
Match d'anthologie à Marcel-Saupin ! Battus 0-2 à Geoffroy-Guichard, les Jaunes obtiennent les prolongations et renversent la vapeur grâce à un but d'Henri Michel et à un doublé de Didier Couécou. Au milieu des supporters, ce dernier regagne les vestiaires à genou, comme il l'avait promis avant la partie en cas de qualification face aux Verts.

1978 NANTES-NICE 1-0 (QUARTS DE FINALE DE LA COUPE DE FRANCE, MATCH RETOUR).
Le but du capitaine Henri Michel est insuffisant après la correction reçue quatre jours plus tôt.

19 AVRIL

1964 BORDEAUX-NANTES 2-0 (DEMI-FINALES DE LA COUPE DE FRANCE).
Une première à ce stade de la Coupe de France pour les Jaunes. Gaby De Michèle trompe son propre gardien, Daniel Éon, dès la sixième minute, puis Didier Couécou parachève la qualification bordelaise.

NORD
F.C. NANTES
SUR LE STADE DE FRANCE
RMC
INFO TALK SPORT
RMC
uhlsport
ballon officiel
www.laposte.

LÉGENDES

PAGE DE DROITE
Hugo Curioni, attaquant éphémère du FC Nantes de 1973 à 1975, auteur d'un triplé le 19 avril 1974.

CI-DESSOUS
La presse locale célèbre le premier jubilé du FCN.

1974 NANTES-LENS 4-0 (CHAMPIONNAT).
Premier – et unique – triplé de l'Argentin Hugo Curioni sous le maillot nantais.

1975 NANTES-TROYES 4-1 (CHAMPIONNAT).
À 18 ans, le jeune Éric Pécout inscrit son premier but dans l'élite. Deux autres buts suivront au cours des quatre dernières journées du championnat de France.

2002 NANTES-PSG 1-1 (CHAMPIONNAT).
La qualification pour l'Europe s'éloigne peu à peu après l'égalisation parisienne signée Alioune Touré, l'ancien Nantais.

20 AVRIL

1979 BASTIA-NANTES 1-0 (CHAMPIONNAT).
Grâce à Papi, les Corses infligent aux Nantais leur seule défaite de la deuxième partie de championnat.

2001 STRASBOURG-NANTES 4-1 (DEMI-FINALES DE LA COUPE DE FRANCE).
Double vainqueur sortant de la compétition, le FCNA craque en Alsace face à l'attaquant Peguy Luyindula et le gardien – buteur sur penalty – José Luis Chilavert. Nantes restait sur seize matches de Coupe de France sans défaite, record du club !

2006 NANTES-PSG 1-2 (DEMI-FINALES DE LA COUPE DE FRANCE).
Les Parisiens écartent les Nantais de la finale de la Coupe sur « un but Playstation » de Pauleta, selon l'expression de Mickaël Landreau.

ouest france

Supplément au journal Ouest-France nº 14 733, du mardi 20 avril 1993. Numéro de commission paritaire 58 436. Ne peut être vendu séparément.

LES 50 ANS DU F.C. NANTES

21 AVRIL

1943 LE **FC NANTES NAÎT** DANS LE CAFÉ DES ALLIÉS, PLACE DU COMMERCE, OÙ SE SONT RÉUNIS UNE DIZAINE DE DIRIGEANTS DE CLUBS DE L'AGGLOMÉRATION NANTAISE. **MARCEL BRAUD**, DE LA SAINT-PIERRE, DEVIENT LE PREMIER PRÉSIDENT DU CLUB, MAIS C'EST **MARCEL SAUPIN**, INDUSTRIEL ET REPRÉSENTANT DE LA MELLINET, QUI TIRE LES FICELLES EN COULISSES.

1952 MONACO-NANTES 8-1 (CHAMPIONNAT D2).
Le FCN doit ramener un point de la Principauté s'il veut accéder aux barrages pour la montée en D1. Il reste neuf minutes à jouer et les deux équipes sont à égalité (1-1), quand les Monégasques inscrivent un but – validé, mais entaché, selon les Nantais, de deux hors-jeu. La partie reprend et, dans la foulée, les Canaris égalisent : action refusée par l'arbitre pour... hors-jeu ! Excédé, Gérard Vreken, le gardien des Jaunes, s'assoit en tailleur au pied de l'un de ses poteaux. Monaco s'impose 8-1. Le FCN terminera la saison quatrième et restera aux portes de l'élite.

1962 NANTES-AIX-EN-PROVENCE 0-1 (CHAMPIONNAT D2).
Si l'équipe d'Aix-en-Provence ne joue pas les premiers rôles, son gardien est déjà réputé. Il s'agit de Georges Carnus, futur international. Alors qu'ils sont dans le coup pour la montée, les Canaris voient leur parcours freiné par trois défaites, dont celle-ci, au terme d'une partie marquée par les exploits du dernier rempart provençal.

1973 NANTES-BORDEAUX 3-0 (CHAMPIONNAT).
Nouveau pas vers la troisième étoile grâce à Erich Maas et à un doublé de Bernard Blanchet.

1978 VALENCIENNES-NANTES 0-2 (CHAMPIONNAT).
Les Canaris sont à égalité parfaite (47 points, et + 28 au goal-average) avec Monaco à trois journées de la fin...

1980 **Terrible nouvelle, en provenance de Bordeaux : Omar Sahnoun, 23 ans, formé à La Jonelière, vient de succomber à un malaise cardiaque pendant un footing, à l'entraînement. Deux ans plus tôt, à Nantes, une première alerte l'avait écarté des terrains pendant cinq mois. Les Canaris apprennent la nouvelle à l'aéroport de Nantes, au départ pour Valence.**

24 AVRIL

1968 Devant 70 000 spectateurs à Belgrade, les Bleus sont éliminés sans ménagement du championnat d'Europe des Nations (1-5). Parmi eux figure un Nantais qui se souviendra longtemps de sa première et seule sélection : le défenseur Vincent Estève.

2004 MONACO-NANTES 0-1 (CHAMPIONNAT). Moins d'une semaine après la défaite en finale de la Coupe de la Ligue, les Jaunes se ressaisissent en s'imposant sur la pelouse des joueurs de Didier Deschamps.

25 AVRIL

1984 NANTES-METZ 2-1 (DEMI-FINALES DE LA COUPE DE FRANCE, MATCH ALLER). Grâce à un but à l'ultime minute de Gérard Buscher, les Nantais pensent avoir fait le plus dur, pour le dernier match de Coupe à Saupin…

1986 NANTES-TOULON 1-1 (CHAMPIONNAT). Clotûre du championnat que Nantes termine à la deuxième place, à trois points du PSG.

1988 Après le PSG et l'OM, William Ayache annonce son retour à Nantes.

1998 NANTES-RENNES 1-1 (CHAMPIONNAT). Dernier match à domicile de la saison : le FCNA cède les clefs du stade au Comité français d'organisation (CFO) de la Coupe du monde alors que Samba N'Diaye inscrit le quatre centième but des Canaris à La Beaujoire.

26 AVRIL

1953 NANTES-SOCHAUX 3-4 (COUPE DRAGO). Les Canaris sont éliminés par les joueurs de D1 au terme d'un match magnifique.

1995 La France domine la Slovaquie à La Beaujoire (4-0) dans le cadre des qualifications pour l'Euro 1996. Patrice Loko est titularisé aux côtés de Zidane et Ginola, devant le tandem Desailly-Deschamps en milieu de terrain. Trois Canaris figurent sur le banc d'Aimé Jacquet : Reynald Pedros, Nicolas Ouédec, Christian Karembeu en compagnie de… Fabien Barthez !

22 AVRIL

1970 MARSEILLE-NANTES 4-2 (CHAMPIONNAT). Le FCN passe à nouveau au travers face aux coéquipiers de Skoblar et Magnusson.

1989 NANTES-BORDEAUX 1-0 (CHAMPIONNAT). Miroslav Blazevic lance le jeune Patrice Loko, 19 ans, qui découvre la première division.

23 AVRIL

1966 NANTES-RENNES 4-0 (CHAMPIONNAT). Après un premier but de Bako Touré, le père de José, Philippe Gondet y va de son troisième triplé de la saison ! Dans la soirée, le groupe de supporters « Allez Nantes » organise la première « Grande Nuit du Football Club de Nantes » au Palais du Champ de Mars, animée par Jacques Martin, avec comme invités exceptionnels Alain Barrière et Georgette Lemaire.

LÉGENDE

Dans les années 1970, le Vendéen Maxime Bossis s'installe au sein de la défense nantaise.

1977 Première en Bleu pour Bruno Baronchelli, en match amical face à la Suisse (4-0).

1980 VALENCE-NANTES 4-0 (DEMI-FINALES DE LA COUPE DES COUPES, MATCH RETOUR). Le FCN voit ce qui le sépare encore des grands. Valence, entraîné par Di Stefano, se qualifie aisément (doublé de Kempes) devant 60 000 spectateurs, puis remporte l'épreuve.

1983 En amical face à la Yougoslavie (4-0), José Touré marque pour sa première apparition chez les Bleus !

1993 NANTES-BOTAFOGO 2-0 (MATCH DE GALA). Le FC Nantes fête son cinquantenaire face au légendaire club brésilien. En avant-match, les anciens Canaris et Stéphanois ont rejoué le mythique duel des années 1970-1980…

1994 NANTES-VALENCIENNES 3-1 (QUARTS DE FINALE DE LA COUPE DE FRANCE). Grâce au trio Pedros-Ouédec-Ferri, les Canaris se qualifient pour une deuxième demi-finale consécutive le soir du deux centième match de Coupe de France de l'histoire du club.

27 AVRIL

1955 NANTES-REIMS 0-8 (COUPE DRAGO). Après une belle résistance face à Lille en Coupe de France, Nantes perd pied face au Stade de Reims, finaliste de la première Coupe d'Europe des Clubs champions l'année suivante.

1966 L'équipe de France Militaires remporte le Trophée Kentish en dominant la Belgique (6-1) au Parc des Princes. Dans ses rangs figure un Canari formé à La Mellinet de Nantes : Joël Prou.

1996 RENNES-NANTES 2-2 (CHAMPIONNAT). Reynald Pedros et Japhet N'Doram répondent coup sur coup aux buts inscrits en première période par Denis et un certain Wiltord.

28 AVRIL

1946 Le FC Nantes boucle sa première saison chez les professionnels par une étonnante opposition amicale face à la sélection du Luxembourg (7-1).
1970 Première sélection en équipe de France Espoirs du défenseur Patrice Rio à l'occasion de Roumanie-France (0-0), à Bucarest.
1978 ROUEN-NANTES 0-0 (CHAMPIONNAT). Face à des Normands déjà relégués, les Canaris ne trouvent pas la faille et abandonnent le titre à Monaco.
1984 NANTES-SAINT-ÉTIENNE 1-0 (CHAMPIONNAT). Les Canaris dominent des Verts déjà relégués (but de Vahid Halilhodzic), pour leur dernier match à Saupin en championnat. Ils y auront marqué 904 buts (2,44 en moyenne par match en vingt et une saisons de première division).
1990 NANTES-BORDEAUX 2-1 (CHAMPIONNAT). Polémique à La Beaujoire ! Miroslav Blazevic accepte une prime de Bernard Tapie, l'Olympique de Marseille étant au coude-à-coude avec Bordeaux. Mais les Canaris emmenés par Paul Le Guen refusent le marché et s'imposent grâce à des buts coup sur coup de Patrice Loko et Christophe Robert.
1999 NÎMES-NANTES 0-1 (DEMI-FINALES DE LA COUPE DE FRANCE). Face à un pensionnaire de D2, les Canaris ne se relâchent pas. Le but est de Nicolas Savinaud, qui qualifie le FCNA pour une septième finale.
2004 NANTES-PSG 1-1, 3-4 T.A.B. (DEMI-FINALES DE LA COUPE DE FRANCE). Cette fois, l'influence de Mickaël Landreau ne suffit pas... Lionel Letizi coupe la route du Stade de France à des Canaris pourtant revenus à la marque à la quatre-vingt-onzième minute grâce à Mario Yepes.

29 AVRIL

1964 NANTES-ROUEN 7-1 (CHAMPIONNAT). Battus 2-5 au match aller, les Canaris rendent la pareille aux Normands. En moins de vingt-cinq minutes, Jacky Simon signe le premier triplé de l'histoire des Canaris qui volent vers le maintien pour leurs débuts en D1.
1966 NANTES-ANGERS 3-0 (DEMI-FINALES DE LA COUPE DE FRANCE). Grâce à un doublé de Philippe Gondet et un but de Jacky Simon au Parc des Princes, Nantes se qualifie pour sa première finale de Coupe de France.
1967 NÎMES-NANTES 1-0 (CHAMPIONNAT). En s'inclinant dans le Gard, Nantes laisse filer Saint-Étienne, pour le gain du titre. Il n'y aura pas de passe de trois...
1982 Malgré la sixième place du FC Nantes, Maxime Bossis est élu meilleur joueur du championnat par ses pairs.
1989 Encore Nantais, Didier Deschamps décroche sa première sélection en équipe de France, face à la Yougoslavie (0-0).
2000 NANCY-NANTES 2-1 (CHAMPIONNAT). Nantes s'incline à la dernière minute au terme d'un match houleux. La relégation est proche...
2001 TROYES-NANTES 0-1 (CHAMPIONNAT). Grâce à un but de Frédéric Da Rocha face à Tony Heurtebis, les Nantais se rapprochent un peu plus de leur huitième titre de champion de France. Leur destin tient dans une victoire face à Saint-Étienne la semaine suivante, lors de l'avant-dernière journée.

30 AVRIL

1943 Un entrefilet dans *L'Ouest-Éclair* évoque la création du FC Nantes et le nom de son premier entraîneur : Aimé Nuic, « premier lauréat du concours du jeune footballeur en 1930 ».
1945 La presse nantaise est optimiste : la demande du FCN auprès du Groupement des clubs, l'ancêtre de la LFP, a de grandes chances d'aboutir. Le club devrait débuter la saison 1945-1946 en deuxième division et passer ainsi en statut semi-professionnel.
1969 Henri Michel est le buteur décisif des Bleus face à la Roumanie en amical (1-0). Disputée à l'époque sous le label « Espoirs », la rencontre est finalement classée en « A ».
1974 SOCHAUX-NANTES 2-0 (CHAMPIONNAT). Déjà battu deux semaines plus tôt à Lyon, le FCN laisse filer Saint-Étienne vers le titre.
1980 NANTES-METZ 4-1 (CHAMPIONNAT). En match en retard, les Canaris prennent la tête du championnat, avec un but d'avance seulement sur Sochaux.

30 AVRIL 2001
DIX JOURS AVANT D'ÊTRE SACRÉS CHAMPIONS DE FRANCE, RAYNALD DENOUEIX ET ÉRIC CARRIÈRE SONT ÉLUS PAR LEURS PAIRS MEILLEUR ENTRAÎNEUR ET MEILLEUR JOUEUR DE PREMIÈRE DIVISION.

LÉGENDE

Une carte postale dédicacée par Henri Michel.

D'UN 21 AVRIL À L'AUTRE

À quoi pensaient les dirigeants du FC Nantes-Atlantique, le 21 avril 2007, alors que leurs joueurs, sonnés après une cruelle défaite 0-4 face au Paris-SG, quittaient en larmes – pour les plus touchés – la pelouse du Parc des Princes ? Peut-être à leurs aînés de 1943 qui, soixante-quatre saisons plus tôt, jour pour jour, avaient porté le FCN sur les fonts baptismaux.

1

Alors que la Seconde Guerre mondiale ravage la France, cette date renvoie d'abord à l'initiative d'une poignée de passionnés qui décident d'unir leur volonté pour donner à la cité des Ducs une grande équipe de football capable de rivaliser avec le voisin rennais. Le 21 avril 1943, dans une salle du café des Alliés, rue de la Fosse, six Présidents de club (La Saint-Pierre, qui laisse sa place en championnat d'Anjou de division d'honneur et en Coupe de France, La Mellinet, emmenée par Marcel Saupin, l'ACBL, Les Batignolles, l'ASO Nantes et le SNUC) signent une charte commune dans laquelle il est évoqué la création « entre tous les membres de liens d'amitié et de solidarité ».

Si quelques indiscrétions avaient filtré dans la presse dès le début du mois, il fallut attendre la fin de celui-ci pour voir les premiers articles documentés et l'évocation d'Aimé Nuic comme entraîneur... engagé le 25 juin 1943. Ensuite, la machine est lancée malgré des débuts difficiles en raison de la guerre et quelques turbulences à la Libération, notamment les problèmes rencontrés par l'entrepreneur Jean Le Guillou, principal financier du FCN naissant. Pour l'anecdote, le jaune et vert sont les couleurs de son écurie de chevaux de course.

Le potentiel du groupe de 1995

Vingt ans plus tard, les Canaris accèdent à l'élite pour ne jamais la quitter... jusqu'à vaciller sur leur base, le 21 avril 2007, humiliés par le PSG de Pauleta, trois jours après une sévère élimination en demi-finales de la Coupe de France à Marseille (0-3). Pour beaucoup, le résultat d'une politique à court terme, sans ligne directrice. Mais aussi la résultante de causes structurelles plus anciennes. Encore en poste, le directeur sportif Robert Budzynski analysait les causes

LÉGENDES

1
Le Café des Alliés à l'époque de la création du club.

2
Saison 1943-1944 : la première équipe amateur du FC Nantes.

2

1

d'un mal dont les racines remontent, selon lui, au début des années 1980 : « Notre marche en avant a pris fin avec le sixième titre en 1983. Dans une équipe championne, il n'y a pas cinquante solutions pour provoquer l'émulation. Il faut faire venir, en plus de l'effectif en place, de meilleurs joueurs ou changer l'encadrement. Ainsi, les dirigeants fournissent un signe fort quant à leur ambition. En 1983, que faisons-nous ? Nous voulions disputer la Coupe des clubs champions au complet... Nous ne gardons pas Thierry Tusseau ! Nous ne nous donnons pas les moyens. » Ce sera rebelote en 1995-1996 avec le départ de Christian Karembeu et de Patrice Loko. Même si la demi-finale (perdue) de C1 fut autant un heureux lot de consolation qu'une source de regrets au regard du potentiel exceptionnel du groupe champion en 1995.

Quarante-quatre ans parmi l'élite

Quand il jette l'éponge à l'été 1997, Jean-Claude Suaudeau – déjà au cœur du débat en 1983 – souligne à sa manière les limites du système. « L'UEFA sans Claude Makelele ni Japhet N'Doram, cela ne l'intéressait pas », confiait son successeur Raynald Denoueix au printemps 2003. En s'appuyant sur ses jeunes, le FCNA poursuivit néanmoins sa route, bon an – un huitième titre en 2001 – mal an – une relégation évitée à l'ultime journée en 1999 (saison sauvée par une Coupe de France, conservée en 2000) et en 2005. À force de flirter avec les limites, le géant devenu aux pieds d'argile a fini par chuter en Ligue 2, un chaud et triste soir de mai 2007... malgré une inutile victoire à Bordeaux. Quarante-quatre années d'épopée s'achevaient !

2

LÉGENDES

1
21 avril 2007. Retrouvailles amères entre Mickaël Landreau et Loïc Guillon.

2
L'immense déception de Frédéric Da Rocha et Nicolas Savinaud à l'heure de la relégation.

La Belle Equipe - café
GAS

LÉGENDE

Le groupe de 1995 réuni devant un café des bords de l'Erdre, à deux pas de La Jonelière.

MAI

1er MAI

1949 La ville de Nantes reçoit pendant deux jours le Congrès national de la Fédération française de football.

1960 NANTES-RED STAR 5-1 (CHAMPIONNAT D2).
Les Canaris l'emportent, mais une rumeur de corruption apparaît. Lehel Somlay, joueur hongrois du FC Nantes, a été approché par les dirigeants parisiens mais il a refusé l'offre. Déjà condamné dans les années 1950, le Red Star sera cette fois privé de son statut pro pendant un an.

1963 À quatre journées de l'épilogue, le FCN est leader de la deuxième division... mais Saint-Étienne, le grand rival, compte trois matches de retard ! Tout reste encore à faire pour la montée, d'autant qu'un déplacement dans le Forez approche, suivi d'un autre grand rendez-vous à Lille.

1968 À Concarneau, la sélection amateur de l'Atlantique domine sa voisine bretonne. Dans ses rangs figurent plusieurs jeunes Canaris, dont un certain Raynald Denoueix...

1973 NANTES-LYON 3-0 (CHAMPIONNAT).
Gilles Rampillon signe le seul triplé de sa carrière et lance Nantes vers son troisième titre.

1986 Vahid Halilhodzic annonce son départ de Nantes. Il rejoindra le PSG.

1992 PSG-NANTES 1-1 (CHAMPIONNAT).
Nantes termine à la neuvième place et avec des comptes dans le rouge. À plusieurs reprises, les joueurs n'ont pas été payés en temps et en heure.

2 MAI

1965 NANTES-TOULON 4-1 (FINALE DE LA COUPE DE LA LIGUE).
Devant 4 249 spectateurs seulement au Parc des Princes, Nantes remporte sa première Coupe de la Ligue grâce, notamment, à un doublé de Philippe Gondet. Née un an plus tôt, la compétition sera suspendue avant de renaître en 1995.

1970 Marcel-Saupin accueille une affiche inédite entre les « Corpos » belges et français. Guy Jollivet, qui s'entraîne au quotidien avec les Canaris, garde les buts des Bleus.

1978 NANTES-NICE 6-1 (CHAMPIONNAT).
Le large succès face aux Aiglons est inutile. Monaco l'a également emporté et devient champion de France avec un point d'avance sur les Canaris, qui quittent en larmes le stade Marcel-Saupin.

1979 Match de gala pour les Bleus à New York, sur la pelouse artificielle du stade des Giants. Loïc Amisse inscrit l'un des six buts français face aux États-Unis (6-0).

1985 En Bulgarie, Maxime Bossis devient, avec soixante-quatre apparitions sous le maillot tricolore, le recordman des sélections en équipe de France.

1996 NANTES-LE HAVRE 1-1 (CHAMPIONNAT).
Lors d'un match reporté, Reynald Pedros dispute sa dernière rencontre sous le maillot nantais. Il inscrit à l'occasion un ultime but avant de rejoindre Marseille.

3 MAI

1964 NICE-NANTES 1-2 (CHAMPIONNAT).
Les Canaris doivent attendre la trente et unième journée du championnat pour signer leur premier succès à l'extérieur en première division, grâce à deux buts coup sur coup de Jean Guillot et de Ramon Muller.

1983 RACING PARIS-NANTES 2-2 (QUARTS DE FINALE DE LA COUPE DE FRANCE, MATCH ALLER).
Bousculés en première mi-temps par des joueurs de deuxième division, à Colombes, les Canaris réagissent après la pause grâce à Loïc Amisse et Fabrice Picot. Les chances de qualification sont préservées...

1991 NANTES-AUXERRE 2-3 (CHAMPIONNAT).
Jean-Claude Suaudeau commence à lancer ses jeunes espoirs du centre de formation. Face aux Bourguignons, Christian Karembeu, venu de Nouvelle-Calédonie, dispute son premier match en première division. Il a 20 ans.

4 MAI

1974 SAINT-ÉTIENNE-NANTES 2-1 (QUARTS DE FINALE DE LA COUPE DE FRANCE, MATCH ALLER).
Le FC Nantes mène pendant plus d'une heure, avant d'encaisser deux buts de Larqué et Repellini.

2000 NANTES-SEDAN 1-0 (CHAMPIONNAT).
Avant-dernière journée et succès capital dans la course au maintien grâce à Alioune Touré.

2002 NANTES-BORDEAUX 2-1 (CHAMPIONNAT).
Grâce à un ultime doublé de Nicolas Savinaud, Angel Marcos réussit son opération maintien. Le FCNA termine dixième du classement, à vingt-trois points de l'Olympique Lyonnais, champion de France pour la première fois de son histoire.

5 MAI

1946 Le premier club de supporters du FC Nantes apparaît au *Journal officiel*. Il se nomme « Allez Nantes ». Trente ans plus tard, il fusionnera avec « Les Canaris » à la demande d'un certain Claude Simonet, alors vice-président du club et désireux de fédérer le plus d'associations de supporters possible. Aujourd'hui, le groupe « Allez Nantes Canaris » compte 600 membres.

1963 SAINT-ÉTIENNE-NANTES 0-1 (CHAMPIONNAT D2).
Face à des Verts déjà assurés de monter, les Canaris font un grand pas vers la première division grâce à une réalisation de Sadek Boukhalfa, qui se souviendra longtemps des applaudissements du public de Geoffroy-Guichard et des larmes de José Arribas. Dans l'attaque nantaise, Jean-Claude Suaudeau avait remplacé Rafaël Santos, souffrant.

1984 METZ-NANTES 1-0 (DEMI-FINALES DE LA COUPE DE FRANCE, MATCH RETOUR).
Grosse désillusion pour les Canaris ! Vainqueurs 2-1 au match aller, les Jaunes sont éliminés sur une réalisation de Philippe Hinschberger, déjà buteur à Saupin.

1993 NANTES-AJACCIO 1-0 (8es DE FINALE DE LA COUPE DE FRANCE).
Le but de Reynald Pedros suffit à éliminer les Corses, alors en deuxième division.

1995 NANTES-MONACO 3-3 (CHAMPIONNAT).
Un but magnifique inscrit à la dernière minute par le jeune Thierry Henry empêche les Canaris de fêter officiellement leur septième titre.

1996 NANTES-MONTPELLIER 0-1 (FINALE DE LA COUPE GAMBARDELLA).
La génération des Landreau, Gillet et Monterrubio est dominée par le talent d'Ibrahima Bagayoko. « Je suis déçu pour les joueurs ; pour eux, ce sont des cicatrices », déclare Raynald Denoueix, alors entraîneur des 18 ans du FCNA.

6 MAI

1945 Le FC Nantes, toujours amateur, concède la seule défaite de sa saison à Angers (1-2) mais remporte toutefois le championnat d'Anjou.

1980 NANTES-SOCHAUX 3-2 (CHAMPIONNAT).
FINALE DU CHAMPIONNAT AVANT LA LETTRE FACE AUX SOCHALIENS D'ANZIANI ET RUST. GRÂCE À UN DOUBLÉ DE **BRUNO BARONCHELLI** ET UN BUT DE **GILLES RAMPILLON**, NANTES S'ENVOLE VERS SON **CINQUIÈME TITRE**. MAIS LES LIONCEAUX NE TERMINERONT QU'À TROIS PETITS POINTS...

2006 NANTES-BORDEAUX 0-1 (CHAMPIONNAT). **Battu par un penalty de Jean-Claude Darcheville, Mickaël Landreau fait ses adieux au public de La Beaujoire. Au coup de sifflet final, les larmes envahissent certains Canaris, dont Olivier Quint, qui arrête, lui, sa carrière professionnelle, et Jérémy Toulalan, dont le départ pour Lyon n'est un secret pour personne. « Ce n'était pas le plus joyeux des tours d'honneur, mais le plus émouvant », dira, après coup, le gardien nantais.**

7 MAI

1966 NÎMES-NANTES 1-2 (CHAMPIONNAT). **Bako Touré, père de José, inscrit son premier but nantais, décisif pour le titre. L'avant-centre avait séduit José Arribas à Limoges, en 1963, lorsqu'il en avait inscrit quatre aux Canaris !**
1974 NANTES-SAINT-ÉTIENNE 1-1 (QUARTS DE FINALE DE LA COUPE DE FRANCE, MATCH RETOUR). **Battus à Geoffroy-Guichard trois jours plus tôt, les Nantais ne rééditent pas l'exploit de la saison précédente. Les Verts signeront le doublé !**

1

LÉGENDES

1
Décisif un an plus tôt en finale face à Sedan, Frédéric Da Rocha aide les Canaris à conserver leur titre.

2
Le geste magnifique de Mickaël Landreau, qui partage le trophée avec Réginald Becque, le capitaine de Calais.

2

1

8 MAI

1984 NANTES-ROUMANIE 0-1 (MATCH DE GALA).
DIX JOURS APRÈS LE DERNIER MATCH À MARCEL-SAUPIN, LES CANARIS INAUGURENT OFFICIELLEMENT LE STADE DE LA BEAUJOIRE FACE À LA SÉLECTION ROUMAINE. UN MOIS AVANT LE DÉBUT DE L'EURO 1984...

1993 STRABOURG-NANTES 2-4 (CHAMPIONNAT).
Deux ans avant le titre de 1995, les Jaunes sont déjà capables de fulgurances : Zoran Vulic, Japhet N'Doram et Nicolas Ouédec inscrivent trois buts en trois minutes en Alsace !

2004 TOULOUSE-NANTES 0-1 (CHAMPIONNAT).
À quatre journées de la fin du championnat, le FCNA de Loïc Amisse est toujours en course pour la qualification européenne grâce au but de Frédéric Da Rocha.

1977 NANTES-NICE 6-1 (CHAMPIONNAT).
TROIS BUTS PAR MI-TEMPS, DEUX DOUBLÉS (HENRI MICHEL ET ÉRIC PÉCOUT), ET UN QUATRIÈME TITRE QUI SE RAPPROCHE... « LEUR GARDIEN, DOMINIQUE BARATELLI, NE VOULAIT PLUS VENIR À NANTES », SE SOUVIENT JEAN-PAUL BERTRAND-DEMANES.

1982 NANTES-BORDEAUX 6-0 (CHAMPIONNAT).
Dernière journée. Mécontents de la suspension de leur gardien Pantelic, les Girondins débarquent à Nantes sans portier. Alain Giresse et Marius Trésor encaissent six buts dans une ambiance étonnante. Un dernier doublé décide Vahid Halilhodzic à rester à Nantes.

1994 NANTES-LE HAVRE 3-1 (CHAMPIONNAT).
Nicolas Ouédec inscrit son vingtième but de la saison, un total qui le place en tête des buteurs de la première division, aux côtés du Lensois Roger Boli et du Monégasque Youri Djorkaeff. « Coupe d'Europe ! », scande le public de La Beaujoire.

2000 NANTES-CALAIS 2-1
(FINALE DE LA COUPE DE FRANCE).

7 MAI 2000
GRÂCE À UN DOUBLÉ D'ANTOINE SIBIERSKI, LE FCNA CONSERVE LA COUPE DE FRANCE FACE AU HÉROS DE L'ÉDITION, CALAIS, ALORS EN CFA. EN TRIBUNE OFFICIELLE, MICKAËL LANDREAU INVITE RÉGINALD BECQUE, LE CAPITAINE NORDISTE, À SOULEVER LE TROPHÉE À SES CÔTÉS.

LÉGENDES

1
En forme de vasque, l'écrin de La Beaujoire a été dessiné par Berdje Agopyan.

2
L'affiche historique du match inaugural du stade de La Beaujoire, le 8 mai 1984.

2

dimanche ouest france

13 mai 2001 N°180 5 F 0,76 € justice et liberté www.ouest-france.fr LOIRE-ATLANTIQUE

Champions les Nantais !

Notre édition spéciale 16 pages en plus

Un seul but de Vahirua a suffi au bonheur des Nantais. Hier soir, en battant Saint-Étienne 1 à 0, les Canaris sont devenus champions de France. Un 8e titre qui enrichit un formidable palmarès.

pages 10-11 et « sports » 7 à 9

LÉGENDE

***Ouest-France* célèbre le huitième titre des Canaris.**

9 MAI

1962 **Match amical à Malakoff au profit des œuvres de la Sûreté nationale entre Nantes et Reims, champion de France de D1 (2-0).**

1970 VALENCIENNES-NANTES 0-2 (DEMI-FINALES DE LA COUPE DE FRANCE, MATCH ALLER).
Dans le Nord, deux buts coup sur coup des deux Philippe – Levavasseur et Gondet – rapprochent les Canaris d'une deuxième finale de Coupe de France dès la première manche.

1979 NANTES-MARSEILLE 3-1 (QUARTS DE FINALE DE LA COUPE DE FRANCE, MATCH ALLER).
Un match aller débridé et des buts signés Rampillon, Michel et Muller, contre une réalisation de Berdoll pour l'OM.

1983 **Cinq jours avant le soir du titre, Thierry Tusseau rencontre le président Fonteneau. Le transfert pour Bordeaux est dans l'air, mais le clan nantais préfère rester confiant…**

1984 NANTES-MONTPELLIER 0-3 (DEMI-FINALES DE LA COUPE GAMBARDELLA).
À Saupin, les 18 ans de Didier Deschamps tombent face aux Héraultais de Laurent Blanc.

10 MAI

1965 NANTES-LYON 3-0 (CHAMPIONNAT).
Rafaël Santos et Sadek Boukhalfa sont blessés. Placé pour une fois au poste d'ailier gauche, Jean Guillot marque à trois reprises face au gardien international Marcel Aubour, devant près de 18 000 spectateurs. Le premier titre de champion se rapproche…

1967 **Privilège du champion en titre : Nantes rencontre le grand Barcelone, en match amical à Paris (2-2).**

1983 NANTES-RC PARIS 1-0 (QUARTS DE FINALE DE LA COUPE DE FRANCE, MATCH RETOUR).
Une semaine après le nul de l'aller (2-2), les Canaris se qualifient grâce à Fabrice Picot (89e).

1985 PARIS SG-NANTES 1-0 (QUARTS DE FINALE DE LA COUPE DE FRANCE, MATCH ALLER).
Au Parc, Jean-Paul Bertrand-Demanes est battu sur un penalty de Dominique Rocheteau.

1994 AUXERRE-NANTES 1-0 (DEMI-FINALES DE LA COUPE DE FRANCE).
Franck Verlaat qualifie les Bourguignons, qui remporteront l'épreuve pour la première fois.

2003 NANTES-GUINGAMP 0-4 (CHAMPIONNAT).
Nantes boit la tasse face aux Costarmoricains emmenés par le duo infernal Malouda-Drogba. De retour à La Beaujoire sous les couleurs guingampaises, Nestor Fabbri est ovationné !

11 MAI

1963 **José Arribas profite d'une rencontre amicale face à Bordeaux (3-2) pour essayer le Cherbourgeois Jacky Simon, qui deviendra l'un des grands attaquants des Canaris.**

1996 NANTES-METZ 1-0 (CHAMPIONNAT).
Arbitres de la course au titre qui désignera leurs successeurs, les Canaris freinent les Lorrains et assurent le premier titre de champion à l'AJA.

2002 NANTES-NICE 1-0 (FINALE DE LA COUPE GAMBARDELLA).
Au Stade de France, les « 18 ans » du FCNA remportent le troisième trophée de leur histoire, avec à leur tête le tout jeune entraîneur Serge Le Dizet. Dans les rangs des vainqueurs figurent plusieurs futurs professionnels : Emerse Fae, Milos Dimitrijevic ou encore Luigi Glombard.

12 MAI

1972 Affiche étonnante au stade Marcel-Saupin. L'équipe de France « Corporatifs » domine son homologue du Maroc. Dans les buts français, Guy Jollivet, de l'ASPTT Nantes, futur dirigeant emblématique de l'école de football du FCN.

1973 NANTES-SEDAN 1-0 (CHAMPIONNAT).
L'Allemand Erich Maas est à nouveau décisif dans la course au titre.

1979 MARSEILLE-NANTES 4-2 (QUARTS DE FINALE DE LA COUPE DE FRANCE, MATCH RETOUR).
Vainqueurs 3-1 à l'aller, les Canaris mènent rapidement 2-0 au Vélodrome grâce à Éric Pécout et Victor Trossero. Mais les Phocéens se révoltent et inscrivent quatre buts... Nantes s'en sort d'un souffle !

1981 NANTES-SAINT-ÉTIENNE 1-1 (CHAMPIONNAT).
Les Verts de Michel Platini et Johnny Rep prennent un point à Saupin et terminent la saison en tête, avec deux unités d'avance sur les Canaris. Refusant le banc, Patrice Rio suit la rencontre des tribunes. C'est un certain Michel Der Zakarian qui le remplace...

1989 NANTES-NICE 0-1 (CHAMPIONNAT).
C'est la dixième défaite de la saison des joueurs de Miroslav Blazevic.

1990 NANTES-MULHOUSE 3-2 (CHAMPIONNAT).
Peu utilisé, Loïc Amisse inscrit un doublé le soir de ses adieux à La Beaujoire. À 36 ans, l'enfant du quartier des Dervallières préfère signer à Angers plutôt que de finir sur le banc nantais.

2001 NANTES-SAINT-ÉTIENNE 1-0 (CHAMPIONNAT).
MARAMA VAHIRUA INSCRIT LE BUT QUI SCELLE LE HUITIÈME TITRE DE CHAMPION DES CANARIS. LES HOMMES DE RAYNALD DENOUEIX ET GEORGES EO ENFLAMMENT LA BEAUJOIRE, ENVAHIE PAR LES SUPPORTERS !

LÉGENDE

12 mai 2001, face à Saint-Étienne. Marama Vahirua fête son but décisif pour le titre sous les yeux de Viorel Moldovan.

FEDERATION FRANÇAISE DE FOOTBALL
Finale de la Coupe de France 1999
STADE DE FRANCE - SAMEDI 15 MAI 1999 - 20 h 45
C.F.I.
COUPE DE FRANCE
F.C. NANTES ATLANTIQUE
1943
CSSA
FC NANTES
ATLANTIQUE
CS SEDAN
ARDENNES
En lever de rideau, à 17 h 30
FINALE DE LA COUPE GAMBARDELLA-CREDIT AGRICOLE
AS SAINT-ETIENNE / AJ AUXERRE
COUPE GAMBARDELLA
CRÉDIT AGRICOLE
COUPE GAMBARDELLA
CRÉDIT AGRICOLE

13 MAI

1978 Michel Hidalgo annonce sa liste des vingt-deux pour le Mondial. Quatre Nantais font partie du groupe : Jean-Paul Bertrand-Demanes, Patrice Rio, Maxime Bossis et Henri Michel. Loïc Amisse est écarté.

1983 NANTES-SAINT-ÉTIENNE 4-2 (CHAMPIONNAT).
Comme en 1966, le FCN est sacré champion trois journées avant la fin. Un doublé de Vahid Halilhodzic terrasse les Verts. Le Bosniaque termine la saison meilleur buteur de la D1, avec vingt-sept buts. Mais l'annonce du transfert de Thierry Tusseau vers Bordeaux refroidit l'ambiance dans les vestiaires. C'est le premier d'une longue liste de départs...

2000 LE HAVRE-NANTES 0-1 (CHAMPIONNAT).
Six jours après la victoire en Coupe de France face à Calais, les Nantais, en grand danger, sauvent leur place en première division grâce à un but de Marama Vahirua, attaquant tahitien de 20 ans formé au club. D'un arrêt incroyable, Mickaël Landreau sort une dernière frappe de Xavier Gravelaine dans les toutes dernières minutes. Nantes est sauvé d'un rien.

2006 LENS-NANTES 3-1 (CHAMPIONNAT).
Dernières apparitions sous le maillot nantais de Mickaël Landreau, Jérémy Toulalan et Olivier Quint.

14 MAI

1975 Le FC Nantes reçoit de la Fédération française de football l'information suivante : le Polonais Robert Gadocha est présélectionné pour participer à la rencontre Europe-Amérique du Sud, le 18 juin, à Rio de Janeiro !

1985 Surprise : Maxime Bossis officialise son transfert au Racing Paris, pourtant en D2. Les promesses financières et le projet de Jean-Luc Lagardère ont su le convaincre.

1988 CANNES-NANTES 1-4 (CHAMPIONNAT).
Doublé de Christophe Robert, et treizième but de Mo Johnston, quatrième meilleur buteur de la D1 pour sa première saison en France.

1991 NANTES-MARSEILLE 1-2 A.P.
(QUARTS DE FINALE DE LA COUPE DE FRANCE).
Paul Le Guen croit donner la qualification aux Canaris, mais JPP égalise aussitôt. Basile Boli ruine les derniers espoirs nantais dans les prolongations, malgré le retour sur les terrains de Jorge Burruchaga. En 2007, ce match restait le dernier quart de finale de l'épreuve perdu par Nantes.

2005 NANTES-LILLE 1-3 (CHAMPIONNAT).
Puni par trois coup francs nordistes, le FCNA n'est toujours pas assuré du maintien à deux journées de la fin du championnat.

LÉGENDES

PAGE DE GAUCHE
L'affiche de la finale de la Coupe de France 1999, vingt ans après le premier succès des Canaris dans l'épreuve.

CI-DESSOUS
La joie des joueurs nantais, vainqueurs des Ardennais grâce à un penalty d'Olivier Monterrubio.

15 MAI

1966 NANTES-SOCHAUX 2-1 (CHAMPIONNAT).
LES CANARIS S'IMPOSENT GRÂCE À BAKO TOURÉ ET JEAN-CLAUDE SUAUDEAU ET PROFITENT DE LA DÉFAITE DE BORDEAUX À SAINT-ÉTIENNE POUR CONSERVER LEUR TITRE DE CHAMPIONS DE FRANCE !

1976 NANTES-PSG 1-2 (CHAMPIONNAT).
Malgré l'ouverture du score de l'ancien Vert Yves Triantafilos, les Canaris laissent définitivement échapper le titre à... Saint-Étienne.

1999 NANTES-SEDAN 1-0
(FINALE DE LA COUPE DE FRANCE).
Au Stade de France, face à une équipe de deuxième division, les Canaris remportent la Coupe sur un penalty généreux accordé à Frédéric Da Rocha et transformé par Olivier Monterrubio. Un deuxième succès dans l'épreuve, vingt ans après le sacre de 1979.

2001 Les bulldozers investissent La Beaujoire ! La pelouse du stade est remplacée pour la première fois depuis 1984.

2004 La France devient championne d'Europe des moins de 17 ans en dominant l'Espagne en finale (2-1). Trois Canaris font partie de la sélection : Steven Thicot, Karim El-Mourabet et Jean-Christophe Cesto, qui arrêtera sa carrière pour raisons médicales.

LÉGENDE

22 mai 1966. Daniel Éon et ses partenaires perdent une première finale de Coupe de France, face à Strasbourg.

16 MAI

1965 TOULON-NANTES 0-1 (CHAMPIONNAT).
Le but capital de Philippe Gondet, le jour de son anniversaire, permet aux Canaris de garder leur destin entre leurs mains dans la course au titre. Dans le même temps, les deux autres favoris, Valenciennes et Bordeaux, se sont neutralisés. À la fin du match, le public nordiste scande : « Nantes champion ! ».

1970 NANTES-VALENCIENNES 0-0 (DEMI-FINALES DE LA COUPE DE FRANCE, MATCH RETOUR).
Pas dans un grand soir, les Canaris gèrent la qualification acquise à l'aller (2-0). Mais le public de Saupin est exigeant et siffle principalement le jeune Henri Michel. Avant son « explosion », en 1972, l'Aixois a souffert pour séduire José Arribas et le public nantais.

1982 **Une nouvelle génération se hisse jusqu'en quarts de finale du championnat de France cadets, battue par Nîmes (0-3). Jean-Jacques Eydelie en fait partie.**

1999 **Olivier Monterrubio est élu meilleur espoir de la D1 par ses pairs.**

17 MAI

1980 MARSEILLE-NANTES 0-1 (CHAMPIONNAT).
GRÂCE À UN BUT DE LOÏC AMISSE, QUI SCELLE UNE SIXIÈME VICTOIRE CONSÉCUTIVE, NANTES EST SACRÉ CHAMPION DE FRANCE POUR LA CINQUIÈME FOIS.

1982 **Devenu sélectionneur du Cameroun pour la Coupe du monde 1982, Jean Vincent, entraîneur du FCN pendant six ans, signe pour le voisin du Stade Rennais.**

1985 NANTES-PARIS SG 0-1 (DEMI-FINALES DE LA COUPE DE FRANCE, MATCH RETOUR).
Battus au Parc des Princes (0-1) par l'équipe de la capitale, les Nantais coincent encore au retour, victimes de Charbonnier.

1991 NANTES-LYON 0-0 (CHAMPIONNAT).
Le retour de Coco Suaudeau n'a pas encore l'effet escompté. Seulement 3 650 spectateurs assistent à la dernière affiche de la saison à La Beaujoire. Le FC Nantes, quinzième, obtient son plus mauvais classement en première division depuis la montée, en 1963.

1997 NANTES-MONTPELLIER 3-0 (CHAMPIONNAT).

17 MAI 1997
DEVANT 32 000 SPECTATEURS, LES HOMMES DE JEAN-CLAUDE SUAUDEAU TERMINENT LA SAISON SUR UN TRENTE ET UNIÈME MATCH CONSÉCUTIF SANS DÉFAITE. UNE SÉRIE QUI A IMPOSÉ LE JEUNE GARDIEN MICKAËL LANDREAU.

18 MAI

1963 LILLE-NANTES 3-4 (CHAMPIONNAT D2).
Les Canaris gardent les cartes en main pour la montée. Un succès face à Sochaux quinze jours plus tard leur assurerait le précieux sésame…

1982 NANTES-VASAS GYOER 2-2 (MATCH DE GALA).
Face au champion de Hongrie, Patrice Rio, Gilles Rampillon et le plus grand joueur de l'histoire du club, Henri Michel, font leurs adieux. « J'arrive, et eux, mes trois copains, ils partent, souffle Jean-Claude Suaudeau. Je n'aime pas ces jours-là… »

1996 AUXERRE-NANTES 2-1 (CHAMPIONNAT).
Dernière journée de D1. Malgré l'ouverture du score de Roman Kosecki, les Bourguignons s'imposent à la dernière minute grâce à Corentin Martins. Les joueurs de Guy Roux succèdent aux Canaris au palmarès.

19 MAI

1982 **Seth Adonkor, le demi-frère de Marcel Desailly, signe son premier contrat pro, pour une durée de quatre ans. Deux ans plus tard, en novembre 1984, le grand espoir du FC Nantes perdra la vie dans un accident de voiture avec Jean-Michel Labejof.**

1990 AUXERRE-NANTES 0-0 (CHAMPIONNAT).
Le FCN termine à nouveau à la septième place. En Bourgogne, Paul Le Guen, arrivé l'été précédent de Brest, fait le plein en disputant son trente-huitième match de la saison.

1993 MONTPELLIER-NANTES 1-1, 4-5 T.A.B. (QUARTS DE FINALE DE LA COUPE DE FRANCE).
David Marraud qualifie les siens au bout de la nuit : le gardien nantais disputera l'ensemble des quarante-quatre rencontres officielles de la saison 1992-1993.

2001 LENS-NANTES 1-4 (CHAMPIONNAT).
Déjà champions, les Canaris marquent grâce à trois joueurs formés au club : Frédéric Da Rocha, Nicolas Savinaud et Olivier Monterrubio. Le FCNA souffle le titre de meilleure attaque du championnat à l'OL.

20 MAI

1956 TOULON-NANTES 4-2 (CHAMPIONNAT D2). Nantes enregistre sa dix-huitième défaite et pointe à la dix-septième place à l'avant-dernière journée. Antoine Raab met fin à sa deuxième expérience d'entraîneur du FCN.

1995 BASTIA-NANTES 2-2 (CHAMPIONNAT).

À DEUX JOURNÉES DE LA FIN, NANTES EST CHAMPION POUR LA SEPTIÈME FOIS DE SON HISTOIRE.

1996 Les transferts s'enchaînent : après le départ de Nicolas Ouédec pour l'Espanyol de Barcelone, Benoît Cauet signe pour deux saisons au PSG. Le même jour, Robert Budzynski obtient la signature de Christophe Le Roux à La Jonelière.

21 MAI

1950 NANTES-LYON 2-1 (CHAMPIONNAT D2). Ce dernier succès n'y fait rien. Au terme d'une saison catastrophique, Nantes termine avant-dernier de la deuxième division. Seule l'absence de candidats professionnels permettra quelques jours plus tard à l'équipe entraînée par Antoine Gorius de se maintenir à cet échelon.

1977 LAVAL-NANTES 1-2 (CHAMPIONNAT). Première apparition sous le maillot nantais d'un jeune joueur venu d'Albi : Guy Lacombe. Et, surtout, victoire décisive pour le titre grâce à Omar Sahnoun.

1986 AUXERRE-NANTES 0-0, 4-2 T.A.B. (FINALE DE LA COUPE GAMBARDELLA). En lever de rideau de la finale de la Coupe des vainqueurs de coupe entre le Dynamo Kiev et l'Atletico Madrid (3-0), les 18 ans de Raynald Denoueix s'inclinent en finale de la Gambardella. Parmi eux, Didier Deschamps et Marcel Desailly, mais aussi Jean-Michel Ferri et Franck Maufay, devenu plus tard entraîneur des 16 ans.

1998 À Rennes, une affiche unique oppose – en direct sur Canal + ! – les Lions indomptables du Cameroun à l'équipe officielle de Bretagne, entraînée notamment par Georges Éo. À la surprise générale, la sélection régionale obtient le nul (1-1). Dans ses rangs figurent plusieurs Canaris, dont Serge Le Dizet, Paul Le Guen, Nicolas Laspalles, Pierre-Yves André, Christophe Le Roux, David Garcion, Éric Loussouarn ou encore Tony Heurtebis.

2005 SOCHAUX-NANTES 1-0 (CHAMPIONNAT). Stupeur à Nantes ! Pour la première fois de la saison, à une journée du terme de la L1, le FCNA se retrouve en position de relégable. Des joueurs cadres, comme Nicolas Savinaud et Frédéric Da Rocha, sont en larmes. Les Canaris, dix-neuvièmes, ne sont plus maîtres de leur destin.

22 MAI

1960 NANTES-BOULOGNE 2-2 (CHAMPIONNAT D2). Dernier match de l'exercice 1959-1960. Menés 0-2, les Canaris réagissent par Samuel Robinet, auteur d'un doublé. Le FCN termine à la huitième place du championnat. Encore raté pour la montée ! Malgré de belles promesses durant la saison.

1966 STRASBOURG-NANTES 1-0 (FINALE DE LA COUPE DE FRANCE). Surpris par le marquage individuel des Alsaciens et réduits à dix à la pause (blessure de Ramon Muller), les joueurs de José Arribas manquent l'occasion de réaliser leur premier doublé Coupe-championnat. Daniel Éon s'incline devant Sbaïz. Le seul but de la rencontre...

1974 MARSEILLE-NANTES 3-0 (CHAMPIONNAT). Skoblar signe un doublé, et Nantes abandonne le titre à Saint-Étienne.

23 MAI

1967 La Ligue de l'Atlantique naît de la fusion des Districts de Vendée, Maine-et-Loire et Loire-Atlantique, séparés auparavant entre la Ligue de l'Ouest et celle du Centre-Ouest. Le FC Nantes amateur remportera la première édition de la Coupe de l'Atlantique...

2004 NANTES-SOCHAUX 3-1 (CHAMPIONNAT). Scènes de joie relative à La Beaujoire : les Canaris terminent sixièmes du championnat, et les noms de Nicolas Gillet et Mario Yepes, annoncés partants, sont scandés par le public. Stéphane Ziani est entré en jeu pour son quatre centième match en première division.

24 MAI

1984 Après quatre cent vingt-six rencontres jouées sous le maillot nantais, Patrice Rio annonce sa signature au... Stade Rennais !

1985 NANTES-LILLE 1-0 (CHAMPIONNAT). Sur penalty, Vahid Halilhodzic inscrit son vingt-huitième but en trente-quatre apparitions en D1. Son meilleur total depuis son arrivée en 1981.

1997 MONACO-NANTES 2-1 (CHAMPIONNAT). Sur un but de Sonny Anderson à la dernière minute, les Canaris laissent échapper la qualification en Ligue des champions au profit du PSG. Cette première défaite en... huit mois les laisse néanmoins à la troisième place, parés pour la Coupe UEFA.

2003 NANTES-MARSEILLE 1-0 (CHAMPIONNAT). Le FCNA profite de la dernière journée pour fêter ses soixante ans d'existence et ses quarante ans au sein de l'élite, un record national. Une soirée de gala est organisée en compagnie de nombreux anciens joueurs et dirigeants du club. Sans le savoir, Angel Marcos, lui, a dirigé son dernier match sur le banc des Canaris.

25 MAI

1966 STRASBOURG-NANTES 1-0 (CHAMPIONNAT). Trois jours après la finale de Coupe perdue, les Canaris retrouvent les Alsaciens. Déjà champions de France, les joueurs de José Arribas fêtent leur deuxième titre, oubliant même de s'entraîner. Mais les Strasbourgeois imposent un combat, parfois à la limite de l'acceptable. Bilan : plusieurs altercations et une véritable agression contre Gilbert Le Chenadec !

LÉGENDE

Nouveau logo pour les 60 ans du FC Nantes et les 40 ans de présence au sein de l'élite.

Nantes, l'Effet Côte Ouest
PAYS DE LA LOIRE
PAYS DE LA LOIRE

1974 NANTES-METZ 2-2 (CHAMPIONNAT).
Grâce à Henri Michel et Michel Pech, le FCN évite une onzième défaite en trente-huit journées. Malgré ce bilan mitigé, les Canaris terminent à la deuxième place du championnat.
1994 Fabien Barthez connaît sa première sélection chez les Bleus face à l'Australie (1-0), dans le cadre de la Kirin Cup, au Japon. Christian Karembeu, Jean-Michel Ferri et Reynald Pedros sont également titulaires.
1996 Début des travaux du stade de La Beaujoire en vue de la Coupe du monde 1998. L'architecte, Berdje Agopyan, demande juridiquement un droit de regard sur le chantier.

26 MAI

1957 ROUEN-NANTES 3-0 (CHAMPIONNAT D2).
Les Canaris terminent la saison à la treizième place...
1973 Aux côtés d'Henri Michel, Bernard Gardon est aligné en URSS (0-2) pour sa première et unique sélection en Bleu. Le défenseur ne peut rien face à la réussite de Blokhine. La France est éliminée de la course à la Coupe du monde 1974.
1976 LILLE-NANTES 1-0 (CHAMPIONNAT).
Le titre s'envole, au profit des Verts...
1993 Concert historique à Nantes : U2 brise le mur du son à La Beaujoire !

27 MAI

1945 Deuxième saison et premier titre pour le FCN ! En finale du championnat de l'Anjou, les Nantais dominent les Angevins grâce à un but de Lemaître (1-0).
1977 NANTES-LENS 1-1 (CHAMPIONNAT).
Face à leur plus sérieux adversaire, les Canaris ne cèdent pas. Deux semaines plus tard, les joueurs de Jean Vincent remporteront le titre avec neuf points d'avance sur les Artésiens.
1980 NANTES-LAVAL 4-1 (CHAMPIONNAT).
Les Canaris fêtent leur cinquième titre dans une ambiance mitigée. Critiqués pour leur qualité de jeu, les joueurs de Jean Vincent quittent d'abord la pelouse avant d'effectuer, un quart d'heure plus tard, un tour d'honneur en demi-teinte...
1983 LILLE-NANTES 0-1 (DEMI-FINALES DE LA COUPE DE FRANCE, MATCH ALLER).
Grâce à un but de Loïc Amisse, les Canaris font un grand pas vers leur cinquième finale.
1988 TOULON-NANTES 5-2 (CHAMPIONNAT).
Jean-Claude Suaudeau sur le départ, les Canaris explosent face aux Varois de Collot et Pardo.
1995 NANTES-CANNES 2-1 (CHAMPIONNAT).
JAPHET N'DORAM ET CHRISTIAN KAREMBEU, QUI FAIT SES ADIEUX À LA BEAUJOIRE, PERMETTENT À NANTES DE FÊTER SUR UN SUCCÈS SON SEPTIÈME TITRE DE CHAMPION DE FRANCE.

28 MAI

1967 NANTES-MARSEILLE 3-3 (CHAMPIONNAT).
Menés 0-2 puis 1-3, les joueurs de José Arribas mettent un point d'honneur à bien finir la saison à Saupin. Ils terminent vice-champions de France, à quatre points de l'ASSE...
2002 Battu en finale de l'Euro Espoirs, Mickaël Landreau dispute son dernier match avec les Bleuets de Raymond Domenech.
2005 NANTES-METZ 1-0 (CHAMPIONNAT).
En position de relégable avant la dernière journée, Nantes n'est plus maître de son destin. Le miracle se produit pourtant, grâce à un but du Malien Mamadou Diallo et une succession de résultats favorables. Caen, Bastia et Istres descendent finalement en Ligue 2, et tout Nantes fête le maintien comme un neuvième titre !

LÉGENDES

CI-DESSUS
27 mai 1995.
Japhet N'Doram et Adel Sellimi emmènent les Canaris pendant le tour d'honneur du septième titre.

À GAUCHE
28 mai 2005.
Le public de La Beaujoire fête le sauvetage en L1 comme un neuvième titre.

29 MAI

1955 NANTES-LE HAVRE 1-1 (CHAMPIONNAT D2).
La montée en première division fuit toujours les Canaris. Émile Veinante démissionne avant la dernière journée et c'est Antoine Raab, joueur en 1944, qui revient au chevet de son club d'adoption.

1962 Fin de saison en beauté avec un match amical Nantes-RFC Liège (3-2). Une rencontre au cours de laquelle deux attaquants sont mis à l'essai : Bako Touré (le père de José) et Sadek Boukhalfa, auteurs d'un but chacun.

1973 RED STAR-NANTES 1-3 (CHAMPIONNAT).
COUÉCOU, MICHEL ET BLANCHET OFFRENT AUX NANTAIS LEUR VINGT-DEUXIÈME VICTOIRE DE LA SAISON. LE CLUB DÉCROCHE SON TROISIÈME TITRE DE CHAMPION DE FRANCE.

1986 NANTES-RACING PARIS 2-3 (CHAMPIONNAT).
Battus par les Parisiens de Thierry Tusseau et de Maxime Bossis, les Nantais enregistrent leur neuvième défaite... lors des quatorze dernières journées de championnat ! Le FC Nantes de Jean-Claude Suaudeau termine douzième, sa plus mauvaise place depuis la montée en D1.

1993 NANTES-TOULOUSE 4-1 (CHAMPIONNAT).
Les talents commencent à éclore : Nicolas Ouédec signe un triplé et atteint les treize unités.

LÉGENDES

À DROITE
29 mai 1973.
Didier Couécou est porté en triomphe par les supporters nantais pour le troisième titre des Canaris.

CI-DESSOUS
Presse-Océan fête, en jaune, le premier titre de champion de France du FC Nantes.

Le F.C. NANTES va-t-il détrôner le STADE de REIMS dans le cœur des Parisiens ?
LE MIROIR DES SPORTS
FOOTBALL QUI RIT !
L'ÉQUIPE
Nantes a conquis Paris
GONDET
VAUT UN TITRE
NANTES Champion
PARIS JOUR
LES 15 JOURS DE SOUFFRANCE DE JOSÉ ARRIBAS
« C'est toujours le printemps » pour le F.C. NANTES
20.000 personnes ont scandé son nom hier soir au Parc des Princes
Jacques Simon est en train de prendre la place de Kopa dans le cœur du public
Trois buts de Simon
TV NANTES a crevé l'écran
Numéro spécial présenté par :
PRIX : 1 F
Presse-Océan et L'ÉCLAIR

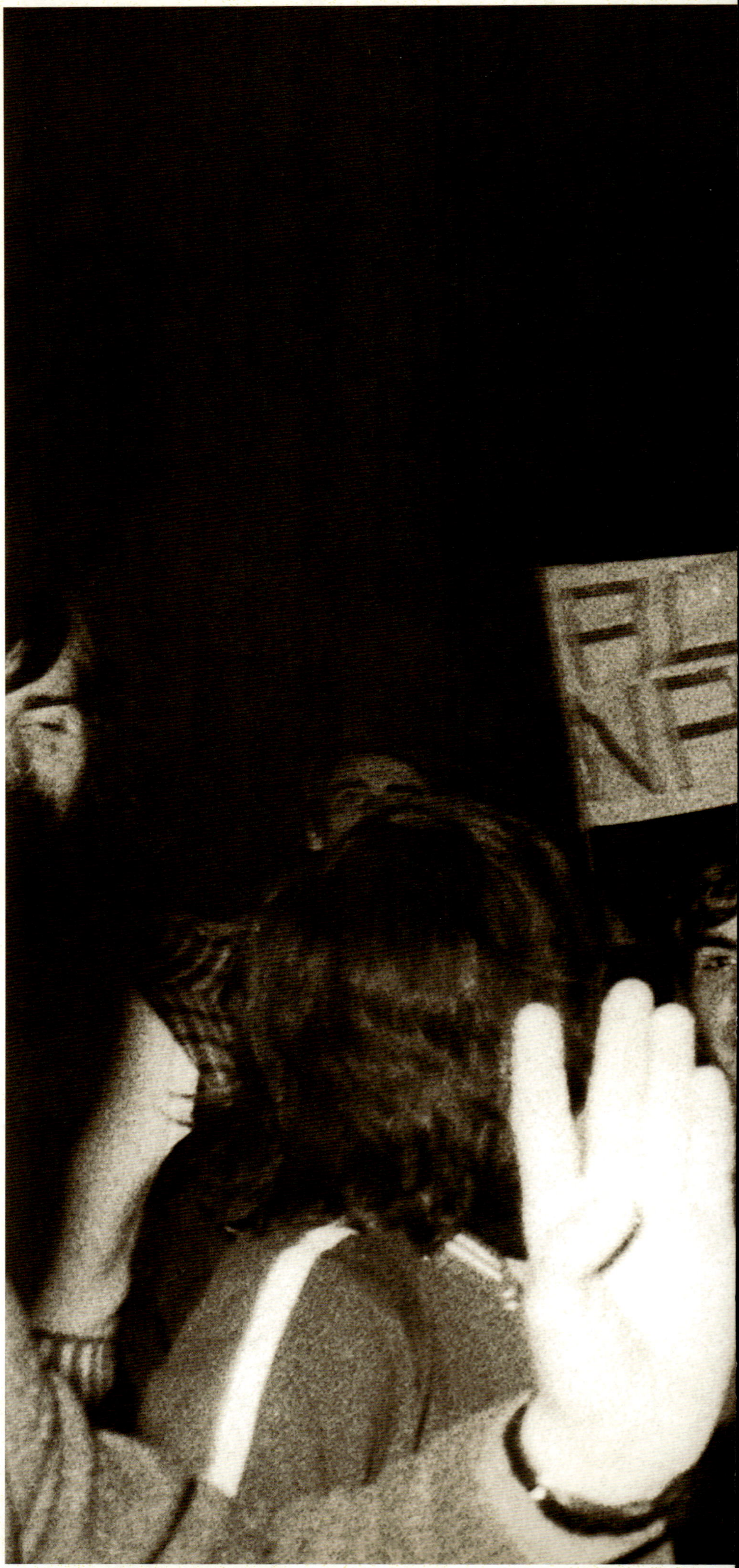

MICHEL
XEL

1994 La France d'Aimé Jacquet gagne la Kirin Cup face au Japon (4-1) et Nicolas Ouédec apparaît pour la première fois chez les Bleus, aux côtés de Christian Karembeu.
1996 En préparation pour l'Euro, la France domine la Finlande (2-0). Les buts sont signés Reynald Pedros et Patrice Loko ! En stage avec l'équipe de France Espoirs, Claude Makelele, lui, annonce son départ... qui n'aura pas lieu ! « Les dirigeants nantais me l'ont promis », clame-t-il pourtant.

30 MAI

1965 NANTES-MONACO 2-1 (CHAMPIONNAT).

30 MAI 1965
À LA SURPRISE GÉNÉRALE, LES NANTAIS DÉCROCHENT UN PREMIER TITRE DE CHAMPION DE FRANCE LORS DE LA DERNIÈRE JOURNÉE, GRÂCE À BERNARD BLANCHET ET JACKY SIMON. JOSÉ ARRIBAS EST PORTÉ EN TRIOMPHE PAR SES JOUEURS AU MILIEU D'UNE FOULE EN LIESSE. PARMI LES 20 092 SPECTATEURS, CERTAINS SONT ASSIS SUR LE BORD DE LA TOUCHE !

1

2

TRANSPORTS MARCHANDISES EN HAUSSE :
S.N.C.F. : 5,13 %
« Routiers » : 5 %
(Lire page 4)

OUEST France

Justice et Liberté • N° 6 321

BRETAGNE - NORMANDIE - MAINE - ANJOU - POITOU

LUNDI 31 MAI 1965 — SUD-LOIRE-AT...

Le M.R.P. répond « oui » au projet de fédération de M. DEFFERRE
(Lire page 4).

0,30 F ◆ ABONNEMENTS — Directeur général : Paul HUTIN-DESGRÉES — RENNES

BRAVO ! LE F. C. NANTES

En battant MONACO 2 à 1 les valeureux Nantais ont gagné pour la première fois le championnat

(Photo Louis Couvert)

Sur le terrain du F.C. Nantes, porté par ses joueurs, l'entraîneur Arribas, commence le traditionnel tour d'honneur. Pour lui, comme pour le « onze » nantais, le jour de gloire est arrivé. En battant Monaco par 2 buts à 1, le F.C. Nantes inscrit son nom sur les tablettes du championnat de France.

Le succès du F.C. Nantes a créé dans la ville un mouvement de sympathie. Dans les rues, de nombreux supporters ont défilé, brandissant des banderoles qui... ne cachaient pas l'opinion des porteurs.

(Photo Lefebvre)

(LIRE NOS PAGES SPECIALES).

ANQUETIL étourdissant vainqueur de **BORDEAUX-PARIS** au lendemain du DAUPHINÉ LIBÉRÉ

1975 NICE-NANTES 2-2 (CHAMPIONNAT).

30 MAI 1975
DERNIER RESCAPÉ DES TITRES DE LA SAISON 1965-1966, GABY DE MICHÈLE PART À LA RETRAITE. LORS DE LA DERNIÈRE JOURNÉE, LE MONUMENT SERA REMPLACÉ PAR THIERRY TUSSEAU, SON JEUNE SUCCESSEUR FORMÉ AU CLUB.

1988 **Petite révolution à La Jonelière. Jean-Claude Suaudeau est officiellement remplacé par un entraîneur étranger : Miroslav Blazevic.**
1996 **Le président Scherrer promet une diversification du club et annonce la création de la Compagnie financière Namnète (première appellation de Nantes). Après la Ligue des champions, le budget est bénéficiaire de 25 millions de francs !**
2001 **Une nouvelle génération de Nantais découvre l'équipe de France lors de la Coupe des Confédérations, en Corée du Sud. Éric Carrière est le premier aligné face au pays hôte (5-0), suivi par Nicolas Gillet contre l'Australie (0-1) et Mickaël Landreau devant le Mexique (4-0), match au cours duquel Carrière s'offre un doublé.**

3

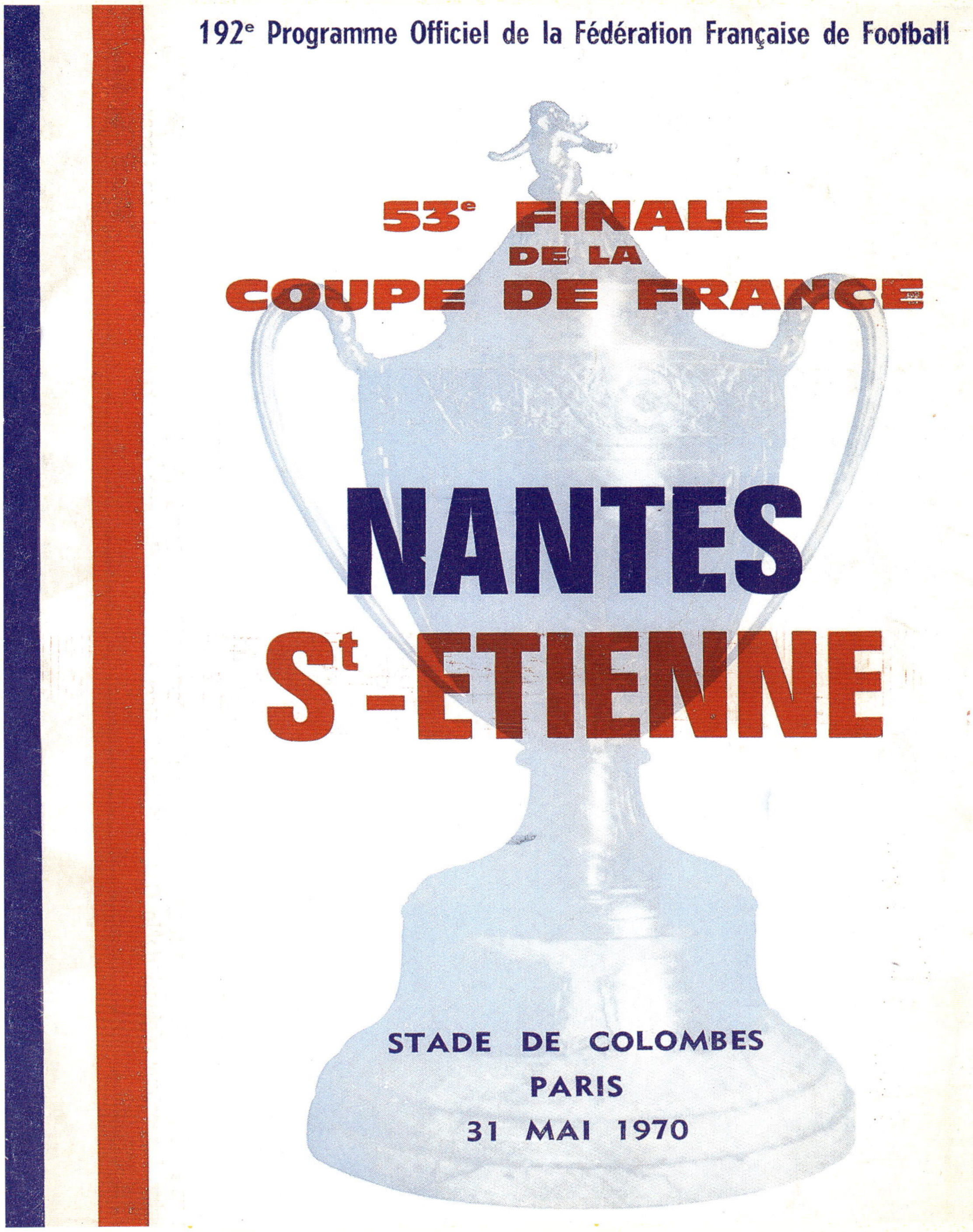

4

LÉGENDES

1
Caricature dans la presse locale en 1963 pour les 20 ans du club.

2
***Ouest-France* célèbre le premier titre de champion.**

3
30 mai 1965. Philippe Gondet est assailli par les supporters.

4
Le programme officiel de la finale de la Coupe 1970.

31 MAI

1964 NANTES-BORDEAUX 4-1 (CHAMPIONNAT).
Pour le baisser de rideau à Malakoff, les Nantais obtiennent leur revanche sur les Bordelais, qui avaient éliminé les Canaris en demi-finales de la Coupe de France.
1969 MONACO-NANTES 2-0 (CHAMPIONNAT).
Comme Robert Budzynski six mois plus tôt, Jean-Claude Suaudeau dispute son dernier match en D1 face aux joueurs de la Principauté.
1970 NANTES-SAINT-ÉTIENNE 0-5 (FINALE DE LA COUPE DE FRANCE).
À Colombes, face au grand Saint-Étienne de Bereta, Herbin et Revelli, tous buteurs, Nantes s'incline pour la deuxième fois en finale de la Coupe de France. Seule satisfaction : les Canaris se qualifient pour la Coupe des vainqueurs de coupe, puisque les Verts réalisent le doublé.
1985 **Formé à Metz, où il a notamment participé au match de légende face à Barcelone (défaite 2-4 à Saint-Symphorien puis victoire 4-1 au Camp Nou), Vincent Bracigliano signe pour quatre ans au FC Nantes. Quelques années après le terme de sa carrière, il deviendra, en 2004, le responsable de la cellule recrutement au centre de formation à La Jonelière.**
1989 MONACO-NANTES 4-1 (CHAMPIONNAT).
Balayés en Principauté par deux doublés de Georges Weah et Glenn Hoddle, les Nantais de Miroslav Blazevic terminent à la septième place du classement, à seize points de l'Olympique de Marseille. Les Canaris comptent seulement quarante et un buts marqués en trente-huit journées, soit leur plus faible attaque depuis 1963.
1995 **Défenseur champion de France en 1995, Éric Decroix rejoint officiellement Marseille.**

30 MAI 1965

UN MOIS DANS LES ÉTOILES

Logique des calendriers, les huit titres de champion conquis par les Canaris l'ont été au mois de mai. De la première étoile, décrochée au stade Marcel-Saupin le 30 mai 1965, au trophée célébré par l'envahissement de la pelouse de La Beaujoire le 12 mai 2001, voyage à travers les grands succès nantais, guidé par quatre entraîneurs majeurs : José Arribas, Jean Vincent, Jean-Claude Suaudeau et Raynald Denoueix.

La lutte a été tellement âpre que l'heure est plutôt à la discrétion. En 1963, dans le journal officiel qui coïncide avec les vingt ans du club et son accession en D1, Albert Heil, secrétaire emblématique du FC Nantes depuis 1945, écrit : « Voilà donc notre cher FCN hissé en Division nationale où il aura la lourde tâche de se mesurer aux ténors du football français. Il lui appartient désormais de confirmer afin de satisfaire son public et de rechercher avant tout à se maintenir dans cette division qu'il a mis si longtemps à atteindre ! »

Après une première saison 1963-1964 d'apprentissage, marquée par une convaincante huitième place, les Canaris attaquent l'exercice 1964-1965 sans ambition affichée. Seul atout déterminant : l'équipe reste inchangée, malgré les appels du pied de Lyon en direction de Philippe Gondet. La première journée vient d'ailleurs rappeler aux Jaunes qu'ils sont encore de jeunes pensionnaires de l'élite. Elle se conclut par une défaite sans appel sur le Rocher monégasque (1-4). Les supporters sont loin de se douter que le match retour sacrera leur équipe...

Arribas porté en triomphe

Le déclic intervient dès la deuxième journée face à Saint-Étienne, champion en titre. Le FC Nantes inflige un 4-1 aux Verts grâce à un doublé de Jacky Simon. En début d'année 1965, les Nantais font la différence dans la course au titre avec seize matches quasi parfaits, hormis un « flop » retentissant contre Rennes (0-4) ! Les hommes de José Arribas abordent le dernier rendez-vous, la venue de Monaco, avec les cartes en main. Le 30 mai 1965, servi par Bernard Blanchet, Jacky Simon marque très vite. Ramon Muller trouve la lucarne sudiste quelques minutes plus tard.
L'attente est terrible pour les 20 092 supporters nantais de Marcel-Saupin, dont certains sont installés le long de la touche. D'autant que les partenaires de Michel Hidalgo reviennent au score à la quatre-vingt-neuvième minute (2-1). Un nul offrirait le titre à Bordeaux... Mais les Nantais tiennent bon, et José Arribas est porté en triomphe par ses joueurs, Gilbert Le Chenadec et Bernard Blanchet en tête. « C'était une vraie surprise, dira simplement ce dernier de longues années

LÉGENDE

Envahissement de la pelouse du stade Marcel-Saupin.

LÉGENDE

12 mai 2001. Georges Éo est au micro pour « mettre le feu » à La Beaujoire.

après. Je me souviens presque plus de la fête improvisée en 1963. Le championnat avait simplement été une conséquence de la montée en D1. »
Le titre 1966 est une suite logique. Les départs de Sadek Boukhalfa, Jean Guillot ou Rafaël Santos ne changent rien à l'efficacité nantaise. Libérés, les Canaris entament l'exercice par quatre succès consécutifs. Le 20 octobre, le Red Star « explose » à Malakoff devant la réussite de Philippe Gondet, auteur du seul quadruplé de l'histoire du FCN. Le buteur terminera la saison avec un total de trente-six buts, record de l'époque. Invaincus pendant quatre mois, rassurés par le verrou défensif Robert Budzynski-Gaby de Michèle, les hommes de José Arribas se permettent le luxe d'être sacrés à quatre journées de la fin, face à Sochaux, le 15 mai 1966. Grâce à Bako Touré (le père de José) et à Jean-Claude Suaudeau, les Canaris profitent de la défaite de Bordeaux à Saint-Étienne…

Des caractères trempés

José Arribas mène une troisième fois ses troupes à la conquête du titre en 1973, à la tête d'une nouvelle génération. Dans les cages, Jean-Paul Bertrand-Demanes a remplacé Daniel Éon. Derrière, Gaby de Michèle est toujours là. Les défenseurs centraux se nomment désormais Bernard Gardon et Henri Michel. Puis, à partir de la trêve, Hugo Bargas. Autre temps, autre style : les Nantais concèdent seulement douze buts lors des dix-neuf rencontres d'une phase retour décisive, au cours de laquelle l'OGC Nice lâche prise. Victorieux à l'avant-dernière journée, le 29 mai 1973, sur la pelouse du Red Star (3/1), les Nantais sont récompensés avant l'échéance finale.
Les quatrième et cinquième étoiles sont les fruits d'une génération hors norme portée par des personnalités fortes : de Patrice Rio à Gilles Rampillon, en passant par Henri Michel. L'influence de Jean Vincent, successeur de José Arribas, est souvent minimisée. Même si Gilles Rampillon souligne « les compétences dans le domaine offensif de l'ancien attaquant de l'équipe de France 1958… » De 1977 à 1981, le FC Nantes ne quitte pas les deux premières places du championnat, avec une réussite insolente à Marcel-Saupin : quatre-vingt-douze rencontres sans défaite du 4 juin 1976 au 7 avril 1981 ! Le titre 1977 est acquis le 27 mai, face à Lens, principal rival des Canaris. Grâce à Loïc Amisse, les Jaunes conservent leurs distances sur les Nordistes et fêtent leur couronne cinq jours plus tard, contre Saint-Étienne, le champion sortant.

1983 : la plus belle équipe de tous les temps

Verts et Jaunes s'affrontent encore trois ans plus tard. Et c'est le 17 mai 1980, à Marseille, que les Canaris décrochent leur cinquième étoile, toujours par l'entremise de Loïc Amisse… L'apogée de cette génération intervient en 1983, via les jeunes du centre de formation (Seth Adonkor – trop tôt disparu –, José Touré, Thierry Tusseau…) et à un précieux renfort extérieur (Vahid Halilhodzic), meilleur buteur de D1 avec vingt-sept réalisations. Comme un symbole, la sixième étoile est ravie à quatre journées du terme aux dépens de Saint-Étienne à la suite d'un doublé du Bosniaque. Beaucoup considèrent cette équipe comme la plus belle de l'histoire du club. Meilleure encore que celle de 1995, invaincue pendant trente-deux rencontres et portée sur les cimes le 20 mai 1995, à Bastia, à trois journées des vacances… Leur dénominateur commun était Jean-Claude Suaudeau, fils spirituel de José Arribas, qui transmettra à son tour le flambeau à Raynald Denoueix. Au bord de la relégation en mai 2000, le FCNA renaîtra de ses cendres pour s'envoler une huitième fois, le 12 mai 2001, battant Saint-Étienne (1-0) à domicile par l'entremise de Marama Vahirua. La Beaujoire s'enflamma alors comme aux plus beaux temps du stade Marcel-Saupin. L'histoire du FC Nantes est un éternel recommencement.

Bien amicalement.
à Michel.
URSS - FRANCE
1966

JUIN

LÉGENDES

Ci-dessus
1er juin 1963, jour de montée en D1 ! José Arribas est fêté par ses joueurs, dont, à sa droite, Gilbert Le Chenadec.

Page de gauche
Daniel Éon connaît sa première sélection chez les Bleus le 5 juin 1966 à Moscou, devant 102 000 personnes au stade Lénine.

1er JUIN

1960 **Match des champions à Malakoff entre Reims et Monaco (6-2). Le record d'affluence est battu, avec 15 289 spectateurs.**

1963 NANTES-SOCHAUX 2-0 (CHAMPIONNAT D2).
Vingt ans après sa création et dix-huit après ses débuts professionnels, le FC Nantes accède enfin à la première division en remportant un match décisif face aux Doubistes. Jean Guillot ouvre la marque sur penalty, avant que Sadek Boukhalfa n'inscrive le second but avant la pause. José Arribas est porté en triomphe au stade Malakoff, devant 16 959 spectateurs.

1965 **Bernard Blanchet signe son premier contrat professionnel.**

1974 NANTES-NANCY 4-1 (FINALE DE LA COUPE GAMBARDELLA).
Entraînés par Guelso Zaetta, les 18 ans remportent leur première victoire dans l'épreuve. Parmi eux figurent des futurs pros : Tusseau, Van Straelen, Pécout et Baronchelli.

1976 **Une page se tourne : prêt à rester, José Arribas n'apprécie pas la proposition d'un an du président Louis Fonteneau. Le technicien rejoint l'OM.**

1977 NANTES-SAINT-ÉTIENNE 3-0 (CHAMPIONNAT).
Devant 25 455 spectateurs ravis par les réalisations de Patrice Rio, Bruno Baronchelli et Omar Sahnoun, un champion de France en chasse un autre.

1979 LAVAL-NANTES 0-5 (CHAMPIONNAT).
Malgré quatre-vingt-cinq buts marqués, dont un dernier doublé d'Éric Pécout, auteur de vingt-deux réalisations au cours de la saison, Nantes échoue à deux points de Strasbourg, nouveau champion de France.

1986 **Ouverture de la Coupe du monde 1986, au Mexique. La France domine le Canada (1-0) avec… aucun Nantais sur le terrain. L'inamovible Maxime Bossis évolue désormais au RC Paris, tandis que William Ayache est blessé et qu'Yvon Le Roux est suspendu. Quant à José Touré, une longue blessure l'a finalement privé de la compétition.**

2 JUIN

1957 **Événement à Nantes. Le stade Malakoff, rénové en 1955, accueille pour la première fois les Bleus, qui affrontent l'Islande dans le cadre des éliminatoires de la Coupe du monde 1958. La France s'impose très largement (8-0), avec notamment un doublé de Jean Vincent, futur entraîneur des Jaunes, et un but de René Dereuddre, Nantais à partir de 1959. Enfin, le record de la recette tombe, avec 8 718 025 anciens francs pour 15 080 spectateurs.**

1973 NANTES-BASTIA 1-0 (CHAMPIONNAT).
Pour fêter le troisième titre des Jaunes, les « anciens » (Heil, Budzynski, Gondet…) jouent en lever de rideau. Après ce dernier succès signé Didier Couécou, les 23 719 spectateurs de Saupin envahissent la pelouse devenue magique. Dans le vestiaire, Henri Michel confirme qu'il restera bien à Nantes la saison suivante.

1974 AMIENS-NANTES 1-4 (FINALE DU CHAMPIONNAT DE D3, MATCH ALLER).
Deux doublés de Georges Martinez et Angel Marcos placent la réserve des Canaris en position de remporter le titre de champion de France.

1978 **Premier match de la France au Mondial argentin. Face à l'Italie de Dino Zoff, les Bleus compromettent leurs chances d'entrée (1-2). Les quatre Nantais (Jean-Paul Bertrand-Demanes, Patrice Rio, Maxime Bossis et Henri Michel) sont titulaires.**

1988 **À 19 ans, Marcel Desailly signe un premier contrat professionnel.**

3 JUIN

1945 **Face au TA Rennes, le FCN amateur remporte la première manche du championnat de l'Ouest (5-0). Les Rennais renonceront à jouer le retour…**

1967 **Un nouveau Jaune en Bleu ! Gilbert Le Chenadec est titularisé pour France-URSS (2-4).**

1975 NANTES-BORDEAUX 3-0 (CHAMPIONNAT).
José Arribas lance Thierry Tusseau. À 17 ans et quatre mois, le défenseur latéral est à l'époque le plus jeune Nantais jamais aligné en pros.

LÉGENDE

Réception à la mairie de Nantes dans les années 1970.

1983 NANTES-MULHOUSE 2-1 (CHAMPIONNAT).
Le FCN est déjà champion depuis trois semaines, mais cela n'empêche pas Vahid Halilhodzic de signer un vingt-septième but, ce qui en fait le meilleur buteur du championnat. Un an plus tôt, après une première saison difficile, l'attaquant yougoslave avait émis le souhait de quitter Nantes...

4 JUIN

1963 Quatre jours après la montée historique en D1, l'équipe du FC Nantes fait la Une de l'hebdomadaire spécialisé *France-Football.*

1976 NANTES-NICE 1-1 (CHAMPIONNAT).
Personne ne s'en doute encore, mais le FC Nantes lance là une fabuleuse série d'invincibilité au stade Marcel-Saupin. Jusqu'en 1981, soit quatre-vingt-douze rencontres (80 victoires 12 matches nuls), les Canaris ne perdront pas à domicile !

1988 NANTES-LI[illegible] 1-1 (CHAMPIONNAT).
Privé de ses talents à l'intersaison, le FCN termine dixième. Après six ans en élite, Jean-Claude Suaudeau réintègre la formation, où il rejoint Raynald Denoueix. Depuis son arrivée, le Président Max Bouyer n'a pas caché son goût pour les joueurs et techniciens extérieurs...

1992 Le président Max Bouyer est convoqué une première fois par la DNCG. Il rassure ses interlocuteurs à propos du déficit du club.

1997 Un an avant le lancement de la Coupe du monde, le stade de La Beaujoire accueille en test grandeur nature une rencontre du Tournoi de France. L'Angleterre domine l'Italie (2-0).

5 JUIN

1938 En huitièmes de finale de la Coupe du monde, disputée en France, la France domine la Belgique (3-1) grâce notamment à un but dès la première minute d'Émile Veinante, futur entraîneur du FCN.

1966 À Moscou, face à l'URSS (3-3), à un mois de la Coupe du monde 1966, Henri Guérin aligne quatre Nantais chez les Bleus. Novice, Daniel Éon rejoint le trio Budzynski-Blanchet-Gondet.

1997 En présence de Guy Hillion, responsable du recrutement à La Jonelière, et de Jean-Claude Bauduin, premier responsable de la structure, la « préformation » du FC Nantes est inaugurée au Centre régional technique (CRT) de Saint-Sébastien-sur-Loire. À l'initiative de Raynald Denoueix, le FCNA est le premier club en France à se tourner vers les 13-14 ans.

6 JUIN

1950 Malgré une piètre saison 1949-1950, terminée à la dix-septième et avant-dernière place du championnat de deuxième division après une élimination en seizièmes de finale de la Coupe de France), le FC Nantes reçoit tout de même une nouvelle aide municipale, à hauteur de cinq millions de francs.

1970 SOCHAUX-NANTES 0-3 (CHAMPIONNAT).
Les Nantais dominent les Sochaliens grâce à trois futurs entraîneurs buteurs : Henri Michel, Roger Lemerre et Georges Éo.

1973 NÎMES-NANTES 0-0 (DEMI-FINALES DE LA COUPE DE FRANCE, MATCH ALLER).
Seul Erich Maas a remplacé Claude Arribas par rapport au quart de finale homérique face à Saint-Étienne. Les Canaris contiennent les Sudistes, alors en D1. C'était le centième match des Canaris en Coupe.

1976 L'équipe de France juniors termine troisième du tournoi international UEFA. Le Nantais Thierry Tusseau a disputé l'ensemble des rencontres.

1978 Dernière rencontre en équipe de France pour Jean-Paul Bertrand-Demanes, qui se blesse à la cinquante-cinquième minute du duel face à l'Argentine (1-2). Les Bleus sont éliminés de la Coupe du Monde. « Notre groupe était de qualité mais sans expérience, et ça, ça ne se rattrape pas en un mois », expliquera après coup Henri Michel.

1979 NANTES-ANGOULÊME 6-2 (DEMI-FINALES COUPE DE FRANCE, MATCH ALLER).
Les Canaris menaient 5-0 à la cinquantième minute de jeu face au Petit Poucet, avec un doublé de Patrice Rio. La quatrième finale se profile...

1993 SAINT-ÉTIENNE-NANTES 0-1 (DEMI-FINALES DE LA COUPE DE FRANCE).
Grâce à Nicolas Ouédec, buteur à la quatre-vingt-sixième minute, Nantes se qualifie pour sa sixième finale de Coupe de France. Opposés au PSG, les Canaris sont même assurés de retrouver la Coupe d'Europe.

2000 Le FCNA entre dans une nouvelle ère, celle de la privatisation par la Socpresse, groupe spécialisé dans les médias, propriétaire notamment de *Presse-Océan,* qui prend la direction du club avec l'aval de la mairie. Kléber Bobin succède à Jean-René Toumelin à la présidence. Le groupe dirigé par Yves de Chaisemartin s'empare des actions de la SAOS pour 26 millions de francs et s'engage à en injecter 128 au cours des quatre saisons suivantes.

7 JUIN

1964 RENNES-NANTES 3-1 (CHAMPIONNAT).
Malgré la treizième défaite de la saison, chez le voisin rennais, les Canaris prennent la huitième place pour leur baptême en première division.

1983 NANTES-LILLE 1-1 (DEMI-FINALES DE LA COUPE DE FRANCE, MATCH RETOUR).
BUTEUR À L'ALLER (1-0), LOÏC AMISSE RÉCIDIVE À SAUPIN. L'ÉGALISATION NORDISTE DE MARSIGLIA EST INSUFFISANTE. NANTES SE QUALIFIE POUR SA CINQUIÈME FINALE... PRÉVUE QUATRE JOURS PLUS TARD !

1985 Patrice Loko, attaquant en devenir, signe à 15 ans un premier contrat de joueur aspirant.

8 JUIN

1974 NANTES-AMIENS 4-2 (FINALE DU CHAMPIONNAT DE D3, MATCH RETOUR).
Jeune entraîneur, Jean-Claude Suaudeau emmène la réserve nantaise vers le titre national, avec notamment un doublé de Denis Mérigot, devenu plus tard entraîneur à Châteauroux. Dans les rangs nantais figurent aussi Thierry Tusseau, Omar Sahnoun, Loïc Amisse et Éric Pécout.

1977 NANTES-METZ 3-2 (CHAMPIONNAT).
Pour fêter son cinquième titre, Nantes atteint la barre des quatre-vingts buts marqués lors de la dernière journée, grâce notamment à Omar Sahnoun, meilleur marqueur du club avec quinze réalisations. Quatre autres joueurs passent la barre des dix unités : Éric Pécout, Loïc Amisse, Bruno Baronchelli et Henri Michel.

9 JUIN

1963 BOULOGNE-SUR-MER-NANTES 2-1 (CHAMPIONNAT D2).
Dernier match en deuxième division pour les Nantais, qui terminent l'exercice à la deuxième place du championnat, à quatre points de Saint-Étienne, l'autre promu en D1.

1973 NANTES-NÎMES 3-0 (DEMI-FINALES DE LA COUPE DE FRANCE, MATCH RETOUR).
Après un nul dans le Gard trois jours plus tôt (0-0), les Canaris se qualifient aisément pour une troisième finale de Coupe grâce à Didier Couécou, Henri Michel et Erich Maas.

1979 ANGOULÊME-NANTES 1-1 (DEMI-FINALES DE LA COUPE DE FRANCE, MATCH RETOUR).
Larges vainqueurs à l'aller, les Canaris se qualifient tranquillement pour leur quatrième finale.

1983 TOULOUSE-NANTES 4-1 (FINALE DU CHAMPIONNAT DE D3).
Devant à la mi-temps grâce à un but de Pierre Morice, les jeunes de Raynald Denoueix craquent pourtant dans le dernier quart d'heure ! Michel Der Zakarian figure dans le groupe...

1992 **Le président Max Bouyer n'a pas convaincu. Le rapport de la DNCG établit un déficit cumulé de 61,5 millions de francs, dont le tiers enregistré lors des deux dernières saisons : le FC Nantes est officiellement relégué en D2 et risque même la D3 si le dépôt de bilan est prononcé.**

10 JUIN

1973 **Le stade Saupin accueille une nouvelle affiche européenne étonnante : l'équipe de France scolaires domine son homologue de la RFA. Dans ses rangs figurent deux futurs Canaris : le gardien Dominique Leclerc et un certain Thierry Tusseau, alors à Noisy-le-Grand.**

1996 **La France et Patrice Loko, entré en jeu, dominent la Roumanie (1-0) en ouverture de l'Euro 1996.**

2006 NANTES-SOCHAUX 0-0, 4-2 T.A.B. (FINALE DU CHAMPIONNAT 16 ANS).
Pour la première fois de son histoire, le FCNA remporte le championnat national des « 16 ans ». L'équipe est entraînée par Franck Maufay, ancien attaquant du club et grand ami de Didier Deschamps à l'époque.

11 JUIN

1966 CANNES-NANTES 1-6 (CHAMPIONNAT).
Déjà sacrés champions de France, les Canaris ne se relâchent pas et permettent à leur attaquant Philippe Gondet, auteur d'un triplé, de devenir le meilleur buteur de première division avec... trente-six unités. Gondet efface ainsi des tablettes le Marseillais Anderson et ses trente-quatre buts inscrits en 1953 ! Une bien mauvaise nouvelle vient toutefois ternir la fin de rencontre. Euphorique, le gardien Daniel Éon se rompt le tendon d'Achille en sautant dans les bras de son attaquant, une blessure qui le privera de la Coupe du Monde 1966.

1972 **En tournée au Brésil dans le cadre de la Coupe de l'Indépendance, Henri Michel et Bernard Blanchet participent à la victoire des Bleus de Georges Boulogne à Salvador de Bahia, face à une sélection d'Amérique centrale (5-0).**

1977 NANTES-SAINT-ÉTIENNE 3-0 (DEMI-FINALES DE LA COUPE DE FRANCE, MATCH ALLER).
Énième duel épique entre Jaunes et Verts. À Saupin, deux réalisations de Patrice Rio et un but contre son camp de Christian Lopez donnent une large victoire aux Canaris. Mais les Verts n'ont pas dit leur dernier mot : le retour est programmé dans trois jours !

1983 NANTES-PSG 2-3 (FINALE DE LA COUPE DE FRANCE).
Déjà champions de France, les Canaris mènent 2-1 à la mi-temps face aux Parisiens grâce au but « brésilien » de José Touré. Les Canaris « barbus » s'inclinent finalement après la pause, au Parc des Princes, vaincus par la grâce d'un certain Safet Susic.

LÉGENDE

11 juin 1983. Le onze, pourtant mythique, du FC Nantes s'incline en finale face au PSG.

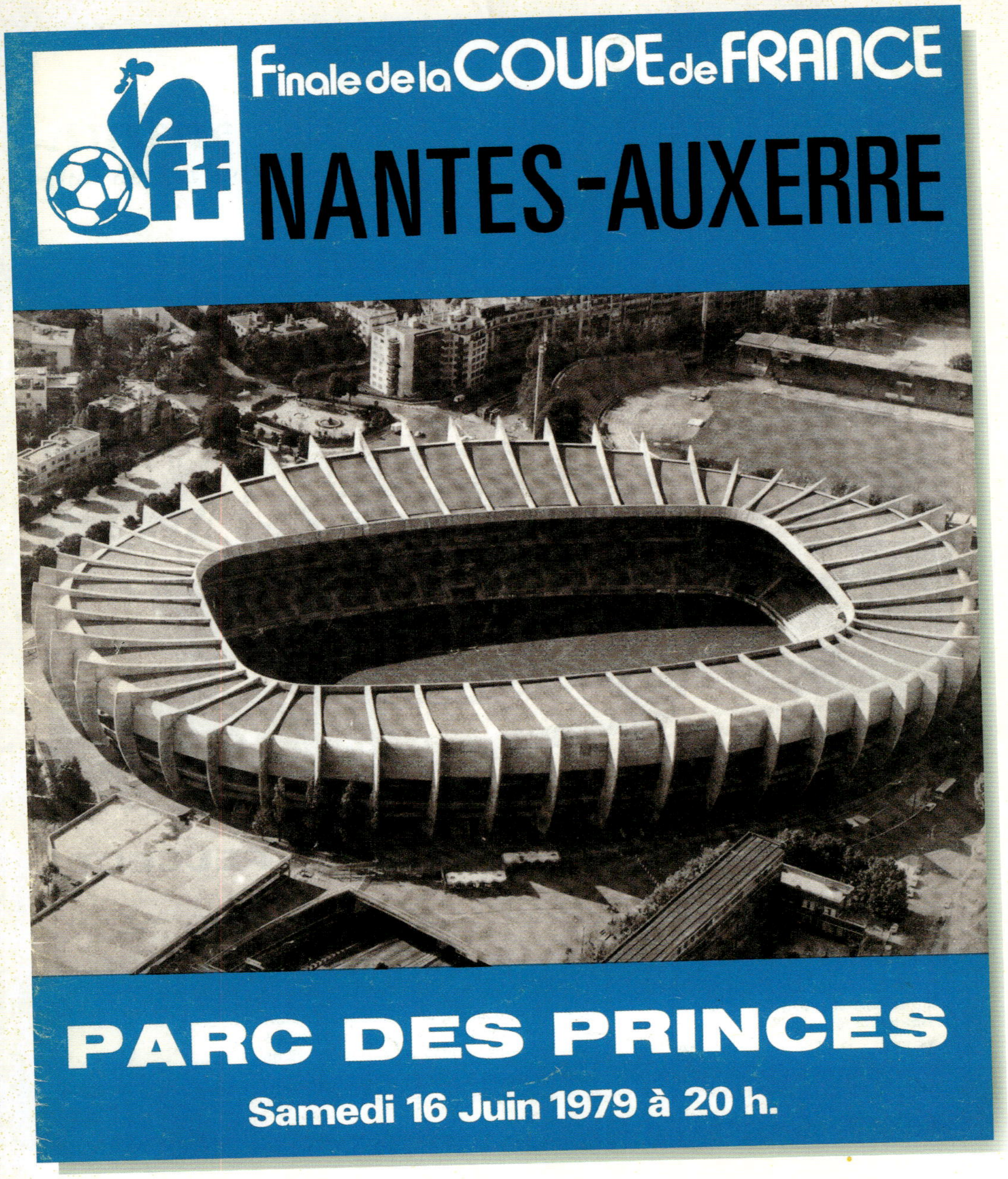

12 JUIN

1938 Malgré une passe décisive du futur entraîneur nantais Émile Veinante, l'équipe de France est éliminée en quarts de finale de sa Coupe du monde (1-3) face aux futurs lauréats italiens.

1965 À Paris, les Nantais sont sous les feux des projecteurs. Désigné par une centaine de journalistes, Jacky Simon reçoit l'Oscar du meilleur joueur de D1 des mains de trois stars de l'époque : Mylène Demongeot, Michèle Mercier et Roger Hanin. José Arribas, lui, se voit décerner l'Oscar du meilleur entraîneur de première division.

1971 NANTES-SAINT-ÉTIENNE 3-1 A.P. (FINALE DU CHAMPIONNAT DE CFA).
Dirigée par Jean-Claude Suaudeau, entraîneur-joueur, et Guelso Zaetta, la réserve du FC Nantes devient championne de France grâce à un doublé de Patrice Kervarrec et un but de Jacky Contassot, futur intendant du groupe professionnel. Dans l'équipe figurent aussi Jean-Paul Bertrand-Demanes, Raynald Denoueix, Bernard Gardon et Gilles Rampillon.

1972 Gilles Rampillon paraphe son premier contrat professionnel.

1982 Déjà au club depuis quatre ans, le petit Marcel Desailly, 15 ans, signe un contrat d'apprentissage de deux saisons au FC Nantes.

1993 PSG-NANTES 3-0 (FINALE DE LA COUPE DE FRANCE).
La pression est trop forte : Christian Karembeu, Zoran Vulic et Jean-Louis Lima sont expulsés et les Parisiens marquent à trois reprises par Kombouaré, Ginola et Guérin. Les Canaris sont encore trop tendres pour affronter de tels enjeux...

13 JUIN

1970 SAINT-ÉTIENNE-NANTES 2-3 (CHAMPIONNAT).
Dix jours après la correction reçue à Colombes, les Jaunes s'imposent en match en retard à Geoffroy-Guichard grâce à des buts de Patrice Kervarrec, Henri Michel et Georges Éo. « Ce but dans le Chaudron, je m'en souviens. C'était tellement rare », commentera ce dernier.

LÉGENDE

L'affiche d'époque de la finale inédite entre Nantes et Auxerre, alors en D2.

1983 Repéré l'hiver précédent par Robert Budzynski, Didier Deschamps signe son premier contrat de joueur aspirant au FC Nantes, à 14 ans, alors que la plupart des grands clubs français le suivent déjà.

1998 Pour la première fois de son histoire, Nantes accueille une rencontre de Coupe du monde. Le Nigeria crée la première sensation de la compétition en dominant l'Espagne (3-2).

14 JUIN

1969 SEDAN-NANTES 3-1 (CHAMPIONNAT).
Malgré un ultime but de Georges Éo, les Canaris concèdent leur quinzième défaite de la saison, soit leur plus mauvais bilan depuis la montée. Quatre mois plus tôt, les Ardennais avaient déjà éliminé les Jaunes de la Coupe de France.

1977 SAINT-ÉTIENNE-NANTES 5-1 A.P. (DEMI-FINALES DE LA COUPE DE FRANCE, MATCH RETOUR).
Battus 0-3 trois jours plus tôt, les Stéphanois refont leur retard en une mi-temps. Henri Michel marque le premier en prolongations, mais Sarramagna et Revelli donnent la qualification à l'ASSE aux cent quinzième et cent dix-neuvième minutes !

15 JUIN

1968 NANTES-METZ 1-1 (CHAMPIONNAT).
Les événements de mai 68 influencent aussi le cours du championnat. Trois semaines séparent ainsi la trente-quatrième et la trente-cinquième journée de championnat...

1972 La France poursuit sa tournée au Brésil. Bernard Blanchet marque face à la sélection africaine de Laurent Pokou (2-0) à Maceio, dans le stade dit du Roi Pelé !

1996 Patrice Loko est titularisé par Aimé Jacquet lors du deuxième match des Bleus à l'Euro, face à l'Espagne (1-1).

2006 Champion de France avec les cadets du FC Nantes, le formateur Jean-Claude Bauduin, responsable de la préformation nantaise à sa création, part à la retraite, salué par ses anciens compagnons, dont Raynald Denoueix, Loïc Amisse et Robert Budzynski.

16 JUIN

1946 NANTES-LE MANS 1-0 (FINALE DE LA COUPE ODORICO).
Auteur du premier but de la saison du FCN, René Crépin marque aussi le dernier. Par le plus faible des écarts, les Canaris remportent l'épreuve les opposant à Angers et au Mans.

1957 **À Reims, face à Valenciennes, le groupe « Allez Nantes » s'incline en finale de la première Coupe de France des supporters organisée par Europe 1 sur le score de 149 points à 152.**

1979 NANTES-AUXERRE 4-1 A.P. (FINALE DE LA COUPE DE FRANCE).

16 JUIN 1979

UNE PREMIÈRE POUR LE FC NANTES ! APRÈS TROIS FINALES PERDUES, LES CANARIS REMPORTENT LEUR PREMIÈRE COUPE DE FRANCE FACE AUX HÉROS BOURGUIGNONS DE GUY ROUX, ALORS EN D2. EN PROLONGATIONS, ÉRIC PÉCOUT SIGNE UN TRIPLÉ ET LANCE LA SOIRÉE DE FÊTE NANTAISE. « CETTE VICTOIRE EN COUPE, ON NE L'ATTENDAIT PLUS », DIRA HENRI MICHEL QUELQUES ANNÉES APRÈS.

1

LÉGENDES

1
16 juin 1979. Thierry Tusseau en duel avec un Bourguignon.

2
Les Canaris ont recours aux prolongations pour fêter leur première victoire en Coupe de France.

2

1982 Entrée en lice de la France en Coupe du monde. Maxime Bossis est titulaire dans une défense française qui encaisse trois buts anglais (1-3). « Les journalistes avaient écrit que nous pouvions déjà faire nos valises », se souvient le Vendéen.
1984 Les 51 359 spectateurs (record absolu à La Beaujoire, aujourd'hui imbattable !) assistent au triomphe des Bleus face à la Belgique (5-0) lors de l'Euro 1984. Michel Platini signe un triplé et le Canari Maxime Bossis tient la défense.
1987 Battue en Norvège, la France d'Henri Michel est éliminée de la course pour l'Euro 1988.
1992 Dans *France Football,* Jean-Marc Ayrault, le maire de Nantes, commente la situation financière catastrophique du FCN pouvant aboutir au dépôt de bilan et à la relégation en D3 : « Nous ne pouvons pas sans réagir voir le FCN descendre... »
1998 Des supporters en fête envahissent les rues de Nantes. À La Beaujoire, le Brésil domine les courageux marocains, entraînés par une légende nantaise, Henri Michel.

17 JUIN

1970 NANTES-SOCHAUX 2-1 (CHAMPIONNAT).
À la mi-temps de la dernière journée de championnat, José Arribas remplace Bernard Gardon par un jeune élément du cru : Raynald Denoueix.

LÉGENDES

CI-DESSUS
Didier Couécou et Raynald Denoueix à l'entraînement.

CI-DESSOUS
ET PAGE DE DROITE
17 juin 1973.
La Coupe échappe à nouveau aux Canaris.

1973 NANTES-LYON 1-2
(FINALE DE LA COUPE DE FRANCE).
Pour sa troisième finale de Coupe, le FC Nantes s'incline au Parc des Princes et manque le doublé. Originalité de la rencontre, deux buts sont marqués, de part et d'autre, de la main !
1986 En dominant l'Italie (2-0), les Bleus d'Henri Michel se qualifient pour les quarts de finale du Mondial, où ils retrouveront les Brésiliens. Le Nantais William Ayache est titulaire.

18 JUIN

1943 MAÎTRE DAUGUET, HUISSIER DE JUSTICE À NANTES, ENREGISTRE LES ACTES FORMALISANT LA **NAISSANCE OFFICIELLE DU FC NANTES.**
1972 Troisième victoire consécutive de l'équipe de France au Brésil, face à la Colombie (3-2). Henri Michel était le seul Nantais à participer à cette rencontre.

208e Programme Officiel de la Fédération Française de Football

56e FINALE DE LA COUPE DE FRANCE

LYON

NANTES

PARC DES PRINCES
PARIS
17 JUIN 1973

7877 RC 44

1973 La veille, le FCN a perdu sa troisième finale de Coupe de France. Des milliers de supporters sont pourtant présents en gare de Nantes pour réconforter les Canaris.
1979 Non conservé par le club, Raynald Denoueix débute sa nouvelle carrière à la tête de l'équipe de Gétigné, au sud de la Loire-Atlantique, qu'il mène en Division d'Honneur. En parallèle, le nouvel entraîneur endosse le rôle de commercial sur les routes du département…
1990 Déjà apparu en première division à une trentaine de reprises, Patrice Loko, 20 ans, signe son premier contrat professionnel.
1996 Patrice Loko inscrit le troisième but des Bleus lors du match de poule décisif face à la Bulgarie (3-1). Reynald Pedros est entré en cours de jeu à la place de Zinédine Zidane. L'équipe d'Aimé Jacquet est qualifiée pour les huitièmes de finale de l'Euro anglais.
2001 Après Olivier Quint, Raynald Denoueix confirme l'arrivée à Nantes du Breton Pierre-Yves André, sur les tablettes de Robert Budzynski depuis plusieurs saisons.

LÉGENDE

À GAUCHE ET CI-DESSUS
18 juin 1973.
Les supporters ne tiennent pas rigueur aux Canaris de la défaite en finale de la Coupe de France et fêtent leur arrivée en gare.

19 JUIN

1947 NANTES-AMIENS 0-1 (CHAMPIONNAT D2).
Quarante-deuxième et dernière journée d'une saison interminable. Après une série d'une vingtaine de matches sans défaite, les Canaris ont terminé l'exercice par neuf rencontres sans victoire.
1958 Réunion houleuse du comité directeur : le président Jean Le Guillou démissionne. Charles Stephan lui succède.
1976 NANTES-NÎMES 1-0 (CHAMPIONNAT).
Devant 7 044 spectateurs seulement, José Arribas assiste à sa dernière rencontre sur le banc nantais. Après seize années passées au club, le technicien basque accepte la proposition de l'OM.

1

1998 Le stade de La Beaujoire accueille une rencontre décisive dans la course aux huitièmes de finale de la Coupe du monde. Malgré le match nul (1-1), le Chili de Salas élimine le Cameroun.

24 JUIN

1987 Le président Max Bouyer mise sur Didier Deschamps qui, à 19 ans, signe pour quatre saisons. Le jeune milieu de terrain canari compte déjà à son actif une trentaine de rencontres de première division. Mais il quittera finalement Nantes pour l'Olympique de Marseille avant la fin de son contrat...
1992 Les acteurs locaux défendent leur projet de sauvetage devant la Commission d'appel de la DNCG. Le verdict tombe : Nantes reste finalement en première division après deux semaines de relégation virtuelle. Le club est désormais présidé par Guy Scherrer, responsable de la célèbre Biscuiterie Nantaise (BN). Seul hic, les transferts sont interdits !

LÉGENDES

1
Le portrait de Marcel Saupin, fondateur du FCN en 1943.

2
Président de la Biscuiterie nantaise (BN), Guy Scherrer devient celui du FC Nantes en 1992, au moment du sauvetage du club.

1982 À Nantes, l'un des huit projets du futur stade de La Beaujoire est adopté à l'unanimité. Berdje Agopyan, l'architecte choisi, a participé à l'élaboration du Parc des Princes, à Paris.

20 JUIN

1984 Quatre jours après le triomphe des Bleus face à la Belgique, le stade de La Beaujoire accueille une seconde rencontre de l'Euro 1984. Le Portugal y domine la Roumanie (1-0).
1998 La ville de Nantes et La Beaujoire sont séduits par la courtoisie des supporters japonais. Sur le terrain, c'est pourtant la Croatie (1-0) qui s'invite en huitième de finale du Mondial 1998.
2003 Le ministre des Sports en personne, Jean-François Lamour, inaugure officiellement le nouveau Centre éducatif nantais pour sportifs (CENS). Installée sur le site de La Jonelière, l'école des futurs sportifs de haut niveau accueille la plupart des joueurs formés au club.

21 JUIN

1982 En Coupe du monde, la France domine le Koweït (4-1) au terme d'un scénario incroyable : l'intervention sur le terrain du cheikh Fahd annule un but d'Alain Giresse, et Maxime Bossis se voit lui aussi refuser un but. À la dernière minute, le Nantais marque finalement pour la première et dernière fois en soixante-seize sélections avec les Bleus !

1986 La France domine le Brésil (1-1, 4-3 t.a.b.) en quarts de finale de la Coupe du monde. « C'est un match extraordinaire, même quand on le regarde aujourd'hui, analyse l'entraîneur d'alors, Henri Michel. Le ballon ne sort quasiment pas du terrain pendant deux heures... »

22 JUIN

1996 Les Bleus se qualifient pour les demi-finales de l'Euro en dominant les Pays-Bas (0-0, 5-4 t.a.b.). En attaque, Patrice Loko, titularisé, est remplacé par Christophe Dugarry, qui cède lui-même sa place à Reynald Pedros sur blessure.

23 JUIN

1984 Après avoir pris ses distances avec le FC Nantes pour avoir notamment critiqué la gestion du président Louis Fonteneau, Claude Simonet est officiellement nommé, à Ancenis, président de la Ligue de l'Atlantique de Football.
1987 Pour la première fois, La Beaujoire accueille un grand concert. Au programme ce soir-là : Genesis.
1992 Veillée d'armes avant le passage devant la DNCG. Le maire, Jean-Marc Ayrault, a défendu la création d'une SAOS (Société anonyme à objet sportif) pour absorber la dette. Bernard Blanchet a lui tenté de fédérer les anciens du club, tandis que Guy Scherrer, vice-président de la CCI, s'est occupé du soutien économique.

2

25 JUIN

1943 Aimé Nuic est nommé premier entraîneur du FC Nantes. C'est Marcel Saupin lui-même qui a déniché, à Saumur, le technicien de 31 ans d'origine bosniaque.

1946 Une séance-débat sur le thème de l'avenir du FC Nantes est organisée au cinéma Rex, devant un très large public. Cette réunion débouche sur un vœu d'unité locale entre dirigeants et élus... autour du club, afin d'en faire le porte-fanion de la cité des Ducs.

1949 Le conseil municipal de la ville de Nantes accorde une subvention de 500 000 francs de l'époque au FCN. La somme est complétée le 28 juillet par un prêt de 2 500 000 francs.

1972 Henri Michel et Bernard Blanchet participent au match de gala face à l'Argentine (0-0). Mais les Bleus sont éliminés de la Coupe de l'Indépendance au goal average.

1986 Au Mexique, William Ayache retrouve Maxime Bossis dans une défense à trois, mais c'est l'Allemagne qui jouera la finale du Mondial (défaite des Bleus 2-0). « Ce match, on le perd parce qu'on laisse trop de jus face au Brésil, expliquera Henri Michel. On avait un millième de seconde de retard sur chaque action... »

1998 La Beaujoire accueille sa cinquième rencontre de Coupe du monde. La Yougoslavie domine les États-Unis (1-0).

26 JUIN

1944 RENNES-NANTES 1-0 (CHAMPIONNAT DE CFA).
Dernière journée du premier championnat de l'histoire du FC Nantes, qui termine deuxième de son groupe et donc vice-champion de l'Ouest, derrière Saint-Malo.

1971 NANTES-SAINT-ÉTIENNE 0-1 (CHAMPIONNAT).
Malgré un quarante et unième but concédé à la quatre-vingt-dixième minute de cette dernière journée (le buteur vert étant Salif Keita), Nantes, troisième, affiche la meilleure défense du championnat. L'arrivée de Patrice Rio n'y est pas pour rien.

1977 Au cours d'une tournée en Amérique du Sud, la France compte six Nantais face à l'Argentine (0-0) : Patrice Rio, Maxime Bossis, Henri Michel, Omar Sahnoun, Bruno Baronchelli et Loïc Amisse.

1996 L'Euro anglais prend fin. En l'absence de Didier Deschamps, l'équipe de France perd aux tirs au but en demi-finales face à la République tchèque (0-0, 5-6 t.a.b.). Titulaire, Patrice Loko ne se crée pas d'occasions. Et c'est Reynald Pedros qui manque le tir au but décisif...

27 JUIN

1955 Marcel Saupin, le président-fondateur du club, paraphe officiellement le retour d'Antoine Raab, ancien joueur et entraîneur dans les années 1940. Le technicien d'origine allemande signe un contrat d'« entraîneur des clubs autorisés ».

1984 La France devient championne d'Europe sur ses terres en dominant l'Espagne (2-0). Seul Nantais parmi les Bleus, Maxime Bossis est sacré le soir de sa soixantième sélection, ce qui en fait le joueur le plus capé du groupe de Michel Hidalgo.

1987 Robert Budzynski annonce l'arrivée du Belge Frankie Vercauteren. Un joueur que Coco Suaudeau avait souhaité, mais cinq ans plus tôt...

28 JUIN

1956 Jean Vincent, futur entraîneur du FCN, est transféré de Lille à Reims pour 19 millions d'anciens francs, un record à l'époque.

1986 Au Mexique, la France décroche la troisième place du Mondial face à la Belgique (4-2). Yvon Le Roux représente le FC Nantes.

2005 Lors d'une réunion exceptionnelle de la SASP du FCNA, Rudi Roussillon, le bras droit de Serge Dassault, l'actionnaire principal du club, est nommé nouveau président en remplacement de Jean-Luc Gripond, dont l'avenir n'est pas clairement défini. Un conseil d'administration est créé au sein du club.

29 JUIN

1986 L'Argentine est sacrée championne du monde après sa victoire en finale face à l'Allemagne de l'Ouest (3-2) grâce à un ultime but du Canari Jorge Burruchaga. « Il avait salué ses amis nantais par le biais de la télévision », se souvient Vincent Bracigliano, dont l'un des fils a pour parrain le joueur argentin. Nantes enrôlera un autre titulaire de la sélection argentine championne du monde : Julio Olarticoechea.

1989 Arrivé il y a tout juste un an de sa Nouvelle-Calédonie natale, Christian Karembeu signe son premier contrat de joueur stagiaire. Le jeune homme a 19 ans.

1996 NANTES-KAUNAS 3-1 (PREMIER TOUR DE LA COUPE INTERTOTO).
Grande première pour les Canaris dans cette compétition. Les Nantais n'avaient jamais repris la saison aussi tôt !

30 JUIN

1977 Au cours de leur tournée, les Bleus affrontent le Brésil (2-2) dans le mythique stade du Maracana. Trois Nantais sont titulaires lors de cette rencontre : Patrice Rio, Maxime Bossis et Omar Sahnoun.

1984 Près de 30 000 spectateurs sont réunis au stade Marcel-Saupin pour assister à un concert mythique de Joan Baez, Santana et Bob Dylan, deux mois après le dernier match dans l'enceinte...

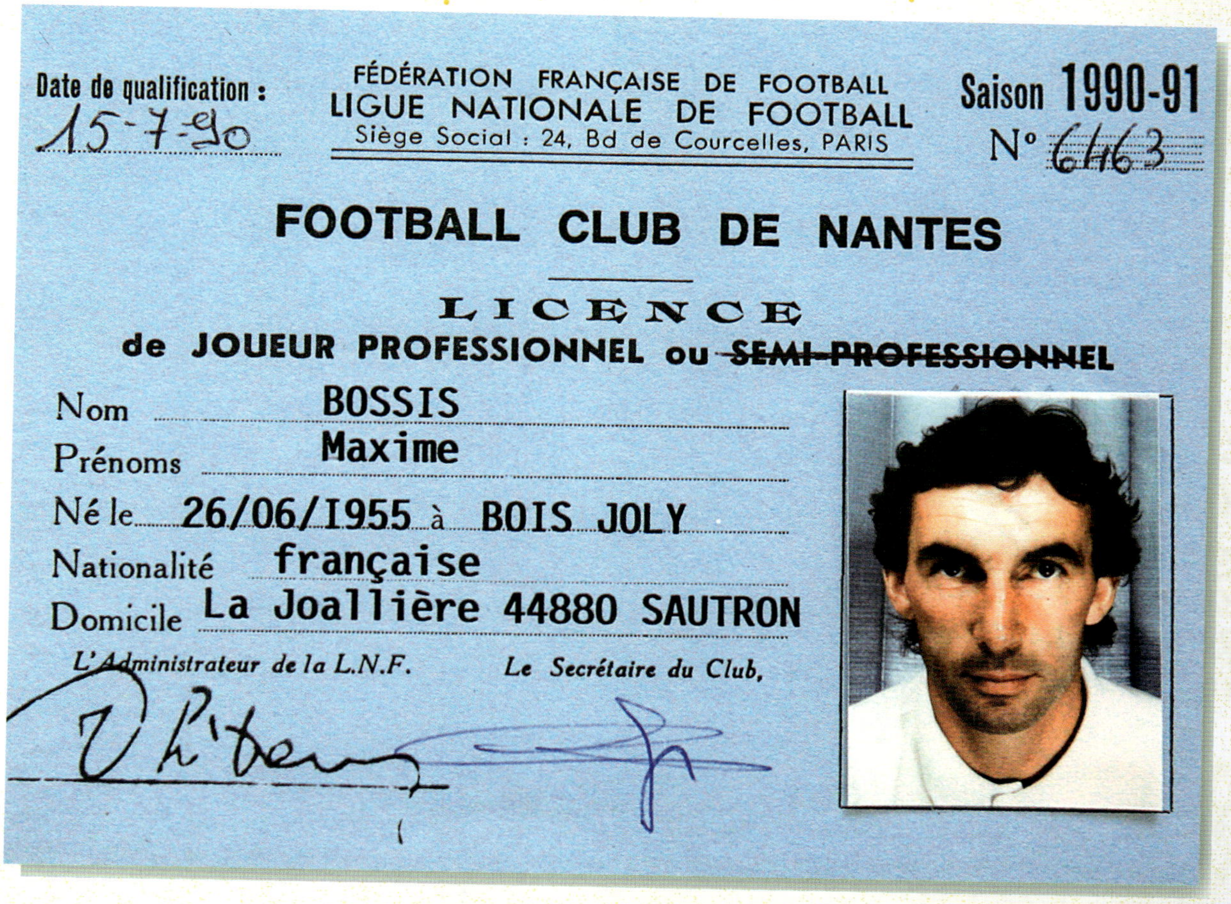
Date de qualification : 15-7-90

FÉDÉRATION FRANÇAISE DE FOOTBALL
LIGUE NATIONALE DE FOOTBALL
Siège Social : 24, Bd de Courcelles, PARIS

Saison 1990-91
N° 6463

FOOTBALL CLUB DE NANTES

LICENCE
de JOUEUR PROFESSIONNEL ou ~~SEMI-PROFESSIONNEL~~

Nom BOSSIS
Prénoms Maxime
Né le 26/06/1955 à BOIS JOLY
Nationalité française
Domicile La Joallière 44880 SAUTRON

L'Administrateur de la L.N.F. Le Secrétaire du Club,

LÉGENDE

La licence qui marque le retour de Maxime Bossis à Nantes, après quatre saisons d'infidélité passées au Racing CF 92.

16 JUIN 1979

LA FIN DE LA MALÉDICTION

La Coupe de France et le FC Nantes feront deux pendant près de quatre décennies ! Au travers de multiples éliminations précoces face à des clubs amateurs, ou les trois finales perdues sous l'ère José Arribas, en 1966, 1970 et 1973, le Trophée Gabriel-Hanot semble fuir les Canaris. Une malédiction qui dure jusqu'au 16 juin 1979, date de la victoire en prolongations face à l'étonnante équipe de l'AJ Auxerre, alors en deuxième division...

Les anciens parlent de la plus grande déception de leur carrière. C'est le cas de Bernard Blanchet qui, à deux reprises, en 1966 et 1973, a raté le doublé. La Coupe de France manquait tant au palmarès du FC Nantes que « La Blaouette » aurait bien troqué un titre de champion en échange du trophée... Depuis ses origines, le club s'est attaché à jouer la montée en première division.

En Coupe, les Canaris se sont surtout signalés au travers de leurs éliminations rapides par des équipes amateurs ou des formations de niveau équivalent, tels les clubs voisins (Saumur, Vannes ou Angers dans les années 1940) ou des clubs plus lointains au cours de la décennie suivante (de Blois, en 1955, à Orléans, en 1958, dès le sixième tour, en passant par Boulogne-sur-Mer la saison suivante). Quand, en 1964, le FC Nantes atteint les demi-finales de l'épreuve après avoir sorti Strasbourg (1-0) et Nice (4-1)... c'est un véritable événement. Face à Bordeaux (0-2), les inexpérimentés Jaune et Vert sont logiquement renvoyés à leurs chères études.

LÉGENDE

Les Canaris posent devant la mairie avant une réception en l'honneur de la première victoire en Coupe de France !

1

2

Fonteneau : « Si vous pouvez faire quelque chose... »

Leur première finale, les Canaris se l'offrent deux ans plus tard, au terme d'une demi-finale d'anthologie face au voisin angevin, au Parc des Princes (3-0). Un mois plus tard, à Colombes cette fois, et déjà champions de France, ils se heurtent à des Strasbourgeois à la limite de la régulière. Dans la chaleur parisienne, Robert Budzynski et ses partenaires se retrouvent rapidement à dix après la blessure de Muller (les remplacements ne sont pas autorisés à l'époque). « Peut-être que cette défaite est due à un peu de déconcentration », analyse Bernard Blanchet, mettant des mots sur la déception de toute une génération. La chance suivante n'intervient qu'en 1970. Cette fois, les Jaunes n'ont pas de regrets. Les Verts s'offrent le doublé Coupe-Championnat en terrassant les Canaris (5-0) « contre le cours du jeu », relate dans un sourire Georges Éo, sur le terrain le 31 mai 1970...

La troisième épopée se profile en 1973. Elle est ponctuée par un quart de finale héroïque, encore face aux Foréziens. Un classique, à l'époque. À Geoffroy-Guichard, les coéquipiers de Jean-Michel Larqué pensent avoir réalisé le plus dur en s'imposant 2-0. Au retour, les Canaris délivrent l'une de leur plus belle prestation à Marcel-Saupin. Jean-Claude Osman, puis Didier Couécou, à l'heure de jeu, ramènent les deux impétrants à égalité. Hugo Bargas croit faire la décision... mais Aimé Jacquet envoie les vingt-deux acteurs en prolongation. Le cap de la centième minute passé, les Jaunes se détachent grâce à Henri Michel et Didier Couécou. « Si on se qualifie face aux Verts, je quitte le terrain à genou », avait lancé ce dernier avant la rencontre... Scène mythique, il tient parole et rentre ainsi aux vestiaires sous l'œil des supporters et des photographes.

Deux mois plus tard, les joueurs de José Arribas, assurés du titre de champion, affrontent Lyon en finale, toujours au Parc des Princes. Une troisième fois, les Nantais passent à côté, victimes notamment d'un but de Bernard Lacombe, qui avouera s'être aidé de la main. Même le fantasque arbitre Robert Wurtz reconnaîtra son erreur après coup... Sur les bords de Loire, on commence à parler de syndrome. Soulever le trophée tourne à l'obsession. À l'arrivée de Jean Vincent, à l'été 1976, les mots du président Fonteneau sont restés célèbres : « Il y a une épreuve qui nous fuit et que nous rêvons de remporter. C'est la Coupe de France. Si vous pouvez faire quelque chose... »

Nantes découvre la méthode Guy Roux

Après un premier essai infructueux en 1977, lors d'un duel à nouveau homérique face à Saint-Étienne (victoire 3-0 à Saupin, mais défaite 1-5 à Geoffroy-Guichard), les Canaris abordent enfin une finale avec de réelles chances de l'emporter. Dans le camp adverse, le 16 juin 1979, se présentent les amateurs de l'AJ Auxerre, pensionnaires de deuxième division et vainqueurs des professionnels de Lille et Strasbourg aux tours précédents. Cette épopée servira de scénario au film mythique de Jean-Jacques Annaud, *Coup de tête,* avec Patrick Dewaere...

Pendant l'avant-match, les médias découvrent les méthodes de Guy Roux, entraîneur des Bourguignons depuis seize ans. Un record, comme celui d'Arribas à Nantes. Le technicien sait mettre la pression sur son adversaire. « Si les Nantais ne nous battent pas, c'est à n'y rien comprendre du foot », lance-t-il à la veille du choc. Et cela marche. Les Canaris débutent au mieux avec un but d'Éric Pécout, dès la onzième minute. Au lieu de libérer les esprits, l'ouverture du score les paralyse. Le scénario de Marseille, en quarts de finale, se reproduirait-il ? Vainqueurs 3-1 à l'aller, les Nantais avaient idéalement démarré le match retour en menant 2-0... avant d'encaisser quatre buts phocéens ! Au Parc des Princes, l'égalisation de Serge Mesones après la pause fait ressurgir le spectre de la malédiction. Surpris par le marquage individuel de l'AJA – celui-ci deviendra célèbre –, les Nantais sont heureux d'atteindre la prolongation.

À la cent cinquième minute, un centre de Maxime Bossis est repris par Éric Pécout. À la cent quatorzième, Ramon Muller concrétise un débordement de Loïc Amisse. Juste avant le coup de sifflet final, Éric Pécout devient le premier à inscrire un triplé en finale de Coupe de France (4-1). Après trente-six participations, le FC Nantes remporte enfin le Trophée Gabriel-Hanot, qu'Henri Michel, en pleurs, soulève de la tribune présidentielle.

« Plus que toute autre, il désirait cette victoire », reconnaît Thierry Tusseau. À l'instar d'Éric Pécout : « On était surtout contents d'avoir gagné pour Henri... » Une attention que l'intéressé expliquera un quart de siècle plus tard : « À Nantes, j'ai connu trois générations de copains. Curieusement, ce sont les derniers que je revois le plus souvent, car j'avais beaucoup d'affinités avec les jeunes. J'étais un peu leur grand frère, leur exemple. » Henri Michel l'avoue : « Cette Coupe, on ne l'attendait plus... » Et pourtant, ce 16 juin 1979, « le FC Nantes a disputé son plus mauvais match de la saison », admet Jean Vincent.

LÉGENDES

1
Henri Michel au moment du coup d'envoi face aux Auxerrois...

2
... avant de soulever le précieux trophée, reçu des mains du président Giscard d'Estaing.

FÉDÉRATION FRANÇAISE DE FOOTBALL

LIGUE NATIONALE DE FOOTBALL

24, Boul. de Courcelles, PARIS-17e

Expédié le 29.7.6
Homologué le 30.7.6
Sous le No 0621
Le Secrétaire Général,

CONTRAT DE JOUEUR (Professionnel ou semi-professionnel) (1)

Entre les soussignés : **SAISON 1964-65**

Monsieur Jean CLERFEUILLE représentant le Club : FOOTBALL CLUB DE NANTES

Et (Nom du Joueur) (2) BUDZYNSKI (prénoms) Robert

de nationalité Française, né le 21 MAI 1940 à CALONNE-RICOUART (P;d.

domicilié à (2) (adresse complète) II, Place Pierre Sémard REZE (L.A.)

Clubs antérieurs

S'il s'agit d'un amateur, indication des clubs dans lesquels il a pratiqué au cours des cinq dernières saisons : saison ______

saison ______ saison ______

saison ______ saison ______

S'il s'agit d'un professionnel, indication des clubs auxquels il a appartenu les trois dernières saisons en précisant si les mutations étaient définitives ou temporaires : saison 1961/62 R.C.LEN

saison 1962/63 R.C.LENS saison 1963/64 F.C.NANTES (M.T.

Il a été convenu ce qui suit :

Le Joueur (nom et prénoms) BUDZYNSKI Robert s'engage à pratiquer le football en qualité de joueur professionnel ou semi-professionnel (1) au (nom du Club) FOOTBALL CLUB DE NANTES à dater du Ier JUILLET 1964 et jusqu'à l'âge de 35 ans (fin de saison de football après les 35 ans révolus), conformément aux stipulations du Statut du Joueur professionnel.

Il accepte la résiliation de ce contrat en conformité avec le Statut Professionnel et le Règlement Administratif si, avant son expiration, l'autorisation d'utiliser des joueurs professionnels était retirée à (nom du club) FOOTBALL CLUB DE NANTES

Il aura droit à une indemnité forfaitaire de résiliation de trois mois de salaire, déterminé selon le salaire moyen de la saison en cours et payable en trois mensualités égales. Au cas où il ferait l'objet d'une mutation, les sommes qui lui auraient été versées seront prélevées en priorité sur l'indemnité de résiliation de contrat versée par le nouveau club au (nom du club) FOOTBAL L CLUB DE NANTES

Il accepte les conditions saisonnières ci-après pour la présente saison, et s'engage à respecter les Statuts et Règlements de la Ligue Nationale et de la Fédération, en particulier le Statut Professionnel et le Règlement Administratif dont un exemplaire lui a été remis. Les conditions saisonnières des saisons à venir seront appliquées conformément au Statut Professionnel.

Le (nom du club) FOOTBALL CLUB DE NANTES s'engage à verser audit joueur pour la présente saison :

1° Un salaire fixe minimum mensuel de F. : ______ ;

2° Une prime saisonnière mensuelle de F. : ______ ;

3° Des primes de résultat fixées conformément au Statut Professionnel (3) pour les rencontres de : Championnat de France Professionnel, Coupe de France, Coupe de la Ligue Nationale, Challenge de la Ligue Nationale et matches amicaux ;

4° Une prime de classement selon les modalités prévues au Statut Professionnel et payable à la fin de la saison.

Les soussignés déclarent sur l'honneur qu'en vertu du Statut Professionnel et du Règlement Administratif, aucune autre convention dans le cadre de la profession n'a été passée entre eux en dehors du présent contrat.

Fait en quadruple exemplaire à NANTES le 27 JUILLET 1964

Signature du Club, *Signature du Joueur,* (4)

FOOTBALL-CLUB Secrétariat 5 bis Rue Bertrand-Geslin DE NANTES

Lu et Approuvé

Signature et bon pour autorisation du représentant légal si le joueur est mineur,

L.N.F. 007585 30 JUIL 64

(1) Rayer la mention inutile.
(2) D'après la carte d'identité officielle de l'intéressé.
(3) Voir au verso des extraits du statut professionnel.
(4) Faire précéder la signature des mots « *Lu et approuvé* ».

1er JUILLET

1960 QUINZE JOURS AVANT L'ARRIVÉE DE JOSÉ ARRIBAS AUX COMMANDES DE L'ÉQUIPE, LE FC NANTES ET SON PRÉSIDENT JEAN CLERFEUILLE FONT SIGNER EN TANT QUE STAGIAIRE UN MILIEU DE TERRAIN DÉFENSIF PROMETTEUR, GRAND ESPOIR DU SO CHOLET : JEAN-CLAUDE SUAUDEAU.

1962 Après deux années tout juste passées au sein du FCN, Jean-Claude Suaudeau signe son premier contrat de joueur professionnel. Le joueur est alors âgé de 24 ans.

1969 Révolution dans le monde du football, et fin de l'omnipotence des dirigeants de clubs : avec l'instauration du contrat à temps, les joueurs signent désormais pour une période donnée et ne sont plus bloqués, comme auparavant, jusqu'à 35 ans. Ils sont également libres de choisir leur destination.

2 JUILLET

1980 Coup de fil incroyable à La Jonelière : le manager des Wailers, en concert à Nantes, veut organiser un match de football. Henri Michel, Jean-Paul Bertrand-Demanes, Gilles Rampillon, Loïc Amisse et Bruno Baronchelli sont ainsi opposés à Bob Marley en personne pendant trois quarts d'heure sur un terrain stabilisé du centre d'entraînement. Un an après, l'icône du reggae disparaîtra, victime d'une tumeur au cerveau.

2000 La France devient championne d'Europe en dominant (2-1) l'Italie en prolongations… et Didier Deschamps devient le premier Français à franchir la barre des cent sélections !

3 JUILLET

1992 Le club est sauvé, mais sa structure a été modifiée. Il doit désormais changer de nom : le FC Nantes (FCN) devient FC Nantes-Atlantique (FCNA).

1998 Bouquet final à La Beaujoire. La Coupe du monde quitte la ville de Nantes sur le plus beau quart de finale de l'épreuve : bousculés par des Danois brillants, les Brésiliens s'en remettent à Rivaldo pour se qualifier pour les demi-finales (3-2).

4 JUILLET

2006 Des Canaris de la nouvelle génération (Emerse Fae, Milos Dimitrijevic, Luigi Glombard) s'associent avec leurs prédécesseurs (Christian Karembeu, Patrice Loko, Nicolas Ouédec, Stéphane Ziani) pour parrainer la première édition des stages d'été sur le site de la Ligue Atlantique de football.

5 JUILLET

1968 STRASBOURG-NANTES 3-1 (CHAMPIONNAT).
Une page se tourne : Daniel Éon et Jacky Simon disputent leur dernier match sous le maillot nantais. Le premier est mis sur la touche et rejoint le club amateur d'Ancenis. Le second choisit le grand rival bordelais, à la stupéfaction des supporters nantais.

2002 Face aux Tchèques du Sparta Prague, emmenés par le jeune gardien Petr Cech et Karel Poborsky, les Canaris s'offrent un premier match amical prestigieux (0-1).

JUILLET

LÉGENDES

PAGE DE GAUCHE
L'un des premiers contrats de joueur de Robert Budzynski, négocié et signé en juillet 1964.

CI-CONTRE
2 juillet 1980. Visite mythique de Bob Marley (ici face à Gilles Rampillon) à La Jonelière.

6 JUILLET

1992 Après la relégation administrative de deux semaines en deuxième division, les statuts définitifs du nouveau FCNA sont signés !

1996 SLIGO-NANTES 3-3 (PREMIER TOUR DE LA COUPE INTERTOTO). Déplacement exotique des Canaris sur la côte irlandaise de Sligo. Les Nantais sont bousculés par les Rovers pour leur premier déplacement en Coupe Intertoto.

7 JUILLET

1978 Un nouveau jeune, venu de Saintes, signe au centre de formation en tant que joueur aspirant : Fabrice Poullain.

2005 Premier match amical de la première saison pleine de Serge Le Dizet comme entraîneur. Sans recrue, les Canaris s'inclinent (1-2) face aux Autrichiens du FC Tyrol.

8 JUILLET

1966 Henri Michel signe son premier contrat pro au FCN. Plusieurs dirigeants nantais l'avaient observé jusqu'à Aix-en-Provence, son club d'origine, dont Albert Heil, le secrétaire du club, qui l'avait remarqué alors qu'il était parti superviser l'un de ses équipiers !

1976 Le remplacement de José Arribas par Jean Vincent ne perturbe pas le choix de Patrice Rio, qui signe pour quatre nouvelles saisons.

1982 Maxime Bossis est l'un des principaux acteurs du match d'anthologie entre la France et la RFA, à Séville, en demi-finales de la Coupe du monde. Irréprochable pendant cent vingt minutes, le défenseur nantais rate finalement son tir au but face à Schumacher. L'Allemagne est qualifiée (3-3, 5-4 t.a.b.). « Ce match reste, malgré la défaite, le plus grand moment de football de ma carrière, précise le grand Max. Mais ensuite, je n'ai plus jamais tiré de penalty... »

1995 Devenu Nantais d'adoption, Patrice Rio organise son jubilé. Le défenseur normand aura disputé pas moins de quatre cent vingt-six matches de première division sous le maillot des Canaris entre 1971 et 1984.

9 JUILLET

1951 Le FC Nantes change à nouveau d'entraîneur. Remercié par courrier, Antoine Gorius cède sa place à Émile Veinante, ancien international français dans les années 1930. Surtout, le Lorrain vient de faire monter Metz en première division...

1976 LA PRESSE NANTAISE L'AFFIRME : L'ANCIEN RÉMOIS JEAN VINCENT EST LE SUCCESSEUR DE JOSÉ ARRIBAS. LA LÉGENDE HONGROISE FERENC PUSKAS ÉTAIT ÉGALEMENT CANDIDAT.

LÉGENDE

Le groupe nantais pose sur la pelouse du terrain d'entraînement, au Parc de Procé.

1

10 JUILLET

1963 Signature de Jacky Simon.
1976 À 10 heures, au siège du club, rue Bertrand-Geslin, Jean Vincent paraphe un contrat d'« entraîneur-instructeur » pour trois ans. La page José Arribas est tournée !
1985 La presse nantaise annonce la signature de l'international argentin Jorge Burruchaga.
2002 Pour la deuxième soirée de suite, Johnny Hallyday, épaulé par Yannick Noah, remplit La Beaujoire.

12 JUILLET

1984 José Touré, Michel Bibard et William Ayache rejoignent, à Paris, Henri Michel, le sélectionneur de la sélection olympique, pour s'envoler vers Los Angeles.
1998 La France devient championne du monde en dominant le Brésil (3-0) avec trois joueurs formés à Nantes : Didier Deschamps, Marcel Desailly et Christian Karembeu.

13 JUILLET

1966 Trois Nantais jouent le premier match des Bleus du Mondial, à Wembley, face au Mexique (1-1) : Robert Budzynski, Philippe Gondet, passeur décisif, et le nouvel international Gaby de Michèle (Jacky Simon étant remplaçant). Blessé fin juin, Daniel Éon a déclaré forfait, imité quelques jours plus tard par Bernard Blanchet, qui sera finalement désigné comme le vingt-troisième homme...

1996 NANTES-HEERENVEEN 3-1 (PREMIER TOUR DE LA COUPE INTERTOTO).
Les hommes de Jean-Claude Suaudeau prennent une option face à l'équipe hollandaise.
2003 C'est à Saint-Nazaire, en match amical face au Legia Varsovie (4-2), que Loïc Amisse prend place pour la première fois sur le banc nantais.

14 JUILLET

1960 Abandonné par son entraîneur de l'époque, Karel Michlowski, reparti vers le SCO d'Angers, son club d'origine, le FC Nantes engage un inconnu, José Arribas, entraîneur de Noyen-sur-Sarthe. La première entrevue est organisée à Nantes le jour de la Fête nationale.

15 JUILLET

1966 Jacky Simon remplace numériquement Gaby de Michèle lors du deuxième match des Bleus en Coupe du monde, face à l'Uruguay (1-2). Les Nantais ne sont pas convaincus par les méthodes du sélectionneur Henri Guérin.
1988 NANTES-MONACO 1-1 (CHAMPIONNAT).
Premier match de l'ère Miroslav Blazevic, qui aligne d'entrée trois recrues : Boris Diecket et Joël Henry, dans le jeu, et, surtout, le Suisse Jean-Claude Milani dans les buts nantais.
1990 Sa licence de la Ligue nationale de football (LNF) indique le retour officiel de Maxime Bossis au FC Nantes, cinq ans après l'avoir quitté pour le Matra Racing.

LÉGENDES

1
Loïc Amisse, devenu entraîneur des Jaunes de juin 2003 à décembre 2004.

2
Miroslav Blazevic, premier entraîneur « extérieur » du FC Nantes, en 1988.

16 JUILLET

1960 *L'Équipe* révèle une affaire de corruption : déjà condamné dans les années 1950, le Red Star aurait tenté d'acheter le joueur nantais Somlay quelques semaines plus tôt, alors que les Nantais l'avaient emporté 5-1. Le 17 août, le club parisien est exclu de la D1.
1985 TOULON-NANTES 0-0 (CHAMPIONNAT).
Première journée et changement majeur dans la défense nantaise : Yvon Le Roux remplace Maxime Bossis, qui a fini par céder aux avances du RC Paris de Jean-Luc Lagardère, pourtant en D2.
2005 Défaite inquiétante des Canaris face aux joueurs de Ligue 2 du Stade Brestois (1-3), à l'occasion du centenaire du Stade Quimpérois.

17 JUILLET

1984 NANTES-ANGERS 0-0 (DEUXIÈME TOUR DE LA COUPE DE LA LIGUE).
Pour son premier match officiel au stade de La Beaujoire, devant une petite assemblée, le FCN de Jean-Claude Suaudeau se cherche encore, malgré la première apparition de l'attaquant argentin Victor Ramos.

18 JUILLET

1987 LILLE-NANTES 3-0 (CHAMPIONNAT).
Jean-Claude Suaudeau aligne d'entrée ses cinq recrues de l'été : Philippe Thys, Jean-Pierre Bade, Thierno Youm, Frankie Vercauteren et Mo Johnston. Ce qui n'empêche pas les Nordistes de s'envoler à l'heure de jeu...

2

LÉGENDE

Formé au club, Reynald Pedros y fera parler son talent jusqu'en 1996. Il est déjà international le 22 juillet 1995…

1995 NANTES-AUXERRE 1-0 (CHAMPIONNAT). Première journée, devant 30 000 supporters, pour les champions en titre, sans Christian Karembeu ni Patrice Loko, partis à l'intersaison. Mais Raynald Pedros, buteur décisif face aux Bourguignons, est toujours là !

2004 NANTES-CORK 3-1 (PREMIER TOUR DE LA COUPE INTERTOTO, MATCH ALLER). Premier match officiel de la saison et victoire logique face aux Irlandais grâce à Olivier Quint, Hassan Ahamada et Frédéric Da Rocha.

19 JUILLET

1930 La France quitte la première Coupe du monde de l'histoire, en Uruguay, face au Chili (0-1). Futur entraîneur du FC Nantes – au début des années 1950 – Émile Veinante est de la partie !

1978 NANTES-LAVAL 2-1 (CHAMPIONNAT). Ouverture précoce du championnat, bien lancé par des buts de Gilles Rampillon et Éric Pécout.

1985 NANTES-MONACO 1-1 (CHAMPIONNAT). Vahid Halilhodzic marque avant de se faire expulser en compagnie de Jean-Luc Ettori, le gardien monégasque, après une échauffourée.

1993 Alors qu'il vient de disputer trente-quatre des trente-huit rencontres de première division, Claude Makelele signe son premier contrat pro pour une durée de quatre ans.

2001 STRASBOURG-NANTES 1-4 (TROPHÉE DES CHAMPIONS). Nouveau succès dans l'épreuve pour les Canaris, bien lancés en Alsace par le premier but de leur nouvel ailier gauche, Olivier Quint.

2003 NANTES-WIL 2-1 (PREMIER TOUR DE LA COUPE INTERTOTO, MATCH ALLER). Premier match officiel pour Loïc Amisse, le nouvel entraîneur du FCNA, et premier succès arraché grâce à Grégory Pujol.

20 JUILLET

1966 La France quitte le Mondial après sa défaite face aux Anglais (0-2), devant 98 270 spectateurs, à Wembley. Le trio nantais (Budzynski-Gondet-Simon) ne peut rien face aux futurs champions du monde emmenés par Bobby Charlton.

1979 Formé à La Mellinet de Nantes, comme son petit demi-frère Marcel Desailly, Seth Adonkor, 17 ans, signe un premier contrat de joueur aspirant.

1980 Le Danois Henryk Agerbeck signe officiellement au FC Nantes.

1983 NANTES-MONACO 0-0 (CHAMPIONNAT). Le FCN débute sa dernière saison à Saupin par un match nul face au futur vice-champion de France.

1991 NANTES-PSG 0-0 (CHAMPIONNAT). Première apparition de Stéphane Ziani sous le maillot nantais face aux Parisiens de Paul Le Guen.

2005 Opposé en match amical à Guingamp, le FC Nantes fête le centenaire du Stade Briochin.

21 JUILLET

1955 Reprise de l'entraînement au stade de Procé. En difficulté, Nantes a rappelé Antoine Raab, son ancien joueur et entraîneur, pour remettre les Canaris sur le droit chemin.

1989 NANTES-AUXERRE 2-1 (CHAMPIONNAT). Premier match et premier but pour le nouvel attaquant des Jaunes, Dragan Jakovljevic, venu du FK Sarajevo à la seule volonté de l'entraîneur Miroslav Blazevic.

1990 NANTES-CAEN 0-0 (CHAMPIONNAT). Grand retour à Nantes de Maxime Bossis, âgé de 35 ans, pour sa dernière saison professionnelle.

2001 Prêté par les Girondins de Bordeaux, Stéphane Ziani retrouve son club formateur. Un renfort qui s'avérera déterminant dans la quête du huitième titre…

2006 NANTES-SAINT-ÉTIENNE 3-0 (MATCH AMICAL).
Lancés par un doublé express de leur recrue venue de l'Ajax Amsterdam, Nourdin Boukhari, les Canaris séduisent supporters et observateurs à dix jours de l'ouverture du championnat.

22 JUILLET

1955 Coup de théâtre à l'Hôtel de ville ! La subvention demandée par le FC Nantes est rejetée par dix-neuf voix contre deux. Le déficit du club, toujours en D2, est estimé à 7 millions de francs…

1964 Premier match amical d'une saison qui deviendra historique : le FC Nantes de José Arribas domine largement le voisin Challans (10-0) !

1977 Match amical d'exception pour Nantes face à l'Ajax Amsterdam (1-1).

LÉGENDE

Éric Pécout jouera cent quarante-six matches sous le maillot nantais, de 1975 à 1981.

1988 CAEN-NANTES 2-3 (CHAMPIONNAT).
En provenance de Marseille, William Ayache signe son grand retour sous le maillot nantais.

1995 Aimé Jacquet lance dans le grand bain le jeune Claude Makelele, associé à Reynald Pedros en amical, contre la Norvège (0-0).

1997 En pleine préparation de la saison, Jean-Claude Suaudeau cède sa place à Raynald Denoueix, son disciple. Les départs de Claude Makelele pour l'OM et de Japhet N'Doram pour Monaco ont été de trop…

2000 NANTES-MONACO 0-0, 6-5 T.A.B. (TROPHÉE DES CHAMPIONS).
Nouveau titre pour la bande à Raynald Denoueix grâce à un nouvel arrêt décisif de Mickaël Landreau.

23 JUILLET

1960 Reçu neuf jours plus tôt au siège du club, José Arribas signe officiellement à Nantes son « contrat d'entraîneur des clubs autorisés », libellé « section professionnelle ».

1979 Trois jours avant la reprise du championnat, Nantes fait signer l'Argentin Enzo Trossero, en remplacement d'Omar Sahnoun, parti à Bordeaux. Guy Lacombe, lui, rejoint Lens.

1993 NANTES-MONACO 1-0 (CHAMPIONNAT).
Bonne entame de saison et premier but décisif de Japhet N'Doram.

24 JUILLET

1980 NÎMES-NANTES 2-3 (CHAMPIONNAT).
Menés deux fois en ouverture du championnat, les Canaris s'en sortent grâce à un doublé d'Éric Pécout, qui reste sur la lancée de son triplé en finale de la Coupe de France.

1981 BORDEAUX-NANTES 3-2 (CHAMPIONNAT).
La dernière saison de Jean Vincent à la tête des Jaunes débute par une défaite. Marius Trésor (85e) répond dans la minute à l'égalisation de Gilles Rampillon.

1999 NANTES-BORDEAUX 1-0 (TROPHÉE DES CHAMPIONS).
Au stade de la Licorne, le FCNA l'emporte grâce à Olivier Monterrubio.

V. L. Nantes

FÉDÉRATION FRANÇAISE DE FOOTBALL

LIGUE NATIONALE DE FOOTBALL

24, Boul. de Courcelles, PARIS-17[e]

Enregistré le 28.7.60

Sous le No 89

Le Secrétaire Général,

CONTRAT D'ENTRAINEUR DES CLUBS AUTORISÉS

(SECTION PROFESSIONNELLE)

SAISON 1960/61

Entre les soussignés :

(Nom et adresse du club) FOOTBALL CLUB DE NANTES 5bis, rue Bertrand Geslin

représenté par Monsieur CLERFEUILLE Jean

agissant au nom du Club en qualité de Président

Et

(Nom de l'Entraineur) ARRIBAS (prénoms) José

de nationalité française, né le I6/I/I92I à BILBAO (Espagne)

domicilié à (adresse complète) NANTES 6I, rue de Carcouet

Il a été convenu ce qui suit :

L'Entraîneur José ARRIBAS s'engage à diriger l'entraînement au football de la Section Professionnelle du FOOTBALL CLUB DE NANTES au mieux de ses capacités et conformément aux stipulations du Statut de l'Entraîneur dont un exemplaire lui a été remis.

Le (nom du club) FOOTBALL CLUB DE NANTES s'engage à verser à l'Entraîneur plus haut nommé un salaire mensuel de (1) MILLE DEUX CENTS NOUVEAUX FRANCS des primes de résultat fixées conformément au statut de l'entraîneur pour les rencontres de Championnat de France Professionnel, Coupe de France, Challenge de la Ligue Nationale, Matches amicaux.

Le (nom du club) FOOTBALL CLUB DE NANTES et l'Entraîneur José ARRIBAS s'engagent à respecter tant dans leurs relations réciproques qu'à l'égard des tiers les prescriptions édictées par la FÉDÉRATION FRANÇAISE DE FOOTBALL, et la LIGUE NATIONALE DE FOOTBALL, notamment le statut de l'Entraîneur et le statut du Club.

Le présent contrat prend date au Ier JUILLET I960 et ne peut être renouvelé ou résilié qu'en conformité du Statut de l'Entraîneur.

En cas de défaillance du club, pour le paiement des salaires, en cas de manquements sérieux aux engagements pris par l'entraîneur, la FÉDÉRATION et la LIGUE NATIONALE devront être avisées, par le contractant qui s'estime lésé, au plus tard dans la quinzaine du manquement constaté.

Les soussignés déclarent sur l'honneur qu'aucune autre convention dans le cadre de la profession n'a été passée entre eux en dehors du présent contrat.

Fait à NANTES le 23 JUILLET 1960

Signatures précédées de la mention *« lu et approuvé »*

Lu et approuvé

L.N.F.
029739 23 JUIL 60

Lu et approuvé

Mention du Stage auquel le joueur a obtenu son diplôme d'entraîneur et année. Indiquer le n° du classement STAGE DE REIMS I948 - 6ème

(1) Dans le cas d'un entraîneur déjà pourvu d'un contrat de joueur professionnel, la somme à mentionner devra représenter le complément accordé pour remplir les fonctions d'Entraîneur.

1

2

LÉGENDES

1
José Arribas, le fondateur du jeu à la nantaise, en pleine discussion avec ses joueurs, dont Robert Budzynski.

2
Avec cinq cent trente-deux matches joués en première division, Jean-Paul Bertrand-Demanes égale le record nantais de son ami Henri Michel.

PAGE DE GAUCHE
S'il ne fallait retenir qu'un contrat... ce serait celui de José Arribas, en juillet 1960 !

2004 CORK-NANTES 1-1 (PREMIER TOUR DE LA COUPE INTERTOTO, MATCH RETOUR).
Les hommes de Loïc Amisse sont bousculés dans le sud de l'Irlande, et Hassan Ahamada est expulsé. Mais l'égalisation de Grégory Pujol qualifie les Nantais.

25 JUILLET

1943 **Nommé officiellement un mois plus tôt, le technicien d'origine yougoslave Aimé Nuic dirige le premier entraînement officiel du FC Nantes.**
1960 **José Arribas dirige son premier entraînement, au stade du Parc de Procé. Jean-Claude Suaudeau, Gilbert Le Chenadec et Philippe Gondet font partie des stagiaires de l'époque.**
1986 **Arrivée du défenseur central de Boca Juniors Julio Olarticoechea, sacré champion du monde au Mexique quelques jours plus tôt.**
1987 NANTES-BREST 1-0 (CHAMPIONNAT).
Blessé une semaine plus tôt à Lille à un tendon d'Achille, Jean-Paul Bertrand-Demanes laisse sa place dans les buts à David Marraud. Sans le savoir, la carrière du « grand » gardien s'arrête sur le nombre de cinq cent trente-deux matches en D1 : record du club de son ami Henri Michel égalé !

LÉGENDES

CI-DESSUS
Christian Karembeu, Nantais avant de devenir champion du monde...

À DROITE
Japhet N'Doram à La Jonelière, entouré par Dominique Casagrande et Christophe Pignol.

1992 **Avec déjà une trentaine de rencontres de D1 à son actif, Christian Karembeu signe son premier contrat de joueur professionnel, pour une durée de quatre ans.**

1998 **Deux semaines après le sacre mondial, Aimé Jacquet cède sa place de sélectionneur à son adjoint, l'ancien Canari Roger Lemerre.**

26 JUILLET

1943 **Le FC Nantes est officiellement admis dans le championnat fédéral amateur, groupe Anjou-Bretagne, au même titre qu'Angers SCO, le Stade Rennais et le CAP Saint-Nazaire.**

1979 LAVAL-NANTES 0-2 (CHAMPIONNAT).
Doublé argentin en ouverture du championnat, avec des buts d'Oscar Muller et Victor Trossero.

1985 STRASBOURG-NANTES 1-2 (CHAMPIONNAT).
Premier succès de la saison et premier but de l'international argentin Jorge Burruchaga.

1991 RENNES-NANTES 0-1 (CHAMPIONNAT).
Zoran Vulic, le défenseur yougoslave, trouve le meilleur moyen de se faire adopter par ses nouvelles couleurs : marquer le but décisif face au voisin rennais !

1995 MARTIGUES-NANTES 0-4 (CHAMPIONNAT).
La recette nantaise fonctionne toujours : ouverture du score de Reynald Pedros, puis triplé du « Sorcier » Japhet N'Doram !

2003 WIL-NANTES 2-3 (TROISIÈME TOUR DE LA COUPE INTERTOTO, MATCH RETOUR).
Menés deux fois au score, les Canaris s'en sortent grâce à Grégory Pujol et se qualifient pour le tour suivant.

27 JUILLET

1979 LENS-NANTES 1-3 (CHAMPIONNAT).
Après deux journées de D1, Nantes prend très provisoirement la tête du classement du championnat. Et William Ayache dispute son premier match en pro.

EUREST

FC NANTES ATLANTIQUE
S.A. à objet sportif
au capital de 250 000 FRF
Centre Sportif La Jonelière
44240 LA CHAPELLE S/ERDRE

PROCES VERBAL DES DELIBERATIONS DU PREMIER CONSEIL D'ADMINISTRATION

L'an mil neuf cent quatre vingt douze,
Le six juillet, à l'issue de la signature des statuts,

. Monsieur Guy SCHERRER
. Monsieur Jean Louis OGER,
. Monsieur Jean René TOUMELIN, représentant permanent du FC NANTES ATLANTIQUE,
. Monsieur Pierre GIRARDEAU, représentant permanent du FC NANTES ATLANTIQUE,
. Monsieur Bernard GIFFARD, représentant permanent du FC NANTES ATLANTIQUE

désignés par l'article 28 des statuts comme étant seuls membres du conseil d'administration se sont réunis à l'effet de constituer le bureau du conseil et d'organiser la direction générale de la société.

Le registre des présences a été signé en entrant en séance.

Il est vérifié que chaque membre du conseil remplit bien toutes les conditions d'exercice des fonctions d'administrateur et notamment qu'il possède bien le nombre d'actions minimum exigé par l'article 14 des statuts, qu'il jouit du plein exercice de ses droits, qu'il ne cumule pas plus de postes d'administrateur que la loi n'en autorise et qu'il ne tombe sous le coup d'aucune incompatibilité, interdiction ou déchéance ou autres prescriptions légales ou statutaires lui interdisant de remplir ces fonctions au sein du conseil d'administration. Chacun des membres présents affirme et garantit être dans le cas d'exercer valablement ses fonctions.

Il est ainsi constaté que tous les membres composant le conseil sont présents ou représentés et que le quorum étant atteint, ce conseil peut valablement délibérer.

I – NOMINATION DU PRESIDENT

A l'unanimité, Monsieur Guy SCHERRER est nommé Président du conseil d'administration pour la durée de son mandat d'administrateur, soit jusqu'à l'issue de l'assemblée ordinaire statuant sur les comptes de l'exercice 1995/96. Monsieur Guy SCHERRER accepte ces fonctions, et remerciant ses collègues de la confiance qu'ils lui témoignent, déclare n'exercer que le mandat de président qui vient de lui être confié.

Puis Monsieur Guy SCHERRER préside la réunion du conseil.

II – POUVOIRS DU PRESIDENT

Monsieur Guy SCHERRER en sa qualité de Président assumera, sous sa responsabilité la direction générale de la société. Il représentera la société dans ses rapports avec les tiers.

Il est investi des pouvoirs qui lui sont conférés par la loi pour agir en toute circonstance au nom de la société.

Dans la limite de ces pouvoirs, le Président est habilité notamment :

1983 AUXERRE-NANTES 1-0 (CHAMPIONNAT).
Débuts timides des champions en titre et but d'un futur attaquant nantais, Patrice Garande.
1996 STANDARD DE LIÈGE-NANTES 2-1 (DEUXIÈME TOUR DE LA COUPE INTERTOTO, MATCH ALLER).
Premier accroc dans la compétition après quatre premiers matches sans défaite.
2001 BORDEAUX-NANTES 2-0 (CHAMPIONNAT).
Défaite d'entrée pour les champions en titre face à l'efficacité de Pauleta.

28 JUILLET

1949 **Première crise financière au FC Nantes. Sous la menace de la démission de Marcel Saupin, la municipalité accorde un prêt de 2 500 000 francs pour sauver le club.**
1978 STRASBOURG-NANTES 2-1 (CHAMPIONNAT).
Malgré l'ouverture du score de Bruno Baronchelli, les Nantais concèdent leur deuxième défaite en trois journées.
1993 **Après Christian Karembeu et Patrice Loko, Reynald Pedros découvre les Bleus face à la Russie (3-1).**
2000 **À la veille de l'ouverture du championnat, Raynald Denoueix annonce le forfait de Viorel Moldovan, tout juste arrivé à Nantes pour près de 40 milions de francs – record du club ! – en provenance du club turc de Fenerbahçe. Le Roumain est encore trop court...**
2004 SLOVAN LIBEREC-NANTES 1-0 (DEUXIÈME TOUR DE LA COUPE INTERTOTO, MATCH ALLER).
Demi-finale de la Coupe Intertoto et première défaite inquiétante pour les joueurs de Loïc Amisse.

29 JUILLET

1946 **En vue du début du championnat, le 18 août, les joueurs sont rassemblés pour la reprise sportive alors que se dispute, le même jour, le premier et éphémère Grand Prix automobile de Nantes, sur le circuit du Petit-Port.**
1964 **Au début d'une saison qui deviendra historique, le président Jean Clerfeuille fait signer à l'attaquant Philippe Gondet son premier contrat professionnel.**
1994 NANTES-LYON 1-1 (CHAMPIONNAT).
Première journée d'un exercice inoubliable. Florian Maurice répond à Patrice Loko, mais le FCNA entame sans le savoir une série de trente-deux matches sans défaite, un record national !
2000 NANTES-LENS 0-2 (CHAMPIONNAT).
La saison du huitième titre débute mal : les Sang et Or viennent s'imposer dans les cinq dernières minutes devant 30 000 spectateurs réunis à La Beaujoire.

LÉGENDES

PAGE DE GAUCHE ET CI-DESSOUS
En juillet 1992, le FC Nantes Atlantique naît de l'effondrement du FCN (ici, les documents fondateurs de la nouvelle entité).

2005 **La France devient championne d'Europe des moins de 19 ans en dominant l'Angleterre (3-1) avec dans ses rangs un Nantais : Frédéric Sammaritano.**

30 JUILLET

1955 **Appelé à prendre la présidence de la Ligue de l'Ouest, Marcel Saupin place Jean Le Guillou à la tête du club. Son fondateur en devient le président d'honneur. Le même soir, la subvention, initialement refusée, est finalement votée par la municipalité.**
1999 NANTES-LE HAVRE 1-0 (CHAMPIONNAT).
Coup du sort dès la première journée : Antoine Sibierski inscrit le but décisif à la quatre-vingt-dixième minute !
2003 NANTES-PÉROUSE 0-1 (DEUXIÈME TOUR DE LA COUPE INTERTOTO, MATCH ALLER).
En rodage, les Canaris sont surpris par les Italiens.

2005 NANTES-LENS 2-0 (CHAMPIONNAT).
En ouverture de sa quarante-troisième saison consécutive parmi l'élite, le FCNA fête le trois centième match de Mickaël Landreau en L1. Le gardien nantais n'a que 27 ans...

31 JUILLET

1962 **Relancé au Croisic – la ville où il officie comme marin pêcheur – par José Arribas en personne, et alors que le Stade Rennais était également sur les rangs, Bernard Blanchet voit son contrat de joueur stagiaire homologué par la Ligue nationale de football.**
1996 NANTES-STANDARD DE LIÈGE 0-1 (COUPE INTERTOTO, MATCH RETOUR).
Première apparition de Mickaël Landreau, 17 ans, avec le groupe pro. Les Canaris quittent la compétition aux portes de la Coupe de l'UEFA.

LISTE DES SOUSCRIPTEURS ET ETAT DES VERSEMENTS

SOCIETE FC NANTES ATLANTIQUE

	Nombre d'actions	Montant Souscrit	Montant Libéré
F.C.N.A.	128	128 000	32 000
Max BOUYER	2	2 000	500
Gérard TESSIER	1	1 000	250
Guy SCHERRER	99	99 000	24 750
Jean Louis OGER	5	5 000	1 250
Jean René TOUMELIN	5	5 000	1 250
GIFFARD MANUTENTION	10	10 000	2 500
TOTAL	*250*	*250 000*	*62 500*

Fait à NANTES, le 6 Juillet 1992,

certifié conforme.

14 JUILLET 1960

LA BÉNÉDICTION JOSÉ ARRIBAS

En juillet 1960, le FC Nantes court toujours après la montée en D1. Accession que Marcel Saupin avait promise à la création, dix-sept ans plus tôt. Désabusé, l'entraîneur Karel Michlowski vient de claquer la porte pour retrouver son ancien club, le SCO d'Angers. Le président Jean Clerfeuille se retrouve dans l'impasse. Parmi les lettres de candidature qui s'accumulent sur son bureau figure celle de José Arribas, un inconnu de Noyen-sur-Sarthe…

Le sixième entraîneur du jeune FC Nantes n'est resté qu'une saison sur les bords de Loire. Pendant l'été 1960, Karel Michlowski décide en effet de retrouver Angers, malgré sa promesse initiale de rester en poste. « Je n'ai pas envie de perdre mon temps, je veux entraîner une grande équipe », lance-t-il comme une dernière provocation. Le club nantais est K-O debout. Cette déception s'ajoute à celles vécues au cours de la décennie écoulée : des saisons ratées, des comptes dans le rouge, des relations tourmentées avec la mairie…

Arribas, le postulant inconnu

Le président Jean Clerfeuille aborde ce tournant avec modestie. Presque résigné. Les candidatures spontanées affluent sur son bureau. Les noms proposés évoquent plus le passé qu'ils ne garantissent un véritable avenir. « Une seule missive finit par attirer son attention, écrit Bernard Verret dans *Les Grandes Heures du FC Nantes*. Les phrases sont simples, mais joliment tournées. Seulement, Jean Clerfeuille a beau se creuser la cervelle, le nom du signataire lui est totalement étranger. »

LÉGENDE

L'équipe de la saison 1962-1963, celle de la montée historique en D1.

Il est vrai que les états de service de José Arribas, 39 ans, sont peu fournis. Le technicien basque dirige depuis six ans l'équipe de Noyen-sur-Sarthe, un club de niveau régional qu'il a rejoint en première division départementale... Le fonctionnement est amateur. Surnommé « Bibi », l'entraîneur-joueur tient même un bar, avec sa femme Suzanne, sur la place de la commune de 2 000 habitants. Au fil des rencontres, sa méthode a néanmoins commencé à faire parler dans l'Ouest : « La manière de jouer est plus importante que les résultats », a-t-il coutume de dire. S'informant, Jean Clerfeuille reçoit des échos élogieux. Albert Heil, son secrétaire général, a croisé la route de José Arribas lorsqu'il passait ses diplômes d'entraîneur à Dinard. L'homme lui avait fait une excellente impression. Claude Simonet, gardien du FC Nantes (et futur président de la FFF), a porté les mêmes couleurs mancelles que le réfugié espagnol. Autre témoignage déterminant, celui d'Henri Guérin, entraîneur de Rennes avant de prendre en main les Bleus. Lui aussi a remarqué cet entraîneur simple à la vision du football révolutionnaire...

Affaire réglée en dix minutes

Rendez-vous est pris le 14 juillet 1960, au siège du club nantais. En dix minutes, l'affaire est réglée. José Arribas confiera par la suite : « Quand j'ai envoyé ma candidature, j'étais à cent lieues de me douter que je serais l'heureux élu. J'ai écrit presque par hasard... » À Noyen, une délégation se rend dans son bistro pour lui faire changer d'avis. La proposition est trop belle. Le clin d'œil évident : c'est le port de Nantes qui l'avait accueilli à la fin des années 1930, lui et ses amis basques, poursuivis par les troupes franquistes...

Le 25 juillet, José Arribas dirige sa première séance à Nantes, au stade du Parc de Procé. La presse évoque un discours « technique, plus pédagogue que militaire ». Son fils Claude assiste aux entraînements, sans savoir qu'il intégrera l'effectif à la fin des années 1960. « Comme Coco Suaudeau ou Raynald Denoueix, mon père ne pensait qu'au football, explique-t-il, toujours supporter du FCNA. Je le voyais en permanence avec un ballon. Il ne parlait que de déplacements, de jeu en mouvement, de collectif. À la maison, il ne fallait pas discuter avec lui après une défaite... » Le groupe ne subit pas de modifications majeures et les débuts du septième entraîneur nantais sont hésitants, comme le souligne Jean Clerfeuille : « Au début, il n'était pas si sûr de lui. Au niveau pro, il était encore débutant. »

La première victoire intervient seulement lors de la quatrième journée, à Aix-en-Provence (4-0). Pire, le 25 septembre, le FC Nantes subit un revers incroyable à Boulogne-sur-Mer. Il s'incline 2-10. Les commentaires vont bon train et l'on se dit que l'entraîneur de la montée n'est pas encore sur le banc. José Arribas se voit retourner en Sarthe au lendemain de cette défaite retentissante. Jean Clerfeuille le soutient. L'entraîneur n'a maintenant plus rien à perdre. Il ose alors ce qu'aucun n'avait tenté en France : importer le 4-2-4, cher au Brésil et à la Hongrie de la Coupe du monde 1958. « Nous pouvons choisir le béton mais il n'est pas à mon goût, explique-t-il. L'objectif est que chaque joueur s'épanouisse dans le collectif... »

« J'ai fait appel à ce que les joueurs ont de meilleur »

« Notre défense jouait très haut, à la ligne, tandis que nous, attaquants, étions sans cesse portés vers l'avant avec pour mission de provoquer sans aucune obligation de défendre », se souvient Bernard Blanchet, meilleur buteur de l'histoire du club avec cent onze réalisations. Devenu recruteur au centre de formation, « La Blaouette », que José Arribas avait recruté au Croisic en 1961, croit connaître le succès de la recette : « Il savait qu'il avait des joueurs pour appliquer son système. Il connaissait les défauts et les valeurs de chacun. Il jugeait bien, il sentait bien... »

Petit à petit, les résultats viennent pour aboutir à la montée en première division, en 1963, et aux premiers titres de champion, en 1965 et 1966. Une révolution poursuivie jusqu'en 1976, avec le développement du jeu et de la formation à la nantaise. « Dans les moments difficiles, au début des années 1960, la presse locale ne ménagea pas ses critiques à mon égard, racontait José Arribas dans *L'Humanité* en 1965. Nous n'avons pas cessé de progresser depuis cette époque et, aujourd'hui, certains me présentent comme le Bon Dieu. Il n'en est rien. Disons que j'ai fait appel à ce que les joueurs ont de meilleur, et qu'ils ont répondu à cet appel... »

LÉGENDE

José Arribas, tête pensante sur le chemin de l'entraînement.

coq sportif

AOÛT

LÉGENDES

PAGE DE GAUCHE
Le 2 août 1965, Bernard Blanchet, Canari depuis un an, signe un nouveau contrat au FC Nantes.

CI-DESSOUS
Le FC Nantes époque José Arribas et Henri Michel, avec notamment Georges Éo (accroupi, deuxième en partant de la droite).

1er AOÛT

1967 À La Baule, en amical face à Rennes (4-1), José Arribas lance Vincent Estève, qui portera à soixante-dix-sept reprises le maillot nantais en trois saisons.

1972 Un match unique, opposant une sélection de Bretagne à l'Écosse, est programmé en même temps que le Festival interceltique de Lorient. Mais le début du championnat approche. Nantes n'autorise pas ses joueurs, dont Georges Éo et Bernard Blanchet, à participer à l'affiche. Le FC Lorient rencontrera finalement le club de Falkirk, emmené par Alex Ferguson.

1994 AUXERRE-NANTES 1-2 (CHAMPIONNAT).
Première des vingt et une victoires d'une saison historique : Patrice Loko et Nicolas Ouédec sont les buteurs du soir. Ils marqueront respectivement vingt-deux et dix-huit buts !

1997 NANTES-BASTIA 0-1 (CHAMPIONNAT).
Huit jours après sa nomination à la tête des pros, Raynald Denoueix découvre la D1 par une défaite.

2006 Pour la première fois, le FCNA organise une journée pour les abonnés au stade de La Beaujoire. Plus de 6 000 supporters découvrent en avant-première les cinq recrues de l'été : Vladimir Stojkovic, Éric Cubilier, Alioum Saïdou, Nourdin Boukhari et Christian Wilhelmsson.

2 AOÛT

1965 Bernard Blanchet signe à Nantes un contrat portant la mention : « avis de renouvellement de conditions saisonnières ».

2002 MARSEILLE-NANTES 0-2 (CHAMPIONNAT).
Le Stade Vélodrome suspendu, c'est à Gerland que les Nantais ouvrent victorieusement la saison grâce à Mario Yepes et Mathieu Berson.

2003 SOCHAUX-NANTES 2-1 (CHAMPIONNAT).
Première de Loïc Amisse sur les bancs de L1 et défaite des Canaris à la dernière minute...

3 AOÛT

1977 NICE-NANTES 1-0 (CHAMPIONNAT).
Entame de saison difficile pour les joueurs de Jean Vincent, battus sur un but de Bjekovic.

1983 NANTES-PSG 3-1 (CHAMPIONNAT).
Les Canaris doivent attendre la troisième journée pour l'emporter grâce à des buts de Fabrice Poullain, José Touré et Jean-Marc Pilorget, contre son camp.

4 AOÛT

1955 NANTES-ANGERS 1-2 (COUPE ODORICO).
Reprise devant 2 075 spectateurs au stade du Vivier pour les joueurs d'Antoine Raab.

1990 NANTES-METZ 1-1 (CHAMPIONNAT).
Premier but de Nicolas Ouédec en D1, le soir de sa première titularisation.

2000 MONACO-NANTES 2-5 (CHAMPIONNAT).
Battus 0-2 par Lens en ouverture de la saison, les Canaris réagissent en Principauté grâce à quatre buts du trio Monterrubio-Da Rocha-Ziani, tous inscrits dans la première demi-heure.

2004 NANTES-LIBEREC 2-1 (DEUXIÈME TOUR DE LA COUPE INTERTOTO, MATCH RETOUR).
Le doublé de Gilles Yapi est insuffisant. Battus 0-1 à l'aller, les Canaris sont éliminés au même stade de la compétition que la saison précédente.

2006 NANTES-LYON 1-3 (CHAMPIONNAT).
Un Nantes new look, avec cinq nouveaux éléments, lance sa quarante-quatrième saison parmi l'élite. L'un d'eux, le Marocain Nourdin Boukhari, ouvre la marque, mais Lyon, renforcé par Jérémy Toulalan, semble plus fort que jamais !

5 AOÛT

1966 BAYERN MUNICH-NANTES 5-5 (MATCH DE GALA).
En Allemagne, Philippe Gondet signe un triplé face au grand Bayern lors d'un match organisé au profit des familles de victimes d'une avalanche en Bavière.

1

1976 À la veille de son premier match à Nantes, Jean Vincent annonce la couleur à la presse : Robert Gadocha et Yves Triantafilos ne seront pas sur la feuille de match face à Metz.
1980 NICE-NANTES 3-2 (CHAMPIONNAT).
Le champion en titre concède sa première défaite de la saison, et perd surtout Éric Pécout sur blessure, pour cinq mois.
1986 NANTES-LILLE 1-0 (CHAMPIONNAT).
Le défenseur Yvon Le Roux débute la saison comme il a terminé la précédente. En marquant !
1989 NANTES-RC PARIS 5-1 (CHAMPIONNAT).
La mayonnaise a l'air de prendre. Christophe Robert et Didier Deschamps marquent, et le nouvel attaquant Dragan Jakovljevic signe un triplé. Première apparition de Nicolas Ouédec.
1995 NANTES-PARIS SG 1-2 (CHAMPIONNAT).
Invaincus à La Beaujoire depuis le 22 octobre 1993 (Nantes-Auxerre, 1-2), les Nantais chutent face au PSG à l'issue d'un match émaillé de fautes. Et ils perdent Jocelyn Gourvennec, dont les ligaments croisés du genou droit sont rompus sur un tacle d'Omar Dieng.
1998 Folle journée : la mairie de Nantes interdit aux ouvriers de remettre les grillages au stade de La Beaujoire, comme le club le leur avait demandé. La mesure est finalement acceptée par le président de l'époque, Jean-René Toumelin.

LÉGENDE

1 et 2
L'intenable Bruno Baronchelli, Nantais de 1975 à 1987.

6 AOÛT

1946 Reprise tardive des Canaris, deux semaines après les autres équipes de deuxième division. Aimé Nuic, entraîneur depuis trois saisons, a laissé la barre à Antoine Raab.
1969 NANTES-METZ 1-0 (CHAMPIONNAT).
Première apparition dans la défense nantaise d'un certain Roger Lemerre.
1976 METZ-NANTES 1-2 (CHAMPIONNAT).
Première rencontre de l'ère Jean Vincent, venu de Lorient, et premier succès… vers un quatrième titre. Avec les titularisations de Bossis, Tusseau, Van Straelen, Pécout, Baronchelli, Sahnoun et Amisse, la confiance est immédiatement faite aux jeunes.
1988 NANTES-AUXERRE 3-2 (CHAMPIONNAT).
Devenu titulaire en charnière centrale avec Antoine Kombouaré, le jeune Marcel Desailly s'arrache pour donner la victoire aux Canaris dans les cinq dernières minutes.
2003 PÉROUSE-NANTES 0-0 (DEUXIÈME TOUR DE LA COUPE INTERTOTO, MATCH RETOUR).
Éliminés, les Canaris ont été incapables de trouver la faille face à un adversaire pourtant à leur portée.

7 AOÛT

1979 Arrivée à Nantes de l'Argentin Enzo Trossero, qui y jouera soixante-neuf rencontres.
1993 TOULOUSE-NANTES 0-3 (CHAMPIONNAT).
Cinquièmes la saison précédente, les Nantais entament l'exercice par trois succès consécutifs. Au Stadium, Nicolas Ouédec accompagne Samson Siasia d'un doublé.
1998 MARSEILLE-NANTES 2-0 (CHAMPIONNAT).
Au retour du premier match de la saison, Nestor Fabbri, nouveau patron de la défense, bouscule ses nouveaux coéquipiers, qu'il n'estime pas assez marqués par la défaite.
2004 METZ-NANTES 1-0 (CHAMPIONNAT).
Débuts malheureux pour la deuxième saison de l'ère Loïc Amisse.
2005 RENNES-NANTES 0-3 (CHAMPIONNAT).
Démonstration nantaise face aux voisins rennais grâce à des buts d'Emerse Fae, Mamadou Diallo et Habib Bamogo, le nouveau venu. Trois mois après le maintien, le FCNA est en tête de la Ligue 1 !

8 AOÛT

1967 **PRIVILÈGE DU DOUBLE CHAMPION DE FRANCE (EN 1965 ET 1966), LE FC NANTES PARTICIPE À UN TOURNOI AMICAL TRIANGULAIRE À HAMBOURG. LE GRAND LIVERPOOL EST ÉGALEMENT DE LA PARTIE.**
1986 TOULON-NANTES 1-1 (CHAMPIONNAT).
Premier but nantais du champion du monde venu de Boca Juniors, Julio Olarticoechea, et mille cinq centième réalisation de l'histoire du FC Nantes en première division.
1992 NANTES-METZ 0-0 (CHAMPIONNAT).
Un temps relégués administrativement en deuxième division, les Nantais démarrent leur saison devant… 8 000 spectateurs. Venu de Rennes, Serge Le Dizet joue son premier match à La Beaujoire.

2

1997 MARSEILLE-NANTES 1-0 (CHAMPIONNAT).
Raynald Denoueix lance Salomon Olembé dans le grand bain de la première division. À 16 ans et huit mois, le Camerounais est le plus jeune Canari jamais aligné en pros !

9 AOÛT

1991 NANTES-CAEN 2-1 (CHAMPIONNAT).
Buteur à la dernière minute, l'Argentin Jorge Burruchaga revient à son meilleur niveau.
2003 NANTES-LENS 2-0 (CHAMPIONNAT).
Première victoire de l'ère Loïc Amisse devant 34 000 spectateurs, grâce aux buts des attaquants maison : Marama Vahirua et Grégory Pujol.

10 AOÛT

1979 NANTES-MONACO 0-0 (CHAMPIONNAT).
Début d'Enzo Trossero sous le maillot jaune et vert à l'occasion de la troisième journée de D1.
1996 NANTES-MONACO 1-3 (CHAMPIONNAT).
Malgré les premières apparitions des recrues offensives (Adel Sellimi et Nenad Bjekovic), les Canaris ne peuvent rien face au talent du duo Thierry Henry-Sonny Anderson.
2002 NANTES-BASTIA 1-0 (CHAMPIONNAT).

10 AOÛT 2002
OUVERTURE DE LA QUARANTIÈME SAISON DES CANARIS EN PREMIÈRE DIVISION, ET CINQ CENTIÈME BUT NANTAIS À LA BEAUJOIRE, SIGNÉ MATHIEU BERSON.

11 AOÛT

1971 NICE-NANTES 1-1 (CHAMPIONNAT).
En ouverture de la saison, Michel Pech arrache le match nul en répondant au Suédois Eriksson.
1984 Aux JO de Los Angeles, à Pasadena, l'équipe de France olympique dirigée par l'ancien Nantais Henri Michel s'offre la médaille d'or en dominant le Brésil en finale (2-0), devant plus de 100 000 spectateurs. Deux Nantais figurent dans le onze titulaire : les défenseurs William Ayache et Michel Bibard.

12 AOÛT

1946 L'entraîneur Antoine Raab organise une rencontre entre les « probables » et les « possibles », en vue de la constitution de son onze majeur.

1970 SAINT-ÉTIENNE-NANTES 2-3 (CHAMPIONNAT).
Arrivé de Rouen, Patrice Rio, 22 ans, s'installe en défense centrale. Surnommé « l'armoire normande », il disputera quatre cent trente-deux matches de D1 avec Nantes. Pour débuter la saison, les Jaunes gagnent sur la pelouse du champion en titre...

13 AOÛT

1975 NANTES-TROYES 2-2 (CHAMPIONNAT).
Sans le savoir, José Arribas débute à domicile la dernière de ses seize saisons à Nantes.
1976 NANTES-MARSEILLE 3-0 (CHAMPIONNAT).
Pour son premier match à domicile, Jean Vincent est confronté à l'OM de... José Arribas ! Comme un passage de témoin, les Canaris s'imposent grâce à un doublé de Gilles Rampillon et un but d'Henri Michel, qui a failli accompagner l'entraîneur basque en Provence pendant l'été.
1994 LILLE-NANTES 1-2 (CHAMPIONNAT).
Pour la troisième fois consécutive, Nantes est mené, avant d'égaliser puis de forcer la décision.

14 AOÛT

1973 PARIS FC-NANTES 2-5 (CHAMPIONNAT).
Le jeune Maxime Bossis fait sa première apparition sous le maillot nantais au cours d'un match fou : Georges Éo marque le but du 2-0 pour son nouveau club parisien, mais le FC Nantes en inscrit quatre en deuxième période, dont un doublé de l'Allemand Erich Maas.
1993 BORDEAUX-NANTES 2-0 (CHAMPIONNAT).
Invaincu lors des quatre premières journées, le groupe de Jean-Claude Suaudeau tombe pour la première fois sur un doublé de Philippe Vercruysse, Saumurois d'origine.
1999 NANTES-LENS 0-1 (CHAMPIONNAT).
Coup d'arrêt après deux victoires successives sur un but de Joseph-Guy Désiré-Job.

15 AOÛT

1998 NANTES-STRASBOURG 1-0 (CHAMPIONNAT).
Aligné d'entrée, l'Argentin Diego Bustos laissera à Nantes le même souvenir que les recrues précédentes, Gaetano Gallianza et Javier Mazzoni.

LÉGENDE

10 août 2002. Félicité par Stéphane Ziani, Mathieu Berson s'est transformé en buteur face à Bastia.

LÉGENDES

PAGE DE DROITE
Angel Marcos a inscrit un doublé le 18 août 1971 pour ses débuts sous le maillot nantais.

CI-DESSOUS
Même scénario pour Didier Couécou. Champion de France avec l'OM, l'attaquant découvre Saupin le 16 août 1972... en marquant !

2001 **En amical, devant 36 548 spectateurs, les Bleus de l'ancien Canari Roger Lemerre dominent les Danois à La Beaujoire (1-0) grâce à un but de Robert Pires.**

16 AOÛT

1972 NANTES-PARIS FC 2-0 (CHAMPIONNAT).
Première à Saupin, et premier but pour Didier Couécou.

1974 RED STAR-NANTES 4-4 (CHAMPIONNAT).
L'Argentin Hugo Curioni répond par un doublé à celui du Parisien Ernest Combin.

1989 **Encore Nantais, Didier Deschamps est titularisé pour la première fois en équipe de France, en match amical en Suède (4-2).**

1997 NANTES-AUXERRE 0-2 (CHAMPIONNAT).
L'après-Jean-Claude Suaudeau est difficile : les Canaris de Raynald Denoueix concèdent leur troisième défaite consécutive en ouverture du championnat.

17 AOÛT

1967 MARSEILLE-NANTES 1-0 (CHAMPIONNAT).
Premier match du Yougoslave Stevan Sekeres, qui remplace en défense centrale Gilbert Le Chenadec, parti à Metz.

1982 NANTES-BASTIA 3-0 (CHAMPIONNAT).
Dès la deuxième journée, le FCN de Coco Suaudeau entame une première série de trois victoires consécutives. Le trio Halilhodzic-Tusseau-Amisse trouve la faille face aux Corses.

1984 NANTES-TOULON 3-1 (CHAMPIONNAT).
Premier match de D1 à La Beaujoire, devant 15 116 spectateurs. Et premier succès, acquis après la pause grâce à un doublé de Bruno Baronchelli et à un but de Vahid Halilhodzic.

1994 **Tout juste papa, Jean-Michel Ferri rejoint les Bleus à Bordeaux, où il remplacera Marcel Desailly pour le match contre les Tchèques (2-2). Lilian Thuram et Zinédine Zidane, auteur ce soir-là d'un doublé, font leur première apparition en tricolore.**

2002 SOCHAUX-NANTES 4-2 (CHAMPIONNAT).
Premier couac de la saison face aux coéquipiers de Benoît Pedretti et Wilson Oruma.

18 AOÛT

1946 BESANÇON-NANTES 2-0 (CHAMPIONNAT D2).
Antoine Raab a repris le flambeau de l'équipe, lâché par Aimé Nuic. Les Nantais débutent leur deuxième saison en pros par une défaite en Franche-Comté.

1947 **Le FC Nantes ne fait pas de détails en match amical face à Lorient (10-2) !**

1959 NANTES-ROUEN 2-0 (CHAMPIONNAT D2).
Avec un nouveau président (Jean Clerfeuille) et un nouvel entraîneur (Karel Michlowski), les Nantais commencent bien la saison. L'ancien coach du SCO tient pour le moment son pari...

1971 NANTES-SAINT-ÉTIENNE 4-3 (CHAMPIONNAT).
Pour son premier match sous le maillot nantais, Angel Marcos, venu des Chacaritas Juniors, signe un doublé et concrétise surtout la victoire face aux Verts dans les cinq dernières minutes. L'Argentin marquera vingt fois pour la première de ses quatre saisons à Nantes.

1978 NANTES-LILLE 0-0 (CHAMPIONNAT).
Les Nantais piétinent et, dès la sixième journée, Jean Vincent essuie les sifflets du public de Saupin, qui réclame le retour de José Arribas.

19 AOÛT

1945 **Quelques jours avant de débuter son premier championnat professionnel, le FC Nantes se teste face à Couëron (9-2), au stade des Ardillets.**

1947 **Nantes accueille un adversaire de marque, le FC Vienne, en match amical (2-2).**

1956 NANTES-BESANÇON 3-0 (CHAMPIONNAT D2).
Le Tchèque Louis Dupal découvre avec bonheur le banc du stade Malakoff. Ancien entraîneur, Antoine Raab devient directeur sportif. Et Erich Habitzl inscrit un triplé !

1962 CHERBOURG-NANTES 2-2 (CHAMPIONNAT D2).
Première journée du championnat de D2 qui va mener le FCN à l'élite.

1970 NANTES-SEDAN 2-0 (CHAMPIONNAT).
Deuxième succès consécutif grâce à Claude Arribas, titularisé par son père José.

1972 **Déjà sur le banc aux côtés de Guelso Zaetta, Jean-Claude Suaudeau signe son premier contrat d'entraîneur pour diriger l'équipe de troisième division.**

TOUT

le coq sportif
PAYS DE LA LOIRE
FC NANTES
PAPREC
HERO by Wrangler

1994 NANTES-PARIS SG 1-0 (CHAMPIONNAT).
Match au sommet diffusé sur Canal + et but d'anthologie de Patrice Loko, souligné par le commentaire de Thierry Gilardi. Le ballon ne touche pas le sol de l'action, et Bernard Lama est impuissant devant l'extérieur du droit de l'attaquant nantais, bien servi par Reynald Pedros. Les joueurs de Jean-Claude Suaudeau signent là leur quatrième succès consécutif.

1998 **Autriche-France (2-2), en amical. Premier match à la tête des Bleus pour l'ancien Canari Roger Lemerre.**

2000 NANTES-MARSEILLE 3-2 (CHAMPIONNAT).
Entré en jeu vingt minutes plus tôt pour ses débuts à La Beaujoire, Viorel Moldovan donne la victoire à Nantes d'une tête rageuse dans le temps additionnel. Le Roumain participera largement au titre 2001 en inscrivant onze buts en vingt-trois apparitions.

20 AOÛT

1961 BOULOGNE-SUR-MER-NANTES 1-3 (CHAMPIONNAT D2).
Le travail de José Arribas commence à porter ses fruits. Battus 2-10 en 1960 par les Boulonnais, les Canaris débutent la saison par un net succès sur la Côte d'Opale. Le défenseur argentin, Pancho Gonzalès, double champion de France avec Nice, dispute son premier match sous le maillot nantais. L'équipe encaissera vingt et un buts de moins que la saison précédente...

1966 NANTES-LYON 5-2 (CHAMPIONNAT).
Ouverture de la saison en fanfare à Saupin ! À la mi-temps, les joueurs de José Arribas mènent déjà 4-0 face aux coéquipiers de Fleury Di Nallo.

1969 ROUEN-NANTES 1-0 (CHAMPIONNAT).
Pour la première fois, José Arribas aligne son fils Claude en équipe première. Par peur des critiques, l'entraîneur ne répétera son choix qu'à quarante-huit reprises en quatre saisons.

1998 **Deux mois après le déroulement de la Coupe du monde à La Beaujoire, le FCNA lance les visites de son enceinte au grand public.**

21 AOÛT

1955 NANTES-ROUEN 3-2 (CHAMPIONNAT D2).
Sous les yeux de Gaston Barreau, le sélectionneur national, Antoine Raab retrouve avec bonheur le banc du stade Malakoff.

1977 **Vice-championne de France la saison précédente, la réserve nantaise, toujours dirigée par le duo Suaudeau-Zaetta, reprend la saison face à Libourne.**

1981 NANTES-LILLE 1-2 (CHAMPIONNAT).
Jean Vincent a passé cinq saisons et deux tiers comme entraîneur du groupe pro. Soit cent dix matches officiels à domicile à la tête de son équipe. Et un bilan exceptionnel avec seulement deux défaites : l'une, le 7 avril 1981, qui mit fin à la série d'invincibilité de quatre-vingt-douze rencontres ; l'autre contre Lille, lors de la sixième journée du championnat.

LÉGENDES

À GAUCHE
Le Roumain Viorel Moldovan a marqué les esprits nantais par son sens du but.

CI-DESSOUS
Jean Vincent restera comme l'entraîneur de l'efficacité, avec deux titres de champion (1977 et 1980) et trois places de dauphin (1978, 1979 et 1981) !

1984 NANTES-MARSEILLE 3-0 (CHAMPIONNAT).
Quatre jours après la découverte de La Beaujoire, les Canaris récidivent en inscrivant trois buts (Halilhodzic, Amisse et Robert), mais cette fois devant près de 25 000 spectateurs.
1985 Champions d'Europe en 1984, les Bleus décrochent le titre intercontinental en dominant l'Uruguay au Parc des Princes (2-0). William Ayache, Yvon Le Roux et José Touré, buteur, évoluent avec trois anciens Canaris : Michel Bibard, Maxime Bossis et Thierry Tusseau.

22 AOÛT

1965 NANTES-LYON 2-0 (CHAMPIONNAT).
Grâce à Gilbert Le Chenadec et Philippe Gondet, le champion en titre annonce la couleur d'entrée : la saison nantaise débute par quatre succès consécutifs.
1971 À Vannes, la réserve nantaise débute sa première saison en troisième division.
1982 La réserve nantaise débute face à Brest une saison qui la verra s'incliner en finale nationale face à Toulouse.
1986 RENNES-NANTES 1-3 (CHAMPIONNAT).
Grâce à deux buts des dernières recrues, Patrice Garande et Philippe Anziani, le Nantes nouveau réalise un bon début de championnat. Pour l'instant...

23 AOÛT

1953 RED STAR-NANTES 1-2 (CHAMPIONNAT D2).
Premier match de la saison face à l'une des équipes prétendantes à la montée. Après un voyage compliqué par une grève des transports, les Nantais font chuter les Parisiens, faisant mentir les pessimistes sur le potentiel de l'équipe.
1974 NANTES-SAINT-ÉTIENNE 2-1 (CHAMPIONNAT).
Gilles Rampillon et Hugo Bargas font pencher la balance côté nantais face au champion de France en titre.

24 AOÛT

1952 NANTES-ROUEN 1-2 (CHAMPIONNAT D2).
Nouvelle déception en ouverture du nouveau championnat.
1966 SEDAN-NANTES 3-3 (CHAMPIONNAT).
Repéré en deuxième division, à Aix-en-Provence, Henri Michel, 18 ans, dispute sa première rencontre sous le maillot nantais après un ultime essai concluant face à Reims, en match amical. Après cinq cent trente-deux matches disputés au FC Nantes – record du club, partagé avec Jean-Paul Bertrand-Demanes –, le milieu de terrain sera élu « plus grand joueur de l'histoire du club » par les supporters nantais.
1985 NANTES-LAVAL 1-0 (CHAMPIONNAT).
Yvon Le Roux est décisif en marquant puis en renforçant une défense qui n'a cédé que deux fois lors des huit premières journées.
1996 NANTES-LENS 0-1 (CHAMPIONNAT).
Petit événement à La Beaujoire. Grâce à Vladimir Smicer, les Lensois s'imposent pour la première fois de leur histoire en Loire-Atlantique.

LÉGENDE

CI-DESSOUS
L'équipe nantaise de la saison 1952-1953, dirigée par Émile Veinante.

LÉGENDE

CI-DESSUS
Dirigé par José Arribas, le groupe de 1966 conservera son titre de champion de France.

LÉGENDE

Un document exceptionnel : le calendrier de la saison 1945-1946, la première du FC Nantes avec le statut professionnel.

25 AOÛT

1946 NANTES-AVIGNON 1-1 (CHAMPIONNAT).
La pelouse de Malakoff ne permettant pas de jouer, le match de la deuxième journée est déplacé au stade du Vivier. À dix minutes de la fin, Nantes égalise grâce à Le Floch.

1962 NANTES-BÉZIERS 3-0 (CHAMPIONNAT D2).
Premier succès de la saison de la montée historique en D1.

1978 NANTES-ANGERS 5-0 (CHAMPIONNAT).
La place de Jean Vincent est sauvée grâce au triplé de Victor Trossero.

2001 GUINGAMP-NANTES 1-0 (CHAMPIONNAT).
Malgré le retour d'Éric Carrière, les Canaris s'inclinent pour la quatrième fois de la saison... en cinq journées ! Pour ne rien arranger, le numéro 10 des Jaunes rejoint Lyon avant la fin de la période des transferts, contre 80 millions de francs. Comme Jean-Claude Suaudeau avec Thierry Tusseau en 1983, Raynald Denoueix apprend le transfert à la sortie du vestiaire...

26 AOÛT

1945 CA PARIS-NANTES 0-2 (CHAMPIONNAT D2).
Au stade de Colombes, Nantes dispute et remporte son premier match professionnel devant un millier de spectateurs, « dont beaucoup de Bretons », se souvient Antoine Raab, l'un des pionniers du club. René Crépin et Louis Ruffini sont les premiers buteurs nantais.

1970 NANTES-ANGERS 1-0 (CHAMPIONNAT).
Nouveau derby remporté grâce à Philippe Gondet, auteur de quatre buts en quatre journées.

1980 BASTIA-NANTES 1-2 (CHAMPIONNAT).
Premier doublé de la recrue de l'été, le Danois Henrik Agerbeck.

1986 NANTES-BORDEAUX 3-0 (CHAMPIONNAT).
Jean-Claude Suaudeau lance dans le grand bain de la première division un jeune loup du centre de formation : Marcel Desailly, entré à la quatre-vingt-quatrième minute à la place de Fabien Debotté.

2006 LORIENT-NANTES 3-1 (CHAMPIONNAT).
Petite humiliation face au voisin morbihannais. Le gardien Vladimir Stojkovic n'y est pas totalement étranger...

27 AOÛT

1975 NANTES-LYON 2-3 (CHAMPIONNAT).
Le doublé d'Henri Michel ne suffit pas face au triplé de Serge Chiesa.

1982 NANTES-BREST 5-1 (CHAMPIONNAT).
Le duo Halilhodzic-Baronchelli inscrit quatre des cinq buts de son équipe.

2005 NANTES-METZ 0-0 (CHAMPIONNAT).
Avant la rencontre, La Beaujoire et les Canaris rendent hommage à Oscar Muller, ancien joueur du club (cent quatre vingt-treize matches de 1975 à 1984), disparu quelques jours plus tôt dans un accident de la circulation.

28 AOÛT

1965 NANTES-LENS 4-2 (CHAMPIONNAT).
Menés 0-2 après trente-cinq minutes, les Canaris se fâchent : Philippe Gondet inscrit le premier de ses cinq triplés sous le maillot nantais, record du club !

1984 NANTES-PARIS SG 2-0 (CHAMPIONNAT).
De retour d'une longue série de blessures, José Touré marque, imité un peu plus tard par Loïc Amisse. Nantes recolle à Bordeaux.

1987 AUXERRE-NANTES 1-0 (CHAMPIONNAT).
Battus par un but de Daniel Dutuel, les Canaris pointent à la dix-septième place après huit journées.

1996 PARIS SG-NANTES 1-0 (CHAMPIONNAT).
Troisième défaite en quatre journées pour les Canaris. But parisien signé Patrice Loko...

29 AOÛT

1995 NANTES-SAINT-ÉTIENNE 2-2 (CHAMPIONNAT).
Première réalisation du Polonais Roman Kosecki qui aura bien du mal à remplacer Patrice Loko.

1998 NANTES-SOCHAUX 2-0 (CHAMPIONNAT).
Premier but nantais de l'ancien Lensois Antoine Sibierski.

30 AOÛT

1964 MONACO-NANTES 4-1 (CHAMPIONNAT).
Avec un effectif professionnel stable, les Canaris débutent le championnat par une défaite. Difficile d'imaginer que le club accouchera de son premier titre neuf mois plus tard, face aux mêmes joueurs de la Principauté...

1966 LENS-NANTES 1-3 (CHAMPIONNAT).
Philippe Gondet s'offre un cinquième et dernier triplé en première division. Le record du club.

31 AOÛT

1983 NANTES-NÎMES 4-0 (CHAMPIONNAT).
Nouvelle démonstration à domicile pour la dernière saison au stade Marcel-Saupin.

1984 BORDEAUX-NANTES 2-1 (CHAMPIONNAT).
Les Girondins de Bordeaux sont les nouveaux maîtres du championnat. Alain Giresse, leur leader, réalise le doublé.

1994 NANTES-RENNES 2-0 (CHAMPIONNAT).
Un derby rondement mené grâce à des buts de Japhet N'Doram et Nicolas Ouédec.

LÉGENDE

Scène footballistique en 1946, avec comme acteur principal le Nantais Le Floch.

19 AOÛT 1994

LA GÉNIALE INSPIRATION DE PATRICE LOKO

Cinquième journée de D1. Le FCNA reçoit le PSG, champion de France en titre. Alors que les médias s'intéressent de plus en plus à la nouvelle génération formée à La Jonelière, Patrice Loko inscrit le seul but de ce match au sommet, à la conclusion d'une action magistrale, à une touche de balle, sans que celle-ci ne touche le sol ! Le Brésil en Loire-Atlantique...

C'est un but que l'écrivain Philippe Delerm aurait pu conter dans son recueil de petits plaisirs minuscules. Une action d'école répétée dans l'intimité du centre de formation de La Jonelière, sans aucun doute imaginée par Jean-Claude Suaudeau, lui-même inspiré par le fondateur du jeu dit « à la nantaise » qu'était José Arribas.

Nous sommes à la vingtième minute du premier match au sommet de la saison 1994-1995, devant les caméras de Canal +. Le long du banc nantais occupé par « Coco » Suaudeau, une touche à quarante mètres du but parisien est jouée rapidement par Benoît Cauet vers Patrice Loko. L'attaquant nantais contrôle de la poitrine et sert derrière lui Reynald Pedros, sans le regarder. Instantanément, le feu follet des Canaris remet le ballon dans l'axe du but, en extension, de sa patte gauche. Toujours en mouvement, Patrice Loko devance son défenseur et reprend l'offrande de volée, du pied droit, à bout portant, seul face à Bernard Lama. La Beaujoire chavire devant l'inspiration géniale de son avant-centre. Au micro de Canal +, Charles Biétry reste sans voix. Thierry Gilardi s'écrie : « C'est magnifique, le ballon n'a jamais touché le sol. Nantes mène un à zéro ! »

À 14 ans à La Jonelière

À 24 ans, Patrice Loko compte cinq saisons de première division à son actif. Arrivé à La Jonelière dix ans plus tôt, avec une licence d'aspirant première année, le numéro 11 garde les pieds sur terre. « Je ne voudrais surtout pas que l'on se fasse une fausse idée de moi, qu'on me confonde avec un vrai buteur que je ne suis pas, explique-t-il, son exploit passé, à Patrick Dessault pour *L'Équipe*. J'ai juste appris à gérer mes courses, à bien coordonner mes déplacements avec ceux des autres attaquants. Je me concentre davantage aussi devant la cage, ce qui fait que je ne perds plus mon sang-froid aussi facilement qu'avant. » À ce moment-là, Patrice Loko espère atteindre la barre des douze buts en D1. Il ajoutera vingt et une réalisations à sa géniale inspiration !

Pour Serge Le Dizet, interrogé à l'occasion du soixantième anniversaire du FCNA, cet exploit technique résultait du mouvement et des improvisations orchestrées par « Coco » Suaudeau à l'entraînement. Des jeux à une touche, des exercices de courses et d'échanges, parfois sans ballon, pour mieux se trouver ensuite les yeux fermés. « Ce sont des gestes que l'on répétait à La Jonelière, commentait le défenseur latéral. Ce but, ce n'était pas le hasard, on en marquait souvent des comme ça ! Dès le stage de préparation à Font-Romeu, à mon arrivée de Rennes à l'été 1992 , j'ai découvert la qualité technique de Reynald Pedros ou de Patrice Loko. Des joueurs que je ne connaissais pas avant de venir... »

C'est ainsi qu'une nouvelle génération de jeunes formés au club avait été lancée dans l'arène. Presque dans l'anonymat. Seulement 8 650 spectateurs avaient assisté au premier match de cette saison 1992-1993 fondatrice face à Metz (0-0). Si Marcel Desailly avait logiquement été transféré, les dirigeants avaient eu le nez creux en enrôlant un jeune signalé à Brest : Claude Makelele. Reynald Pedros ne comptait que douze matches de championnat, Christian Karembeu une trentaine, comme Nicolas Ouédec... "Coco" Suaudeau nous opposait à l'entraînement, il existait une vraie compétition entre nous, se souvient ce dernier. La méthode ne plaisait pas à tout le monde, mais elle avait le mérite de tirer le groupe vers le haut. »

Un jeu d'une telle intensité...

Très vite, le système tactique s'était mis en place. Le 24 octobre 1992, Nantes infligeait un 6-0 à Montpellier, avec des buteurs nommés Japhet N'Doram, Reynald Pedros, Patrice Loko et Nicolas Ouédec. La jeune couvée se hissait même en finale de Coupe de France. Inexpérimentée, elle était balayée par le PSG (0-3) ! La saison suivante, le jeu continuait à évoluer. Avec ses étincelles (victoire 3-0 face au PSG, futur champion) et son efficacité dans tous les domaines (seulement trente-deux buts concédés). « On me parle toujours de jeu à une touche de balle... Ce qui était fabuleux à l'époque, c'était la manière de récupérer le ballon, s'emporte Jean-Louis Garcia, dans le groupe dès 1992. Physiquement, nous étions très résistants et très forts. »

« Je me rappelle l'intensité des entraînements, souffle Nicolas Savinaud, qui débute avec les pros au milieu des années 1990. Les titulaires ne lâchaient jamais rien. Même au cours de simples jeux. Cet état d'esprit a fait l'équipe de 1995. »

C'est donc avec l'envie de semer la zizanie dans le championnat de France que les Canaris avaient entamé l'exercice 1994-1995. Forts de leurs trois années d'expérience commune. « Nous étions très costauds dans nos têtes, insiste Nicolas Ouédec. La préparation avait été intensive et les garçons étaient demandeurs. Dès le début, on a senti que ça se présentait bien. On a réalisé la saison parfaite. » Après ce fameux Nantes-PSG (1-0) du 19 août 1994, le FCNA restera encore huit mois invaincu. Maître du contre-pied, Jean-Claude Suaudeau dira de cette génération : « Sur le papier, c'était l'équipe la moins capable de réaliser de telles choses. Mais quelle vitesse, quelle puissance ! Je n'ai jamais vu des joueurs aussi explosifs. »

LÉGENDE

PAGE DE DROITE
Un contrat du joueur formé dans le Loiret avant d'éclore à La Jonelière.

CI-DESSOUS
19 août 1994. Quelques minutes après son but de légende, Patrice Loko est félicité par Reynald Pedros et Claude Makelele.

FÉDÉRATION FRANÇAISE DE FOOTBALL
LIGUE NATIONALE DE FOOTBALL
24, Boul. de Courcelles, 75017 PARIS

Homologué, le ....
Sous le N° ....
L'Administrateur,

SAISON 1990/91

CONTRAT DE JOUEUR (Professionnel ou semi-professionnel) (1)

Entre les soussignés :

le Club : FOOTBALL CLUB DE NANTES N° Affil. F.F.F. :

représenté par M onsieur Max BOUYER

le Joueur (nom et prénoms) (2) LOKO Patrice

de nationalité française , né le 6 FEVRIER 1970 à SULLY S/LOIRE

domicilié à (adresse complète) II rue du Coudray - Bt A 44000 NANTES

Code postal 44000 Ville NANTES

CLUBS dans lesquels évoluait le joueur au cours des trois saisons précédentes, en précisant les mutations temporaires :

19 87 / 19 88 F.C. NANTES
19 88 / 19 89 F.C. NANTES
19 89 / 19 90 F.C. NANTES
19 ..... / 19 .....

LE JOUEUR

était-il en fin de contrat avec son club français ? oui ☐ non ☐
est-ce son premier contrat professionnel ? oui ☐+ non ☐
vient-il d'une Fédération étrangère ? oui ☐ non ☒
si oui, laquelle ....
Club formateur : F.C. NANTES
Poste habituellement occupé : Attaquant - ~~Milieu - Défenseur~~ (1)

A été convenu ce qui suit :

Le Joueur (nom et prénoms) LOKO Patrice s'engage à pratiquer le football en qualité de joueur professionnel ou semi-professionnel au (1) (nom du Club) FOOTBALL CLUB DE NANTES à dater du Ier JUILLET 1990 pendant une période de 4 saisons expirant à la fin de la saison 19 93 - 19 94.

Le (nom du club) FOOOTBALL CLUB DE NANTES s'engage à verser audit joueur : (correspondance en points)

1° Un salaire mensuel fixe correspondant [redacted]s, fixé en conformité des dispositions de l'annexe I à la Charte du Football Professionnel (art. [redacted]

2° Une prime de présence dans les conditions prévues à l'article 11 de l'annexe I à la Charte du Football Professionnel.

3° Une prime de résultat et de qualification dans les conditions prévues à l'article 12 de l'annexe I à la Charte du Football Professionnel.

4° Une prime de classement en fin de compétition, conformément aux dispositions de l'article 13 de l'annexe I à la Charte du Football Professionnel.

5° Une prime d'intéressement dont les conditions sont fixées conformément à l'article 14 de l'annexe I à la Charte du Football Professionnel.

Club et joueur s'engagent à respecter toutes les dispositions de la Charte du Football Professionnel, dont un exemplaire a été remis au joueur qui déclare en avoir pris préalablement connaissance, ainsi qu'un exemplaire du règlement intérieur du club dont il déclare accepter toutes les stipulations.

Fait en sextuple exemplaire à NANTES le 18 JUIN 19 90

Pour être VALABLE ce document doit comporter les signatures MANUSCRITES sur chacun des six exemplaires

Signature du Club. *Signature du Joueur.* précédée de la mention manuscrite « lu et approuvé »

SECRÉTARIAT B.P. 150 NANTES CEDEX

lu et approuvé

(1) Rayer la mention inutile.
(2) D'après la carte d'identité officielle de l'intéressé.

EXEMPLAIRE A CONSERVER PAR LE CLUB

LÉGENDES

PAGE DE GAUCHE
Retrouvailles entre internationaux avec le Nantais Philippe Gondet et le Rémois Raymond Kopa. Au milieu des années 1960, Nantes supplante le Stade de Reims.

CI-DESSOUS
En septembre 2006, Japhet N'Doram prend la succession de Robert Budzynski à la tête du recrutement nantais.

1ER SEPTEMBRE

1963 NANTES-SEDAN 2-2 (CHAMPIONNAT).
Premier match en première division pour les Canaris. Devant 11 906 spectateurs, Jacky Simon et Rafaël Santos montrent la voie, mais les Ardennais obtiennent le match nul en marquant deux fois après la pause.

1971 NANTES-PARIS SG 6-0 (CHAMPIONNAT).
Première euphorique pour Gilles Rampillon, qui se souvient : « J'ai 18 ans, et José Arribas m'apprend la veille que je vais diriger le jeu du FC Nantes. À la quatorzième minute, je coupe la trajectoire d'un centre de Henri Michel et je marque d'un extérieur gauche. » Avec soixante-quatre buts, le milieu de terrain deviendra le meilleur buteur de l'histoire du FCN au stade Marcel-Saupin.

1981 NANTES-MONACO 3-1 (CHAMPIONNAT).
Malgré un but d'Éric Pécout, parti sur le Rocher à l'intersaison, le FC Nantes arrache un troisième succès en huit journées de championnat. Mauvaise nouvelle : Patrice Rio s'est blessé et sera absent des terrains pour sept mois. Il a été remplacé par Michel Der Zakarian.

1987 NANTES-MARSEILLE 5-0 (CHAMPIONNAT).
En huit journées, Nantes n'a gagné qu'une fois. Jean-Claude Suaudeau se fâche, et les Canaris inscrivent quatre buts après la pause, dont un doublé de l'Écossais Mo Johnston. Didier Deschamps trouve aussi le chemin des filets, une première en pro.

2 SEPTEMBRE

1945 NANTES-AS TROYES 0-2 (CHAMPIONNAT D2).
Dirigés par Aimé Nuic, premier entraîneur de l'histoire du club, les Nantais disputent, et perdent, leur premier match pro à domicile, devant seulement 2 600 spectateurs... L'affluence marque toutefois un réel succès pour une ville plutôt tournée vers le rugby.

3 SEPTEMBRE

1966 Du jamais vu ! Après la démission du sélectionneur Henri Guérin, José Arribas et Jean Snella, entraîneurs de Nantes et de Saint-Étienne, sont appelés au chevet des Bleus.

1969 NANTES-RENNES 6-1 (CHAMPIONNAT).
Nantes n'a aucune pitié pour son voisin rennais, avec notamment un triplé de Philippe Levavasseur.

1975 À Saupin, la France domine l'Islande (3-0) en éliminatoires de l'Euro 1976. Pour sa quarante-quatrième sélection, Henri Michel adresse une passe décisive à Jean-Marc Guillou. Un certain Raymond Domenech est titularisé pour la deuxième fois.

4 SEPTEMBRE

1965 NANTES-ANGERS 5-3 (CHAMPIONNAT).
Un derby d'exception ! Menés deux fois devant plus de 16 000 spectateurs, les Nantais font tomber le SCO dans les dix dernières minutes grâce au duo Blanchet-Gondet.

5 SEPTEMBRE

1946 TROYES-NANTES 6-1 (CHAMPIONNAT).
Triste prestation des Nantais, qui sauvent l'honneur par René Crépin. Le lendemain, la presse locale demande à l'entraîneur Antoine Raab de « porter le fer dans la plaie ».

1964 NANTES-SAINT-ÉTIENNE 4-1 (CHAMPIONNAT).
Les Canaris dominent les champions en titre lors de la deuxième journée. Auteur d'un doublé, Jacky Simon finira meilleur buteur du championnat avec vingt-quatre réalisations.

SEPTEMBRE

NANTES DE BARCELONE A REYKJAVIK

FRANCE FOOTBALL

N° 1069 — 21e ANNÉE. — 6 SEPTEMBRE 1956 — 1 F

LA PLUS FORTE VENTE DES HEBDOMADAIRES SPORTIFS

QUI SUCCÉDERA A HENRI GUÉRIN ?

L'EQUIPE DE FRANCE N'A PLUS NI SELECTIONNEUR NI ENTRAINEUR, PUISQUE LA FEDERATION A REMERCIE HENRI GUERIN. DANS LES MILIEUX DIRIGEANTS, ON PARLE DE DEUX HOMMES POUR LUI SUCCEDER : JEAN SNELLA, L'ENTRAINEUR DE SAINT-ETIENNE, ET JOSE ARRIBAS, L'ENTRAINEUR DE NANTES, QUI TRAVAILLERAIENT MAIN DANS LA MAIN. CE BRUIT SERA-T-IL CONFIRME ?

LÉGENDE

Le FC Nantes fait l'actualité avec José Arribas, qui deviendra entraîneur de l'équipe de France en compagnie de son homologue stéphanois Jean Snella.

1970 **Trois ans après sa dernière sélection, Philippe Gondet joue et marque d'entrée avec les Bleus, en match amical face à la Tchécoslovaquie (3-0). C'est aussi son ultime apparition en sélection nationale.**
2005 **Après avoir fini sa carrière à Monaco, Japhet N'Doram revient à La Jonelière en responsable du recrutement. Après quarante-deux ans de fidélité, Robert Budzynski est parti à la retraite quelques jours plus tôt.**

2000 NANTES-BORDEAUX 0-5 (CHAMPIONNAT).
Scénario incroyable : pour son premier match en France, le Portugais Pedro Miguel Pauleta trompe à trois reprises Mickaël Landreau, avant que Wilmots et Laslandes ne corsent l'addition. Le tout sous les yeux des dirigeants de la Socpresse, qui viennent tout juste de reprendre le club ! Une débâcle qui n'empêchera pas Nantes de décrocher le titre en fin de saison.

6 SEPTEMBRE

1970 NANTES-CONCARNEAU 1-1 (CHAMPIONNAT CFA).
Premier match de la réserve nantaise, encadrée par le duo Guelso Zaetta-Jean-Claude Suaudeau. Ce dernier a raccroché les crampons la saison précédente et débute sa deuxième carrière de formateur, largement inspiré par les préceptes de José Arribas.

7 SEPTEMBRE

1966 REYKJAVIK-NANTES 2-3 (16es DE FINALE DE LA COUPE DES CHAMPIONS, MATCH ALLER).
PREMIÈRE VICTOIRE DE L'HISTOIRE DU CLUB EN COUPE D'EUROPE. PHILIPPE GONDET SIGNE SON TRADITIONNEL DOUBLÉ ET JACKY SIMON AJOUTE UN NOUVEAU BUT À SON COMPTEUR PERSONNEL.

1976 SOCHAUX-NANTES 2-6 (CHAMPIONNAT).
Devenu attaquant titulaire sous l'ère Jean Vincent, Bruno Baronchelli inscrit son premier et seul triplé sous le maillot nantais.
1983 **Au Danemark, Maxime Bossis honore sa cinquantième sélection en équipe de France (1-3).**
1986 **Affiche unique ! Pour inaugurer le stade communal de L'Aiguillon-sur-Mer, en Vendée, le FC Nantes rencontre en match amical le Bataillon de Joinville.**

8 SEPTEMBRE

1962 NANTES-SAINT-ÉTIENNE 0-4 (CHAMPIONNAT D2).
Terrible défaite lors de la quatrième journée ! José Arribas est sur la sellette, mais plusieurs joueurs se mobilisent pour qu'il ne soit pas limogé. « Nous savions où il était capable de nous emmener », dira l'excellent milieu de terrain Jean Guillot.
1963 RC PARIS-NANTES 3-0 (CHAMPIONNAT).
Pour leur premier déplacement en D1, les Nantais craquent dans les cinq dernières minutes mais séduisent le public du Parc des Princes, amateur de beau jeu.
1971 **Un an après Philippe Gondet, Bernard Blanchet réussit également son retour en équipe de France en marquant face à la Norvège (3-1).**
1973 **Plus discret, un autre Canari intègre les rangs des Bleus, face à la Grèce (3-1) : Jean-Claude Osman ne comptera qu'une sélection, mais deux cent quarante-quatre matches pour Nantes.**
1984 NANTES-BASTIA 3-0 (CHAMPIONNAT).
Grâce à Vahid Halilhodzic, William Ayache et Bruno Baronchelli, les Canaris entament une série de quatre mois sans défaite.

9 SEPTEMBRE

1967 NANTES-ROUEN 0-0 (CHAMPIONNAT).
Paul Courtin s'est luxé un genou à l'échauffement mais pose toutefois, accroupi, sur la photo officielle. Incapable de se relever, le nouveau milieu de terrain du club est remplacé par Georges Éo.
1973 **À Saumur, l'équipe de France Espoirs s'incline face à la Finlande. Dans les rangs tricolores figure Gilles Rampillon, qui évolue aux côtés de Raymond Domenech et Alain Giresse.**
1977 NANTES-SOCHAUX 2-0 (CHAMPIONNAT).
Maxime Bossis et Gilles Rampillon marquent, mais Jean Vincent perd Raynald Denoueix, victime d'une fracture à une jambe et remplacé à la seizième minute par Georges Van Straelen.
1980 ANGERS-NANTES 0-3 (CHAMPIONNAT).
Premier doublé d'un jeune attaquant du centre de formation : José Touré.

1995 BASTIA-NANTES 4-1 (CHAMPIONNAT).
Dans une ambiance hostile, Jean-Claude Suaudeau lance Frédéric Da Rocha, l'un de ses jeunes espoirs au tempérament affirmé. Dix ans plus tard, l'attaquant dépassera la barre des trois cents matches en première division, tous disputés sous le maillot nantais.

10 SEPTEMBRE

1955 Alors qu'il vient de transmettre la présidence du FC Nantes à Jean Le Guillou (exilé à la Libération, l'entrepreneur était rentré en France après les lois d'amnistie de 1951), Marcel Saupin est annoncé comme le futur président de la Ligue de l'Ouest de la Fédération française de football.
1986 Expulsé six mois plus tôt face à l'Inter de Milan, Michel Der Zakarian est suspendu officiellement pour quatre rencontres européennes.
1994 MARTIGUES-NANTES 3-3 (CHAMPIONNAT).
Face au promu provençal, Nantes mène 3-0 avant de se faire rejoindre sur une réalisation de Tholot puis un doublé de Benarbia.

LÉGENDE

9 septembre 1980. José Touré inscrit un premier doublé sous le maillot nantais.

1997 Mickaël Landreau étant devenu un numéro un indiscutable dans les buts nantais, Dominique Casagrande rejoint officiellement le FC Séville.

11 SEPTEMBRE

1993 La polémique fait rage : Marseille ayant été exclu de la Ligue des Champions, c'est finalement Monaco qui remplace le club phocéen. Nantes ne profite pas de la redistribution des cartes et affrontera Valence en trente-deuxièmes de finale de la Coupe UEFA.
1998 TOULOUSE-NANTES 2-3 (CHAMPIONNAT).
Un nouveau talent issu de La Beaujoire explose : Olivier Monterrubio signe un doublé !
2001 NANTES-PSV EINDHOVEN 4-1 (PREMIÈRE PHASE DE LA LIGUE DES CHAMPIONS).
Tandis qu'une minute de silence est ordonnée en mémoire des victimes des attentats de New York survenus le matin même, les Canaris réussissent à faire abstraction de l'événement. Olivier Quint et Pierre-Yves André jouent les virtuoses avant que Wilfried Dalmat et Marama Vahirua ne corsent l'addition.

12 SEPTEMBRE

1943 NANTES-AS BRESTOISE 4-1 (CHAMPIONNAT CFA).

12 SEPTEMBRE 1943
PREMIER MATCH OFFICIEL DU FC NANTES, ET PREMIÈRE VICTOIRE ! LODO EST LE PREMIER BUTEUR DE L'HISTOIRE DU CLUB. L'ÉQUIPE DES PIONNIERS : GONZALÈS – GIOVANETTI, BLAMBLAIN – GARREC, GERGOTICH, KERDRAON – CRÉPIN, NUIC, DAVID, LODO, VISCHER. ENTRAÎNEUR : AIMÉ NUIC.

1954 Le journal officiel *Le Canari* présente ses pronostics sous l'appellation « Éventualités sur la saison 1954-1955 ». De leur tiercé, Sète-Rouen-Rennes, seule la place des Bretons sera la bonne. Les deux lauréats seront finalement Sedan et le Red Star.

LÉGENDE

13 septembre 1963. Sadek Boukhalfa, buteur de la montée, devient celui de la première victoire en D1.

1957 NANTES-GRENOBLE 0-0 (CHAMPIONNAT D2).
Pour la première fois à Nantes, un match de football est organisé en nocturne, grâce à l'installation de quatre groupes de seize projecteurs. À l'époque, la presse nantaise évoque « un spectacle digne d'une superproduction cinématographique ».

1962 METZ-NANTES 3-1 (CHAMPIONNAT D2).
Troisième défaite consécutive pour les joueurs de José Arribas. La montée tant attendue semble compromise. Et pourtant...

1973 NANTES-NÎMES 0-2 (CHAMPIONNAT).
Bernard Blanchet souffrant d'une angine, José Arribas lance le jeune Loïc Amisse aux côtés de Didier Couécou et de Gilles Rampillon, qui fait ses débuts en première division.

1980 NANTES-LILLE 4-1 (CHAMPIONNAT).
Grâce notamment à un but de leur dernière recrue en date, le Danois Henrik Agerbeck, un ancien du Hertha Berlin, le FCN réalise un excellent début de saison, avec quinze points pris sur vingt possible.

13 SEPTEMBRE

1963 NANTES-VALENCIENNES 3-1 (CHAMPIONNAT).
Première victoire de l'histoire en D1 grâce à un doublé de Sadek Boukhalfa, et malgré un but contre son camp de Jean-Claude Suaudeau.

1970 ÉVREUX-NANTES 0-2 (CHAMPIONNAT CFA).
Premier succès de la réserve nantaise dirigée par le duo Suaudeau-Zaetta.

1978 NANTES-BENFICA LISBONNE 0-2 (32es DE FINALE DE LA COUPE UEFA, MATCH ALLER).
Dès le match aller, le FC Nantes compromet ses chances face à un grand d'Europe emmené par ses stars décisives à Saupin : Chalana et Nene.

1994 ROTOR VOLVOGRAD-NANTES 3-2 (32es DE FINALE DE LA COUPE UEFA, MATCH ALLER).
Malgré l'ouverture du score de Nicolas Ouédec, les Canaris encaissent trois buts inquiétants, avant une dernière réalisation de Japhet N'Doram, capitale en vue du match retour, le 27 septembre...

1995 PORTO-NANTES 0-0 (PREMIER TOUR DE LA LIGUE DES CHAMPIONS).
Premier match dans la compétition nouvelle formule pour les Canaris de Coco Suaudeau.

14 SEPTEMBRE

1953 NANTES-MONTPELLIER 6-0 (CHAMPIONNAT D2).
Un triplé de Ferrier et des réalisations de Van Geen, Minci et Gallard. Darui, le gardien international du club héraultais, passe une difficile soirée. Le FCN s'installe à la troisième place du classement provisoire.

IS DU CAOUTCHOUC

1955 **À Rennes, Marcel Saupin, le fondateur du FCN, est officiellement élu président de la Ligue de l'Ouest.**

1977 DUKLA PRAGUE-NANTES 1-1 (16es DE FINALE DE LA COUPE DES CHAMPIONS, MATCH ALLER).
Trois ans après l'élimination face à Ostrava, les Canaris retrouvent la Coupe d'Europe en Tchécoslovaquie. Loïc Amisse marque mais se fait expulser pour un coup de tête ! Le FC Nantes de Jean Vincent convainc toutefois pour cette première sortie européenne de la saison.

1979 SAINT-ÉTIENNE-NANTES 4-2 (CHAMPIONNAT).
Le doublé d'Enzo Trossero n'y fait rien. Johnny Rep lui répond, imité un peu plus tard par Michel Platini et Dominique Rocheteau.

1984 RAPID VIENNE-NANTES 3-0 (16es DE FINALE DE LA COUPE DES CHAMPIONS, MATCH ALLER).
Pour sa première européenne, Jean-Claude Suaudeau voit ses Canaris sombrer dès leur entrée en lice, emportés par le doublé d'un certain Antonin Panenka.

1990 NANCY-NANTES 3-2 (CHAMPIONNAT).
Malgré un doublé de Patrice Loko, les joueurs de Miroslav Blazevic s'inclinent devant les Lorrains de Gava et de Zavarov.

1999 IONIKOS-NANTES 1-3 (64es DE FINALE DE LA COUPE UEFA, MATCH ALLER).
Les Canaris s'imposent, avec notamment un doublé d'Olivier Monterrubio.

2000 KRIVOI ROG-NANTES 0-1 (32es DE FINALE DE LA COUPE UEFA, MATCH ALLER).
En Russie, les Canaris remportent la première manche grâce à un petit but de Stéphane Ziani.

2002 NANTES-LYON 1-0 (CHAMPIONNAT).
Les Canaris dominent le champion en titre grâce à Marama Vahirua.

15 SEPTEMBRE

1946 NANTES-ANTIBES 3-0 (CHAMPIONNAT D2).
Antoine Raab doit patienter jusqu'à la cinquième journée pour vivre sa première victoire au poste d'entraîneur-joueur.

1952 STRASBOURG-NANTES 7-1 (CHAMPIONNAT D2).
La déception de la montée ratée la saison précédente n'est pas encore évacuée. À la Meinau, les joueurs d'Émile Veinante concèdent, dans la douleur, leur quatrième défaite en six journées.

1962 ROUBAIX-NANTES 1-2 (CHAMPIONNAT D2).
Sans le savoir, le FC Nantes entame une série de vingt-deux rencontres sans défaite, dont dix-neuf victoires.

1971 PORTO-NANTES 0-2 (32es DE FINALE DE LA COUPE UEFA, MATCH ALLER).
POUR LA PREMIÈRE FOIS, LE FC NANTES TOMBE UN GRAND D'EUROPE GRÂCE À UN DOUBLÉ D'ANGEL MARCOS, ALIGNÉ EN SOUTIEN DU TANDEM COURTIN-MAAS.

1986 **Jean-Claude Suaudeau donne la composition de son groupe pour la réception du Torino. Marcel Desailly, qui a fêté ses 18 ans dix jours plus tôt, fera ses grands débuts européens.**

2001 LYON-NANTES 4-1 (CHAMPIONNAT).
Passation de pouvoir entre l'ancien et le nouveau champion de France ! Encore Nantais trois semaines plus tôt, Éric Carrière parachève le succès lyonnais.

16 SEPTEMBRE

1943 **Des bombardements alliés sur Nantes occupée détruisent une partie du centre-ville et tuent près de 1 500 personnes. Le centre est défiguré… tout comme le stade Malakoff, et il est impossible de rassembler l'équipe. Le match de la deuxième journée de championnat amateur du 19 septembre est reporté.**

LÉGENDE

Frédéric Da Rocha a été de toutes les batailles, de la Ligue des champions (ici contre la Lazio Rome) à la Ligue 2.

LÉGENDE

Par sa grinta, l'Argentin Nestor Fabbri est rapidement devenu l'idole du public nantais.

1959 NANTES-CANNES 3-0 (CHAMPIONNAT D2).
Troisième succès en quatre journées pour les Canaris, en tête du championnat. L'arrivée de l'entraîneur Karel Michlowski, ancien du SCO et de Lens, produit son petit effet. Dans la journée, Jean Clerfeuille avait été nommé nouveau président du FC Nantes en assemblée générale. Affaibli par la maladie, Marcel Saupin est nommé président d'honneur.

1970 STROMGODSET-NANTES 0-5 (16es DE FINALE DE LA COUPE DES COUPES, MATCH ALLER).
Premier match dans cette compétition pour les Canaris, victorieux en Norvège grâce, notamment, à un doublé de Philippe Levavasseur et un but de Claude Arribas.

1980 LINFIELD-NANTES 0-1 (16es DE FINALE DE LA COUPE DES CHAMPIONS, MATCH ALLER).
Les Canaris prennent une option sur la qualification face aux Irlandais grâce à Loïc Amisse.

1981 NANTES-LOKEREN 1-1 (32es DE FINALE DE LA COUPE UEFA, MATCH ALLER).
Malgré un but d'entrée de Vahid Halilhodzic, le FCN ne fait pas la différence à Saupin.

1993 NANTES-VALENCE 1-1 (32es DE FINALE DE LA COUPE UEFA, MATCH ALLER).
Sept ans après, Nantes retrouve la Coupe d'Europe. Les Jaunes sont tenus en échec par un grand d'Espagne : Predrag Mijatovic répond dans la minute à l'ouverture du score de Nicolas Ouédec.

1997 AARHUS-NANTES 2-2 (32es DE FINALE DE LA COUPE UEFA, MATCH ALLER).
Grâce à deux buts de Jocelyn Gourvennec et Samba N'Diaye, les Canaris mènent deux fois au score mais ratent le coche après la pause. Le match retour s'annonce ouvert.

17 SEPTEMBRE

1944 NANTES-BASSE-INDRE 4-0 (AMICAL).
Auteur d'un triplé, un certain Antoine Raab se révèle à Nantes. L'homme a un parcours exceptionnel. Né à Francfort et membre de l'équipe d'Allemagne juniors, il refuse d'effectuer le salut nazi en match officiel. Emprisonné ensuite, il quitte son pays et trouve refuge à Paris, puis à Nantes, où son passé de joueur professionnel séduit le club de la Saint-Pierre, puis le FC Nantes naissant. Antoine Raab deviendra entraîneur du club de 1946 à 1949 puis en 1955, avant d'occuper un poste de conseiller technique au début des années 1960.

1967 **Tandis que Jacky Simon, Bernard Blanchet et Philippe Gondet ne sont pas libérés par le club, le jeune Henri Michel décroche sa première sélection internationale face à la Pologne (4-1), à Varsovie. Il est le seul Nantais de l'équipe. C'est la première d'une longue série de cinquante-huit apparitions sous le maillot bleu.**

1985 VALUR REYKJAVIK-NANTES 2-1 (32es DE FINALE DE LA COUPE UEFA, MATCH ALLER).
Honte sur les Nantais, malgré l'égalisation de José Touré ! Pour la première fois de l'histoire de l'île, un club islandais domine un adversaire professionnel...

1986 NANTES-TORINO 0-4 (32es DE FINALE DE LA COUPE UEFA, MATCH ALLER).
Six mois après l'élimination face à l'Inter Milan, les Canaris retrouvent une équipe italienne. Après la pause, les Nantais sont balayés par un doublé de Kieft. Cette défaite est l'une des plus rudes encaissées à domicile en campagne européenne.

1994 NANTES-SAINT-ÉTIENNE 3-0 (CHAMPIONNAT).
Pour la première fois de la saison, Nantes s'impose sur ce score, grâce à des buts de Patrice Loko, Nicolas Ouédec et Claude Makelele. Le « tarif maison » est institué. Cette saison, les Canaris marqueront trois buts à leurs adversaires à huit reprises.

18 SEPTEMBRE

1974 NANTES-LEGIA VARSOVIE 2-2 (32es DE FINALE DE LA COUPE UEFA, MATCH ALLER).
Menés 0-2 à l'heure de jeu, les Canaris reviennent à la marque en trois minutes.

2004 NANTES-ISTRES 1-0 (CHAMPIONNAT).
Le FCNA doit attendre la sixième journée pour vivre son premier succès.

19 SEPTEMBRE

1973 VEJLE-NANTES 2-2 (16es DE FINALE DE LA COUPE DES CHAMPIONS, MATCH ALLER).
« Nous allons passer facile », avait pronostiqué Jean-Claude Osman. Menés 0-2 au terme du premier quart d'heure de jeu, les Canaris croient avoir sauvé l'essentiel au Danemark grâce à Gilles Rampillon et Didier Couécou, face à des joueurs amateurs heureux de leur coup.

1979 CLIFTONVILLE-NANTES 0-1 (16es DE FINALE DE LA COUPE DES COUPES, MATCH ALLER).
Dans l'ambiance tourmentée de l'Irlande du Nord de l'époque, Nantes s'en sort bien grâce à une réalisation de Gilles Rampillon.

1990 **Repéré à Saint-Brévin par Marcel Mao – alors conseiller technique régional de la Ligue de l'Atlantique – six mois plus tôt, Japhet N'Doram signe son premier contrat professionnel au FC Nantes, en qualité de joker. Pendant l'été, les dirigeants avaient cherché en vain dans toute l'Europe un nouvel attaquant, alors qu'ils l'avaient sous la main !**

1992 NANTES-LENS 3-2 (CHAMPIONNAT).
Plus de 27 000 spectateurs assistent au triplé de Japhet N'Doram et au succès des Canaris, invaincus lors des sept premières journées.

1996 AUXERRE-NANTES 2-2 (CHAMPIONNAT).
Grâce à un doublé de Japhet N'Doram, les Nantais entament une série de trente et une rencontres sans défaite, la plus longue de l'histoire du football français... après celle de trente-deux matches réussie par le FCNA deux saisons plus tôt !

2001 LAZIO ROME-NANTES 1-3 (PREMIÈRE PHASE DE LA LIGUE DES CHAMPIONS).
Exploit des Canaris, pourtant malmenés en championnat. Grâce au trio Armand-Fabbri-Ziani, les joueurs de Raynald Denoueix remportent un grand succès au Stade Olympique de Rome.

NANTES.
Qual 22.9.90
Joker

FÉDÉRATION FRANÇAISE DE FOOTBALL

LIGUE NATIONALE DE FOOTBALL

24, Boul. de Courcelles, 75017 PARIS

Expédié le
Homologué le 25/9/9
Sous le N° 6631
L'Administrateur.

SAISON 1990/1991

REÇU LE
[illegible] OCT. 1990
RÉP. LE

CONTRAT DE JOUEUR (Professionnel ou semi-professionnel) [1]

Entre les soussignés :

Monsieur Max BOUYER représentant le Club : FOOTBALL CLUB DE NANTES

Et (Nom du Joueur) [2] N'DORAM (prénoms) Japhet

de nationalité Tchadienne, né le 27 FEVRIER 1966 à N'DJAMENA

domicilié à (adresse complète) CENTRE SPORTIF DE LA JONELIERE 44240 LA CHAPELLE S/E

Clubs antérieurs

S'il s'agit d'un amateur, indication des clubs dans lesquels il a pratiqué au cours des cinq dernières saisons : saison 85/86 TOURBILLON N'DJAMENA

saison 86/87 TOURBILLON saison 87/88 TOURBILLON

saison 88/89 TONNERRE YAOUNDE saison 89/90 TOURBILLON

S'il s'agit d'un professionnel, indication des clubs auxquels il a appartenu les trois dernières saisons en précisant éventuellement si les mutations étaient temporaires : saison

saison saison

A été convenu ce qui suit :

Le Joueur (nom et prénoms) N'DORAM Japhet s'engage à pratiquer le football en qualité de joueur professionnel ou semi-professionnel [1] au (nom du Club) FOOTBALL CLUB DE NANTES à dater du 19 SEPTEMBRE 1990 pendant une période de 1 saisons expirant à la fin de la saison 1990 - 1991.

Le (nom du club) FOOTBALL CLUB DE NANTES s'engage à verser audit joueur :

1° Un salaire mensuel fixe correspondant (correspondance en points) s, fixé en conformité des dispositions de l'annexe I à la Charte du Football Professionnel (art.

2° Une prime de présence dans les conditions prévues à l'article 11 de l'annexe I à la Charte du Football Professionnel.

3° Une prime de résultat et de qualification dans les conditions prévues à l'article 12 de l'annexe I à la Charte du Football Professionnel.

4° Une prime de classement en fin de compétition, conformément aux dispositions de l'article 13 de l'annexe I à la Charte du Football Professionnel.

5° Une prime d'intéressement dont les conditions sont fixées conformément à l'article 14 de l'annexe I à la Charte du Football Professionnel.

Club et joueur s'engagent à respecter toutes les dispositions de la Charte du Football Professionnel, dont un exemplaire a été remis au joueur qui déclare en avoir pris préalablement connaissance, ainsi qu'un exemplaire du règlement intérieur du club dont il déclare accepter toutes les stipulations.

Fait en six exemplaires à LA CHAPELLE S/ERDRE le 19 SEPTEMBRE 1990

Pour être VALABLE ce document doit comporter les signatures MANUSCRITES sur chacun des six exemplaires

Signature du Club.

Signature du Joueur. [3]

Lu et approuvé

FOOTBALL CLUB DE NANTES
SECRÉTARIAT
B.P. 150

L.N.F.
117205
20 SEP. 90

(1) Rayer la mention inutile.
(2) D'après la carte d'identité officielle de l'intéressé.
(3) Faire précéder la signature de la mention manuscrite « *Lu et approuvé* »

1

LÉGENDES

PAGE DE GAUCHE
Un document : le premier contrat de Japhet N'Doram, comme joker, grâce au retrait de Jorge Burruchaga.

1
Le Tchadien est ensuite devenu le « Sorcier de La Beaujoire ».

2
22 septembre 1965. Petit événement avec la découverte de la Coupe d'Europe.

2006 NANTES-TOULOUSE 0-2 (16es DE FINALE DE LA COUPE DE LA LIGUE).
Serge Le Dizet redonne leurs chances aux recrues de l'été, mais les Canaris sont éliminés sans gloire par des Toulousains pourtant diminués.

20 SEPTEMBRE

1972 NANTES-SOCHAUX 4-3 (CHAMPIONNAT).
Menés 1-2 à la pause, les Canaris l'emportent en toute fin de match grâce à Michel Pech.
1975 NANTES-BASTIA 1-0 (CHAMPIONNAT).
Nantes arrache la victoire grâce à Georges Van Straelen, 19 ans, arrivé de Lorient à l'intersaison. Le journal du club venait justement de le mettre à l'affiche !
1986 NANTES-PSG 0-1 (CHAMPIONNAT).
Le FCN s'incline face au champion en titre parisien, renforcé par quatre anciens Canaris : Vahid Halilhodzic, William Ayache, Michel Bibard et Fabrice Poullain.
2006 Georges Éo, entraîneur adjoint depuis vingt ans au club, remplace Serge Le Dizet à la tête de l'équipe première, le lendemain de l'élimination en Coupe de la Ligue face à Toulouse.

21 SEPTEMBRE

1983 BORDEAUX-NANTES 1-0 (CHAMPIONNAT).
Nouveau faux pas pour les Canaris de Jean-Claude Suaudeau, qui n'ont plus la réussite de la saison précédente.

22 SEPTEMBRE

1965 PARTIZAN BELGRADE-NANTES 2-0 (16es DE FINALE DE LA COUPE DES CHAMPIONS, MATCH ALLER).
Première rencontre en Coupe d'Europe de l'histoire du FC Nantes, contre le Partizan Belgrade. L'équipe yougoslave prend un net avantage dès le match aller.
1990 NANTES-SAINT-ÉTIENNE 2-1 (CHAMPIONNAT).
Grâce à Jorge Burruchaga, qui laisse sa place de joueur « extra communautaire » en signant une licence amateur, Japhet N'Doram peut intégrer l'effectif nantais et disputer son premier match en première division... récompensé par un but ! Au total, le Tchadien jouera cent quatre-vingt-douze rencontres sous le maillot nantais, pour soixante-douze buts, dont trois triplés !

2

allez Nantes...

1959
1960

LE CANARI

Participation aux frais : 50 francs

N° 3
24 SEPT. 1959

Organe officiel du **F. C. N.**, et du Club des Supporters **"Allez Nantes"**

C. C. P. Nantes 1090-03 — Direction - Administration : 5bis, Rue Bertrand-Geslin - NANTES — Tél. : 73-40-57

SPORTIFS ! POUR ACHETER VOTRE VOITURE

LAMORICIERE-AUTO

Le spécialiste de la voiture récente
Uniquement des voitures de QUALITE !

GARANTIE TOTALE SUR DEMANDE
ACHATS - VENTES - REPRISES
CREDIT DE 3 A 15 MOIS

2 bis, rue Lamoricière
NANTES — Tél. 71.78.42

Déjà un match capital

NANTES - LILLE

évenement du jour en 2e division

Cinq des vedettes du Lille O.S.C. qui se produiront jeudi à Nantes. En haut, de gauche à droite : **CHIARELLI** (inter droit), **DEBELLEIX** (arrière central). — Au centre : **PAZUR** (arrière). — En bas : **René FATOUX** (centre avant), **NOWOTARSKI** (demi aile).

1

1992 « Nantes est parti pour déranger », estime Jean-Claude Suaudeau dans *France Football,* alors que le FCNA, privé de recrutement, démarre la saison avec une équipe de jeunes joueurs issus du centre de formation.

23 SEPTEMBRE

1943 Un second raid aérien défigure le centre-ville de Nantes. En tout, plus de sept cents maisons et immeubles sont rasés de la carte ! Et le Stade Malakoff n'est pas épargné...

1966 STADE PARIS-NANTES 1-0 (CHAMPIONNAT).

L'anecdote est savoureuse : privé de ses trois gardiens (Éon, Castel et Fouché), José Arribas fait appel au portier de l'équipe 4, Bernard Teigner, alors... au service militaire. Une permission exceptionnelle lui permet d'officier au Parc des Princes pour son seul et unique match en D1.

1967 BORDEAUX-NANTES 6-2 (CHAMPIONNAT).

La défense prend l'eau, car le départ de Gilbert Le Chenadec n'est pas compensé. Le FC Nantes de José Arribas rentre dans le rang.

24 SEPTEMBRE

1959 NANTES-LILLE 0-0 (CHAMPIONNAT D2).

Pas moins de 14 183 spectateurs, pour une recette de 5 134 940 francs, un record à l'époque, viennent supporter le nouveau leader, qui reste sur quatre victoires consécutives.

1976 NANTES-NANCY 3-1 (CHAMPIONNAT).

Le Nancy de Michel Platini sombre à nouveau à Saupin. Loïc Amisse y va de son doublé.

2006 NANTES-MARSEILLE 2-1 (CHAMPIONNAT).

Pour la première de Georges Éo sur les bancs de L1, le FCNA remporte son premier match de la saison (en sept journées), face au Marseille de Franck Ribéry.

25 SEPTEMBRE

1960 BOULOGNE-SUR-MER-NANTES 10-2 (CHAMPIONNAT D2).

La correction reçue dans le Pas-de-Calais a le mérite de faire évoluer les idées de l'entraîneur nantais José Arribas : le 4-2-4 cher aux Hongrois est institué sur les bords de Loire. Les prémices du jeu à la nantaise...

LÉGENDES

1
Le premier journal du club, publié à chaque match à domicile.

2
27 septembre 1995. Le fanion du déplacement à Athènes.

2

1975 Surprise dans la presse nantaise. Yves Triantafilos est annoncé à Nantes. Un an plus tôt, il avait été le héros des Verts en Coupe d'Europe en retournant la situation face à Split.

2005 NANTES-LYON 0-1 (CHAMPIONNAT).

Le Brésilien Fred crucifie les joueurs de Serge Le Dizet.

26 SEPTEMBRE

1975 MONACO-NANTES 4-4 (CHAMPIONNAT).

Poussé par ses dirigeants, José Arribas applique pour la première fois le marquage individuel. Surpris par trois buts concédés en un quart d'heure de jeu, les Canaris arrachent le nul grâce à Gilles Rampillon. L'expérimentation défensive ne sera pas renouvelée...

2001 NANTES-GALATASARAY 0-1 (PREMIÈRE PHASE DE LA LIGUE DES CHAMPIONS).

Restant sur deux succès consécutifs dans l'épreuve, les Canaris sont surpris par les Turcs, chez qui il faudra se rendre le 16 octobre...

27 SEPTEMBRE

1978 BENFICA LISBONNE-NANTES 0-0 (32es DE FINALE DE LA COUPE UEFA, MATCH RETOUR).

Battue 0-2 à Saupin, l'équipe de Jean Vincent récupère Oscar Muller et Gilles Rampillon. Mais Nantes ne marque pas face aux Portugais...

1985 BREST-NANTES 1-3 (CHAMPIONNAT).

À 16 ans, Didier Deschamps dispute son premier match professionnel sous le maillot nantais. Rentré en jeu après vingt minutes en remplacement de Vahid Halilhodzic, blessé, la « petite merveille » – comme on l'appelle à l'époque – offre une passe décisive à Loïc Amisse. « Je ne me suis pas trop mal débrouillé », déclare ce soir-là le futur capitaine de l'équipe de France.

1994 NANTES-ROTOR VOLVOGRAD 3-0 (32es DE FINALE DE LA COUPE UEFA, MATCH RETOUR).

Battus 2-3 en Russie, les Canaris poursuivent leur parcours européen grâce à un but de Patrice Loko et un doublé de Nicolas Ouédec.

1995 PANATHINAIKOS-NANTES 3-1 (PREMIÈRE PHASE DE LA LIGUE DES CHAMPIONS).

À Athènes, le onze de Coco Suaudeau sombre face au Polonais Warzycha, auteur d'un doublé.

28 SEPTEMBRE

1966 Pour son premier match à la tête des Bleus, face à la Hongrie (1-4), José Arribas titularise cinq joueurs nantais : les habitués (Budzynski, pour la première fois capitaine, Simon et Gondet) et deux nouveaux (Suaudeau et Robin). À l'origine d'un but, Gondet ne peut qu'apprécier l'efficacité de l'attaquant hongrois Janos Farkas, auteur d'un quadruplé.

1977 NANTES-DUKLA PRAGUE 0-0 (16es DE FINALE DE LA COUPE D'EUROPE DES CLUBS CHAMPIONS, MATCH RETOUR).
Le but de Loïc Amisse à l'aller qualifie des Canaris réalistes.

1983 NANTES-RAPID VIENNE 3-1 (16es DE FINALE DE LA COUPE D'EUROPE DES CLUBS CHAMPIONS, MATCH RETOUR).
Battus 0-3 à l'aller, les Canaris se rebiffent ! Bruno Baronchelli et Patrice Rio marquent, mais Panenka refroidit Saupin avant la pause avec un but capital pour les Autrichiens. Seul Oscar Muller trouvera le chemin des filets en deuxième mi-temps...

1984 NANTES-LENS 2-0 (CHAMPIONNAT).
Doublé de Vahid Halilhodzic, qui marquera à chaque fois lors des huit journées suivantes. Une régularité qui en fera le meilleur buteur de D1, avec vingt-huit réalisations.

1989 **Disparition à l'âge de 68 ans de José Arribas, alors que l'entraîneur nantais de 1960 à 1976 était revenu dans la région pour une dernière mission de formation. Le FC Nantes pleure le père des premiers titres et l'instigateur du centre de formation, qui portera désormais son nom.**

1996 NANTES-RENNES 3-3 (CHAMPIONNAT).
Un derby breton échevelé ! Grâce à un doublé de Stéphane Guivarc'h, les Rennais mènent à la quatre-vingtdixième minute, moment que choisit Frédéric Da Rocha pour égaliser.

1999 NANTES-IONIKOS 1-0 (64es DE FINALE DE LA COUPE UEFA, MATCH RETOUR).
Frédéric Da Rocha confirme le succès aisé (3-0) de l'aller.

2000 NANTES-KRIVOI ROG 5-0 (32es DE FINALE DE LA COUPE UEFA, MATCH RETOUR).
Vainqueurs 1-0 à l'aller, les Canaris se qualifient aisément au match retour à La Beaujoire, emmenés par un Viorel Moldovan intenable, auteur d'un triplé.

29 SEPTEMBRE

1945 MULHOUSE-NANTES 6-1 (CHAMPIONNAT D2).
Première grosse défaite chez les pros. Les dirigeants nantais décident de partir à la recherche d'un véritable attaquant...

1952 STRASBOURG-NANTES 7-1 (CHAMPIONNAT D2).
Mauvaise entame de saison pour le FC Nantes, quinzième du classement provisoire.

1971 NANTES-PORTO 1-1 (32es DE FINALE DE LA COUPE UEFA, MATCH RETOUR).
Pour leur première apparition dans l'épreuve, les Canaris confirment le score de l'aller (2-0) en ouvrant la marque par l'Allemand Erich Maas. Le FCN se qualifie logiquement, malgré le but contre son camp de Gaby de Michèle.

30 SEPTEMBRE

1956 NANTES-SÈTE 2-0 (CHAMPIONNAT D2).
Tout va bien pour le FC Nantes nouvelle formule, avec un septième match sans défaite.

1970 NANTES-STROMGODSET 2-3 (16es DE FINALE DE LA COUPE DES COUPES, MATCH RETOUR).
Vainqueurs 5-0 en Norvège, les Canaris sont qualifiés.

1981 LOKEREN-NANTES 4-2 (32es DE FINALE DE LA COUPE UEFA, MATCH RETOUR).
Après le 1-1 de l'aller, Nantes sombre face aux Belges de Grzegorz Lato.

1989 NANTES-SAINT-ÉTIENNE 2-0 (CHAMPIONNAT).
Un doublé de Thierno Youm brise une série de trois défaites consécutives et de sept matches sans victoire.

1993 VALENCE-NANTES 3-1 A.P. (32es DE FINALE DE LA COUPE UEFA, MATCH RETOUR).
Reynald Pedros ouvre le score, mais un penalty de Penev offre aux Espagnols les prolongations, au cours desquelles les Canaris concèdent deux buts. « Cette équipe fera très mal », déclare l'expérimenté Jean-Michel Ferri, malgré la défaite.

1997 NANTES-AARHUS 0-1 (32es DE FINALE DE LA COUPE UEFA, MATCH RETOUR).
Les Canaris sont éliminés sur un but concédé juste avant la mi-temps...

1999 NANTES-IONIKOS 1-0 (64es DE FINALE DE LA COUPE UEFA, MATCH RETOUR).
Déjà vainqueurs à l'aller (3-1), les Canaris passent l'obstacle grec grâce à Frédéric Da Rocha.

2001 **En dominant le Nigeria (3-0) à Trinidad-et-Tobago, la France devient championne du monde dans la catégorie des moins de 18 ans. Au sein de la sélection tricolore de Jean-François Jodar figurent trois Nantais : Emerse Fae, Stephen Drouin et Luigi Glombard.**

LÉGENDE

L'équipe de la Coupe d'Europe 1981-1982, avec un certain Michel Der Zakarian, debout aux côtés du gardien Jean-Paul Bertrand-Demanes.

17 SEPTEMBRE 1944

ANTOINE RAAB, UN DESTIN EXCEPTIONNEL

En septembre 1944, alors que la ville est tout juste libérée, le FC Nantes, né un an plus tôt, reçoit le renfort d'un joueur professionnel d'origine allemande et au parcours hors du commun. Antoine Raab, disparu en 2006 à l'âge de 93 ans, occupera les postes de joueur puis d'entraîneur jusqu'en 1949, avant d'être rappelé au chevet de l'équipe première en 1955. Le courage et l'enthousiasme résument ce personnage déterminant dans les premières heures du club.

Libérée le 12 août 1944, la ville de Nantes peine à panser ses plaies. Tandis que le Parc des Sports de Malakoff, tour à tour occupé par les troupes allemandes puis bombardé par les Alliés, est encore hors d'usage, le FC Nantes balbutiant reprend l'entraînement dans l'anonymat, le 10 septembre, au stade du Vivier. Dès le 17, un renfort fait parler de lui. Face à l'équipe voisine de Basse-Indre, en match amical, Antoine Raab signe un triplé qui scelle l'indiscutable succès des Canaris (4-0). Le milieu du football nantais connaît ce joueur professionnel, licencié à la Saint-Pierre avant-guerre puis exilé au Stade Rennais en 1939. Surtout, le récit de son parcours exceptionnel a fait le tour de la ville.

Né à Francfort en juillet 1913, le jeune homme de 19 ans se fait remarquer dans les rangs de l'Eintracht et intègre l'équipe d'Allemagne juniors. À Stuttgart, en 1933, devant 45 000 spectateurs, il refuse d'effectuer le salut nazi en match officiel. « Hitler était un monstre de l'humanité, confiait-il à l'automne 2006 avec une vie de recul. Il ne fallait pas avoir peur… » Entre activités résistantes et arrestations, il s'évade d'une forteresse en 1937. Il rejoint clandestinement la France et sa capitale, où son passé de joueur

professionnel séduit les dirigeants du CA Paris. Puis ceux de la Saint-Pierre de Nantes, le plus grand club de Loire-Inférieure, au cours d'une tournée dans l'ouest de la France. Caché pendant la guerre dans un grenier de la grande banlieue nantaise, l'homme porte naturellement les couleurs du FCN à la Libération. C'est ainsi qu'en septembre 1945, Antoine Raab figure sur la feuille du premier match professionnel de l'histoire des Canaris, au stade de Colombes, face au... CA Paris (2-0). « Devant de nombreux spectateurs bretons », précisait-il. En 1946, Aimé Nuic, l'entraîneur originel du FCN, décide de quitter le navire. Antoine Raab accepte de cumuler ce poste de technicien avec celui de milieu de terrain « inter droit, intègre et strict ». Il n'est pas loin de mener ses troupes jusqu'à la D1. En mars 1947, alors qu'il reste sur une quinzaine de matches sans défaite, le FC Nantes s'offre un déplacement d'une semaine, avec deux rencontres au menu. À Sochaux, c'est d'abord la Bérézina. Leur gardien malade, les Canaris encaissent un terrible 9-0 face au futur champion de la division. Trois jours plus tard, ils se présentent à Lyon. Réduits à huit contre onze en fin de partie, ils arrachent le nul sous les acclamations du public lyonnais, qui scande : « Vive la Bretagne » ! À leur retour, plus de 1 000 supporters accueillent les héros à la gare de Nantes...

Les divergences entre Saupin et la mairie

Malgré ce coup d'éclat, la première division n'est pas encore en vue à la fin des années 1940. Occupé par sa boutique d'articles de sport, Antoine Raab cède sa place à Antoine Gorius. Le FC Nantes accomplit alors son plus mauvais parcours depuis sa création, avec une dix-septième place... À l'été 1955, le club, toujours en D2, est à nouveau en difficulté. À tel point que *Le Populaire de l'Ouest* s'interroge : « Le FC Nantes sera-t-il contraint de dissoudre sa section pro ? » Au cœur de l'affaire, leitmotiv au fil des décennies, des divergences entre le fondateur Marcel Saupin et la mairie, qui refuse de verser des subventions... jugées élevées pour une section qui peine à atteindre le plus haut niveau. Une souscription est lancée « pour permettre un rapide renforcement de l'équipe ». Trois adresses sont proposées pour l'envoi des chèques de 1 000 francs, dont celle du magasin « Raab Sports ». En réponse à la morosité ambiante, les dirigeants nantais ont en effet rappelé Antoine Raab. Le 21 juillet, il retrouve les pelouses du stade de Procé. Il invoque les valeurs qui ont fait sa vie bien au-delà de sa carrière. *Le Populaire de l'Ouest* relate son discours : « Tant il est vrai que l'on ne prête qu'aux riches, si nous le sommes en enthousiasme et en volonté, à défaut de moyens d'action, nous réussirons des performances qui attireront la foule autour des touches. »
Ces principes galvanisent le FCN, qui réalise une bonne première moitié de saison. « Il y aura certainement des heurts. Mais avec des joueurs animés d'un tel état d'esprit, il ne peut pas y avoir trop de malheurs... », écrit la presse locale. En décembre, le club est appelé à disputer un tour de Coupe de France en Algérie, tandis que le mouvement d'indépendance lancé par le Front de libération nationale (FLN) prend de l'ampleur. « Certains joueurs et dirigeants hésitaient. J'ai décidé d'accepter le défi lancé par le président Saupin, justifiait Antoine Raab. Notre voyage a duré une semaine et nous nous sommes qualifiés à Oran, face à Sidi-Bel-Abbès (4-0) ! » Malgré une fin de saison difficile qui provoquera son départ, Antoine Raab reste proche du club. Prêt à prendre sa voiture pour détecter de nouveaux talents (Philippe Gondet, Bernard Blanchet...), il occupe tour à tour les rôles de manager, recruteur et de conseiller technique jusqu'au début de l'ère Arribas.

LÉGENDE

La première équipe professionnelle du FC Nantes sur le terrain de la Saint-Pierre. Antoine Raab est accroupi (deuxième en partant de la gauche).

1ER OCTOBRE

1950 Principale recrue de l'été, Jan Van Geen se blesse, victime d'une fracture de l'os temporal, et disparaît de l'équipe jusqu'en février. Malgré tout, l'avant-centre terminera la saison avec vingt réalisations à son compteur, permettant au FC Nantes de sauver les apparences avec une dixième place.

1980 NANTES-LINFIELD 2-0 (16es DE FINALE DE LA COUPE D'EUROPE DES CLUBS CHAMPIONS, MATCH RETOUR).
Vainqueurs au match aller (1-0), les Canaris éliminent les Irlandais grâce à deux buts signés Gilles Rampillon et Enzo Trossero.

1983 TOULOUSE-NANTES 3-1 (CHAMPIONNAT).
Les Canaris encaissent déjà leur quatrième défaite de la saison et vont devoir continuer sans José Touré, blessé.

1986 TORINO-NANTES 1-1 (32es DE FINALE DE LA COUPE UEFA, MATCH RETOUR).
Le match nul arraché au retour grâce à Philippe Anziani n'empêche pas l'élimination nantaise.

1994 NANTES-BORDEAUX 3-3 (CHAMPIONNAT).
Scénario explosif : Christophe Pignol et Nicolas Ouédec donnent deux buts d'avance aux Nantais avant que Fofana et Zidane ne remettent les Girondins dans la course. Japhet N'Doram redonne l'avantage à Nantes à la quatre-vingt-huitième minute, mais Dugarry égalise aussitôt !

2002 Des rumeurs annoncent le remplacement d'Angel Marcos par Vahid Halilhodzic. Une réunion de crise est organisée entre la direction et le staff technique. L'Argentin est maintenu.

2 OCTOBRE

1937 Le Parc des Sports de Malakoff, ancêtre du stade Saupin, est inauguré par un match de rugby ! Le SNUC domine le Racing Club de France (7-5) dans le Challenge Yves-du-Manoir.

1971 NANTES-METZ 5-1 (CHAMPIONNAT).
Irréguliers, les Nantais corrigent les Lorrains après deux défaites consécutives. Angel Marcos inscrit son premier et seul triplé sous le maillot nantais.

1974 LEGIA VARSOVIE-NANTES 0-1 (32es DE FINALE DE LA COUPE UEFA, MATCH RETOUR).
Accrochés à l'aller (2-2), les Canaris se qualifient grâce à Gilles Rampillon.

1985 NANTES-VALUR REYKJAVIK 3-1 (32es DE FINALE DE LA COUPE UEFA, MATCH RETOUR).
Battus à la surprise générale à l'aller (1-2), les Nantais lavent l'affront pour le premier match européen à La Beaujoire grâce à un doublé de Loïc Amisse et un but de José Touré.

1987 NANTES-TOULOUSE 3-1 (CHAMPIONNAT).
À un doublé de Philippe Anziani, Mo Johnston ajoute le centième but nantais à La Beaujoire.

1996 BASTIA-NANTES 0-0 (CHAMPIONNAT).
Lancé par Jean-Claude Suaudeau à Furiani, Mickaël Landreau, 17 ans, repousse un penalty de Lubomir Moravcik et permet au FCNA de ramener le point du match nul.

2004 STRASBOURG-NANTES 0-2 (CHAMPIONNAT).
Succès important à l'extérieur grâce au premier but en Ligue 1 de Jérémy Toulalan.

3 OCTOBRE

1973 NANTES-VEJLE 0-1 (16es DE FINALE DE LA COUPE D'EUROPE DES CLUBS CHAMPIONS, MATCH RETOUR).
Coup de froid sur Saupin ! Nooregard lobe Jean-Paul Bertrand-Demanes. Les Canaris sont éliminés par des amateurs : l'une des plus grandes déceptions en Coupe d'Europe...

LÉGENDES

PAGE DE GAUCHE
Un trio nantais d'internationaux, avec Jacques Simon, Daniel Éon et Jean-Claude Suaudeau (de gauche à droite).

CI-DESSOUS
Dans les bras de Mamadou Diallo, Jérémy Toulalan, formé à La Jonelière.

OCTOBRE

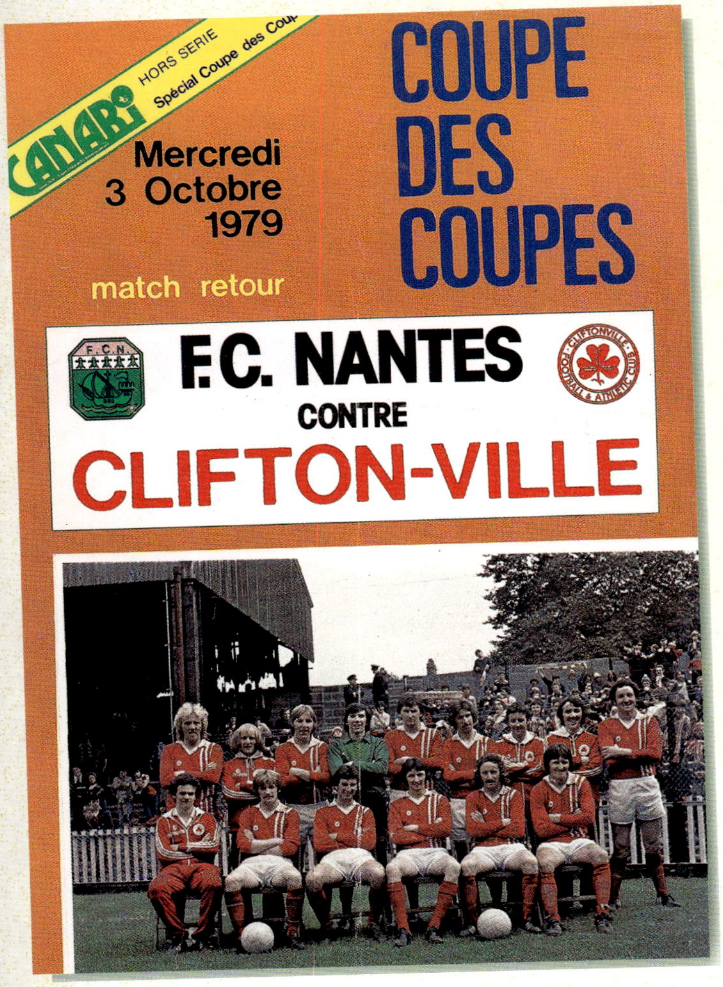

1979 NANTES-CLIFTONVILLE 7-0 (16es DE FINALE DE LA COUPE DES COUPES, MATCH RETOUR).
Face aux Irlandais du Nord, les Canaris confirment le succès de l'aller (1-0) et enregistrent leur plus large victoire en Coupe d'Europe avec un triplé d'Eric Pécout et un doublé de Victor Trossero.
1981 NANTES-LENS 4-0 (CHAMPIONNAT).
Venu en star du Velez Mostar, Vahid Halilhodzic doit patienter jusqu'à la douzième journée pour inscrire son premier but sous le maillot nantais.
1999 NANTES-PSG 0-4 (CHAMPIONNAT).
Première alerte d'une saison à rebondissements : les Canaris sont corrigés à La Beaujoire par les Parisiens de Madar et Algerino.

LÉGENDE

CI-DESSUS
Le programme officiel d'une opposition mémorable par ses buts.

4 OCTOBRE

1975 NANTES-SOCHAUX 2-2 (CHAMPIONNAT).
Première sous le maillot nantais d'Yves Triantafilos, le seul joueur de l'Histoire à avoir été transféré de Saint-Étienne vers Nantes.
1985 NANTES-NANCY 2-0 (CHAMPIONNAT).
À la quatre-vingt-cinquième minute, le public de La Beaujoire découvre le jeune Didier Deschamps, lancé par Jean-Claude Suaudeau.
1986 NANTES-TOULOUSE 2-1 (CHAMPIONNAT).
Buteur en début de match, Jorge Burruchaga se fait cueillir par un tacle de son compatriote Tarantini. Le début d'une longue série de blessures...

5 OCTOBRE

1966 NANTES-REYKJAVIK 5-2 (16es DE FINALE DE LA COUPE D'EUROPE DES CLUBS CHAMPIONS, MATCH RETOUR).
Pour la première fois, le FC Nantes se qualifie pour le tour suivant dans une compétition européenne : Jean-Claude Suaudeau, Jacky Simon et Henri Michel marquent, et Francis Magny y va d'un doublé.
1983 **Première apparition de William Ayache en équipe de France, face à l'Espagne (1-1).**
1996 NANTES-NICE 7-0 (CHAMPIONNAT).
Les supporters auront attendu onze journées, mais la première victoire de la saison est belle. Les sept buts sont marqués par sept joueurs différents : Gourvennec (14e), N'Doram (16e), Decroix (40e), Da Rocha (52e), Carotti (59e), Bjekovic (66e) et enfin Makelele (77e) !

6 OCTOBRE

1946 NANTES-TOULON 3-2 (CHAMPIONNAT D2).
Jusque-là décevante, la formation nantaise entame une série de dix-neuf rencontres sans défaite. L'équipe d'Antoine Raab lutte même un temps avec Sochaux pour la montée en première division...

1957 NANTES-BORDEAUX 1-0 (CHAMPIONNAT D2).
Un spectateur jette une pierre en direction de l'arbitre, M. Mondon, et le FCN est contraint de poser un grillage autour de la pelouse. La sanction ne sera levée qu'en 1998, à l'occasion de la Coupe du monde.
1987 PSG-NANTES 0-2 (CHAMPIONNAT).
La mayonnaise semble prendre : grâce à Philippe Anziani et Antoine Kombouaré, les Canaris s'imposent au Parc et prennent la deuxième place.
1990 **Une preuve que le football n'est pas une science exacte : la réserve nantaise des Ziani, Ouédec et Pedros encaisse un 5-0 à Saint-Lô.**

7 OCTOBRE

1961 RED STAR-NANTES 2-2 (CHAMPIONNAT D2).
Le groupe de José Arribas commence à trouver une certaine régularité.
1962 NANTES-BOULOGNE-SUR-MER 2-0 (CHAMPIONNAT D2).
En route vers la D1, les joueurs de José Arribas enchaînent un troisième succès consécutif.
1972 NICE-NANTES 3-0 (CHAMPIONNAT).
L'année du troisième titre, le FCN boit pourtant la tasse face aux Aiglons de Revelli.

8 OCTOBRE

1994 Aimé Jacquet fait confiance au trio nantais Pedros-Loko-Ouédec lors d'un match décisif pour la qualification à l'Euro 1996. Mais l'attaque ne trouve pas l'ouverture face à la Roumanie (0-0) à Geoffroy-Guichard.
2005 À la surprise générale, la Côte-d'Ivoire se qualifie pour le Mondial 2006 aux dépens du Cameroun. Deux Canaris s'envoleront pour l'Allemagne l'été suivant : Gilles Yapi-Yapo et Emerse Fae.

9 OCTOBRE

1949 NANTES-LE MANS 3-1 (CHAMPIONNAT D2).
Face à l'équipe mancelle d'un certain José Arribas, les Canaris remportent leur premier succès de la saison après des débuts désastreux : six défaites et un nul ! L'arrivée d'Antoine Gorius à la tête de l'équipe ne prend pas...
1965 Lors d'un France-Yougoslavie déterminant pour la qualification pour le Mondial 1966, Henri Guérin aligne deux néophytes : Robert Budzynski, en défense, et Philippe Gondet, en attaque. Ce dernier marque le seul but du match à la soixante-dix-septième minute, devant 36 546 spectateurs.
1966 SAINT-ÉTIENNE-NANTES 3-3 (CHAMPIONNAT).
Grâce à leur nouvelle recrue Vladimir Kovacevic, les Canaris égalisent dans les dernières minutes à Geoffroy-Guichard face à la bande emmenée par Aimé Jacquet.

10 OCTOBRE

1937 Émile Veinante, futur entraîneur du FC Nantes, signe un doublé pour l'équipe de France, qui s'impose en match amical face à la Suisse (2-1). Pour la première fois, les Bleus jouent en 4-2-4.
1943 Interrompu pendant trois semaines, le Championnat amateur de l'Ouest reprend ses droits. Pour leur deuxième match officiel, les Nantais vont chercher le match nul sur la pelouse du CA Saint-Nazaire (2-2).
1964 NANTES-NÎMES 0-2 (CHAMPIONNAT).
Fin de série pour les Canaris, battus à domicile. Le FCN était pourtant invaincu depuis six semaines et cinq rencontres.
1979 Comme cinq mois plus tôt, le 2 mai 1979, Loïc Amisse marque face aux États-Unis sous le maillot de l'équipe de France. Les Bleus l'emportent 3-0.

LÉGENDE

CI-DESSOUS
L'équipe du premier titre de champion de France en 1965, avec Budzynski, Suaudeau et Blanchet...

11 OCTOBRE

1961 NANTES-VALENCIENNES 1-5 (CHAMPIONNAT D2).
Venu du Racing Paris pendant l'été, le pourtant talentueux milieu de terrain Jean Guillot peine à s'imposer à Malakoff. Après une prestation médiocre face au leader implacable de la deuxième division, le joueur quitte l'enceinte sous les huées du public nantais, qui trouve là le parfait bouc émissaire.
1980 Dernière apparition d'Henri Michel en équipe de France, face à Chypre (7-0). La première de ses cinquante-huit sélections datait de 1967.
1985 PSG-NANTES 2-1 (CHAMPIONNAT).
Devant plus de 45 000 spectateurs venus au Parc des Princes, les Nantais trouvent l'ouverture d'entrée par l'intermédiaire de Vincent Bracigliano. Mais il était dit que cette saison serait celle du Paris Saint-Germain, renforcé par les ex-Canaris Fabrice Poullain et Michel Bibard. Le PSG s'impose grâce à deux buts de Luis Fernandez et Philippe Jeannol.
1989 Encore Nantais pour quelques jours, Didier Deschamps inscrit son premier but en équipe de France face à l'Écosse (3-0).

12 OCTOBRE

1952 *Le Canari,* le journal officiel des supporters du FCN, publie ses « Réflexions ».
1958 Drame au stade Malakoff. Alors que Nantes affronte Béziers, l'arbitre, M. Drevet, s'effondre sur la pelouse, victime d'une hémorragie méningée. Il décédera à l'hôpital. La partie s'achève sur la victoire, anecdotique, du FCN (1-0).
1966 NANTES-REIMS 6-2 (CHAMPIONNAT).

12 OCTOBRE 1966
GRÂCE NOTAMMENT À FRANCIS MAGNY, AUTEUR D'UN TRIPLÉ, LES JAUNES S'OFFRENT LE LUXE DE FAIRE « EXPLOSER » LE GRAND STADE DE REIMS DE RAYMOND KOPA.

1982 NANTES-METZ 2-3 (CHAMPIONNAT).
Premier accroc pour la bande à Jean-Claude Suaudeau. Menés 0-2, les Lorrains marquent trois buts en huit minutes...
2002 Jacques Santini offre à Mickaël Landreau sa première sélection en équipe de France, face à la Slovénie (5-0).

13 OCTOBRE

1965 NANTES-PARTIZAN BELGRADE 2-2 (16es DE FINALE DE LA COUPE D'EUROPE DES CLUBS CHAMPIONS, MATCH RETOUR).
Première rencontre européenne à Nantes. Avec deux buts à remonter, les Canaris sont finalement éliminés avec les honneurs par les Yougoslaves, futurs finalistes de l'épreuve face au grand Real Madrid. Venu de Lille à l'intersaison, l'attaquant Francis Magny inscrit le premier but nantais en Coupe d'Europe.

1983 **Nouveau deuil dans la grande famille des Canaris : Victor Trossero décède après un match de championnat argentin.**

1984 **Premier match d'Henri Michel à la tête de l'équipe de France A, au Luxembourg (4-0), en qualifications pour la Coupe du monde 1986.**

LÉGENDE

Un classique : Loïc Amisse en débordement à Saupin.

14 OCTOBRE

1956 BÉZIERS-NANTES 3-2 (CHAMPIONNAT D2).
Jusqu'alors invaincus, les Canaris de Louis Dupal connaissent leur première défaite lors de cette huitième journée, près de la Méditerranée. Ce revers sera malheureusement suivi par trois autres matches sans victoire.

1987 **Le Nantais Philippe Anziani participe à l'une des dernières sorties des Bleus de l'ère Henri Michel, en Norvège (1-1).**

1988 BORDEAUX-NANTES 5-0 (CHAMPIONNAT).
Au Parc Lescure, les Canaris sombrent dans le dernier quart d'heure : menés 1-0, ils concèdent quatre buts supplémentaires, dont un doublé de Jean-Marc Ferreri.

2000 STRASBOURG-NANTES 0-5 (CHAMPIONNAT).
Corrigés un mois plus tôt sur le même score par Bordeaux, les Canaris s'envolent en Alsace grâce, notamment, à un doublé de Marama Vahirua. À signaler le premier but en pro d'un jeune défenseur venu de Clermont-Ferrand, Sylvain Armand.

2006 NANTES-SOCHAUX 0-2 (CHAMPIONNAT).
Nouvelle désillusion à La Beaujoire : Le FCNA est désormais lanterne rouge.

15 OCTOBRE

1944 NANTES-BATIGNOLLES 8-0 (QUATRIÈME TOUR DE LA COUPE DE FRANCE).
Réouverture en fanfare du stade Malakoff après sa destruction partielle pendant la guerre. L'armée allemande s'en était servi comme d'un parc pour ses chars et autres véhicules.

1959 NANTES-NANCY 0-0 (CHAMPIONNAT D2).
Près de 16 000 spectateurs (15 912 exactement, nouveau record d'affluence) se rendent au stade Malakoff. Le FC Nantes de Karel Michlowski reprend des couleurs et, malgré le nul, décroche le titre honorifique de champion d'automne.

1961 BORDEAUX-NANTES 2-1 (CHAMPIONNAT D2).
Les Canaris s'inclinent alors que l'arbitre, M. Mouton, a refusé un but « régulièrement acquis » selon les commentateurs d'alors, en plus d'oublier « deux penalties flagrants ».

1976 NANTES-PSG 3-3 (CHAMPIONNAT).
MENÉS 0-3 À L'HEURE DE JEU, LES NANTAIS REVIENNENT AU SCORE GRÂCE À UN DOUBLÉ DE GILLES RAMPILLON ET UN BUT DE LOÏC AMISSE. PREUVE QUE LE FCN DE JEAN VINCENT A DU CŒUR...

1982 LILLE-NANTES 0-2 (CHAMPIONNAT).

15 OCTOBRE 1982
GRÂCE À BRUNO BARONCHELLI ET FABRICE POULLAIN, LES JAUNES ENTAMENT UNE SÉRIE DE PLUS DE QUATRE MOIS D'INVINCIBILITÉ. L'OBTENTION D'UN SIXIÈME TITRE NATIONAL SE PRÉCISE.

16 OCTOBRE

1966 LILLE-NANTES 2-4 (CHAMPIONNAT).
Menés 0-2, les Jaunes reviennent au score en deux minutes à l'heure de jeu puis plient la rencontre dans les deux dernières minutes !

2001 GALATASARAY-NANTES 0-0 (PREMIÈRE PHASE DE LA LIGUE DES CHAMPIONS).
Les Canaris résistent à la pression turque dans le fameux stade Ali Sami Yen.
2004 NANTES-PSG 1-0 (CHAMPIONNAT).
Grâce à un penalty transformé à l'ultime minute par Nicolas Savinaud, les Canaris de Loïc Amisse enregistrent leur troisième succès consécutif et se hissent à la septième place.

17 OCTOBRE

1943 BASSE-INDRE-NANTES 0-1 (QUATRIÈME TOUR DE LA COUPE DE FRANCE).
Premier match officiel du tout jeune club nantais pour son entrée en lice dans la compétition. Le FC Nantes chutera au tour suivant, à Vannes, et terminera finalement deuxième du championnat de l'Ouest amateur.
1965 SAINT-ÉTIENNE-NANTES 0-3 (CHAMPIONNAT).
CHAMPION EN TITRE, LE FCN EST INSATIABLE. BERNARD BLANCHET, FRANCIS MAGNY ET JACKY SIMON FONT UNE DÉMONSTRATION À GEOFFROY-GUICHARD.
1968 **Seul rescapé nantais en équipe de France, Bernard Blanchet marque face à l'Espagne (1-3).**
1972 NANTES-ANGERS 2-0 (CHAMPIONNAT).
Avant le derby, *Le Canari* présente Henri Michel comme le meilleur joueur du mois d'août.

1987 NANTES-NIORT 2-1 (CHAMPIONNAT).
Didier Deschamps marque, donnant raison au président Max Bouyer, qui l'a choisi pour illustrer une campagne publicitaire. Cette dernière promet une qualification européenne dans les mois à venir. Face au voisin des Deux-Sèvres, le stade de La Beaujoire a attiré 39 257 spectateurs, soit la deuxième plus grosse affluence de l'histoire de l'enceinte en première division.

18 OCTOBRE

1985 NANTES-LENS 4-0 (CHAMPIONNAT).
Vahid Halilhodzic s'offre son premier – et unique – triplé sous le maillot nantais.
1994 NANTES-KAMYSHIN 2-0 (16es DE FINALE DE LA COUPE UEFA, MATCH ALLER).
Un mois après Volgograd, le FCNA rencontre un nouvel adversaire russe. Nicolas Ouédec, auteur d'un doublé, donne l'avantage aux Canaris dès la première manche.
1995 NANTES-AALBORG 3-1 (PREMIÈRE PHASE DE LA LIGUE DES CHAMPIONS).
Premier succès des Canaris dans la compétition nouvelle formule, grâce à des buts de Reynald Pedros, Nicolas Ouédec et Roman Kosecki, le Polonais arrivé à l'intersaison pour remplacer Patrice Loko.
2003 METZ-NANTES 1-3 (CHAMPIONNAT).
Le FCNA de Loïc Amisse s'accroche au podium de la Ligue 1 après dix journées de championnat.

LÉGENDE

Autre cliché de la grande époque : Gilles Rampillon à la baguette.

19 OCTOBRE

1963 NANTES-ANGERS 3-0 (CHAMPIONNAT).
Deuxième succès consécutif pour le promu nantais et première grande affluence en première division pour le derby (15 917 spectateurs). Et encore, 30 000 supporters attendaient aux portes de Malakoff !
1977 NANTES-ATLETICO MADRID 1-1 (8es DE FINALE DE LA COUPE D'EUROPE DES CLUBS CHAMPIONS, MATCH ALLER).
Au stade Marcel-Saupin, l'amateur Guy Lacombe inscrit le but de l'égalisation, répondant à l'ouverture du score de Garcia. Mais le retour à Madrid, deux semaines plus tard, s'annonce difficile…
1979 NANTES-BASTIA 1-0 (CHAMPIONNAT).
Débuts en première division de José Touré, fils de Bako, ancien joueur du FC Nantes. Entré à la quatre-vingtième minute à la place de Thierry Tusseau, le jeune attaquant marque son premier but quatre minutes plus tard et donne la victoire aux Canaris.
1994 **Max Bouyer, l'ancien président du club, disparaît, à 40 ans, dans un accident d'avion.**

20 OCTOBRE

1946 ANGERS-NANTES 0-1 (CHAMPIONNAT D2).
Premier succès historique en terre angevine pour le FC Nantes.
1962 **C'est au tour de Philippe Gondet, déjà au club, de signer un contrat de joueur stagiaire.**

1965 NANTES-RED STAR 7-2 (CHAMPIONNAT).
L'ANNÉE DE SES TRENTE-SIX BUTS, PHILIPPE GONDET SIGNE LE SEUL QUADRUPLÉ DE L'HISTOIRE DES CANARIS.
1971 NANTES-TOTTENHAM 0-0 (16es DE FINALE DE LA COUPE UEFA, MATCH ALLER).
Les Nantais ne trouvent pas l'ouverture face à l'immense gardien Pat Jennings. Dans les cages nantaises, Jean-Paul Bertrand-Demanes dispute son premier match européen, à la place de Jean-Michel Fouché. Le retour à Londres, le 2 novembre, s'annonce périlleux...

21 OCTOBRE

1970 CARDIFF CITY-NANTES 5-1 (8es DE FINALE DE LA COUPE DES VAINQUEURS DE COUPE, MATCH ALLER).
Première débâcle des Canaris en campagne européenne, face aux Gallois de John Toshack. Pourtant, Philippe Gondet avait ouvert la marque dès la deuxième minute...
1999 INTER BRATISLAVA-NANTES 0-3 (32es DE FINALE DE LA COUPE UEFA, MATCH ALLER).
Première manche maîtrisée grâce à Frédéric Da Rocha, Eric Carrière et Antoine Sibierski.

22 OCTOBRE

1966 Futur Nantais, Paul Courtin découvre les Bleus face à la Pologne (2-1), un match de qualification pour l'Euro 1968 important pour Robert Budzynski, Polonais d'origine.
1980 NANTES-INTER MILAN 1-2 (8es DE FINALE DE LA COUPE D'EUROPE DES CLUBS CHAMPIONS, MATCH ALLER).
Malgré la réponse de Patrice Rio, sur penalty, à l'ouverture du score d'Altobelli, Prohaska inscrit un but décisif pour les Italiens à la quatre-vingt-sixième minute ! L'apprentissage continue.
1988 Le nul concédé à Chypre (1-1) marque la fin de l'ère Henri Michel à la tête de l'équipe de France. Dix jours plus tard, un autre milieu de terrain d'exception, Michel Platini, le remplacera.

23 OCTOBRE

1964 NANTES-ANGERS 2-1 (CHAMPIONNAT).
Devant plus de 15 000 spectateurs, les Canaris s'imposent sur le fil grâce à un but à la dernière minute de Jacky Simon. Le FCN prend ainsi les rênes du championnat.

1974 NANTES-BANIK OSTRAVA 1-0 (16es DE FINALE DE LA COUPE D'EUROPE DES CLUBS CHAMPIONS, MATCH ALLER).
Grâce au jeune Maxime Bossis, qui découvre l'Europe, les Canaris s'imposent par le plus court des avantages.
1985 PARTIZAN BELGRADE-NANTES 1-1 (16es DE FINALE DE LA COUPE UEFA, MATCH ALLER).
Pénalisés par un but contre son camp d'Yvon Le Roux, les Nantais ramènent malgré tout un excellent nul grâce au Yougoslave Vahid Halilhodzic.
2004 CAEN-NANTES 2-1 (CHAMPIONNAT).
Fin de série pour les joueurs de Loïc Amisse, qui menaient pourtant au score. « Cette défaite est le tournant de notre saison », dira par la suite Jérémy Toulalan.

24 OCTOBRE

1979 NANTES-STEAUA BUCAREST 3-2 (8es DE FINALE DE LA COUPE DES VAINQUEURS DE COUPE, MATCH ALLER).
Quart d'heure de folie à Saupin : Éric Pécout ouvre le score (58e), mais les Roumains inscrivent deux buts coup sur coup. Pécout, encore lui (70e), et José Touré (72e) donnent finalement la victoire aux Canaris. Mais le retour s'annonce difficile...

LÉGENDE

20 octobre 1971. Les Canaris rencontrent le grand Tottenham.

Date de qualification : RENOUVELLEMENT

FÉDÉRATION FRANÇAISE DE FOOTBALL
LIGUE NATIONALE DE FOOTBALL
Siège Social : 24, Bd de Courcelles, PARIS

Saison 1994-95
N° 6380

F.C. NANTES-ATLANTIQUE

LICENCE
de JOUEUR PROFESSIONNEL ou SEMI-PROFESSIONNEL

Nom LOKO
Prénoms Patrice
Né le 6/02/1970 à SULLY S/LOIRE
Nationalité française
Domicile 20 rue des Salles de l'Erau-dière - 44300 NANTES

Le Directeur Général de la L.N.F.,
Le Secrétaire du Club,

1

1992 NANTES-MONTPELLIER 6-0 (CHAMPIONNAT).
Insatiables, les jeunes Nantais cumulent 29 points sur 36 possibles. Les buteurs de la soirée sont Reynald Pedros, Patrice Loko, Nicolas Ouédec et Japhet N'Doram, les deux derniers s'offrant un doublé !
2001 PSV EINDHOVEN-NANTES 0-0 (PREMIÈRE PHASE DE LA LIGUE DES CHAMPIONS).
En rééditant le coup de Galatasaray huit jours plus tôt, les joueurs de Raynald Denoueix font un grand pas vers la qualification pour la deuxième phase.

25 OCTOBRE

1961 LIMOGES-NANTES 4-0 (CHAMPIONNAT D2).
Nouvelle déconvenue pour l'équipe de José Arribas, privée de l'efficacité de Philippe Gondet, appelé sous les drapeaux en Algérie. Les dirigeants nantais s'impatientent…
2005 NANTES-LYON 1-1, 4-3 T.A.B. (16es DE FINALE DE LA COUPE DE LA LIGUE).
Devant les caméras de France Télévisions, les Canaris éliminent l'ogre lyonnais aux tirs au but malgré une égalisation concédée dans le temps additionnel. Mickaël Landreau est à nouveau décisif en repoussant les tentatives de John Carew et Florent Malouda.

26 OCTOBRE

1984 NANTES-STRASBOURG 2-2 (CHAMPIONNAT).
Petit événement : après sept succès consécutifs, le FCN concède son premier point. Les Canaris menaient pourtant 2-0 grâce à Christophe Robert et Vahid Halilhodzic…
1985 **Pour la première fois, La Beaujoire accueille le XV de France. Les rugbymen français battent sèchement le Japon (52-0).**
2000 NANTES-MTK BUDAPEST 2-1 (16es DE FINALE DE LA COUPE UEFA, MATCH ALLER).
Menés à la pause, les joueurs de Raynald Denoueix remportent ce match aller grâce au jeune attaquant Pierre Aristouy et à Nicolas Gillet.

27 OCTOBRE

1946 NANTES-DOUAI 3-1 (CHAMPIONNAT D2).
L'équipe d'Antoine Raab poursuit sa série d'invincibilité.
1962 NANTES-LILLE 3-1 (CHAMPIONNAT D2).
Hormis une cinglante défaite face à Saint-Étienne (0-4), les Canaris enregistrent leur cinquième succès à Malakoff en six rencontres.
2001 SOCHAUX-NANTES 0-1 (CHAMPIONNAT).
Incroyable : le FCNA, champion en titre, doit patienter douze journées pour décrocher son premier succès ! Charles Devineau est le buteur décisif.

2

LÉGENDES

1
Une licence de choix pour une saison unique.

2
Ancien de DH, Éric Carrière s'est fondu dans le moule nantais.

28 OCTOBRE

1956 NANTES-STADE FRANÇAIS 1-2 (CHAMPIONNAT D2).
Privé de son gardien Stéphane Dakoski, Louis Dupal, nouvel entraîneur de Nantes après avoir dirigé Lens et Monaco, n'a d'autre choix que de placer un certain Claude Simonet dans les buts du FCN. Joueur amateur, celui qui deviendra président de la Fédération française de football occupe ce poste pendant deux mois, avec un bilan de trois défaites seulement en dix rencontres.
1966 NANTES-NÎMES 5-3 (CHAMPIONNAT).
Un triplé de Francis Magny assomme les joueurs du Gard. En octobre, les Canaris marquent à vingt et une reprises en cinq rencontres, dont dix buts de l'ancien attaquant de Lille !
1993 PSG-NANTES 1-0 (CHAMPIONNAT).
Face au futur champion de France, les Nantais résistent quatre-vingt-quatorze minutes avant de céder face à George Weah.

LÉGENDES

CI-DESSUS
28 octobre 1956. Un document exceptionnel avec la présence de Claude Simonet, titulaire au poste de gardien.

PAGE DE DROITE
L'engagement express de Jean-Paul Bertrand-Demanes, alors gardien d'un petit club amateur de Gironde.

2003 NANTES-NANCY 3-1 A.P. (16ES DE FINALE DE LA COUPE DE LA LIGUE).
Menés par les Lorrains, alors en L2, les Canaris égalisent à la dernière minute sur un penalty de Nicolas Savinaud. Grégory Pujol et Hassan Ahamada donnent ensuite la qualification au FCNA qui, malgré ces débuts difficiles, ira jusqu'au Stade de France...
2006 NANTES-MONACO 1-0 (CHAMPIONNAT).
Grâce à Julio Rossi, le FCNA se sort d'un duel classique du championnat de France entre, cette fois, le dernier et l'avant-dernier !

29 OCTOBRE

1945 La nouvelle fait le tour de Nantes. Le FCN, en recherche d'un attaquant, semble avoir trouvé l'oiseau rare. Un certain Franck Dawson, professionnel anglais, est essayé en match amical. Le test n'est pas brillant. Le soi-disant passé du joueur à Arsenal se révèle être une imposture...

1951 NANTES-ROUEN 1-1 (CHAMPIONNAT D2).
L'opposition entre le deuxième et le troisième attire 9 500 spectateurs, nouveau record d'affluence. La capacité du Parc des Sports de Malakoff a été augmentée grâce à deux structures métalliques provisoires.
1961 NANTES-FORBACH 1-1 (CHAMPIONNAT D2).
Débuts nantais pour Thadée Cisowski, non utilisé par Valenciennes malgré son titre de meilleur buteur de D1 en 1956, 1957 et 1959. Il marquera cinq fois en trois semaines.
1967 Pour sa deuxième sélection en équipe de France, le jour de son vingtième anniversaire, Henri Michel est titulaire face à la Belgique (1-1) et les Bleus se qualifient pour l'Euro 1968.
1969 Jean-Paul Bertrand-Demanes signe à 17 ans un premier contrat de joueur stagiaire, alors qu'il évolue encore dans son club amateur de Pauillac, en Gironde. Six jours plus tard, José Arribas fait appel à lui pour la réception de Marseille à Saupin.

Expédié le 31.10.69
Homologué le 6.11.69
Sous le No 1215
L'Administrateur,

FÉDÉRATION FRANÇAISE DE FOOTBALL

GROUPEMENT DU FOOTBALL PROFESSIONNEL
24, Boul. de Courcelles, PARIS-17e

ENGAGEMENT DE JOUEUR STAGIAIRE

SAISON 1969-70

Entre les soussignés :

Monsieur FONTENEAU Louis

représentant le Club : FOOTBALL CLUB de NANTES

Et

(Nom du Joueur)(1) BERTRAND-DEMANES (Prénoms) Jean Paul

de nationalité française, né le 23 Mai 1952 à Casablanca

domicilié à(1) (adresse complète) 35 Rue George Sand NANTES

Indication des clubs amateurs dans lesquels le joueur a pratiqué au cours des cinq dernières saisons :

Saison 1969-70 S. PAUILLACAIS Saison U. S. LUDONNAISE 1966-67

Saison 1968-69 -id- Saison U. S. LUDONNAISE 1965-66

Saison 1967-68 -id-

Il a été convenu ce qui suit :

Le Joueur (nom et prénoms) BERTRAND-DEMANES Jean

s'engage à effectuer un stage au (nom du club) FOOTBALL-CLUB de NANTES à dater du 19 NOVEMBRE 1969,

conformément aux stipulations du Statut du Joueur stagiaire.

Il déclare connaître et s'engager à respecter les Statuts et Règlements du Groupement et de la Fédération, en particulier le Statut du Joueur stagiaire dont un exemplaire lui a été remis.

Le (nom du club) FOOTBALL-CLUB de NANTES s'engage à verser audit joueur pendant la durée du présent engagement une indemnité de base mensuelle représentative de frais s'élevant à 100 F.

Fait en quadruple exemplaire à NANTES le 29 OCTOBRE 1969

Signature du Club,

Lu et approuvé

FOOTBALL-CLUB DE NANTES Secrétariat 5 bis Rue Bertrand Geslin

Signature du Joueur, (2)

Lu et approuvé

Signature et bon pour autorisation du représentant légal si le joueur est mineur.

Bon pour autorisation.

(1) D'après la carte d'identité officielle de l'intéressé.

(2) Faire précéder la signature des mots « Lu et approuvé ».

orange

2000 SEDAN-NANTES 2-0 (CHAMPIONNAT).
Le futur champion est terrassé par le petit promu, emmené par un certain Olivier Quint, auteur de deux passes décisives.

30 OCTOBRE

1965 NANTES-SEDAN 4-2 (CHAMPIONNAT).
Invaincus depuis treize journées, les Canaris comptent déjà cinq points d'avance sur les Valenciennois, leurs dauphins. Philippe Gondet, lui, totalise déjà quinze buts !

1999 NANTES-MONACO 0-3 (CHAMPIONNAT).
À La Beaujoire, contre les Monégasques de Simone, Trezeguet et Giuly, les trois buteurs du jour, le FCNA subit une sixième défaite consécutive.

2001 NANTES-LAZIO ROME 1-0 (PREMIÈRE PHASE DE LA LIGUE DES CHAMPIONS).

30 OCTOBRE 2001
GRÂCE À UN COUP DE TÊTE RAGEUR DE PIERRE-YVES ANDRÉ, LE FCNA REMPORTE SON CENTIÈME MATCH EUROPÉEN ET SE QUALIFIE POUR LA SECONDE PHASE EN TERMINANT EN TÊTE DE SON GROUPE.

31 OCTOBRE

1975 METZ-NANTES 3-0 (CHAMPIONNAT).
Entre deux larges succès, le FCN s'embourbe en Lorraine et concède un but de Hugo Curioni, son ancien goleador, qui n'avait pas convaincu à Saupin.

1980 NANTES-LAVAL 4-1 (CHAMPIONNAT).
Joli doublé de José Touré. Les quatre buts ont été marqués en moins d'une mi-temps !

LÉGENDES

À GAUCHE ET CI-DESSOUS **30 octobre 2001. Pierre-Yves André saute plus haut que Stam et offre le but de la victoire face à la Lazio Rome, avant d'être félicité par Frédéric Da Rocha.**

DIDIER DESCHAMPS, L'ENFANCE D'UN CHEF

Le 4 octobre 1985, Didier Deschamps, « la petite merveille », découvre la pelouse de La Beaujoire en première division. Dix jours avant de fêter ses 17 ans. Le début de l'ascension du futur capitaine de l'équipe de France coïncide avec l'une des périodes les plus florissantes du centre de formation nantais. Pour l'ancien directeur sportif Robert Budzynski, l'avènement de Deschamps reste le plus grand souvenir de ses trente-six années de carrière. Retour sur une rencontre déterminante.

Ils sont 12 000, le 4 octobre 1985, à assister sans le savoir aux débuts d'un « grand ». Rassuré par Yvon Le Roux et Loïc Amisse, auteurs de deux buts marqués très tôt dans la partie opposant Nantes à Nancy, Jean-Claude Suaudeau lance pour la première fois à La Beaujoire le jeune Didier Deschamps, qui entre en jeu en remplacement de Pierre Morice. Une semaine plus tôt, à Brest, le milieu de terrain avait déjà foulé les pelouses de première division (3-1). Il y avait même adressé une passe décisive pour l'égalisation nantaise...

« J'étais déjà heureux d'être dans le groupe, se souvient vingt ans après l'éternel capitaine des Bleus de 1998. J'arrivais sur la pointe des pieds. Quand on me demandait de rentrer, je ne me posais pas de questions. Avec le recul, je me suis rendu compte que Jean-Claude Suaudeau avait tout fait pour me préparer à devenir professionnel. L'après-midi, il s'arrêtait souvent à l'entrée de ma chambre, à La Jonelière. On parlait football, de son approche. J'étais quelqu'un de réceptif, j'écoutais, je prenais les informations. La discussion pouvait durer une heure et demie ! »

Pour « Bud », la plus belle réussite de sa carrière

À son départ à la retraite, en 2005, Robert Budzynski soulignait que l'avènement de Didier Deschamps avait été la plus belle réussite de sa carrière de directeur sportif. Les deux hommes se sont croisés pour la première fois à la fin de l'année 1982. À Bilbao, le responsable du recrutement nantais était venu en personne superviser les « 14 ans » de la Ligue d'Aquitaine. « Les conditions étaient épouvantables, avec de la pluie et du vent. Mais il en fallait plus pour empêcher le petit bonhomme de donner de la voix et montrer l'exemple. Le guerrier de la troupe, le chef de la bande, c'était lui », raconte Robert Budzynski.

Talentueux, Didier Deschamps est alors courtisé par les plus grands clubs français. Le club de Bordeaux semble une destination évidente pour le natif de Bayonne. Mais Nantes l'emporte néanmoins... Le joueur a été seul maître de la décision, qu'il annonce un matin à ses parents. « C'était ma vie, explique-t-il. Mon père et ma mère m'ont laissé le choix. Ils auraient pu privilégier d'autres solutions plus intéressantes sur le plan financier. Ils n'ont pas voulu que je puisse leur reprocher de m'avoir obligé à aller quelque part. Et j'avais des arguments : la sécurité, le sérieux de la scolarité et, sportivement, l'espoir d'évoluer en D1 un peu plus tôt qu'ailleurs. C'était un critère important. »

Une maturité surprenante

Didier Deschamps cultive cette maturité étonnante depuis son enfance. De ses débuts d'attaquant surclassé à l'Aviron Bayonnais en passant par sa vie d'adolescent. « J'étais bien avec des personnes plus âgées, raconte-t-il. J'avais un frère de trois ans mon aîné et je m'entendais souvent mieux avec ses copains qu'avec ceux de mon âge. C'est dans les gènes, j'ai ça en moi. » Arrivé à La Jonelière en 1983 dans la catégorie des « 15 ans », le jeune Canari prend ses marques dans la difficulté, précédé d'une réputation un peu trop flatteuse pour ses équipiers. Il se souvient : « J'ai été projeté au milieu de joueurs qui avaient 17 ou 18 ans. Ils m'ont fait payer ce qu'ils avaient entendu sur moi. Le centre de formation, c'était la jungle, avec très peu d'élus. On était une vingtaine, et les plus vieux décidaient. J'avais intérêt à me tenir à carreau... »

Loin de ses racines basques, le jeune homme doit s'adapter à un rythme intense auquel il n'était pas habitué (deux entraînements par jour au lieu de deux par... semaine). La situation se retourne rapidement. Il en sourit encore. « J'ai perdu mes repères, et puis j'ai appris. En avançant, j'ai commencé à reprendre les choses en main... » Vincent Bracigliano, devenu responsable du recrutement au centre de formation, évoque « un gagneur en toutes circonstances, même aux cartes ». Franck Maufay, entraîneur des « 16 ans » champions de France en 2006, témoigne d'un caractère bien trempé. « J'étais très proche de Didier, puisque nous avons été intégrés ensemble en 1983. Sur le terrain, il n'hésitait pas à me sermonner quand je ne me replaçais pas assez vite... »

La « petite merveille »

Cette saison initiale difficile rend Didier Deschamps plus fort. « Quand c'est dur, j'aime bien m'accrocher, me battre, et franchir les étapes », dit-il en pensant à ces années. À partir de 1984, Robert Budzynski le considère comme son interlocuteur privilégié. La « petite merveille » est devenue le patron du vestiaire. « Quand il y avait un petit problème au centre, comme une vitre cassée ou autre chose, on allait voir Didier. On lui demandait de réunir les gars pour régler la question », relate l'ex-directeur sportif. « C'est vrai, j'étais attaché aux règles de vie commune, répond le premier des Français à soulever la Coupe du monde. Je vivais avec les autres jeunes, mais je faisais en sorte qu'il y ait le moins d'interventions possibles de l'extérieur. J'ai gardé cette attitude à l'OM et à la Juve, et même en équipe de France. J'essayais de tempérer les caractères parfois difficiles. J'aime prendre les choses en main. C'est ma façon de vivre dans un groupe. »

LÉGENDE

Didier Deschamps et Marcel Desailly, son ami de toujours, font leurs premiers pas à La Jonelière au milieu des années 1980.

FÉDÉRATION FRANÇAISE DE FOOTBALL

LIGUE NATIONALE DE FOOTBALL

24, Boul. de Courcelles, PARIS-17e

SAISON 1963-64

NOM DU CLUB : FC Nantes

Homologué le 5.12.63
Sous le n° 2121
Le Secrétaire,

L. N. F.
003822 29 NOV 63

AVIS DE RENOUVELLEMENT DE CONDITIONS SAISONNIÈRES DE JOUEUR MUTÉ TEMPORAIREMENT

(Professionnel ou semi-professionnel) (1)

Je soussigné ~~[illegible]~~ CLERFEUILLE Jean représentant le

Club : FOOTBALL CLUB DE NANTES

déclare que le Joueur :

(Nom du Joueur) BUDZYNSKI (prénoms) Robert

de nationalité française, né le 21/5/1940 à Calonne Ricouart (PdC

domicilié à (adresse complète) à Calonne Ricouart (Pas de Calais)

lié par contrat avec le (nom du club quitté) RACING CLUB DE LENS

et muté temporairement au (nom du nouveau club) FOOTBALL CLUB DE NANTES

Bénéficiera en conformité du Statut Professionnel (articles 17, 22, 23 et 31) des conditions saisonnières suivantes pour la présente saison :

1° Un salaire fixe minimum mensuel de F. : ;

2° Une prime saisonnière mensuelle de F. : ;

3° Des primes de résultat fixées pour les rencontres de : Championnat de France Professionnel, Coupe de France, Coupe de la Ligue Nationale, Challenge de la Ligue Nationale et matches amicaux, conformément au Statut Professionnel dont un exemplaire a été remis au Joueur.

4° Une prime de classement selon les modalités prévues à l'article 17 du Statut et payable à la fin de la saison.

Le soussigné déclare sur l'honneur qu'en vertu de l'art. 28 du Statut Professionnel, aucun autre avantage dans le cadre de la profession n'a été consenti au joueur en dehors des présentes conditions saisonnières.

Fait en quadruple exemplaire à Nantes le 26/11/1963 196

Signature du Club,

FOOTBALL-CLUB DE NANTES
Secrétariat 5 bis Rue Bertrand-Geslin

(1) Rayer la mention inutile.

LÉGENDES

PAGE DE GAUCHE
Le premier contrat de Robert Budzynski à Nantes, signé au cours de la saison 1963-1964.

1
Version initiale de *Sportmania*, le magazine du club, dirigé par Alain Garnier.

2
Quatre ans plus tard, le journal s'est modernisé.

1ER NOVEMBRE

1961 MARSEILLE-NANTES 0-2 (CHAMPIONNAT D2).
Le tandem Lhomme-Cisowski a frappé.

1994 KAMYSHIN-NANTES 1-2 (16ES DE FINALE DE LA COUPE UEFA, MATCH RETOUR).
Vainqueurs 2-0 à l'aller, les Canaris se qualifient aisément.

1995 AALBORG-NANTES 0-2 (PREMIER TOUR DE LA LIGUE DES CHAMPIONS).
Déjà vainqueurs des Danois à La Beaujoire (3-1), les Canaris prennent une option sur la qualification grâce aux défenseurs Laurent Guyot et Jean-Marc Chanelet.

2 NOVEMBRE

1969 **Un bruit sourd à l'entraînement... Pour la seconde fois, le tibia de Robert Budzynski vient de céder alors qu'il contrôlait une passe de son coéquipier Philippe Levavasseur. « Le Shérif », qui revenait pourtant en forme après la même blessure, voit sa carrière de joueur s'arrêter de façon brutale.**

1971 TOTTENHAM-NANTES 1-0 (16ES DE FINALE DE LA COUPE UEFA, MATCH RETOUR).
Face aux Anglais, futurs champions d'Europe, les Canaris ne trouveront jamais la faille... Le but décisif est l'œuvre de Martin Peters, buteur dès la fin du premier quart d'heure.

1977 ATLETICO MADRID-NANTES 2-1 (8ES DE FINALE DE LA COUPE D'EUROPE DES CLUBS CHAMPIONS, MATCH RETOUR).
Buteur au match aller, l'amateur Guy Lacombe qualifie virtuellement le FCN pendant quarante-cinq minutes. Mais les Espagnols marquent deux fois coup sur coup à l'approche du dernier quart d'heure...

3 NOVEMBRE

1975 **Henri Michel participe au succès des Bleus face à l'Islande (3-0) dans le cadre des qualifications pour l'Euro 1976.**

1996 **Lassé des critiques, Guy Scherrer, président depuis le sauvetage en 1992, laisse la main à son homologue de l'association, Jean-René Toumelin.**

NOVEMBRE

1

SPORTMANIA
Le Journal Nantais des Sports
Bimensuel n° 82 - Jeudi 5 novembre 1992 - 10 F

SOMMAIRE
P. 3 : Bienvenue à «Canariland».
P. 4 : Une équipe tout temps et tout terrain.
P. 5-6 : Tout sur les treizième et quatorzième journées.
P. 7 : Le Kanak a la «niak» !
P. 8 à 12 : Échos. Reportage photo. Un champion du monde de judo fan des Jaunes.
(Prochaine parution le 9 décembre).

Repartir de plus belle !

LE FC Nantes-Atlantique s'est incliné à Saint-Etienne. Le fait est irréfutable. La France entière l'a vu et constaté à la télé. Mais en fait, quelle importance ? L'essentiel était une fois encore de faire bonne figure, de montrer que le club restait fidèle à ses principes. Que demeurait son sens du spectacle et son football fait de joie de jouer et d'attaquer. Cette vertu qui l'a placé là où il est aujourd'hui : dans le cœur du public de Nantes et des amoureux du football de toute la France.

La première réaction du Président Guy Scherrer a été la suivante : *Ils ont bien joué. Voilà ce qu'il faut retenir !»*

On retiendra aussi qu'un grand défenseur est en train de naître : Laurent Guyot, brillant dans le rôle dévolu d'ordinaire à Vulic. *«Il est ma plus belle surprise du début de saison avec Pedros»*, confie Jean-Claude Suaudeau.

Regardons avec Guyot (notre cliché) et partons rassurés pour un mois de novembre souhaité rose... et jaune.

Alain GARNIER

Photo Michel FRAUDEAU

2001 NANTES-MONACO 2-1 (CHAMPIONNAT).
Près de 35 000 supporters viennent encourager les Canaris – pourtant lanterne rouge –, qui enregistrent un second succès consécutif grâce à Stéphane Ziani et Hassan Ahamada.

4 NOVEMBRE

1946 **Partis dix-septièmes fin septembre, les Nantais ont effectué une superbe remontée et pointent désormais à la cinquième place.**

1961 NANTES-BÉZIERS 5-0 (CHAMPIONNAT D2).
La série continue pour le FCN de José Arribas, qui remonte progressivement.

1970 NANTES-CARDIFF CITY 1-2 (8ES DE FINALE DE LA COUPE DES COUPES, MATCH RETOUR).
Balayés à l'aller au pays de Galles (1-5), les Canaris, privés de Philippe Gondet, sortent par la petite porte de l'épreuve. Dommage, car le grand Real Madrid se profilait au tour suivant...

1978 NANTES-NICE 5-0 (CHAMPIONNAT).
Les Canaris corrigent les Aiglons et débutent surtout une série dont ils ont le secret : huit victoires consécutives, vingt-huit buts marqués pour trois seulement encaissés !

2

1983 **Fernand Sastre, le président de la FFF, est l'invité de marque du chantier de La Beaujoire, six mois avant le début de l'Euro 1984.**

1999 NANTES-INTER BRATISLAVA 4-0 (32ES DE FINALE DE LA COUPE UEFA).
Nets vainqueurs à l'aller, les Canaris se déchaînent après la pause, avec quatre buts marqués par Antoine Sibierski, Olivier Monterrubio, Charles Devineau et Frédéric Da Rocha.

5 NOVEMBRE

1969 NANTES-MARSEILLE 2-1 (CHAMPIONNAT).
Déniché dans son village de Pauillac, le jeune gardien Jean-Paul Bertrand-Demanes, 16 ans, découvre avec succès la D1, profitant des absences de Jean-Michel Fouché et Alain Guéméné.

1980 INTER MILAN-NANTES 1-1 (8ES DE FINALE DE LA COUPE D'EUROPE DES CLUBS CHAMPIONS, MATCH RETOUR).
Loïc Amisse répond au grand buteur Sandro Altobelli, mais Nantes est éliminé à San Siro, six mois après la demi-finale manquée face aux Espagnols de Valence...

1997 **Après des échecs successifs à Marseille, Parme et Naples, Reynald Pedros retrouve le championnat de France, à Lyon.**

2005 NANTES-NANCY 3-0 (CHAMPIONNAT).
Après Le Mans (1-0), le FCNA confirme à domicile face à un autre promu. Frédéric Da Rocha, Franck Signorino et Habib Bamogo concrétisent la domination nantaise.

6 NOVEMBRE

1965 **Grâce à son succès face au Luxembourg (4-1), la France se qualifie pour la Coupe du monde 1966, en Angleterre. Philippe Gondet signe un doublé pour sa deuxième sélection.**

1968 De retour après une année sans sélection, Henri Michel manque le coche avec les Bleus face à la Norvège (0-1). La participation au Mondial 1970 semble compromise.

1974 BANIK OSTRAVA-NANTES 2-0 A.P. (16es DE FINALE DE LA COUPE UEFA, MATCH RETOUR).
Vainqueurs 1-0 à l'aller, les joueurs de José Arribas sont éliminés en Tchécoslovaquie à la cent seizième minute…

1985 NANTES-PARTIZAN BELGRADE 4-0 (16es DE FINALE DE LA COUPE UEFA, MATCH RETOUR).

6 NOVEMBRE 1985
L'UN DES MEILLEURS MATCHES EUROPÉENS DU FCN ! JORGE BURRUCHAGA MONTRE LA VOIE, VINCENT BRACIGLIANO INSCRIT UN BUT D'ANTHOLOGIE ET LOÏC AMISSE Y VA DE SON DOUBLÉ. LES YOUGOSLAVES SONT DÉPASSÉS.

1999 Jean-Marc Ayrault, le maire de Nantes, annonce un nouveau déficit du FCNA, d'un montant de 20 millions de francs. Il demande le départ des dirigeants.

7 NOVEMBRE

1979 STEAUA BUCAREST-NANTES 1-2 (8es DE FINALE DE LA COUPE DES VAINQUEURS DE COUPE, MATCH RETOUR).
Trentième match européen des Canaris. Pendant une heure, les Roumains sont virtuellement qualifiés après leur courte défaite de l'aller (2-3), mais Éric Pécout et Loïc Amisse donnent ensuite l'avantage aux Nantais. Pour la première fois, le FCN se qualifie pour un quart de finale européen !

1981 NANTES-VALENCIENNES 4-1 (CHAMPIONNAT).
Le FC Nantes ne fait plus vraiment recette, mais cela n'empêche pas le Danois Henrik Agerbeck de signer un doublé.

8 NOVEMBRE

1964 NANTES-STRASBOURG 3-2 (CHAMPIONNAT).
Les Canaris s'imposent dans les dernières minutes de la rencontre grâce à Gilbert Le Chenadec, mais ils perdent Ramon Muller, victime du traitement rugueux de ses anciens partenaires alsaciens.

1980 SAINT-ÉTIENNE-NANTES 0-0 (CHAMPIONNAT).
Match décevant au stade Geoffroy-Guichard entre les deux coleaders du championnat de première division. Le FCN de Jean Vincent, très défensif, reçoit l'appelation peu enviable de « l'Inter de Nantes ».

1985 AUXERRE-NANTES 0-0 (CHAMPIONNAT).
La nouvelle charnière centrale composée de Le Roux et de Der Zakarian tient bon, avec seulement onze buts encaissés en dix-neuf journées. À mi-parcours, les Nantais partagent la tête du classement avec les Girondins de Bordeaux.

LÉGENDE

Vincent Bracigliano sous les yeux de Vahid Halilhodzic au milieu des années 1980.

1

9 NOVEMBRE

1952 NANTES-ANGERS 4-2 (CHAMPIONNAT D2).
Lors de l'un des nombreux derbies de l'époque face au SCO, la barre des 10 000 spectateurs est pour la première fois franchie au stade Malakoff. *Le Canari*, le journal officiel des supporters, avait annoncé la couleur avant la rencontre : « Virilité, oui, brutalité, non ! »

1984 NANTES-MONACO 1-0 (CHAMPIONNAT).
Dans son nouveau stade, le FC Nantes accueille pour une première nationale les équipes de Canal +. Cinq caméras filment la rencontre et le seul but inscrit par Vahid Halilhodzic.

2000 MTK BUDAPEST-NANTES 0-1 (16es DE FINALE DE LA COUPE UEFA, MATCH RETOUR).
Malmenés au stade de La Beaujoire, les Canaris se qualifient en Hongrie grâce à Olivier Monterrubio.

10 NOVEMBRE

1971 **Moins de 10 000 spectateurs assistent au stade Marcel-Saupin à la victoire des Bleus face à la Bulgarie (2-1) dans la course à l'Euro 1972. Henri Michel et Bernard Blanchet sont pourtant titularisés d'entrée.**

1973 NANTES-LYON 1-2 (CHAMPIONNAT).
À la quatre-vingt-cinquième minute, les joueurs de José Arribas concèdent leur seule défaite en quinze journées de championnat.

LÉGENDES

1
Le Chenadec, un menhir breton en défense.

2
Un partenariat scellé entre Loïc Amisse, Jean-Claude Darmon, Max Bouyer, Charles Biétry et Pierre Lescure.

1976 NANTES-BORDEAUX 2-0 (CHAMPIONNAT).
Au cours d'un match fermé, Omar Sahnoun est sifflé par le public du stade Marcel-Saupin. Encouragé par Jean Vincent et Henri Michel, qu'il admire, l'espoir du FC Nantes marque pourtant à la quatre-vingt-neuvième minute...

1994 MONACO-NANTES 2-2 (CHAMPIONNAT).
C'est le premier accroc d'une saison proche de la perfection : le gardien nantais David Marraud se blesse et laisse sa place à Dominique Casagrande, qui concède aussitôt un doublé de Victor Ikpeba.

11 NOVEMBRE

1954 **Pour mieux rappeler que le stade Malakoff a d'abord été conçu, dans les années 1930, pour le SNUC, l'équipe de France de rugby à treize rassemble 13 000 spectateurs sur les bords de Loire pour un match contre l'Australie (15-5).**

1956 **Thadée Cisowski inscrit cinq buts avec l'équipe de France pour battre la Belgique (6-3) en qualifications pour la Coupe du monde 1958. Cinq ans plus tard, l'attaquant rejoindra le FC Nantes.**

2

LÉGENDE

Document rare des Canaris sous un maillot blanc, avec notamment Daniel Éon, Jean-Claude Suaudeau et Bernard Blanchet...

1965 RENNES-NANTES 2-0 (CHAMPIONNAT).
Les Rouge et Noir mettent fin à l'invincibilité nantaise depuis le début de la saison. Certains des 28 180 spectateurs sont juchés sur le toit du stade de la Route de Lorient !

1966 **En qualification pour l'Euro 1968, la France s'incline au stade du Heysel, à Bruxelles (1-2). José Arribas avait titularisé cinq Canaris : Robin, Suaudeau, Simon, Blanchet et Budzynski. Ce dernier joue pour la dernière fois sous le maillot français en match officiel.**

1967 NANTES-ANGERS 0-1 (CHAMPIONNAT).
Plus que le derby de l'Ouest, les Jaunes perdent leur invincibilité à Saupin. La dernière défaite à domicile datait du 22 novembre 1964, trois ans plus tôt, face à un autre voisin, Rennes (2-3).

1968 **Claude Arribas, le fils de l'entraîneur nantais, est convoqué en équipe de France juniors pour affronter le Portugal.**

1989 MULHOUSE-NANTES 0-2 (CHAMPIONNAT).
Nantes s'impose facilement, et Patrice Loko signe son premier but en première division. Mais l'essentiel n'est pas là : Didier Deschamps joue sans le savoir son dernier match sous le maillot de son club formateur. En coulisses, le président Bouyer a fini par accepter l'offre de Bernard Tapie, même si le jeune capitaine veut choisir lui-même !

2006 NANTES-SAINT-ÉTIENNE 2-2 (CHAMPIONNAT).
Incroyable scénario à La Beaujoire : les Nantais mènent à la quatre-vingt-dixième minute mais les Stéphanois égalisent par Vincent Hognon, servi dans la surface nantaise par... son gardien, Jérémie Janot !

12 NOVEMBRE

1954 NANTES-RED STAR 5-1 (CHAMPIONNAT D2).
Mauvaise passe pour les Canaris, qui alignaient une équipe diminuée avec six joueurs blessés.

1980 LENS-NANTES 0-0 (CHAMPIONNAT).
Avec Henri Michel redescendu en charnière centrale, le FC Nantes a retrouvé sa solidité et concédera cette saison-là moins d'un but par match en moyenne.

13 NOVEMBRE

1955 NANTES-CA PARIS 4-2 (CHAMPIONNAT D2).
Capable du meilleur comme du pire, le Nantes d'Antoine Raab bat l'équipe de la capitale et marque pour la treizième fois en quatre rencontres. Malgré les mauvais résultats du club, Maurice Singier terminera avec vingt-deux buts !

Jaunes de Cœur

NOVEMBRE 2003 - N°1 - 3 €

LE MAGAZINE OFFICIEL DU FC NANTES ATLANTIQU

GRÉGORY

Pujol

Portrait d'un buteur

DOSSIER

Les stades sans grillages

MEMBERSHIP

Devenez un supporter privilégié avec le clul

José Arribas

1960 Claude Simonet, vice-président du FCN, se déplace à Brest pour superviser l'attaquant de Blois, un certain Philippe Gondet, alors âgé de 18 ans. Quelques jours plus tard, l'essai au stade de Procé s'avérera concluant.
1965 NANTES-NÎMES 4-1 (CHAMPIONNAT).
Deux jours après la première défaite de la saison, après quatorze journées, à Rennes (0-2), les Canaris reprennent leur rythme de croisière grâce à un doublé de Jean-Claude Suaudeau.
1984 TOULOUSE-NANTES 1-3 (CHAMPIONNAT).
Dix-septième journée du championnat et... dix-septième but pour Vahid Halilhodzic ! Le FC Nantes revient à la hauteur de Bordeaux en tête du clessement.

14 NOVEMBRE

1956 BÉZIERS-NANTES 3-2 (CHAMPIONNAT D2).
Financées par le nouveau président du club, Jean Le Guillou, les arrivées de l'entraîneur Louis Dupal et du gardien Stéphane Dakoski portent leurs fruits : le FC Nantes a connu plusieurs semaines d'invincibilité jusqu'à cette courte défaite chez le leader.
1992 Trois ans après les débuts en Bleu de Didier Deschamps, un autre Canari est convoqué, face à la Finlande (2-1). L'heureux élu est le Néo-Calédonien Christian Karembeu.

15 NOVEMBRE

1964 VALENCIENNES-NANTES 2-1 (CHAMPIONNAT).
Curieux baptême en D1 pour Georges Grabowski, qui trompe deux fois son propre gardien, Daniel Éon. Les Nordistes prennent la tête de la D1.
1986 Pour sa deuxième venue à Nantes, le XV de France domine les All Blacks (16-3).
2001 BASTIA-NANTES 3-1 (32es DE FINALE DE LA COUPE DE FRANCE).
Engagés en Ligue des Champions et malmenés en championnat, les Canaris sont éliminés d'entrée en Coupe de France. Le turnover de Raynald Denoueix ne fonctionne plus.

16 NOVEMBRE

1973 LENS-NANTES 0-1 (CHAMPIONNAT).
Grâce à Henri Michel, le FCN lance une série impressionnante de huit succès consécutifs.
1977 Après douze années d'absence, la France se qualifie pour le Mondial 1978 en dominant la Bulgarie (3-1). Deux Nantais – Maxime Bossis et Patrice Rio – composent l'arrière-garde des Bleus, tandis que Jean-Paul Bertrand-Demanes et Henri Michel sont sur le banc.
1985 La France se qualifie pour le Mondial 1986 en dominant la Yougoslavie au Parc des Princes (2-0). Le Nantais Yvon Le Roux est expulsé à la quatre-vingt-cinquième minute, mais William Ayache et José Touré, ses équipiers à La Jonelière, jouent l'ensemble de la rencontre. Pour le sélectionneur Henri Michel, un autre Canari de cœur, la mission est remplie.

17 NOVEMBRE

1946 AMIENS-NANTES 1-4 (CHAMPIONNAT D2).
Après une mise en route difficile, l'équipe enchaîne un cinquième succès consécutif qui le porte vers les hauteurs du classement.
1963 NANTES-LENS 2-1 (CHAMPIONNAT).

17 NOVEMBRE 1963
LES JAUNES REMPORTENT LEUR QUATRIÈME SUCCÈS EN D1. À LA RECHERCHE D'UN VÉRITABLE N° 5 POUR ÉPAULER GILBERT LE CHENADEC, ILS REPÈRENT UN CERTAIN ROBERT BUDZYNSKI SOUS LE MAILLOT SANG ET OR. DEUX SEMAINES PLUS TARD, LE TRANSFERT EST CONCRÉTISÉ !

LÉGENDES

PAGE DE GAUCHE
Premier numéro du nouveau magazine du club, *Jaunes de Cœur*, publié en novembre 2003.

CI-DESSOUS
Jean-Claude Suaudeau entouré de Philippe Daguillon, kiné emblématique du club, et de Georges Éo, son adjoint.

1978 NANTES-MONACO 3-0 (CHAMPIONNAT).
Revenu deux semaines plus tôt de cinq mois d'arrêt en raison d'une anomalie cardiaque, Omar Sahnoun parachève le succès sur Monaco et inscrit le millième but nantais en D1.
1979 Eric Pécout et Loïc Amisse sont les buteurs de l'équipe de France face à la Tchécoslovaquie (2-1).
1987 En match de gala, le FC Nantes accueille la sélection nationale d'Algérie au stade de La Beaujoire.
1992 Jean-Claude Suaudeau est confirmé au poste d'entraîneur de Nantes jusqu'en novembre 1998...
2001 RENNES-NANTES 2-0 (CHAMPIONNAT).
Après Éric Carrière, avec Lyon, Olivier Monterrubio trompe Mickaël Landreau quelques semaines après avoir quitté son club formateur.

18 NOVEMBRE

1972 NANTES-STRASBOURG 6-2 (CHAMPIONNAT).
Arrivé de l'OM à l'intersaison, Didier Couécou signe un doublé et lance le FCN vers une série de six victoires d'affilée. À la moitié du championnat, Nantes n'est qu'à un point de Nice.
1981 Maxime Bossis participe au match décisif pour la qualification au Mondial 1982 en Espagne. Emmenés par Platini et Six, les buteurs, les Bleus dominent les Pays-Bas (2-0).

adidas
EUREST

1984 Un drame de la vie accable le FC Nantes. Jean-Michel Labejof et Seth Adonkor, le demi-frère de Marcel Desailly, perdent la vie dans un accident de voiture, tandis que Sidi Kaba doit mettre fin à sa carrière. Déjà installées en équipe première, les deux victimes figuraient parmi les grands espoirs de la génération de Didier Deschamps.

1989 Après le match des Bleus qu'il a disputé à Toulouse face à Chypre (2-0), Didier Deschamps apprend de son président Max Bouyer qu'il va être transféré à Marseille.

1995 NANTES-RENNES 2-2 (CHAMPIONNAT).
GRÂCE À UN BUT DE **JAPHET N'DORAM** À LA DERNIÈRE MINUTE, LES CANARIS CONSERVENT LEUR **INVINCIBILITÉ HISTORIQUE** FACE À LEURS VOISINS RENNAIS.

19 NOVEMBRE

1954 SEDAN-NANTES 1-0 (CHAMPIONNAT D2).
Coup de poker de l'entraîneur Émile Veinante qui, confronté à une kirielle de blessures, aligne l'équipe amateur avec Pierre Girardeau dans les cages. Les Jaunes résistent mais s'inclinent à la quatre-vingt-unième minute.

1967 LILLE-NANTES 2-0 (CHAMPIONNAT).
Le jeune Henri Michel a beau redescendre en défense, rien n'y fait : les Canaris concèdent une troisième défaite consécutive.

1975 LENS-NANTES 3-2 (CHAMPIONNAT).
Début d'une semaine difficile pour le FC Nantes. Un but contre son camp de Georges Van Straelen offre la victoire aux joueurs d'Artois. Le mercredi et le samedi suivants, les Canaris s'inclinent face au PSG (1-2) puis contre Marseille (0-1). Le titre s'échappe à nouveau.

20 NOVEMBRE

1955 ANGERS-NANTES 1-2 (CHAMPIONNAT D2).
Mal partie, l'équipe d'Antoine Raab enchaîne un sixième match sans défaite et un succès d'estime face au voisin angevin.

2001 BOAVISTA-NANTES 1-0 (DEUXIÈME PHASE DE LA LIGUE DES CHAMPIONS).
Mauvaise entame pour les joueurs de Raynald Denoueix.

21 NOVEMBRE

1973 Appelé par le sélectionneur Stefan Kovacs, Jean-Paul Bertrand-Demanes vit sa première sélection avec les Bleus, face au Danemark (3-0).

1981 NANTES-LYON 0-0 (CHAMPIONNAT).
Retour d'Henri Michel en milieu de terrain, tandis que les jeunes Michel Der Zakarian et Fabrice Poullain s'installent en charnière centrale.

22 NOVEMBRE

1964 NANTES-RENNES 2-3 (CHAMPIONNAT).
C'est une constante à l'époque. Le voisin rennais, véritable bête noire des Canaris, s'imposera même 4-0 au match retour. Ce qui n'empêchera toutefois pas les Nantais d'obtenir leur premier titre de champion de France...

1980 NANTES-SOCHAUX 2-1 (CHAMPIONNAT).
Bruno Baronchelli est à l'affiche du journal officiel des Canaris avant d'être buteur, juste avant la mi-temps, face aux Sochaliens.

1995 NANTES-PORTO 2-2 (PREMIÈRE PHASE DE LA LIGUE DES CHAMPIONS).
Reynald Pedros, le plus portugais des Nantais, s'offre un doublé auquel Drulovic et José Carlos répondront. La qualification pour les quarts de finale est toujours d'actualité.

23 NOVEMBRE

1952 *Le Canari*, le journal officiel des supporters, présente en une l'effectif nantais.

1990 AUXERRE-NANTES 0-2 (CHAMPIONNAT).
Recruté au Racing Paris, Thierry Fernier signe un doublé salvateur. Le joueur ne convaincra pourtant jamais à Nantes.

2000 NANTES-LAUSANNE 4-3 (8es DE FINALE DE LA COUPE UEFA, MATCH ALLER).
Match aller fou, fou, fou au stade de La Beaujoire ! Menés 2-3 par les Suisses, les Nantais s'imposent finalement dans les dernières minutes grâce à Nicolas Gillet. Le retour s'annonce chaud...

24 NOVEMBRE

1968 BORDEAUX-NANTES 1-1 (CHAMPIONNAT).
Sous les yeux de l'athlète Colette Besson, venue donner le coup d'envoi, Bernard Blanchet répond à Didier Couécou. Nantes prend un point chez le leader.

1984 NANTES-NANCY 2-1 (CHAMPIONNAT).
Malgré la disparition de Seth Adonkor et de Jean-Michel Labejof six jours plus tôt, les Canaris trouvent les ressources nécessaires pour s'imposer grâce à Victor Ramos et Vahid Halilhodzic.

1989 NANTES-MARSEILLE 0-0 (CHAMPIONNAT).
L'affaire du transfert de Didier Deschamps à l'OM entoure la rencontre. Le Canari n'est pas aligné par Miroslav Blazevic.

1994 NANTES-SION 4-0 (8es DE FINALE DE LA COUPE UEFA, MATCH ALLER).
Face aux Suisses, qui ont éliminé l'Olympique de Marseille au tour précédent, les Canaris impressionnent. Les buts sont signés Patrice Loko, Patrice Ferri, Japhet N'Doram et Claude Makelele.

LÉGENDE

Arrivé de Brest à 18 ans, Claude Makelele prendra une nouvelle dimension à Nantes.

28 NOVEMBRE

1965 NANTES-STRASBOURG 2-0 (CHAMPIONNAT).
Ramon Muller marque et chambre les joueurs alsaciens, ses anciens coéquipiers. Dans la nuit, la rue de Strasbourg, à Nantes, sera rebaptisée rue Ramon Muller !
1981 BASTIA-NANTES 1-0 (CHAMPIONNAT).
Pour la première fois depuis six ans, Nantes bascule dans la deuxième partie de tableau. Le malaise est profond. « Quand on ne jouait pas le titre, c'était la catastrophe », se souvient Patrice Rio.

29 NOVEMBRE

1969 BORDEAUX-NANTES 2-3 (CHAMPIONNAT).
Erich Maas inscrit son premier but sous le maillot nantais. L'attaquant, dont la femme est française, évoluait la saison précédente au Bayern…
1975 NANTES-LILLE 4-0 (CHAMPIONNAT).
La jeune génération prend ses marques et lance une série de quatorze matches sans défaite. Nantes terminera la saison quatrième.
1985 BASTIA-NANTES 2-3 (CHAMPIONNAT).
Premier match en pro pour le jeune gardien David Marraud, arrivé pendant l'été de l'INF Vichy.
1996 NANTES-CANNES 5-1 (CHAMPIONNAT).
Repositionné à la pointe de l'attaque nantaise, Japhet N'Doram inscrit un triplé face aux Azuréens. Il terminera la saison deuxième meilleur buteur du championnat, avec vingt et une réalisations.
1998 RENNES-NANTES 2-3 (CHAMPIONNAT).
Nouveau derby haut en couleur. Menés 0-1 puis 1-2, les Canaris s'imposent dans les dix dernières minutes grâce à Patrick Suffo et Christophe Le Roux.

25 NOVEMBRE

1967 NANTES-SEDAN 1-1 (CHAMPIONNAT).
Premier match et premier but de Jean-Claude Osman. Mais, surtout, Philippe Gondet se blesse gravement à nouveau. Son autre genou est touché…
1972 LYON-NANTES 2-4 (CHAMPIONNAT).
Menés 0-2 à l'heure de jeu, les Canaris se révoltent et inscrivent trois buts en… six minutes !
1980 Le président de la République Valéry Giscard-d'Estaing annonce que la « France doit devenir une grande nation du football européen ». Il promet le financement de six stades français, dont le projet nantais du quartier de La Beaujoire.
1999 ARSENAL-NANTES 3-0 (16es DE FINALE DE LA COUPE UEFA, MATCH ALLER).
À Highbury, les Nantais encaissent un penalty d'Overmars, puis tiennent quatre-vingts minutes avant de concéder deux nouveaux buts, marqués par Winterburn et Bergkamp.

26 NOVEMBRE

1966 Dernier match des Bleus dirigé par José Arribas et son homologue stéphanois Jean Snella. La France domine le Luxembourg (3-0) mais aucun Nantais n'est aligné. Une page se tourne. Just Fontaine prendra les rênes de l'équipe de France en 1967.
1999 Nommé trois ans plus tôt, Jean-René Toumelin cède la présidence du club à Kléber Bobin.

LÉGENDES

CI-DESSUS
Duel de gamins de 20 ans en 1999 : Mickaël Landreau face à Thierry Henry à Highbury !

PAGE DE DROITE
Le programme officiel du premier grand choc européen du FC Nantes.

2006 NANTES-PSG 1-1 (CHAMPIONNAT).
Le retour de Mickaël Landreau à La Beaujoire passe totalement inaperçu. L'attention se porte sur les supporters parisiens, en deuil trois jours après la mort de l'un des leurs au cours d'une agression d'un supporter israélien aux abords du Parc des Princes lors d'une rencontre de la Coupe UEFA.

27 NOVEMBRE

1985 SPARTAK MOSCOU-NANTES 0-1 (8es DE FINALE DE LA COUPE UEFA, MATCH ALLER).
Cinq ans après, les Canaris retrouvent Tbilissi, ville géorgienne jumelée avec Nantes, pour y affronter une équipe moscovite. Grâce à Pierre Morice, les joueurs de Jean-Claude Suaudeau font un nouveau pas vers la qualification.
1987 NANTES-SAINT-ÉTIENNE 2-3 (CHAMPIONNAT).
Grâce à un doublé de Tibeuf, les Verts s'imposent pour la première fois à Nantes en vingt-trois ans !
2005 NANTES-STRASBOURG 4-3 (CHAMPIONNAT).
Un scénario « jamais vu » au stade de La Beaujoire, selon les propres mots de Serge Le Dizet. Menés 0-2 puis 1-3 par les Alsaciens, les Canaris réussissent finalement à s'imposer dans le temps additionnel sur un but de Frédéric Da Rocha, après un service parfait du jeune Milos Dimitrijevic, auteur de l'égalisation quelques minutes plus tôt.

30 NOVEMBRE

1960 Déplacement historique du FC Nantes, pourtant en deuxième division, sur la pelouse d'Anfield Road, à Liverpool, dans le cadre de la Coupe de l'amitié. En plus de la défaite (1-5), José Arribas ramène un blessé (Robert Samson) et devra donc faire appel au jeune Jean-Claude Suaudeau.
1966 NANTES-CELTIC GLASGOW 1-3 (8es DE FINALE DE LA COUPE D'EUROPE DES CLUBS CHAMPIONS, MATCH ALLER).
Toujours privés de Philippe Gondet, gravement blessé, les Nantais, trop timides, s'inclinent pour leur premier véritable choc européen. Le retour en Écosse s'annonce difficile…
2002 NANTES-MONTPELLIER 3-1 (CHAMPIONNAT).
Les Canaris de l'Argentin Angel Marcos décrochent une quatrième victoire consécutive.

MERCREDI 30 NOVEMBRE 1966

EN NOCTURNE A 20 h 30

au Stade Marcel Saupin, à Nantes

PROGRAMME

N° 1301

Participation aux Frais : 1 F

COUPE D'EUROPE

DES CLUBS CHAMPIONS

CELTIC de GLASGOW

CHAMPION D'ECOSSE

contre

F. C. NANTES

CHAMPION DE FRANCE

Les Sportifs de NANTES et de l'ATLANTIQUE sont à la fête. C'est ce soir en effet que leur F C N va se mesurer au CELTIC DE GLASGOW (notre cliché), champion d'ECOSSE, invaincu depuis 42 matches et leader de la compétition en cours, avec un goal average impressionnant (+31).

Pour la seconde fois consécutive, nos « CANARIS » participent à la Coupe d'Europe. Eliminés l'an dernier dès le premier Tour par les Yougoslaves de PARTIZAN de BELGRADE, qui devaient ensuite accéder à la finale contre le Real Madrid, ils font déjà mieux cette saison puisque les voici en lice pour le second Tour.

EN BLEU ET JAUNE

Le mois de novembre est celui des grandes rencontres internationales. Avant d'être couronnée en 1998, la France a décroché, à l'automne, quatre qualifications en Coupe du monde (1966, 1978, 1982 et 1986). Flash-back sur le destin des Canaris en sélection, de la qualification au Mondial 1965 de Philippe Gondet et Robert Budzynski, à celles de 1982 et 1986, marquées par l'intransigeance de Maxime Bossis et la régularité de William Ayache…

S'il n'est pas le premier Canari à porter le maillot bleu, Philippe Gondet devient un héros national le 6 novembre 1965 au Stade Vélodrome, à Marseille. Devancé par son coéquipier Jacky Simon, pionnier nantais appelé au printemps par le sélectionneur Henri Guérin, l'autre attaquant vedette du FCN intègre l'équipe de France à l'automne. Il marque une fois face à la Yougoslavie et à deux reprises contre le Luxembourg. Opposé aux joueurs du Bénélux, à l'occasion d'un rendez-vous décisif, le n° 11 nantais simplifie les choses dès la huitième minute en ouvrant le score d'un subtil lob des dix-huit mètres, avant d'inscrire le troisième but sur un service de Bonnel.
À ses côtés sur le terrain, pendant que Jacky Simon est cantonné au banc, Robert Budzynski se souvient de l'arrivée subite des Jaunes dans le groupe de l'équipe de France : « Les qualifications n'avaient pas vraiment bien démarré, et c'est presque par miracle que nous avons été appelés pour jouer contre la Yougoslavie et le Luxembourg. Le FCN de José Arribas était champion en titre : la qualité de notre jeu nous a permis de participer à la Coupe du monde en Angleterre… »

LÉGENDE

Un document : Henri Michel capitaine des Bleus à Saupin en 1975, face à l'Islande.

La vague nantaise chez les Bleus ne s'arrête pas là : Gaby de Michèle, Daniel Éon et Bernard Blanchet sont retenus pour les rencontres de préparation. Les deux derniers arrivés ne participeront pas à la phase finale : l'un en raison d'une rupture du talon d'Achille à la fin du championnat ; l'autre à la suite d'une décision douteuse du staff technique national durant le stage en Écosse. Étouffés par des considérations tactiques, les Bleus sont éliminés d'entrée après un nul concédé face au Mexique (1-1), une courte défaite contre l'Uruguay (1-2) et un dernier baroud d'honneur malheureux devant l'Angleterre de Bobby Charlton (0-2), future championne du monde. « Nous n'y étions pas. L'ambiance manquait de liant, résume Robert Budzynski. Je suis tout de même heureux d'avoir vécu ça... »

Hidalgo injecte du Canari

Cette première épopée sous le maillot bleu des Nantais n'est pas suivie d'effets immédiats. La France est absente des Coupes du monde 1970 et 1974. Malgré la présence récurrente d'Henri Michel, il faut attendre la nomination de Michel Hidalgo pour qu'une nouvelle couvée de Canaris (Patrice Rio, Maxime Bossis, Gilles Rampillon, Thierry Tusseau, Loïc Amisse, Omar Sahnoun, Bruno Baronchelli, Jean-Paul Bertrand-Demanes) s'installe chez les Bleus en même temps qu'un certain Michel Platini... Le match fondateur de cette génération se tient le 16 novembre 1977. En dominant la Bulgarie (3-1) dans un Parc des Princes plein à craquer, les Tricolores se qualifient pour un nouveau rendez-vous planétaire... En cette soirée d'automne 1977, Maxime Bossis et Patrice Rio composent l'arrière-garde. « Ce succès reste un souvenir fabuleux, glisse Rio. Il symbolisait le renouveau du football français... »

En Argentine, à l'été 1978, les défenseurs sont accompagnés par les deux pièces maîtresses du FCN : Henri Michel et Jean-Paul Bertrand-Demanes. Comme en Angleterre, en 1966, les Français ne sortent pas de leur poule, éliminés après deux défaites sur le même score (1-2) contre l'Italie et l'Argentine, qui sera sacrée sur ses terres. La victoire aux dépens des Hongrois (3-1) ne change rien. « J'étais très déçu. Une Coupe du monde, c'est la finalité pour un professionnel », regrette Patrice Rio. « Notre groupe était de qualité, mais sans grande expérience... Cela ne se rattrape pas en un mois », ajoute Henri Michel.

Bossis au Racing Paris

Dans la foulée, les Bleus de Michel Hidalgo décrochent leur billet pour le Mondial 1982 le 18 novembre 1981 en dominant les Pays-Bas (2-0). Maxime Bossis est l'unique Nantais à participer à la fête... Il sera aussi le seul d'entre eux à vivre l'épopée qui mènera la France jusqu'à Séville, en juillet 1982, pour une demi-finale dramatique gagnée par l'Allemagne. « Malgré la défaite, c'est le plus grand souvenir de ma carrière, explique le grand Max. En trois heures, j'ai vécu le raccourci d'une vie avec toutes les émotions que l'on peut ressentir. Et ce penalty que je rate... Je n'en ai plus jamais tiré ensuite ! »

Durant l'Euro victorieux en 1984, le grand Max a eu l'honneur de jouer la rencontre France-Belgique (5-0) à La Beaujoire, devant 51 359 spectateurs, record historique du stade... Transféré au Racing Paris, il est secondé en sélection par Yvon Le Roux, José Touré et William Ayache... ce dernier représentant avec régularité le FC Nantes pendant l'épopée mexicaine de 1986 sous la direction d'Henri Michel. « Pendant un mois et demi, l'ambiance dans le groupe a été magique, se souvient-il. L'expression des "coiffeurs" date de cette époque. Ceux qui ne jouaient pas mettaient une ambiance extraordinaire... »

LÉGENDE

Une carte dédicacée par Philippe Gondet chez les Bleus.

1er DÉCEMBRE

1946 NANTES-SOCHAUX 2-2 (CHAMPIONNAT D2).
Premier match à guichets fermés au stade Malakoff où 9 162 spectateurs viennent voir les Nantais défier le futur champion de France de deuxième division.

1963 NANTES-NICE 3-0 (CHAMPIONNAT).
DÉBUTS SOUS LE MAILLOT NANTAIS D'UN JEUNE DÉFENSEUR NORDISTE : ROBERT BUDZYNSKI. « LE SHÉRIF », COMME ON LE SURNOMME À L'ÉPOQUE, JOUERA À CENT SOIXANTE-DIX REPRISES EN D1 AVANT DE DEVENIR LE PREMIER DIRECTEUR SPORTIF DU FOOTBALL FRANÇAIS, EN 1969, POSTE QU'IL OCCUPERA JUSQU'EN OCTOBRE 2005.

1992 NANTES-RENNES 1-0 (CHAMPIONNAT).
La relève prend forme. Comme Eddy Capron une semaine plus tôt, Nicolas Ouédec se montre décisif face au voisin rennais, devant seulement 6 000 spectateurs !

2001 NANTES-SEDAN 3-2 A.P. (16es DE FINALE DE LA COUPE DE LA LIGUE).
Méconnaissable en championnat, le FC Nantes de Raynald Denoueix vit encore ! Menés deux fois au score, les Canaris reviennent dans la partie grâce à des buts de Nicolas Gillet et Viorel Moldovan. Le Roumain porte l'estocade en prolongations et s'offre un doublé.

2003 **En toute discrétion, Robert Budzynski fête ses quarante ans de présence au club.**

2 DÉCEMBRE

1962 FORBACH-NANTES 0-2 (CHAMPIONNAT D2).
Arrivé de l'Independiente, Rafael Santos se montre décisif dès son premier match sous les couleurs nantaises. « Je marquerai quinze buts d'ici la fin de saison », annonce-t-il. Bien vu ! Car l'Argentin sera l'un des grands artisans de la montée en première division en inscrivant pas moins de dix-neuf buts en un demi-championnat !

1968 **Dans la foulée des événements du mois de mai, les joueurs nantais, emmenés par Paul Courtin, demandent plus de pouvoir au sein du club. Trop pris par son métier de représentant et agacé par les critiques à propos du recrutement, le président Jean Clerfeuille annonce sa démission. L'intérim est assuré par Louis Fonteneau.**

3 DÉCEMBRE

1961 GRENOBLE-NANTES 1-2 (CHAMPIONNAT D2).
Les joueurs de José Arribas s'imposent chez le leader pour le début des matches retour. Les idées de l'entraîneur nantais commencent à faire leur chemin...

2005 AUXERRE-NANTES 4-0 (CHAMPIONNAT).
Preuve de l'inconstance nantaise, les Canaris sombrent en Bourgogne et plongent dans la deuxième partie de tableau.

4 DÉCEMBRE

1966 MARSEILLE-NANTES 1-0 (CHAMPIONNAT).
Le double champion en titre concède sa troisième défaite de la saison, la deuxième en quinze jours après celle de Nice (1-3)...

1972 NANTES-NÎMES 3-0 (CHAMPIONNAT).
Malgré le mot d'ordre lancé par le syndicat des joueurs professionnels, opposé au Groupement (l'ancêtre de la Ligue du football professionnel), cette rencontre de la dix-septième journée se joue normalement, à l'instar de Rennes-Nice (3-0), avant d'être annulée !

5 DÉCEMBRE

1965 MONACO-NANTES 1-3 (CHAMPIONNAT).
Oscar Muller, Jacky Simon et Jean-Claude Suaudeau sont blessés, mais Philippe Gondet rassure les siens en réalisant un nouveau triplé, inscrit en un quart d'heure juste avant la mi-temps !

1981 **En dominant Chypre (4-0), l'équipe de France assure sa qualification pour le Mondial 1982. Un seul Nantais figure au sein des Bleus : Maxime Bossis.**

1997 AUXERRE-NANTES 3-1 (CHAMPIONNAT).
La nouvelle génération apprend. Malgré la défaite, l'ancien joueur de Division d'Honneur Éric Carrière inscrit son premier but en pros.

2001 NANTES-BAYERN MUNICH 0-1 (DEUXIÈME PHASE DE LA LIGUE DES CHAMPIONS).
Grande affiche à La Beaujoire mais deuxième défaite consécutive dans l'épreuve pour les joueurs de Raynald Denoueix. Ce dernier ne sera plus sur le banc au match retour...

DÉCEMBRE

LÉGENDES

PAGE DE GAUCHE
Jean-Claude Suaudeau et Robert Budzynski, joueurs jusqu'en 1969, resteront fidèles au club ensuite.

CI-DESSOUS
« Bud », pionnier dans son nouveau rôle de directeur sportif.

2003 LILLE-NANTES 2-0 (CHAMPIONNAT).

5 DÉCEMBRE 2003
NANTES JOUE SON MILLE CINQ CENTIÈME MATCH CONSÉCUTIF EN PREMIÈRE DIVISION. RECORD NATIONAL EN COURS...

6 DÉCEMBRE

1952 NANTES-RED STAR 2-1 (CHAMPIONNAT D2).
Victoire importante, mais les Canaris d'Émile Veinante ont déjà pris du retard pour la montée.
1966 NANTES-SEDAN 2-2 (CHAMPIONNAT).
Les Canaris entament une série d'invincibilité à domicile qui durera quasiment trois ans.
1995 NANTES-PANATHINAIKOS 0-0 (PREMIER TOUR DE LA LIGUE DES CHAMPIONS).
Grâce à ce nul face aux vainqueurs du groupe, les Nantais se qualifient pour les quarts de finale de l'épreuve reine.

7 DÉCEMBRE

1966 CELTIC GLASGOW-NANTES 3-1 (8es DE FINALE DE LA COUPE D'EUROPE DES CLUBS CHAMPIONS, MATCH RETOUR).
Le premier grand déplacement des Canaris en Coupe d'Europe, au Celtic Park. Les Nantais poursuivent leur apprentissage sur le plan européen.
2000 LAUSANNE-NANTES 1-3 (8es DE FINALE DE LA COUPE UEFA, MATCH RETOUR).
Les Nantais se mettent à l'abri grâce à Stéphane Ziani, avant que Viorel Moldovan et Éric Carrière ne corsent l'addition après la pause.

8 DÉCEMBRE

1963 SAINT-ÉTIENNE-NANTES 6-1 (CHAMPIONNAT).
Déroute face à l'ASSE de Mekhloufi et Herbin, futurs champions.
1984 **Avec soixante-deux sélections, Maxime Bossis égale le record de Roger Marche chez les Bleus lors d'une rencontre contre la RDA.**
1994 SION-NANTES 2-2 (8es DE FINALE DE LA COUPE UEFA, MATCH RETOUR).
Vainqueurs 4-0 à l'aller, les Canaris sont qualifiés
2002 PSG-NANTES 2-3 (16es DE FINALE DE LA COUPE DE LA LIGUE).
Penalty pour le PSG au Parc des Princes : Mickaël Landreau tente un coup de bluff face au Brésilien Ronaldinho en se déportant sur sa droite. Le piège fonctionne, et Nantes se qualifie pour les huitièmes de finale de l'épreuve.

LÉGENDE

À GAUCHE
8 décembre 2002. Mickaël Landreau récompensé par Frédéric Thiriez le soir de son exploit devant Ronaldinho.

CI-DESSOUS
Programme écossais d'un déplacement mythique à Glasgow.

LÉGENDE

Décembre 1974. Robert Budzynski heureux de la signature du Polonais Robert Gadocha, obtenue à Varsovie.

9 DÉCEMBRE

1951 ANGERS-NANTES 3-4 (CHAMPIONNAT D2).
Scénario fou pour la fin des matches aller : Émile Veinante sermonne ses joueurs, menés 1-3, à la mi-temps. Le nouvel entraîneur nantais échange les inters avec les ailiers, et les demis avec les arrières. Et ça marche ! Les Canaris s'imposent sur le fil sur le terrain des Angevins.

1995 PSG-NANTES 5-0 (CHAMPIONNAT).
Premier signe de lassitude du côté de Nantes, qui sombre au Parc des Princes. Comble du supplice, Patrice Loko y va de son but face à son club formateur.

1999 NANTES-ARSENAL 3-3 (16es DE FINALE DE LA COUPE UEFA, MATCH RETOUR).
Du grand spectacle à La Beaujoire : le jeune Marama Vahirua et Antoine Sibierski, auteur d'un doublé, répondent aux trois buts anglais, inscrits avant la pause par Grimandi, Henry et Overmars. Battus (3-0) au match aller, à Highbury, les Canaris sont éliminés.

10 DÉCEMBRE

1962 NANTES-LE HAVRE 3-0 (CHAMPIONNAT D2).
Face à un autre candidat à la montée, les Nantais de José Arribas affirment leurs ambitions. Recruté au Croisic, Bernard Blanchet, dit « La Blaouette », marque trois fois pour son baptême en pro !

10 DÉCEMBRE 1974
C'EST À VARSOVIE QUE SYLVAIN ICHOUA ET ROBERT BUDZYNSKI OBTIENNENT LA SIGNATURE DU POLONAIS ROBERT GADOCHA, QUI S'ENGAGE POUR TROIS SAISONS ET DEMIE.

2006 **ANTOINE RAAB N'EST PLUS. LE FCN PERD LE PLUS ANCIEN DES EX-CANARIS, MEMBRE DE LA PREMIÈRE ÉQUIPE PRO DU CLUB EN 1945 ET DÉCÉDÉ À L'ÂGE DE 93 ANS.**

11 DÉCEMBRE

1955 RENNES-NANTES 4-2 (CHAMPIONNAT D2).
Face au futur lauréat de la division, le jour de l'inauguration de son stade, les Canaris perdent pied lors de la fin des matches aller, malgré le soutien de 2 000 supporters nantais...

1985 NANTES-SPARTAK MOSCOU 1-1 (8es DE FINALE DE LA COUPE UEFA, MATCH RETOUR).
Vainqueurs à l'aller (1-0), les Nantais encaissent un but de Cherenkov, auquel José Touré répond aussitôt. La campagne européenne continue et, avec 40 259 spectateurs, le public nantais établit le record de La Beaujoire lors d'un match européen.

2004 LILLE-NANTES 2-1 (CHAMPIONNAT).
Le ressort est cassé : le FCNA de Loïc Amisse encaisse sa cinquième défaite consécutive et plonge à la seizième place, aux portes de la zone rouge.

12 DÉCEMBRE

1965 NANTES-CANNES 1-0 (CHAMPIONNAT).
Grâce à un but de Jacky Simon, Nantes vire en tête à la fin des matches aller, avec cinq points d'avance sur Valenciennes et sept sur Bordeaux.

1981 NANTES-MONTPELLIER 7-0 (CHAMPIONNAT).
Record du plus large succès en championnat égalé ! Grâce à trois doublés (Loïc Amisse, Bruno Baronchelli, José Touré) et un but de Vahid Halilhodzic, Nantes améliore l'ordinaire d'une saison mitigée.

1991 **Le président Max Bouyer fait signer comme « stagiaire » un jeune milieu de terrain du Stade Brestois, un certain Claude Makelele…**

1992 NANTES-PSG 1-0 (CHAMPIONNAT).
Dans une Beaujoire comble, le jeune FCNA engrange son trente-sixième point avant la trêve grâce à un but de Nicolas Ouédec. Le maintien est quasiment assuré, chose invraisemblable quatre mois plus tôt au moment de la relégation administrative.

1995 MONTPELLIER-NANTES 0-1 (16es DE FINALE DE LA COUPE DE LA LIGUE).
Entre deux rencontres de Ligue des champions, les Canaris poursuivent leur route…

LÉGENDE

Le Canari présente le duel de gardiens entre Rinat Dassaev et Jean-Paul Bertrand-Demanes.

13 DÉCEMBRE

1975 NANTES-BORDEAUX 5-1 (CHAMPIONNAT).
Cueillis à froid par un but de Daniel Jeandupeux, les Canaris se révoltent avec des buts de Gilles Rampillon, auteur d'un doublé, Hugo Bargas, Georges Van Straelen et Henri Michel.

1992 **Nouveau drame dans l'histoire des Canaris. Le lendemain du succès face au PSG, Patrice Loko perd son fils de huit mois.**

1994 **Patrice Loko inscrit son premier but en équipe de France A, face à l'Azerbaïdjan (2-0).**

LÉGENDE

La photo officielle de l'effectif 1981-1982.

LÉGENDE

Président du FC Nantes de 1986 à 1992, Max Bouyer reçoit Jacques Delors et Éric Tabarly à La Beaujoire.

14 DÉCEMBRE

1986 Max Bouyer remplace l'éternel Louis Fonteneau à la présidence du club.

1996 NANTES-VALENCE 2-1 (16es DE FINALE DE LA COUPE DE LA LIGUE).
Menés à la pause par l'équipe de L2, Nantes poursuit l'aventure grâce à un doublé de Jocelyn Gourvennec.

1999 LENS-NANTES 1-2 (CHAMPIONNAT).
Tout juste débarqué à Nantes, Alain Caveglia donne la victoire aux Canaris à la quatre-vingt-douzième minute...

15 DÉCEMBRE

1946 NANTES-SAINT-BRIEUC 3-0 (SIXIÈME TOUR DE LA COUPE DE FRANCE).
Pour la première fois, les Canaris se qualifient pour les trente-deuxièmes de finale de l'épreuve.

1955 Le groupe mené par Antoine Raab quitte la gare de Nantes en début d'après-midi pour un voyage d'une semaine en Algérie. Les Canaris doivent y rencontrer Sidi-Bel-Abbès en Coupe de France.

1957 CAEN-NANTES 0-0 A.P. (COUPE DE FRANCE).
Début d'une incroyable série de cinq matches face à la même équipe. Pendant quatre cent soixante-neuf minutes, Caen et Nantes se neutralisent, d'abord à Caen (0-0 a.p.), puis à Nantes (0-0 a.p.), puis deux fois à Tours (0-0 a.p. à chaque fois). Le 5 janvier 1958, les Nantais inscrivent un but, mais la rencontre est arrêtée à la dix-neuvième minute...

1965 Nantes est champion d'automne avec une marge de cinq points sur Valenciennes et sept sur Bordeaux. Philippe Gondet a déjà marqué dix-neuf buts !

1968 NANTES-MONACO 2-0 (CHAMPIONNAT).
Philippe Gondet y va de son traditionnel doublé à Saupin, mais Robert Budzynski se blesse gravement à la quinzième minute (double fracture ouverte). À 28 ans, c'est la fin de sa carrière pro.

1972 Le journal officiel du club fait sa une sur Gaby de Michèle grimé en Saint-Nicolas !

1974 NANTES-MONACO 4-2 (CHAMPIONNAT).
Aucun but à la mi-temps, six ensuite ! Les attaquants nantais répondent au doublé d'Onnis par des buts de Loïc Amisse, Henri Michel, Angel Marcos et Gilles Rampillon.

1979 NANTES-MONACO 1-2 (CHAMPIONNAT).
Bruno Baronchelli égalise à la quatre-vingt-huitième minute, mais le leader monégasque s'impose grâce à Jean Petit, buteur une minute plus tard. Nantes vire à la troisième place à la fin des matches aller.

2001 BASTIA-NANTES 3-1 (32es DE FINALE DE LA COUPE DE FRANCE).
Pour leur quatrième confrontation de la saison, les Corses prennent le dessus sur des Canaris démobilisés. Le sort de Raynald Denoueix est quasiment joué.

16 DÉCEMBRE

1962 NANTES-LE HAVRE 3-0 (CHAMPIONNAT D2).
Première journée des matches retour. Face à un autre prétendant à la montée, Bernard Blanchet signe un coup du chapeau parfait : un but du pied droit, un du gauche, et un dernier de la tête !

1990 NANTES-LILLE 0-0 (CHAMPIONNAT).
La Beaujoire sonne creux. Depuis deux rencontres, Nantes ne rassemble que 5 000 spectateurs de moyenne !

17 DÉCEMBRE

1961 AS BREST-NANTES 0-2 (SIXIÈME TOUR DE LA COUPE DE FRANCE).
Face à un adversaire de CFA, le FCN s'ouvre la route des trente-deuxièmes pour la troisième saison consécutive.

1972 NANTES-RED STAR 3-1 (CHAMPIONNAT).
Nantes gagne, mais Didier Couécou n'apprécie pas son remplacement par Gilles Rampillon. L'ancien Bordelais jette son maillot en direction de José Arribas. Il jouera pourtant trente et un des trente-huit matches de la saison.

1977 NANTES-TROYES 3-0 (CHAMPIONNAT).
Pour la deuxième fois en deux mois, Eric Pécout marque dès la première minute. Le FCN termine bien l'année.

1983 RENNES-NANTES 1-2 (CHAMPIONNAT).
Vainqueur du derby grâce à Fabrice Poullain et Christophe Robert, le FCN se replace en troisième position. Le journal officiel du Stade Rennais avait choisi de mettre à la une Jean-Claude Suaudeau face à Jean Vincent, l'ancien entraîneur des Jaunes passé « à l'ennemi ».

2003 NANTES-CLERMONT 1-0 A.P. (8es DE FINALE DE LA COUPE DE LA LIGUE).
Toujours aussi poussifs face à des joueurs de L2, les Canaris ne se qualifient qu'à la cent dix-neuvième minute grâce à un but de Mario Yepes.

17 DÉCEMBRE 2006
LA RUMEUR DEVIENT RÉALITÉ : FABIEN BARTHEZ SIGNE. APRÈS LE DUO ARGENTIN BURRUCHAGA-OLARTICOECHEA, IL EST LE TROISIÈME CHAMPION DU MONDE À PORTER LE MAILLOT NANTAIS.

18 DÉCEMBRE

1947 Les finances du jeune FC Nantes vont mal. Une souscription organisée par le journal *La Résistance de l'Ouest* rapporte 25 415 anciens francs, versés officiellement une semaine avant Noël. Le but de l'opération : financer l'achat d'un attaquant…

1955 SIDI-BEL-ABBÈS-NANTES 0-4 (SIXIÈME TOUR DE LA COUPE DE FRANCE).
Pour la première fois en déplacement en Afrique du Nord, le FC Nantes ne tremble pas. « C'est un souvenir inoubliable, le public était aussi objectif qu'à Paris », commentera M. Crinière, secrétaire général du club.

1992 TOULOUSE-NANTES 2-0 (CHAMPIONNAT).
Portant un crêpe noir, les Canaris sont encore traumatisés par ce qui est arrivé à Patrice Loko six jours plus tôt.

19 DÉCEMBRE

1965 LYON-NANTES 0-2 (CHAMPIONNAT).
LES CANARIS BOUCLENT EN BEAUTÉ **UNE ANNÉE HISTORIQUE**, D'AUTANT QU'UN DEUXIÈME TITRE CONSÉCUTIF SE PROFILE À L'HORIZON.

1976 NANTES-VALENCIENNES 3-1 (CHAMPIONNAT).
Victime d'une fracture du tibia une semaine plus tôt à Geoffroy-Guichard, Maxime Bossis est remplacé par Thierry Tusseau, un jeune formé au club. Nantes est champion d'automne.

1998 SOCHAUX-NANTES 1-1 (CHAMPIONNAT).
Nestor Fabbri n'est pas qu'un grand défenseur : il inscrit au stade Bonal son troisième but consécutif en trois journées de D1.

2004 NANTES-SOCHAUX 2-2 (CHAMPIONNAT).
L'égalisation in extremis d'Emerse Fae sauve les apparences : le FCNA de Loïc Amisse est dix-septième à la trêve hivernale.

20 DÉCEMBRE

1956 Le jour de ses 17 ans, Daniel Éon, du SC Nazaire, signe au FC Nantes. Le lauréat du concours régional du jeune footballeur lance la tradition des grands gardiens du club.

1964 NANTES-TOULON 5-1 (CHAMPIONNAT).
Avec deux doublés de Jacky Simon et Sadek Boukhalfa, les joueurs de José Arribas annoncent la couleur au terme des matches aller. Ils pointent à la deuxième place, avec deux points de retard sur l'US Valenciennes, champion d'automne.

1996 LYON-NANTES 0-1 (CHAMPIONNAT).
Lancé par Jean-Claude Suaudeau, Éric Carrière découvre la première division à 23 ans et six mois. Quelques semaines plus tôt, le joueur évoluait en Division d'Honneur !

2002 BASTIA-NANTES 3-1 (CHAMPIONNAT).
Face aux Corses de Mickaël Essien, les Canaris terminent l'année sur une huitième défaite en vingt journées de championnat.

2003 NANTES-AUXERRE 1-0 (CHAMPIONNAT).
Le FCNA de Loïc Amisse s'offre une bouffée d'oxygène avant la trêve en dominant les Bourguignons grâce à Frédéric Da Rocha.

2005 BORDEAUX-NANTES 3-1 (8es DE FINALE DE LA COUPE DE LA LIGUE).
Nouvelle fin d'année difficile, avec une élimination sans discussion au stade Chaban-Delmas.

21 DÉCEMBRE

1955 Retour des Canaris après une semaine en Algérie. Les joueurs d'Antoine Raab sont acclamés en gare de Nantes avant d'être invités à une réception au café Graslin !

1969 NANTES-ROUEN 0-2 (CHAMPIONNAT).
Période de vaches maigres à Saupin. Les Canaris entament la phase retour comme ils ont terminé les matches aller. Par une défaite !

1984 NANTES-BREST 0-2 (CHAMPIONNAT).
Douche froide à La Beaujoire pour le leader nantais. Emmenés par Paul Le Guen, buteur, les Finistériens créent la surprise avant la trêve.

1985 NANTES-LILLE 5-1 (CHAMPIONNAT).
C'est déjà Noël au stade de La Beaujoire, avec cinq buteurs différents, dont deux nouveaux : Yvon Le Roux et Jorge Burruchaga.

1989 Ancien trésorier du FCN devenu président de la Ligue de l'Atlantique, Claude Simonet pose la première pierre du Centre régional technique de Saint-Sébastien-sur-Loire.

2000 BORDEAUX-NANTES 0-2 (CHAMPIONNAT).
Viorel Moldovan prend ses marques : il clôt l'année par un neuvième but en… trois mois. Les Jaunes ne s'étaient plus imposés en Gironde depuis 1982.

22 DÉCEMBRE

1963 BORDEAUX-NANTES 2-0 (CHAMPIONNAT).
Grosse colère du président Jean Clerfeuille dans les vestiaires, où il reproche à ses joueurs leur manque d'engagement. D'autant que, pour sa saison inaugurale en D1, le FCN est en fâcheuse posture au classement.

1990 Tandis que Miroslav Blazevic est contesté à l'échelon supérieur, la réserve nantaise de Jean-Claude Suaudeau termine l'année sur un échec surprenant face à Vannes (1-2).

2001 NANTES-TROYES 1-0 (CHAMPIONNAT).
Grâce à un but in extremis de Viorel Moldovan, les Canaris cèdent la dernière place aux Lorientais avant la trêve hivernale. Malgré ce succès, Raynald Denoueix se sait plus que jamais sur un siège éjectable !

2004 AUXERRE-NANTES 2-1 (8es DE FINALE DE LA COUPE DE LA LIGUE).
Dernier coup dur d'une fin d'année difficile. Hassan Ahamada avait ouvert le score, mais les Bourguignons se qualifient grâce à un certain Luigi Pieroni.

LÉGENDE

Grosse affluence à Saupin pour un duel entre Nantes et Monaco.

23 DÉCEMBRE

1956 BORDEAUX-NANTES 3-0 (CHAMPIONNAT D2).
La méthode de Louis Dupal donne des signes de faiblesse. Nantes n'y arrive toujours pas.
2006 TOULOUSE-NANTES 0-4 (CHAMPIONNAT).
Succès totalement inattendu des Canaris à l'extérieur, le premier de la saison. Les joueurs de Georges Éo ont trouvé la faille par les Argentins Julio Rossi et Mauro Cetto, avant que les attaquants Mamadou Diallo et Dennis Oliech ne débloquent enfin leur compteur.

24 DÉCEMBRE

1946 NANTES-BÉZIERS 2-1 (CHAMPIONNAT).
JOLI CADEAU DE NOËL AVANT L'HEURE POUR LES CANARIS, QUI ENCHAÎNENT UN DIXIÈME MATCH SANS DÉFAITE.

25 DÉCEMBRE

1947 NANTES-NÎMES 7-3 (CHAMPIONNAT D2).
Les Canaris terminent l'année avec un feu d'artifice à Malakoff, mais ils n'occupent qu'une modeste huitième place.
1952 NANTES-MONACO 1-4 (CHAMPIONNAT D2).
Triste Noël pour les supporters nantais. Les Monégasques, eux, monteront en fin de saison.
1955 ROUEN-NANTES 0-2 (CHAMPIONNAT D2).
Reprise heureuse de la phase retour... Mais le FCN ne gagnera que trois des dix-huit matches suivants. La dix-septième place marquera la fin de la deuxième ère Antoine Raab.
1960 NANTES-TOULON 0-0 (CHAMPIONNAT D2).
Un jeune stagiaire nommé Jean-Claude Suaudeau profite de la blessure de Robert Samson, survenue à Liverpool, en Coupe de l'amitié (1-5), quelques jours plut tôt, pour être de la partie.

26 DÉCEMBRE

1949 NANTES-LE HAVRE 0-6 (CHAMPIONNAT D2).
Face aux Normands, qui ont investi pour monter en D1, la sanction est impitoyable. Les Canaris sont en position de relégable.

27 DÉCEMBRE

2000 Reprise des Canaris de Raynald Denoueix. Mickaël Landreau, blessé, et Nestor Fabbri, resté quelques jours de plus en Argentine, font partie de la liste des absents.

28 DÉCEMBRE

2001 Jean-Luc Gripond et Robert Budzynski organisent une conférence de presse et annoncent le remplacement de Raynald Denoueix par Angel Marcos, un autre ancien Canari venu de Lorient, alors lanterne rouge ! « Ce n'est pas parce que vous entraînez les derniers que vous êtes le dernier des entraîneurs », se défend le président du FCNA. Ému, Raynald Denoueix ne fait qu'un bref passage devant les micros. En fin de matinée, Angel Marcos lui rendra un hommage du bout des lèvres : « Raynald est un ami de longue date, mais nous n'avons pas le même caractère, ni la même vision des choses... »
2004 *France Football* publie une interview fracassante de Mickaël Landreau, qui critique aussi bien son entraîneur, Loïc Amisse, que son président, Jean-Luc Gripond. La crise couve au FCNA.

29 DÉCEMBRE

1946 ANGOULÊME-NANTES 0-0 (CHAMPIONNAT D2).
Le groupe d'Antoine Raab conserve son invincibilité lors de la vingtième des quarante-deux journées de D2.
1963 STRASBOURG-NANTES 0-0 (CHAMPIONNAT).
La veille du match, Daniel Éon est pris de fièvre. Roger Moine, le gardien remplaçant, doit prendre un train sur-le-champ pour traverser la France d'ouest en est.

2004 Reprise agitée à La Jonelière. Une nuée de journalistes accueille Mickaël Landreau, convoqué par le président Gripond. Par solidarité, l'ensemble de ses partenaires se rendent au rendez-vous. Le bras de fer est commencé.

30 DÉCEMBRE

1956 LE HAVRE-NANTES 0-1 (CHAMPIONNAT D2).
L'intérim de Claude Simonet dans les buts nantais prend fin avec succès. L'équipe termine sixième.
1997 Christian Karembeu, l'ancien Canari, quitte la Sampdoria de Gênes pour revêtir le maillot du Real Madrid.

31 DÉCEMBRE

1961 LILLE-NANTES 4-0 (CHAMPIONNAT D2).
L'équipe de José Arribas termine mal l'année.
2004 Loïc Amisse et son adjoint David Marraud sont convoqués dans le bureau du président Gripond. Au terme de deux entraînements dans une ambiance morose, leur sort semble scellé.
2006 Sous les yeux d'une cinquantaine de supporters privilégiés, Fabien Barthez participe à son premier entraînement collectif avec les Canaris. Pendant les fêtes, le gardien champion du monde a enchaîné les séances spécifiques en compagnie de Franck Mantaux, responsable des gardiens du FCNA.

LÉGENDES

PAGE DE GAUCHE
Jean-Claude Suaudeau, encore joueur au milieu des années 1960.

CI-CONTRE
Ancien attaquant du club, Angel Marcos en est devenu l'entraîneur le 28 décembre 2001.

LA FIN D'UNE HISTOIRE

Champions de France en titre, les Nantais débutent très mal la saison 2001-2002 et pointent rapidement dans le bas du classement provisoire de D1. Alors qu'ils se qualifient avec brio pour le second tour de la C1 ! Les mauvais résultats sur le plan national placent l'entraîneur Raynald Denoueix sur la sellette. Début décembre, les dés sont jetés : son limogeage est décidé par les dirigeants du club. Le remplacement du successeur de José Arribas et de Jean-Claude Suaudeau par Angel Marcos est annoncé juste après la trêve de Noël. Une page se tourne. Le FCNA change de cap... après quatre décennies de stabilité technique lui ayant procuré l'un des plus beaux palmarès du football hexagonal.

C'était dans le tunnel du stade de La Beaujoire menant aux vestiaires des Nantais, le 22 décembre 2001. Quelques minutes plus tôt, Nantes venait de battre Troyes (1-0). Le match du rachat pour des Canaris, champions en titre et dans la course en C1... mais moribonds en D1 et piteusement éliminés en trente-deuxièmes de finale de la Coupe de France, à Bastia (1-3), une semaine auparavant. Dans ce couloir donc, Raynald Denoueix, l'entraîneur du FCNA, esquissait un triste sourire. Sachant son sort réglé, il éludait les questions sur la trêve hivernale et la reprise après les fêtes de Noël. Cet avenir n'était plus le sien.
Sans surprise, la nouvelle tombait le 28 décembre. Fidèle de la maison depuis 1966, l'ancien défenseur devenait le premier technicien « débarqué » sur les bords de l'Erdre en cours d'exercice. Suivront Angel Marcos, Loïc Amisse, Serge Le Dizet et Georges Éo. À la question de savoir s'il avait eu l'espoir d'être maintenu à son poste, il répondait dans *L'Équipe* du 6 janvier 2003 : « Non. Pour moi, c'était clair ; pour eux, c'était clair. J'ai même tout fait [...] pour que ça s'éclaircisse afin qu'on puisse continuer à travailler pendant les trois dernières semaines. Un entraîneur, quand il n'y a pas de résultats, il se fait virer. C'est normal. »

Adoubé par Suaudeau

Adoubé par Jean-Claude Suaudeau à l'été 1997 pour prendre la tête du groupe professionnel, Raynald Denoueix était devenu le troisième maillon d'une chaîne dont José Arribas représentait l'origine « spirituellle ». Avec un credo – « Le mouvement, c'est l'obsession » – nourrissant la réflexion permanente de ces hommes, aussi novateurs dans leurs conceptions que perfectionnistes dans la mise en œuvre de celles-ci. Sans jamais revendiquer la moindre certitude. « Le jeu et l'équipe, ce sont des notions abstraites, confiait Raynald Denoueix en février 2003. C'est un château de sable. Parfois, il est merveilleux et, trois vagues plus tard, il a disparu. »
Depuis le début des années 1960, la clé de voûte du système était la formation. « C'est un relais permanent qui favorise la transmission des valeurs, argumente Raynald Denoueix. Des garçons comme Nicolas Savinaud ou Frédéric Da Rocha ont la culture du FCNA. Ils sont devenus le message. Ce ne sont plus les idées du club, ce sont leurs idées. » La huitième étoile glanée en 2001 est la parfaite illustration de l'aboutissement de ces principes. « La formation permet d'avoir le petit plus qui fait la différence quand les écarts entre les équipes sont infimes. En 2000-2001, nous sortions d'un maintien difficile. Les joueurs étaient réceptifs. Ils ont eu envie de prouver qu'ils en étaient capables. Ensuite, le déroulement d'une saison est si imprévisible. Le titre n'était pas un aboutissement. Nous l'avons gagné à jamais mais, une semaine plus tard, les compteurs étaient remis à zéro. Il fallait rebâtir un groupe. Était-on dans les meilleures conditions pour le faire ? Les garçons avaient beaucoup donné au collectif. Un inévitable relâchement s'est produit. Il était impossible de maintenir la pression à ce niveau. Nous avons perdu Olivier Monterrubio et Éric Carrière. Un problème d'équilibre s'est créé. Nantes ne reposait pas sur la valeur d'un joueur. Plutôt sur les associations des uns avec les autres. Parvenir ainsi à une ou deux associations dans une zone de terrain n'a pas de prix. Et l'équipe avait intégré le jeu d'Éric Carrière. Après, nous passons en Ligue des Champions alors que nous n'y arrivons pas en championnat. Paris et Montpellier à La Beaujoire... Nous ne devons jamais perdre ces matches. Le pire était d'être sur le terrain et de ne pas trouver l'efficacité. »

« On se flinguait avec Angel »

Le 28 décembre 2001, Raynald Denoueix a néanmoins la force et l'énergie de se présenter à La Jonelière, où les médias guettent. Il lâche un rapide « Je n'ai rien à ajouter... » et il s'éclipse au profit de son successeur Angel Marcos. « On me proposait de rester, expliquera-t-il plus tard. Je voulais bien accepter à deux conditions : qu'ils choisissent quelqu'un qui était dans le club et que ce quelqu'un me dise : "Raynald, il n'y a aucun souci." Les dirigeants et le président avaient discuté avec Angel Marcos pour qu'il accepte. Le 28 décembre, je suis venu, j'ai déjeuné avec le président, on a discuté, je l'ai emmené au club. Tout le monde était là pour rencontrer les joueurs. Puis les dirigeants sont allés voir la presse et j'ai parlé avec Angel pendant une heure : "Angel, est-ce que tu penses que si j'étais resté là... ?" Il n'a pas voulu me répondre et il avait complètement raison. On était en train de se flinguer. »
Sur les motivations profondes de son renvoi : « Je n'étais simplement pas capable de présenter au président une idée qui lui permette de me conserver. Je ne pensais qu'à améliorer le jeu, à être plus efficace, mais ça ne l'a pas séduit du tout. Ce n'était pas assez fort ! » Cet objectif renvoyait pourtant à ces fameux préceptes inculqués depuis quatre décennies. « L'idée était déjà là sous José Arribas, même si elle a été améliorée depuis. Il y avait des gammes où on était toujours en mouvement et où nous devions demander le ballon, allier les courses, voir deux ou trois joueurs en même temps. L'idée était de réussir à se comprendre : quand tu me donnes le ballon, quand je le reçois... » Réussir à se comprendre...

LÉGENDE

Raynald Denoueix tout sourire au début de la Ligue des champions 2001-2002. Les tourments en championnat auront raison de sa place sur le banc nantais avant la fin de l'année 2001...

PlayStation 2
EUROCARD MasterCard
TF1
Buckler.
Ford
UEFA

Les chiffres en romain renvoient aux noms cités dans le texte courant, les chiffres en italique à ceux cités dans les légendes.

E

F

G

H

I

J

K

L

REMERCIEMENTS

Mes plus vifs remerciements vont d'abord à David Cadiou sans le précieux travail duquel cet ouvrage, fruit d'une démarche collective, n'aurait pu être mené à son terme. Ce livre est aussi le sien. Un grand merci également à Bernard Marie et Nicolas Castiglione, collectionneurs passionnés dont les reproductions des pièces, uniques pour certaines, ont permis d'enrichir avec bonheur l'illustration ; à Édith Hanique, assistante de Robert Budzynski au FCNA durant les heures de gloire du club, qui m'a guidé dans les archives liées aux joueurs « historiques » ; à mon épouse Hélène, qui restaure avec patience, depuis plusieurs années, les archives photographiques noir et blanc des Canaris ; à tous les anciens de la « Maison jaune » dont j'ai croisé la route durant les deux dernières décennies et qui m'ont livré avec gentillesse leurs témoignages. à Gilles Rampillon, gentleman des terrains et auteur d'une préface à son image, humble et collective. Enfin, j'adresse une pensée particulière et admirative à Raynald Denoueix, entraîneur de l'équipe championne de France en 2001...

Pierre Minier

Commencée sous l'ère de Rudi Roussillon, la rédaction de cet ouvrage a été achevée quelques semaines avant la reprise du FCNA par Waldemar Kita. L'auteur tient à saluer ces deux présidents pour les facilités apportées dans la réalisation de son projet.

CRÉDITS PHOTOGRAPHIQUES

Toutes les photos et les documents de cet ouvrage proviennent des archives du FC Nantes Atlantique, de Pierre Minier et des collections privées de Bernard Marie et de Nicolas Castiglione, avec le concours des archives Miroir-Sprint et de l'agence Flashpress.

Ouvrage réalisé par Copyright pour les Éditions Calmann-Lévy
Conception graphique : Marina Delranc
Mise en pages et coordination éditoriale : Zarko Telebak
Réalisation photogravure : Peggy Huynh-Quan-Suu
Fabrication : Thomas Lemaître

Achevé d'imprimer par JCG (Barcelone) en septembre 2007

FC NANTES
ATLANTIQUE